SV

Werner Kutschmann
Der Naturwissenschaftler und sein Körper

Die Rolle der ›inneren Natur‹ in der experimentellen Naturwissenschaft der frühen Neuzeit

Zum 30-jährigen Bestehen
eines Dammer'schen Körpers
19. Oktober 1986

Susanne und Peter
... und bestehe fort ...

Suhrkamp

Der Stiftung Volkswagenwerk möchte ich hiermit
für ein dreijähriges Forschungsförderungsstipendium danken.

CIP-Kurztitelaufnahme der Deutschen Bibliothek
Kutschmann, Werner:
Der Naturwissenschaftler und sein Körper:
d. Rolle d. »inneren Natur« in d. experimentellen
Naturwiss. d. frühen Neuzeit / Werner Kutschmann. –
1. Aufl. – Frankfurt am Main:
Suhrkamp, 1986
ISBN 3-518-57820-0

D 17
Erste Auflage 1986
© Suhrkamp Verlag Frankfurt am Main 1986
Alle Rechte vorbehalten
Satz und Druck: Hieronymus Mühlberger, Augsburg
Printed in Germany

Inhalt

Einleitung

Der Naturwissenschaftler und sein Körper – dieses Thema ruft Befremden und Unverständnis hervor. Nach geläufiger Vorstellung hat Naturwissenschaft nichts mit einem ›eigenen Körper‹ zu tun. Und auch dem Wissenschaft treibenden Menschen billigt man einen Körper nur zu, insofern es sich um die leibhaftige Person in ihrer individuellen Gegebenheit handelt; den wissenschaftlichen Erforscher der Natur aber wird man allein als denkendes Wesen, als ›Subjekt der Erkenntnis‹, verstehen wollen. Die Frage, wer dieser erkennende Mensch selber sei, was ›seine Glückseligkeit‹ oder nur ›die Bequemlichkeit seines Lebens‹ ausmache, ja sogar die sokratische Maxime des ›Erkenne Dich selbst‹ hat im geläufigen Verständnis von Wissenschaft[1] keinen Platz, sie ist für die Definition und die Aufgabenstellung von Wissenschaft unerheblich, wenn nicht sogar hinderlich. Naturwissenschaft kennt eigene Subjektivität nicht, so wenig, wie sie einen ›eigenen Körper‹ oder eine eigene ›innere Natur‹ kennt. Dies nicht ohne guten Grund.

Die Naturwissenschaft der Neuzeit ist auf einen Kanon von methodischen Maximen verpflichtet, durch den sie mehr oder minder dazu gezwungen wird, die Frage der eigenen Konstitution zu ignorieren:

Naturwissenschaft will methodisch objektiv sein – das heißt, sie will nicht vom Können oder Charisma eines einzelnen abhängig sein, sondern allgemein nachprüfbar und von jedermann nachvollziehbar sein.

Naturwissenschaft will unvoreingenommen sein – das heißt, Stil und Geschmack, Vorurteil und Laune, Einstellung und Absicht des Erkenntnissubjekts sollen unerheblich sein für die aussagbaren Ergebnisse der Wissenschaft.

Naturwissenschaft will die Natur für sich selbst sprechen lassen – sie will die eigene Natur ausklammern oder zumindest in der Erfahrung der äußeren Natur zum Schweigen bringen.

1 In diesem Sinne äußert sich etwa der Naturwissenschaftler und Wissenschaftstheoretiker Hans Mohr (unter Berufung auf Jacques Monod) in der *Frankfurter Allgemeinen Zeitung* vom 7. 12. 1983.

Mit einem Wort: Naturwissenschaft will unparteiisch und selbstlos sein.

Ob dieser Selbstlosigkeit stehen die heutigen Naturwissenschaften allerdings auch im Zentrum der Kritik. Ihre Selbstlosigkeit wird ihnen als Selbstvergessenheit ausgelegt – eine Selbstvergessenheit, die ihnen erlaubt, an den politischen und moralischen Problemen des eigenen Handelns vorbeizugehen. Ich möchte hier nur drei aktuelle Problembereiche in Erinnerung rufen:

– Den Naturwissenschaften mangelt es an selbstkritischem Bewußtsein ob der erkenntnistheoretisch entscheidenden Bedeutung, die dem experimentellen Akt der Konstitution der Naturerkenntnis zukommt. Ungeachtet gewisser Anzeichen, daß in der modernen Wissenschaft (insbesondere der Physik) der praktische Akt der Beobachtung und Messung in seinem konstitutiven Charakter für die ›Erstellung‹ der Phänomene nicht mehr vernachlässigt werden kann (siehe etwa die Unschärferelation), wird weitgehend[2] an der schlichten empiristischen Vorstellung festgehalten, daß die Natur der Sache selbst es sei, die der erkenntnishungrigen Wissenschaft die Feder führe.

– Die Naturwissenschaften lassen nahezu völlig eine Reflexion auf die politischen und gesellschaftlichen Folgen der eigenen Praxis vermissen. Die Weichenstellungen, die mit der Ausrichtung der Forschung auf gewisse, angeblich relevante Probleme politisch, ökonomisch, aber auch ästhetisch-erzieherisch und kulturell gegeben sind, werden weitgehend ignoriert bzw. als ›unwissenschaftlich‹ abgetan; sie gelten als ›ideologische‹ Fragen, die an die diskursiven Instanzen der Gesellschaft delegiert werden können. Selbstbezüglichkeit ist nicht gefragt.

2 Ausnahmen bilden hier die kritischen Ansätze einzelner, ›privat‹ denkender Wissenschaftler, deren Reflexionen aber die Praxis der Wissenschaften nicht berühren. Allerdings soll hier die Bedeutung dieser Ansätze auch nicht geschmälert werden, gehen von ihnen doch häufig die stimulierenden Fragestellungen und Anstöße aus; beispielhaft sei hier E. Schrödinger mit seiner Schrift *Was ist ein Naturgesetz*, München 1962, genannt, der sich der Frage der ›Selbstvergessenheit‹ des Naturwissenschaftlers explizit annimmt.

– Eine Zuspitzung hat diese Problematik in der Virulenz der ökologischen Krise des letzten Jahrzehnts erfahren; hier ist deutlich geworden, welches Gewicht und welche Gewalt von der faktensetzenden Positivität einer industrialistisch potenzierten Forschung ausgeht, die sich selbst einem blinden Akkumulations- und Fortschrittsgesetz verschrieben hat: Die dynamische naturwissenschaftliche Entwicklung bzw. die von ihr getragene ökonomische Expansion ist an Grenzen der Ausbeutung der Erde wie auch des Menschen geraten, Grenzen, die einen behutsameren Umgang, eine überlegtere Vorgehensweise und eine umfassendere Planung der Bedürfnisse und Möglichkeiten des gesellschaftlichen Lebens auf der Erde angeraten sein lassen.

Die Naturwissenschaften, so lassen sich alle drei hier angesprochenen Problembereiche zusammenfassen, lassen es an der gebotenen Selbstbezüglichkeit in der Reflexion des eigenen Vorgehens fehlen. Sie mißachten oder ignorieren, daß es sich bei der Wissenschaft um eine historisch einmalige, vom gesellschaftlichen Menschen angestrengte Erkenntnis-Unternehmung handelt; sie unterschlagen den sozialen, politischen und nicht zuletzt anthropologischen Aspekt der eigenen Entstehung.

Wenn diese Arbeit gerade von dem *Körper* des Naturwissenschaftlers handelt, so, um diesem Unbehagen an der Selbstlosigkeit der Naturwissenschaften Raum zu geben.

Wie ist Naturwissenschaft als selbstlose möglich, wenn doch gerade diese Wissenschaft immer nur unter Aktivierung und Anspannung der eigenen inneren Natur des Menschen vonstatten gehen kann?

Wie ist Naturwissenschaft unsinnlich und nicht-ästhetisch möglich, wo doch gerade Naturwissenschaft in der geregelten Wahrnehmung und Beobachtung der Natur besteht?

Wie ist Naturwissenschaft ohne Einbeziehung des Erkenntnis-Subjekts möglich, wo doch gerade dieses von der Entdeckung der Natur sich Belehrung und Erkenntnis verspricht?

Betrachtet man den naturwissenschaftlichen Erkenntnisprozeß unter dem Blickwinkel dieser Fragen, so stellt sich das folgende methodologische Problem: Jede anschauende Erkenntnis der Natur – und das heißt: jede Bemühung um empirische Wissenschaft der Natur – muß auf eine vorgängig zur Verfügung stehende eigene Natur schon zurückgreifen. Schon der einzelne, um Naturerkenntnis bemühte Mensch macht die Erfahrung, daß er seine eigene ›innere Natur‹ immer schon engagieren und ins Spiel bringen muß, wenn er äußere Natur erfahren und sich aneignen will. Die eigene Natur, wenn auch unsichtbar, hat immer schon gesprochen, wenn er sich anschickt, auf die fremde äußere Natur zu hören. Wie ist unter diesen Voraussetzungen der Anspruch auf Objektivität und Unvoreingenommenheit einzulösen?

Hier tritt für die auf objektive Methoden der Erkenntnisgewinnung bedachte Wissenschaft offensichtlich eine Schwierigkeit auf, die dem Dilemma des ›hermeneutischen Zirkels‹ in den Geisteswissenschaften nicht unverwandt ist: Natur soll unvoreingenommen und selbstlos erfahren, soll ›als Natur an sich selbst‹ ausgelegt und verstanden werden, bedarf aber zu dieser Auslegung immer schon einer vorgängig mobilisierten Anschauung, die nur im Gefolge einer Stimulierung der sinnlich-ästhetischen und praktischen Anlagen des Menschen sich ausbilden kann.

Wie kann die Wissenschaft ihrem methodischen Ideal der Selbstauslegung der Natur gerecht werden, ohne in irgendeiner Weise auf das ›Apriori des Leibes‹[3] zu rekurrieren? Wie ist dem Zirkel von Objektivitätsanspruch und Leibengagement bzw. von Selbstlosigkeit und notwendiger Selbststimulierung zu begegnen oder auch nur auszuweichen? Diese Fragen formulieren ein Problem, dem auch die heute vorherrschende Naturwissenschaft sich stellen muß.

Die vorliegende Arbeit sieht sich von der Fundamentalität dieses Problems provoziert. Sie geht ihm allerdings nicht in der systematischen Allgemeinheit der erkenntnistheoretischen Frage,

3 Siehe zu diesem Begriff die Untersuchung K. Hübners zum kantischen ›opus postumum‹: *Das transzendentale Subjekt als Teil der Natur*, Diss. Kiel 1951, die der Frage nachgeht, ›wie und warum‹ das transzendentale ›Subjekt sich als Teil der Natur konstituieren (muß), wenn Erfahrung möglich sein soll‹ (ebd., S. II); vgl. ebenfalls K. O. Apels »Entwurf einer Wissenschaftslehre in erkenntnisanthropologischer Sicht« (in: ders., *Transformation der Philosophie*, Bd. 2, Frankfurt/M. 1976, S. 96–127), innerhalb dessen Apel den Begriff des ›Leibapriori‹ als komplementären Aspekt des ›Bewußtseinsapriori‹ entwickelt (ebd., S. 99 f.).

sondern in der geschichtlichen Positivität einer historisch gegebenen Antwort nach: Die Arbeit geht von der faktischen Existenz einer Lösung des skizzierten methodologischen Problems
in Gestalt der historisch gewordenen neuzeitlichen Naturwissenschaften aus und versucht, die Art dieser Lösung, die die
Naturwissenschaften seit ihrer ›Renaissance‹ im 15. und
16. Jahrhundert entwickelt haben, zu rekonstruieren.

Diese Rekonstruktion einer geschichtlich verwirklichten Lösung ist nicht als Ausweichen vor der Frage des methodologischen Zirkels zu begreifen. Im Gegenteil. Erst das Begreifen der
Notwendigkeit, aufgrund deren die neuzeitliche Naturwissenschaft zu der *selbstlosen* und *selbstvergessenen* Wissenschaft
geworden ist, als die wir sie heute erfahren, kann Ansätze zu
einer allgemeinen Lösung des Problems möglich machen.

Der Ruf nach einer auf den Menschen bezogenen, und das
heißt, vor allem seine Leiblichkeit einbeziehenden reformierten
Naturwissenschaft – der heute von C. Merchant über F. Capra
bis zu D. Bohm aus dem amerikanischen Szientismus herüber-
schallt[4]–, muß so lange moralisch und appellativ erscheinen, wie
nicht zunächst die innere Verkettung jedweden wissenschaftlichen Ergebnisses mit der körperverleugnenden Praxis eben dieser Wissenschaft offengelegt und benannt worden ist, eine Verkettung, die – für die herrschende Naturwissenschaft unaufhebbar – von einer ins Auge gefaßten ›neuen‹ Naturwissenschaft
erst einmal aufgehoben oder revidiert werden müßte.

Es gilt also, die systematische Bedeutung des Körpers – oder,
wie ich hier in Anlehnung an die *Dialektik der Aufklärung*[5]
formulieren will, der ›inneren Natur des Menschen‹ – für die
Genese und Formation der neuzeitlichen Naturwissenschaften
zu untersuchen. Es ist zu fragen, welche Funktion und Bedeutung der Körper in der erfahrungskritischen Experimentalwissenschaft der Neuzeit einnimmt, welche Rolle die Natur des

---

4 Vgl. hierzu Carolyn Merchant, *The Death of Nature*, San Francisco
1980; Fritjof Capra, *Der kosmische Reigen*, München 1977 bzw.
Wendezeit, München 1983 und von David Bohm neuerdings: *Die
implizite Ordnung. Grundlagen eines dynamischen Holismus*, München 1985.
5 M. Horkheimer/Th. W. Adorno, *Dialektik der Aufklärung*, Frank-
furt/M. 1969, insbesondere S. 61.

Menschen heuristisch für die Auffindung und Konzipierung äußerer Natur spielen konnte, und drittens und letztens, wie diese innere Natur zu demjenigen Schattendasein herabsinken konnte, in dem sie ausgeblendet werden und in Vergessenheit geraten konnte – eine Vergessenheit, in der sie um so selbstverständlicher ihrer Rolle der immanenten Erkenntnisquelle nachkommen konnte. Mit diesen Fragen eröffnet sich eine neue Dimension der Entfaltung der Wissenschaftsgeschichte – die der Darstellung der Wissenschaftsgeschichte aus der Perspektive des *Körpers,* der diese Wissenschaft zugleich hervorbringt und ihr doch von Anfang an unterworfen ist. Diese Perspektive zielt darauf ab, das ›Geschick‹ dieses Körpers mit der Geschichte der Wissenschaften zu verknüpfen, das heißt, ein Thema der Anthropologie mit demjenigen der Geschichte der neuzeitlichen Rationalität zu verbinden.[6] Nicht länger mehr wird Wissenschaftsgeschichte als die Geschichte der positiven Fakten, Daten und Ergebnisse geschrieben, die als Prozeß der zunehmenden Verhinderung von Irrtümern verstanden werden kann[7], auch wird sie nicht als eine sich steigernde Folge von Rationalitätsstufen begriffen, die die jeweils zurückliegenden in sich aufzunehmen und einzubetten bzw. zu ›reduzieren‹ vermögen[8], vielmehr geht es um die innere Verflechtung und Verklammerung des historischen Wachstums der Wissenschaft mit einer scheinbar so unhistorischen anthropologischen Grundgegebenheit wie es der Körper ist.

Absicht dieser Arbeit ist es, die Verschränkung der Naturwissenschaftsgeschichte mit der Geschichte des Körpers zu demonstrieren. Es geht um die Beschreibung eines Wechselverhältnisses, innerhalb dessen das leiblich-natürliche Fundament des Körpers und das historisch-artifizielle Konstrukt der Wissenschaft um das Verhältnis gegenseitiger Bedingung ringen:

6 Beispielhaft sind hier G. Bachelard und M. Foucault mit ihren Studien zur neuzeitlichen Rationalitäts-Formation.

7 Immer noch vorbildlich ist hier die angloamerikanische Schule der Wissenschaftsgeschichtsschreibung – ich denke etwa an I. B. Cohen, Th. Kuhn und A. I. Sabra.

8 Vgl. hierzu etwa W. Stegmüller, *Theorie und Erfahrung* (Band II/2 von *Probleme und Resultate der Wissenschaftstheorie und analytischen Philosophie),* Berlin 1973.

Der menschliche Körper, so wird sich zeigen, der in den Anfängen der neuzeitlichen Wissenschaft, im Sensualismus der italienischen Renaissance, noch Orientierungsmaßstab und Leitbild für ›natürliche‹ Erkenntnis gewesen ist, wird im Laufe der Herausbildung der methodisch verfaßten (und instrumentaltechnisch versierten) Experimentalwissenschaft aus seiner leitmotivischen Funktion verdrängt und ausgeblendet. An seine Stelle tritt die wissenschaftliche Rekonstruktion, die den Körper als ›Maschine‹, ›Automat‹ oder ›physiologisches Wahrnehmungssystem‹ zu entwerfen trachtet. Damit wird der Körper gänzlich zum Objekt wissenschaftlicher Verfügung; er nimmt eine Abstraktheit und Artifizialität an, die die ursprünglich fundierende Leiblichkeit des Menschen total vergessen läßt – und die es schwierig werden läßt, auch nur *Spuren* dieser Leiblichkeit in der heutigen Praxis des Wissenschaftsbetriebes aufzufinden.

An dieser Stelle ist eine Bemerkung über die verschiedenen Dimensionen von ›Leib‹ und ›Körper‹ angebracht. Es geht in dieser Arbeit nicht um das Ausspielen des ›Leibes‹ gegen den ›Körper‹; es geht nicht um die Bevorzugung oder Rehabilitation einer vorgeblich unmittelbareren ›Leiberfahrung‹[9] gegenüber der einschnürenden Praxis verdinglichter Körpererfahrung. Vielmehr geht es um die materialistische Untersuchung des ›Geschicks‹ des Körpers (in beiderlei Sinn zu nehmen) unter den Bedingungen seiner wissenschaftlichen Objektivierung und Indienstnahme. Die Arbeit rekonstruiert das Auseinandertreten von Leib und Körper als Entstehungsbedingung moderner Wissenschaft und verfolgt damit die Ambivalenz eines Prozesses, der den ›Körper‹ als Gegenstand der Wissenschaft ins Licht, den ›Leib‹ aber als deren unabweisbare apriorische Voraussetzung in den Schatten rückt.[10]

Die Arbeit begreift dieses Auseinandertreten als historische

---

9 Vgl. H. Schmitz, *System der Philosophie*, II. Band, 1. Teil: *Der Leib*, Bonn 1965, insbesondere § 44; siehe ebenfalls G. Böhme, »Leib-Sein als Aufgabe«, *Hippokrates* 1969, Heft 5, S. 186–191.

10 M. Scheler und H. Schmitz haben Ansätze zur präzisen definitorischen Unterscheidung von ›Leib‹ und ›Körper‹ gemacht; vgl. M. Scheler in *Der Formalismus in der Ethik und die materiale Wertethik* (1913/16), Bern 1954, S. 409 ff.; H. Schmitz in *System der Philosophie*, Bd. II/1, a. a. O., §§ 43 und 45. Ich nehme hierauf nicht Bezug, da es

Entwicklung. Sie geht damit nicht etwa existentialphilosophisch vom ›Leib‹ als dem ›schon immer Überschrittenen‹[11] aus, sie fragt vielmehr nach den historischen Umständen des Überschreitens. Genauer: Sie fragt nach den historischen Umständen jener Überschreitung, die die Naturwissenschaften der Neuzeit im Absehen von der eigenen leiblichen Verfaßtheit bzw. im Konzipieren des abstrakt gegenständlichen Begriffs der ›Körperlichkeit‹ vollzogen haben. Damit fragt sie nach genau den historischen Bedingungen der oben angeführten Selbstvergessenheit, die als charakteristisch für die Verfassung der heutigen Naturwissenschaften anzusehen ist.

Die Faktizität dieser Entwicklung erscheint ihr unwiderruflich: »Der Körper ist nicht wieder zurückzuverwandeln in den Leib«.[12] Die vergegenständlichende dinghafte Bezugnahme auf die eigene und fremde Natur ist eine selbstverständliche, alltägliche Bedingung des modernen Lebens geworden, wie es nicht zuletzt in der Dominanz des Begriffes ›Körper‹ in der Umgangssprache zum Ausdruck kommt.

Terminologisch folgt die Arbeit dieser Faktizität: Sie präferiert den Begriff ›Körper‹, um in dieser Präferenz die Unmöglichkeit der Restitution des Leibes festzuhalten. Allerdings gilt es ihr nicht als ausgemacht, daß der Körper in den objektivierenden Bestimmungen neuzeitlicher Wissenschaft und Warenkultur auch aufgehen wird.

Wenn diese Arbeit sich auch auf die Untersuchung der ›Rolle der inneren Natur in der experimentellen Naturwissenschaft der frühen Neuzeit‹, das heißt im wesentlichen des 16. und 17. Jahrhunderts, beschränkt, so sind von ihren Ergebnissen doch Einsichten zu erwarten, die die wissenschaftlich geprägte Neuzeit insgesamt betreffen. Es werden sich im Laufe der Untersuchung Bestimmungen und Objektivationen des Körpers ergeben, die nicht nur die körperliche Konditionierung des

mir gerade auf die Darstellung des historischen Flusses dieser Begriffe ankommt.
11 Vgl. J. P. Sartre, *Das Sein und das Nichts. Versuch einer phänomenologischen Ontologie*, Hamburg 1962, III. Teil, insbesondere S. 424 f.
12 M. Horkheimer/Th. W. Adorno im Fragment »Interesse am Körper«, in: *Dialektik der Aufklärung*, a. a. O., S. 246–250; hier insbesondere S. 248.

Wissenschaftlers, sondern die des Menschen generell, soweit er von der neuzeitlichen Aufklärung erfaßt ist, berühren. Der Körper des Wissenschaftlers nimmt in diesem Sinne nur die Rolle eines Vorreiters, eines paradigmatischen ›Pilot-Körpers‹ ein, dessen Verfassung unter dem Zugriff der Wissenschaft allgemeinere Relevanz für die anthropologische Umwälzung des Menschen unter wissenschaftlichen Vorzeichen besitzt.

Damit komme ich zur Vorstellung der Arbeit.

Sie umfaßt drei Teile, die je verschiedenen Ausprägungen des Verhältnisses von Wissenschaft und Körper Rechnung tragen: der Körper als Gegenstand wissenschaftlicher Neugier (I), der Körper als Objekt methodologisch-instrumenteller Verfügung (II) und das Schattendasein des Körpers unter den Randbedingungen wissenschaftlicher Praxis (III).

Der erste Teil verfolgt den Prozeß der »Entdeckung des Körpers« in der Renaissance. Ausgehend von dem für diese maßgebenden Phänomen des ›Blicks‹ werden drei verschiedene Aspekte des Prozesses der Bewußtwerdung und Thematisierung des Körpers erschlossen: Am Phänomen des ›bösen Blicks‹ wird die Objektivierung des Körpers unter dem Blick des fremden Anderen, des Gegenüber, erfahrbar; am ›perspektivischen Blick‹ der Anthropometrie und Zeichenlehre wird die Erfassung fremder Körper studierbar; am ›Blick der Medizin und Anthropologie‹ wird der Versuch der Selbstvergewisserung und Selbst-Objektivation erfaßbar. Diese drei Momente der Entdeckung des Körpers schlagen sich nieder in den ersten Reflexionen der neu sich formierenden Naturphilosophie über die eigene leibliche Verfaßtheit; diese eigene ›innere Natur‹ wird als eine Bedingung empirisch-experimenteller Praxis erkannt, die notwendig einer methodischen Regelung und Regulierung bedarf.

Der zweite Teil fragt nach dem Schicksal des Körpers unter dem methodischen Regiment der Wissenschaft. Hier geht es nicht um die Verfolgung einer historischen Spur der Disziplinierung, sondern um die Nachzeichnung der systematisch notwendigen Etappen, die die Formierung des Körpers des Wissenschaftlers unter den leiblichkeitsverleugnenden Prämissen der Wissenschaft durchlaufen mußte. Ausgehend von der These, daß das Selbstverständnis dieser neuzeitlichen Naturwissenschaft sich in dem methodischen Anspruch der Imitation der Verfahren der Natur, nämlich ›. . . so zu verfahren wie die Natur selbst‹, fassen lasse, werden drei Momente dieser methodischen Maxime (das des ›Verfahrens‹, das der ›Natur selbst‹, das des ›So-Wie‹) unterschieden und auf die Bestimmung des Körpers hin befragt: auf die Kritik am Körper, auf die Verleugnung innerer Natur und auf die Selbstauslegung des Körpers.

Im Gefolge der »Kritik des Körpers« (Kap. 4) geraten die sinnlichen, apperzeptiv und operativ welterschließenden Vermögen des Körpers, die zunächst als notwendige Bedingung von empirischer Erfahrung anerkannt waren, in das kritische Augenmerk der methodisch reflektierenden Wissenschaft. Sie werden zu ›Werkzeugen unter Werkzeugen‹, die vervollkommnet, ergänzt oder auch von anderen, technischen Werkzeugen verdrängt werden können. Die »Verleugnung der inneren Natur« (Kap. 5) bezieht sich auf das Programm einer ›leibfreien‹ Naturerkenntnis, wie es exemplarisch in der cartesischen Lehre von der Subordination der Wahrnehmung unter die Kognition und der darauf aufbauenden Theorie der ›Repräsentation der Wahrnehmung‹ zu finden ist. Wahrnehmung bedarf hiernach nicht mehr unbedingt der Beglaubigung durch die Sinne, vielmehr scheinen diese einer wissenschaftlich anspruchsvollen Perzeption eher hinderlich und irrtumsfördernd entgegenzustehen. Die Möglichkeit einer rein instrumentellen Wahrnehmung tut sich auf, die eine leibliche Intervention des Forschers im Akt der Naturbefragung und -bemessung überflüssig macht. Die Mittel dieser »Instrumentellen Naturerkenntnis« (Kap. 6) beschafft sich die Wissenschaft zunächst beim Menschen selbst; der menschliche Körper und seine Organe werden zum Vorbild einer Entwicklung von Instrumenten genommen, die sich allerdings schnell von diesem Paradigma lösen, um den menschlichen Körper seinerseits an ihrem eigenen Bilde aufzuklären und auszulegen. Es findet eine ›Inversion von Explanans und Explanandum‹ statt derart, daß der ursprünglich modellbildende apriorische Leib zum Projektionsfeld naturwissenschaftlicher Theorie- und Instrumentenbildung wird. Als Resultat dieser methodischen Zurichtungen und Zuschreibungen ergibt sich, daß der Körper in den Randbereich einer bloßen Voraussetzung abgedrängt wird und damit eine Form der Existenz anzunehmen hat, in der er nur noch als imaginärer Begleiter und hypothetische ›Spürnase‹ von Störfällen anwesend sein, physisch aber nicht mehr ins Gewicht fallen darf.

Der dritte Teil (»Der Körper im Schatten«) fragt nach der Befindlichkeit des Körpers unter diesen restriktiven Bedingungen. Anhand einer historischen Sequenz von drei als typisch zu erachtenden Forscher-Persönlichkeiten (Cardano, Kepler, Newton) wird der zunehmende Derealisierungsprozeß skizziert, den der Körper im Blick auf eine nur noch hypothetisch und imaginativ in Anspruch genommene Existenz erfährt. Der Körper rutscht ab unter die irrelevanten Bedingungen des äußeren Daseins, die für den Forscher nur noch aus Gründen der unvermeidlichen Selbsterhaltung, nicht aber zur Gewährleistung seiner wissenschaftlichen Produktivität von Interesse sind. Am Ende dieser Entwicklung steht ein gewisser Typus des wissenschaftlichen Arbeiters, dessen wesentliche Kompetenzen nicht mehr in ›ästhetischen‹ Vermögen der Sinne oder operativen Fähigkeiten der Organe, sondern im derealisierten imaginären Spiel der Phantasie, im fiktiven Entwurfshandeln der Einbildungskraft zu sehen sind, wie es vom modernen Experiment als einem ›Handeln auf Probe‹ gefordert wird. Der ›Leib‹ scheint damit zurückgeschraubt auf den Status eines imaginativ tätigen Produzenten von Versuchsideen, die hinsichtlich ihrer Verträglichkeit mit den Möglichkeiten der Natur erst noch überprüft werden müssen.

Abschließend einige Bemerkungen zur Methode der Arbeit. Die Erschließung des Themas stand vor einer grundsätzlichen Schwierigkeit: der Gegenstand der Untersuchung, der Wissenschaftler in seiner körperlichen Gegebenheit, läßt sich nicht umstandslos aufsuchen, er ist unzugänglich. Er hinterläßt im geschäftlichen Vollzug der Wissenschaft keine Spuren, weil er immer schon dafür sorgt, der ›Überschrittene‹ zu sein, dessen bestes Funktionieren darin besteht, unauffällig zu bleiben. Eine ganze Tradition von wissenschaftsgeschichtlichen Dokumenten verrät diese Körperverleugnung und mußte dementsprechend gegen den Strich gelesen werden; Methoden und Ergebnisse naturwissenschaftsfremder Gebiete und Disziplinen wie etwa der Kunstgeschichte, Anthropologie und Ethnologie, andererseits der Wissenschaftssoziologie und -psychologie mußten herangezogen werden, um Befunde bezüglich des ›Wissenschaftlers und seines Körpers‹ herausarbeiten zu können. Die Methode konnte nicht ›rein‹ bleiben, weil der Gegenstand selbst es nicht ist: Der Körper des Wissenschaftlers ist im System der Wissenschaft immer ein Fremdkörper geblieben.

Der Zeichner des liegenden Weibes

Dürers Holzschnitt ist der Erläuterung des Verfahrens der perspektivischen Darstellung gewidmet. Es stellt einen Künstler dar, der sich zur genauen Erfassung seines Gegenstandes eines geometrischen Zeichenrahmens bedient. Dieser Zeichenrahmen – und die von ihm suggerierte Methode – stellt das eigentliche Thema des Bildes dar; doch gewinnt es an Interesse erst durch das Arrangement, innerhalb dessen Dürer das Verfahren präsentiert.

Abbildung 1. Albrecht Dürer: Der Zeichner des liegenden Weibes; aus: Underweysung der Messung, *Nürnberg 1538; Holzschnitt.*

Es sei zunächst der Apparat beschrieben, der den ganzen Bildaufbau regiert. In der Mitte des Bildes stehend und fast rechtwinklig zum Betrachter gewendet, teilt er die Fläche des Bildes in zwei annähernd gleich große, aber gegensätzliche Hälften. Zur Linken ruht, aufgelagert auf einen Tisch, eine nahezu entblößte und – sagen wir es gleich – verlockend schöne Frau, das Modell. Zur Rechten der Zeichner, im Begriff, sich dem Verfahren der ›perspektivischen Zeichnung‹ anzuvertrauen. Seine starre und etwas angestrengte Haltung besitzt einen deutlichen Kontrapunkt in der weichen, fast fließenden Lage des Aktes ihm gegenüber.

Der Zeichner sitzt kerzengerade aufgerichtet an einem Tisch und blickt unverwandt auf sein Objekt. Vor ihm ist eine Zeichenunterlage mit einem Bogen Papier ausgebreitet, auf dem das Resultat seiner Bemühungen Gestalt annehmen soll. Weitere Details innerhalb seiner Bildhälfte, ein Peilstab direkt an seinem Auge, eine Zeichenfeder in seiner Rechten und nicht zuletzt das vor seinen Augen aufgespannte Gitter des Zeichenrahmens verraten, wie er die Darstellung des Gegenstandes korrekt vorzunehmen hat.

Der Künstler bedient sich zum einen des Peilstabes, einer Art Kimme, die direkt vor seinem Auge aufgebaut ist und wie eine scharfe Klinge das Spiel seiner Augen bewacht: Sie dient dazu, die einmal gewählte Position der Augen, die eingenommene ›Perspektive‹, ein für allemal zu markieren; zum anderen bedient er sich des besagten Zeichenrahmens, der ihm sowohl den Bildausschnitt als auch dessen geometrische Proportionen vorgibt. Hierzu dienen die feinen Fäden des Gitters, die durch die äquidistanten Linien von Ordinaten und Abszissen ein reales Koordinatennetz vor ihm aufspannen. Der Blick des Künstlers, der auf einen bestimmten Objekt-Punkt innerhalb des Bildausschnittes fixiert ist, wird durch ›Kimme und Korn‹, nämlich die Peilstange am Auge und den anvisierten Objekt-Punkt, als feststehende Gerade markiert, die genau einen Durchstoßpunkt in dem zwischen Auge und Objekt liegenden Gitter besitzt. Diesen Punkt auf dem Gitter hat der Zeichner genauestens zu lokalisieren – eben mit Hilfe der schon erwähnten Koordinaten –, um ihn dann auf seiner Zeichenebene als entsprechenden Bildpunkt einzutragen.

Man sieht: Der Zeichner hat das Gitter zu visieren; nur der Blick durch das Gitter liefert ihm ein eindeutig definiertes ›Objekt‹. Dabei darf sein Blick sich nicht auf die Erfassung von ›Form‹ oder ›Gestalt‹ einlassen, darf sich nicht von einer Wahrnehmung des Ganzen ablenken lassen, vielmehr hat er sein Gegenüber in eine Reihe visierbarer Punkte zu zerlegen, es Punkt für Punkt durchzumustern und auf seiner Zeichnung zu reproduzieren.

Ist damit dem von Dürer propagierten Verfahren Rechnung getragen, so ist aber noch nichts über die Haltung der Subjekte gesagt, die diesem Verfahren unterliegen. Auf höchst eigenwillige und originelle Weise ist ihre Haltung von Dürer beschrieben.

Der Zeichner: Wie schon betont, sitzt er pfeilgerade aufgerichtet da. Sein Blick ist unerbittlich auf einen Punkt konzentriert.

Man kann durchaus sagen, daß dieser Blick eher durch das Gitter angezogen als durch den Zeichner geworfen würde. Auf jeden Fall hat sein Ausdruck etwas Zwanghaftes oder Pedantisches an sich, er lugt durch das Gitter, als ob er einen Haufen Flöhe zu zählen statt einen weiblichen Akt darzustellen hätte. Von einer angenehmen Empfindung angesichts dieses Gegenübers ist ihm nichts anzumerken, eher verraten seine Züge den Ernst der Anstrengung.

Nicht überraschend deshalb, daß das Milieu, in das Dürer ihn hineingestellt hat, Kärglichkeit und Strenge ausstrahlt: Ein Zimmer mit Fenster ist zu sehen, das aber kaum Ausblick ins Freie, sondern eher einen Blick in die Welt des Studiums freigibt. Auf dem Fensterbrett ist ein kugelig symmetrisches Gewächs, Kugelbaum oder Kaktus, zu sehen, das in eigenartiger Weise den ideellen perspektivischen Linien des Zeichners korrespondiert. Neben ihm eine leere Vase zum Aufnehmen weiterer Blumen oder zum Begießen, man weiß es nicht.

Auf der anderen Bildhäfte, der des Modells, eine überraschende Gegenwelt: Wo eben Künstlichkeit und Strenge dominierten, ist hier großzügige Natur vorherrschend.

Schon die Haltung: Das Modell lagert durchaus bequem, wie es scheint, auf einem Tisch, der mit mehreren Polstern, Kissen und Decken zur Aufnahme seines delikaten Sujets ausgestattet ist. ›Delikat‹ deshalb, weil es eine durchaus freizügige und nicht unverfängliche Stellung ist, in der dieses Modell sich dem Blick darzubieten beliebt.

Sie liegt, in ihrer ganzen Länge vor das Auge des Zeichners hingestreckt, so, als ob sie sich diesem Auge preiszugeben wünsche, und erweckt dadurch vielleicht unfreiwillig den Eindruck, sich ihm hinzugeben oder ihm zu Willen zu sein.

Darüber hinaus ist sie, von des Autoren Hand so gefügt, dem Betrachter zugekehrt, so daß ihre ganze üppig zu nennende Schönheit eher noch diesem als dem Zeichner ins Auge fallen muß. Dem äußeren Betrachter ist sie offen zugewendet, ihm gegenüber entblößt sie ihren Busen und ihren ganzen Leib, nur ihre ›Scham‹ dabei aussparend, die durch ein schickliches Tuch von der eigenen Hand verdeckt wird.

Gibt sie sich hin? Bietet sie sich an – oder deuten wir dies nur so? Ist es ein Eindruck nur von uns – ich will es an dieser Stelle noch offenhalten. Ihre Gedanken sind nicht zu erraten, sie liegt entspannt, als sei sie durch einen Schlummer entrückt. Kein Wort, kein Wille, kein Blick geht von ihr aus – wie es von einem Modell verlangt ist.

Hinter ihr, und dies wirkt wie eine Verstärkung ihrer selbst, ein Fenster, das einen Ausblick auf tatsächliche äußere Natur freigibt: einen Ausblick nämlich in die Ferne, auf liebliche Natur, Berge, Täler und das Meer – ein Bild der Harmlosigkeit. Auch diese Natur scheint offen zu sein, einladend und an sich passiv: Sie lädt zur Begehung oder Eroberung ein.

Warum diesem Bild solche Aufmerksamkeit widmen?

Ich denke, daß es in besonders sinnfälliger, fast metaphorischer Weise die Konditionierungen vor Augen führen kann, die der Natur von ›Subjekt‹ und ›Objekt‹ in diesem zeichnerischen Erkenntnisprozeß zugemutet werden.

Thema des Bildes insgesamt ist das Verfahren der perspektivischen Darstellung, eines Verfahrens objektiver Gegenstandsreproduktion. Die perspektivische Reproduktion, dies zeigt Dürer, verlangt Disziplin, Konzentration und innere Beherrschung, sie verlangt die Stillstellung der inneren Natur – auch wenn es sich um ein derart brisantes Sujet wie den weiblichen Akt handelt. Man kann davon ausgehen, daß dieses Sujet von Dürer nicht arglos oder zufällig gewählt wurde, und zwar aus einem doppelten Grunde nicht: An keinem anderen Motiv hätte sich die Konfrontation von Zeichner und Modell derart zuspitzen lassen, und gleichzeitig: An keinem Gegenstand hätte sich besser die Zuverlässigkeit und Verläßlichkeit des Verfahrens demonstrieren lassen als gerade an diesem für den Zeichner so verfänglich schönen Weibe.

Um mit letzterem zu beginnen: Dürer zeigt, daß sein Verfahren funktioniert. Das Gitter tut seine Wirkung. Der Zeichner ist derart von seiner Aufgabe durchherrscht, ja man kann sagen, gefangen genommen, daß eine Irritation über den Gegenstand vor seinen Augen gar nicht aufkommen kann. Sein Körper gehorcht den Vorgaben des perspektivischen Apparats, nicht mehr dem, was ihm Sinne und Begehrungsvermögen einflüstern.

Die eigentliche Pointe des Bildes liegt aber in seiner verhaltenen Komik. Dürer erzeugt durch die Konfrontation der beiden so konträren Protagonisten, des launig wirkenden, still vergnügten

Weibes mit dem etwas verbiesterten und pedantischen Zeichner, eine eigenartige Spannung, die noch dadurch gesteigert wird, daß die beiden Figuren nichts von dieser Spannung zu bemerken scheinen. Ihre ganze Haltung scheint von einer solchen ›Spannung‹ nichts wissen zu wollen, denn mit der gleichen selbstvergessenen Hingabe unterwerfen sie sich den Bedingungen, die der Prozeß der perspektivischen Reproduktion ihnen abverlangt: Sie halten still, jeder auf seine Weise.

Auf der einen Seite die lässig und entspannt wirkende Frau, die ganz in ihrem Objekt-Dasein aufgeht, wie es den Anschein hat. Ihre Gedanken sind nicht zu erraten, sie bieten Raum für Vermutungen, Unterstellungen und Antizipationen. Ihr Körper aber ist an diese Bank gefesselt und zu der ihm eigenen aufregenden Präsenz verurteilt.

Auf der anderen Seite der Zeichner, als Künstler das Sinnbild eines freien und autonomen Subjekts: Ihn scheinen Gedanke, Wille, Tat völlig zu beherrschen, sie scheinen bis auf seinen Körper durchzuschlagen. Alles an ihm bezeugt die Unterordnung unter die Absicht: die straffe und etwas steife Haltung, der starre Blick, die disziplinierte, aber angespannte Hingabe. Hier also der Körper des Subjekts, der dem Willen total unterworfen, der funktional und zweckmäßig erscheint. Dort der Körper des ›Objekts‹, Modell einer aufwendigen Apparatur, aber immerhin in einem Anflug von Muße der Wissenschaftlichkeit entrückt.

Insgesamt also eine doppelte Kontraposition: die von Subjekt und Objekt der Autonomie und Subordination (vom Willen her gesehen), aber ebenfalls die von Instrumentalität und Zwecklosigkeit (vom Körper aus gesehen).

Vielleicht hat Dürer damit unfreiwillig die Zurichtung der Körper beschrieben, die sie unter der Dramaturgie des Forschungsaktes erfahren: Sie finden sich aufgespalten in ›Objekt-Körper‹ und ›Subjekt-Körper‹, Untersuchungsgegenstand und Untersuchungsmittel.

Um Natur zu erforschen und zu finden, muß die eigene erst einmal in Dienst gestellt und genutzt, muß sie instrumentalisiert und übergangen werden. Muß aber umgekehrt die fremde Natur stillgestellt, zu einer ›nature morte‹ gemacht werden, die voller Bedeutungen zwar (möglicher Bedeutungen) ist, die aber der Kompetenz des Handelns und der Autorität des Lebendig-Seins verlustig gegangen ist.

Interessanterweise geht dieses ›Muß‹ im Dürerschen Bild von der Apparatur aus: Diese ist es, die den Blick des Zeichners ausrichtet, die seinen Körper strafft und auf ein Ziel hin zurichtet – sie ist es, die ihn, das Subjekt, mit der Instrumentalität des eigenen Körpers konfrontiert.

Sie ist es aber auch, die die Kennzeichnung des Objekts erst vornimmt, indem sie den Körper der Frau zum eigentlichen Objekt erst macht. Wenn es diesem Körper gestattet, ja sogar zur Verpflichtung gemacht ist, absichtslos zur Verfügung zu stehen, so deshalb, weil alle Kennzeichnung und Absicht von der perspektivischen Apparatur schon ausgeht.

Beide Seiten dieser *Underweysung der Messung* scheinen damit auf ihre Weise ›Unterwiesene‹ des perspektivischen Gitters zu sein; beide haben ihren Anteil an der Vermessung des Körpers – die Einschließung in den intentionalen, aber dienstbaren Körper hie, den absichtslosen, aber objekthaften Körper da – erst einmal aufzubringen, um die distanzierte Erforschung der Natur überhaupt in Gang zu bringen.

Aber ist dies schon die ganze Wahrheit dieses Bildes?

Geht die Dürersche Darstellung in der geschilderten Konfrontation schon auf?

Es gibt ein Indiz innerhalb des Bildes, das für mehr, für anderes als die nüchterne Funktionsbeschreibung oder ›Aufrechnung der Kosten‹ des perspektivischen Verfahrens spricht: Es ist die latente Anwesenheit eines Dritten, die vom Bild selbst her hypostasiert wird. Wenn überhaupt, dann könnte dieser ›Dritte‹ in der Lage sein, die geschilderte, etwas verkrampfte Gegenüberstellung von Zeichner und Modell zu registrieren und in ihrer Überspitzung ins Komische wahrzunehmen.

Eingangs ist von einer Ansprache an einen Dritten die Rede gewesen: Ich habe darauf hingewiesen, daß die Haltung des Weibes nicht etwa auf den Zeichner hindeutet, sondern eher einem imaginären Zuschauer und Betrachter des Geschehens gilt. Einem Zuschauer, dem sie vorzugsweise ihre ganze Schönheit zuwendet, ja verrät – und der dadurch fast zum Komplizen einer gewissen Moquanterie ob dieser komischen Begegnung gemacht wird.

Dieser – nur angedeutete, nur als Möglichkeit ins Spiel gebrachte – Dritte, dieser ›invisible spectator‹ könnte es sein, der das Bild erst aus seiner schwerfälligen Ernsthaftigkeit zu befreien vermag: der es, so es ihn gibt, über die Einseitigkeit der genannten Momente von ›Subjekt‹ und ›Objekt‹ hinweg verstehen kann. Dieser so angesprochene Betrachter ist es erst, der die Einseitigkeit der körperlichen Konditionierungen aufzuheben in der Lage ist, den auf den Tisch gefesselten Körper des Modells und den an die Apparatur genagelten Verstand und Willen des Zeichners. Wir sind in der Lage, über dieses Bild zu lachen, das heißt, es in Bewegung zu setzen, zu verändern.

Erster Teil
Entdeckung des Körpers

1 Vom Körper

Quel sol che pria d'amor mi scaldò il petto di
bella verità m'avea scoverto provando e riprov-
ando, il dolce aspetto

Dante, Paradiso III, 1–3

Das Bild der Neuzeit ist von der Neugier des Menschen auf sich
selbst geprägt. Interesse, Wagemut, Neugier sind Momente
eines ›Willens zum Wissen‹, der die Erforschung der gesamten
Natur, und insbesondere der eigenen, menschlichen Natur,
zum Programm macht. Dieser Wissensdurst kommt zumeist in
der unkritischen Figur der Neugier, der Wagnissucht und der
Lust auf Erfahrung[1] daher, doch verbirgt sich dahinter häufig
die insgeheime Suche nach sich selbst, die offene Frage nach der
eigenen Bestimmung. »Der empirische Charakter des Menschen und die sittlichen Einflüsse, die auf ihn einwirken«,
schreibt E. Cassirer über »Die Renaissance des Erkenntnispro-
blems«[2], »sind es, die sein Wollen und sein Tun bedingen. Nicht
am Himmel, sondern in sich selbst muß der einzelne den Grund
seines Geschickes lesen.« Und: »Je strenger indes der Gedanke
an einen Zwang durch fremde und äußere Mächte abgewiesen
wird, um so helleres Licht fällt nunmehr auf die psychologi-
schen, ja auf die körperlichen Ursachen«, die das Handeln des
Menschen einschränken.[3]
Stärker als jede Epoche vor ihr stellt die Renaissance die Bedeutung des Menschen in Frage: Welche Anlagen und Bestimmungen sind in seiner Natur schlummernd verborgen?[4] Was ist das
Wesen des Menschen, und inwieweit gibt seine Erscheinung
darüber Aufschluß? Was verbirgt sich hinter dem Gesicht eines
Menschen?

---

1 ›Accademia del Cimento‹ (il cimento [ital.] = das Wagnis, die Probe)
nannte sich die erste der Naturwissenschaft gewidmete Akademie der
Renaissance in Italien; ihr Wahlspruch lautete: »Provando e Ripro-
vando« (Durch Prüfung und Überprüfung).
2 E. Cassirer, *Das Erkenntnisproblem*, Bd. I, Berlin ³1922, S. 159.
3 Ebd.
4 So etwa G. B. della Porta, der sich neben der ›Magia Naturalis‹ auch
ausführlich mit den Lehren der Physiognomie beschäftigte.

»Es gibt nichts, was ich mit größerer Peinlichkeit zu erforschen und so sehr zu wissen verlangte als dies: Kann ich wohl Gott, den ich bei Betrachtung des Weltalls geradezu mit Händen greife, auch in mir selber finden?« fragt grüblerisch Johannes Kepler[5] in einem Brief des Jahres 1611.

In dieser Arbeit soll nach dem *Körper* des Menschen, speziell des Naturwissenschaftlers, gefragt werden, und nach seiner Rolle bei der Beförderung von Neugier und Erkenntnis. Welche Rolle spielt dieser Körper beim Zustandekommen der Erkenntnis, insbesondere der Erkenntnis der *Natur*? Geht die Naturerkenntnis durch den Körper hindurch? Geht er in irgendeiner Weise in diese Erkenntnis mit ein? Schließlich: Welche Aufmerksamkeit wird ihm selbst, der er immerhin die vorgängig erfahrbare eigene ›Natur‹ des Wissenschaftlers ausmacht, innerhalb der Reflexionen der Naturwissenschaften zuteil?

Es sind zwei Fragenkomplexe, die sich hier herausschälen: die Frage nach dem Körper als *Gegenstand* der Wissenschaften und die Problematisierung des Körpers als eines *Mittels* der Naturerkenntnis.

Ein erster Ansatz könnte vermuten, daß gerade in der Renaissance, wo sich auf exemplarisch emphatische Weise die empirische Erfahrung *mittels* des Körpers mit der Suche *nach* ihm verbindet, daß gerade in ihr beide Fragen zusammenlaufen und in der Erkenntnis der Selbstbezüglichkeit jeden Fragens nach Natur kulminieren könnten.

Dem ist nicht so: Vielmehr widerstreitet dem Zugewinn an Aufmerksamkeit und Bedeutung, der dem Körper als Gegenstand der Neugier zuteil wird, eine eigenartige Interesselosigkeit, was die naturalen, körperlich-leiblichen Grundlagen der Naturerkenntnis anlangt. Eine eigentümliche Verschränkung ist zu verzeichnen zwischen dem Auftauchen des Körpers als eines bevorzugten Erkenntnisgegenstandes und dem gleichzeitigen Abtauchen desselben, soweit er Mittel und Medium dieser Erkenntnis ist.

Aber greifen wir nicht vor. Zunächst ist zu konstatieren, daß gerade am Körper eine Reihe von Trennungsprozessen sich festmachen, die für die Neuzeit typisch und wesentlich sind: die

---

5 Zit. nach M. Caspar, *Johannes Kepler,* Stuttgart 1948, S. 258.

Trennungen von Leib und Seele, von Vernunft und Wahnsinn, von Realität und Traum, und vor allem diejenige von Mensch und Natur.

Nahezu überall ist es der Körper, der die genannten Prozesse sichtbar und dingfest macht, der sie repräsentiert; an ihm spielen sie sich ab, an seiner Gestalt können sie zeichenhaft noch einmal abgelesen werden. Der renaissance-typische Prozeß der »Entdeckung des Menschen« durch den Menschen, durch den zumindest Jacob Burckhardt[6] die Kultur der Renaissance charakterisiert sieht, bezieht sich in auffälliger Weise auf den Körper, so als sei er die bevorzugte phänomenale Ebene, auf der der Selbstbefragungs- und Selbstunterscheidungsprozeß des Individuums zum Ausdruck kommen könne. Es ist also zunächst zu fragen, wie der Körper zum ›Phänomen‹ wird und wie er dem reflektierenden Bewußtsein zu ›Bewußtsein‹ kommt.

Ein erstes Thema, an dem das gegenständliche Interesse des Bewußtseins sich entzündet, ist das der ›Endlichkeit‹ des Körpers. Schon mit dem ausgehenden 13. Jahrhundert knüpfte man nach Jahrhunderten des Schweigens wieder an die systematische Tradition der griechischen Medizin an. Insbesondere der Körper als Leichnam erweckte das Interesse der medizinischen Lehre und Forschung: Die Sektion an der geöffneten Leiche wurde wiederentdeckt.

Auch in der Poesie, in den schaurig dumpfen Kulten und nekrophilen Tanzformen des ausgehenden Mittelalters war schon die Idee der ›Endlichkeit‹ des Menschen und seines Unvermögens zur Unsterblichkeit zum Ausdruck gekommen.

Huizinga berichtet im Kapitel »Das Bild des Todes« seines Werkes *Herbst des Mittelalters* von den vorwitzig gewagten Spottgesängen, die von Sängern und Dichtern des 12. und 13. Jahrhunderts angestimmt werden über die Endlichkeit des menschlichen Lebens, die Vergänglichkeit der menschlichen Werte, und nicht zuletzt auch der Schönheit der Frauen.[7]

Die Figur des Todes, im Totentanz beschworen, die grausige, aber dennoch die Sinne so anregende Vorstellung der Verwesung und die nackte Materialität des Leichnams beginnt die Menschen zu faszinie-

---

6 Vgl. J. Burckhardt, *Die Kultur der Renaissance in Italien* (1860), Neudruck Stuttgart [10]1976, S. 284 ff.

7 Vgl. J. Huizinga, *Herbst des Mittelalters*, Stuttgart [11]1975, S. 198 ff.

ren. Anfänglich noch unter der Hülle des beschworenen Tabus, des Verbotenen, dringt das Interesse an den realen, prosaischen Bedingungen der körperlichen Existenz immer deutlicher hervor. Das Thema der ›Fünf Versuchungen‹, die von der *Ars moriendi* des 15. Jahrhunderts abgehandelt werden, nämlich »der Glaubenszweifel, die Verzweiflung über die Sünden, das Haften an irdischen Gütern, die Verzweiflung über das eigene Leiden, endlich der Hochmut über die eigene Tugend«[8] gestattet im Negativen, das Begehren nach diesen schnöden weltlichen Dingen nachzuerleben.

Etymologische Erkundigungen belegen ein relativ junges Datum für das Auftauchen des Begriffs ›Körper‹. Haeffner teilt in seiner *Philosophischen Anthropologie* als Resümee eines »Vorbegriffs des Leiblichen aus der Sprache« mit, daß die »Reduktion des Leibes auf einen Körper« erst mit der Neuzeit, mit dem 17. Jahrhundert vollzogen worden sei.[9]

Und in Kluges Etymologischem Wörterbuch erfahren wir, daß das deutsche Wort Körper, abstammend von lat. ›corpus‹, auf Leib im Sinne von *Leiche, Leichnam* zu beziehen sei:

»Körper m. Aus dem Stamme corpor – des lat. corpus n. ›Leib‹ ist im 13. Jhd. mittelhochdeutsch korper entlehnt, neben dem bald danach *körper* auftritt, dessen Umlaut nicht befriedigend erklärt ist . . . Begünstigt wurde die Entlehnung durch die Kirche mit Abendmahl und Leichnamverehrung, vielleicht auch durch die Heilkunde. Das germanische Wort für ›Körper‹ siehe unter *Leiche, Leichnam.*«[10]

Demgegenüber ist das Wort ›Leib‹ sehr viel älter, stammt nämlich nach Kluge[11] aus dem Althochdeutschen ›Lib‹, und hängt damit mit ›Leben‹ zusammen.

»Das von den Gebrüdern Grimm begonnene *Deutsche Wörterbuch*«, schreibt G. Haeffner in seiner ›Philosophischen Anthropologie‹[12], »bezeugt für das deutsche Wort ›Leib‹ (und seine Abwandlungen), grob gesprochen, drei Bedeutungsvarianten, die in der Geschichte nacheinander aufgetreten sind und die jeweils vorigen in den Hintergrund verwiesen haben, ohne sie doch ganz abzulösen (Band VI [1885], Sp.

8 Vgl. J. Huizinga, a. a. O., S. 204.
9 G. Haeffner, *Philosophische Anthropologie*, Stuttgart 1982, S. 92.
10 F. Kluge, *Etymologisches Wörterbuch der deutschen Sprache*, Berlin 1975, S. 395 f.
11 F. Kluge, ebd., S. 432.
12 G. Haeffner, a. a. O., S. 91.

580–611). Zunächst ist ›Leib‹ ein Synonym von ›Leben‹ (›beileibe nicht‹, ›Leibrente‹). Dann bedeutet das Wort soviel wie ›jemand selbst‹, ›persönlich‹ (›Leibarzt‹, ›-koch‹, ›-speise‹, ›-wache‹ usw., ›Goethe selbst war leibhaftig, das heißt in eigener Person, da‹). Schließlich kommt das Wort zu der Bedeutung, die heute vorherrscht: das sinnenfällige, primäre Daseinsmedium eines Menschen (oder eines Tieres).«

Offensichtlich erscheint es gerade der Neuzeit notwendig und sinnvoll, der *materialen* Dimension des Leibes, gerade insoweit er ›Leiche‹ oder ›Leichnam‹, einen eigenen Begriff zu verleihen, den des *Körpers.*

Man kann davon ausgehen, daß gleichzeitig mit der Differenzierung von ›Körper‹ und ›Leib‹, mit der Krisis des Leibes als eines schnöden Leichnams, ein Bewußtsein vom Körper erst auftritt. Erst die Neuzeit beginnt, die Bestimmung des ›Körpers‹ von der des ›Leibes‹, der im Leben stehenden, daseinsmäßigen Befindlichkeit, zu trennen. ›Körper‹ und ›Körperlichkeit‹ lassen sich objektiv angehen, sofern sie nicht schon immer mit Dasein, oder wie Heidegger sagen würde, mit dem Existential des Je-mir-zu-eigen-Seins verknüpft sind. Descartes gibt mit seiner grundlegenden Distinktion von ›res extensa‹ und ›res cogitans‹ vielleicht am deutlichsten die Anstrengungen dieser begrifflichen Trennung wieder. Sein Begriff von Körper ist, soweit er noch nicht völlig wissenschaftlich im Sinne der abstrakten Geometrie beschrieben ist, in der Tat vom ›cadaver‹[13], dem Leichnam, her bestimmt. Unter ›Körper‹ im Sinne dieses neuzeitlichen Bewußtseins ist demgemäß alles zu verstehen, »... was durch irgendeine Figur begrenzt, was örtlich umschrieben werden kann und einen Raum so erfüllt, daß es aus ihm jeden anderen Körper ausschließt; was durch Gefühl, Gesicht, Gehör, Geschmack oder Geruch wahrgenommen oder auch auf mannigfache Art bewegt werden kann, zwar nicht durch sich selbst, aber von irgend etwas anderem, das es berührt.«[14]

Dieser letzte Hinweis Descartes' führt auf einen weiteren Aspekt des modernen Begriffs ›Körper‹:

13 R. Descartes, *Meditationes de prima philosophia,* Paris 1641, II, Art. 5.
14 R. Descartes, *Meditationes,* zweisprachige Ausgabe lat./deutsch in der Übersetzung von Buchenau und Gäbe, Hamburg 1959, S. 47.

Er besitzt nicht nur den Charakter absoluter Dinghaftigkeit, sondern darüber hinaus das Kennzeichen der Unterworfenheit und Verwiesenheit-auf: Er ist das ›ob-iectum‹ eines dirigistischen Subjekts. Er steht zu Gebote, zur Verfügung, ist dienstbar.

Konkret heißt dies, dem Körper *läßt sich ein Ausdruck geben.* Er besitzt nicht mehr von sich aus Ausdruck, verrichtet nicht mehr von sich aus Tätigkeiten, sondern steht als tote, aber bewegbare Masse der absichtsvollen Lenkung zur Verfügung.

Die Beherrschung des Körpers besaß eine Funktion auch gegenüber anderen Menschen, sie wurde als ein herrschaftliches Gebaren der ›Klasse‹[15] öffentlich zur Schau getragen. Die höhere Klasse, so zeigt es Rudolf zur Lippe in seiner Untersuchung *Naturbeherrschung am Menschen*[16], führte die Möglichkeit ostentativ vor, mit einer bewußt und gemessen gehaltenen Körperlichkeit etwas *bedeuten* zu können. So wurden etwa Elementarformen körperlicher Betätigung in einzelnen Bewegungssequenzen öffentlich vorgeführt, etwa in der stilisierten Form des Sports, des Kampfspiels, des Tanzes.

Arbeit erschien so als ›befreite‹ Arbeit, als Arbeit um ihrer selbst willen, erlöst von der Fron des ewig Gleichen, des Zwanges zur Reproduktion. Arbeit wurde zur Möglichkeit der Selbstverwirklichung, zur reinen zweckneutralen Tätigkeit.

Nicht nur der Arbeit gegenüber, *jeglicher* Zwanghaftigkeit althergebrachter schematischer Formen der Körperlichkeit gegenüber ließ sich derart Lässigkeit, Reserve und Souveränität demonstrieren. Insbesondere den plumpen und unschicklichen Formen der körperlichen Hörigkeit und natürlichen Triebhaftigkeit hielt die herrschende Klasse einen demonstrativen Trieb-

---

15 An dieser Stelle ist es vielleicht angezeigt, zu bekennen, daß die hier getroffenen Aussagen über ›*die* Menschen der Neuzeit‹ oder ›*den* neuzeitlichen Menschen‹ zunächst nur auf eben diese Klasse zu beziehen sind: auf die Klasse der Adligen und großen Kaufleute, die für die Renaissance allerdings prägend, wenn auch nicht zahlenmäßig dominant waren; zu ihnen hinzuzuzählen sind die Künstler, Ingenieure und Gelehrten, die insgesamt als die stilbildende und vorbild-gebende Gruppierung der Renaissance anzusehen sind.

16 Vgl. R. zur Lippe, *Naturbeherrschung am Menschen*, Bd. I, Frankfurt/M. 1974, S. 104 ff.

verzicht entgegen: man zeigte sich ›gemäßigt‹, stilisiert und beherrscht, ohne in das Gegenteil übermäßiger Geziertheit zu verfallen. Der Körper, der von der Schablone einer schon für Natur gehaltenen, immer gleichen Bewegung befreit wird, wird dafür von einem lenkenden und Sinn gebenden Bewußtsein in die Pflicht genommen.

Über die Bedeutung maßvoller Bewegungen, etwa des Tanzes, schreibt zur Lippe: »Hatte die Kirche generell leidenschaftliche Körperlichkeit als besessen, als teuflisch und als Sünde gegen das Streben zu Gott verurteilt, so wandelte sich an den Höfen des Quattrocento das Verhältnis unmittelbarer Gegensätze von asketischer reiner Körperlosigkeit zu faktischem körperlichem Arbeiten oder punktueller, aber in sich schrankenloser Körperlust. Der choreographierte Tanz stellte eine reale Vermittlung zwischen beiden Seiten dar, indem er die Mäßigung der Körperbeziehung selbst zugute kommen ließ und die physische Realität zum Medium reiner, das heißt nicht bloß instrumenteller Zwecke machte. *Zwischen die bewußtlosen Gegensätze wurde eine sinnvolle Praxis gesetzt* . . .«[17]

Der Körper wird auf diese Weise zu einem Spiegel gemacht, an dem eine eigene, innere Veränderung öffentlich gemacht werden kann. Nicht, daß der Körper das Subjekt selbst geworden sei, er ist das ›Außen‹, das ›Außer-Sich‹ des Menschen, an dem Spuren von Veränderungen, Absichten, Leidenschaften ausgestellt und abgelesen werden können.

Wenn der Körper mittels seines ›Ausdrucks‹ derart an Bedeutung gewinnt, dann beleuchtet dies zunächst einen ganz anderen, nämlich den reziproken Prozeß: Bedeutung kann er nur gewinnen, kann ihm nur eingegeben werden, wenn er an sich bedeutungslos ist, das heißt, er muß zunächst Bedeutung verloren haben. Die Selbstverständlichkeit eines gewissen körperlichen Ausdrucks, wie er gerade in öffentlichen Zusammenkünften der Trauer, des Wettkampfes, des Minnespiels oder der Huldigung für das Mittelalter typisch war[18], wich dem Belieben einer absichtsvollen Zur-Schau-Stellung, der der körperliche Ausdruck schon gehorchte, weil er in sich zurückgenommen und beherrscht war. Die Überwindung der eigenen Natur war ein wesentliches Motiv der herrschenden Klassen, sowohl um

17 Ebd., S. 108 f.; Hervorhebung im Text.
18 Vgl. Huizinga, a. a. O., insbesondere Kap. IV–IX.

sich von den dumpfen, naturgequälten bäuerischen Massen abzuheben als auch, um die Unterwerfung von Natur überhaupt unter die Disposition eines frei verfügenden Subjekts anzuzeigen.

Ein ähnlicher Prozeß ließe sich bei den Formen und Zwecksetzungen der *Produktion* feststellen: Die neuen Produktionsweisen des Handels- und Manufaktur-Kapitals taten nichts anderes, als die traditionell festgelegten ständischen Arbeitsformen zu ignorieren. Schritt für Schritt wurden sie beiseite geschoben durch die Erfindung neuer Bedürfnisse, neuer Herstellungsverfahren, neuer Produkte. Naturale, organhafte Werkzeuge der Stände wurden durch zweckmäßig verschiebbare und adaptierbare Instrumente ersetzt. Traditionelle Ordnung der Arbeit wurde durch intentionale Ordnung der Produktion ersetzt.

Vielleicht ist die Neuzeit insgesamt durch diesen Zug zu charakterisieren: durch das *Spiel mit der Variation.*

Die Welt so, wie sie war, war nicht die Heimat des Menschen und wurde nicht als solche hingenommen. Nach dem Verlust der Mitte, nach der Enthauptung der zentralen Stellung des Menschen im Kosmos fühlte sich der neuzeitliche Mensch überhaupt jenseitig. Die tiefe Erfahrung der Verlorenheit, die er in den spätmittelalterlichen Riten des Wahnsinns gemacht hatte – man denke an die Beschwörungen des Todes im Totentanz, an die Formen religiöser Ekstase bei der Heiligenverehrung und Devotion, an die Versenkung in die Schrecknisse des Jüngsten Gerichts – hatte eine innere Austreibung aus der Welt zur Folge gehabt. Diese Welt hatte ihn endgültig verstoßen, sie nahm ihn in ihre Ordnung nicht auf, vielmehr hatte er diese Ordnung selbst erst einzurichten, probeweise zu setzen.

Der neuzeitliche Mensch vergewissert sich der Welt – die bis in seine eigene Natur hinabreicht – durch das Spiel der Variation. Die Welt, die er eben noch im tiefsten Taumel der Verlorenheit hatte aufgeben müssen, beginnt er, durch eine zunächst nur gedankliche und hypothetische Setzung ihrer Andersartigkeit wiederzugewinnen. Er nähert sich ihr zumindest an, indem er sie Schritt für Schritt durch Entwürfe und gedankliche Konstruktionen ihrer möglichen Beschaffenheit zu reproduzieren trachtet. Voraussetzung und Mittel in einem dazu ist die Objekt-Werdung dessen, was eben noch in einem vertrauten Gewand als Schöpfung, als wunderlich geordnete Welt Gottes begreiflich gewesen war: die Welt muß in der Form der *Objekt-haftigkeit* vorliegen. Sie muß gegenständlich verfügbar sein und darf nicht etwa eigene Bedeutung, eigene Zielsetzung oder Sinnhaftigkeit in sich bergen.

Die Gedoppeltheit des rein intellektuellen Daseins hier und der gegenständlichen Objektheit dort begegnet in klarster Form bei Descartes; sein Satz des »Cogito, ergo sum« ist durchaus im Sinne einer ausgezeichneten Seins-Bestimmung zu verstehen: ›Denken ist Sein‹: Indem Denken als Sein bestimmt wird, ist damit zugleich eine hervorragende Form des Seins überhaupt bestimmt. Denken ist Sein, und Sein, zumindest in seiner menschlich zugänglichen Form, Denken. Alle andere ›essentia‹ hat ihr Sein durch das Denken, durch die Vorstellungen und Ideen und die intellektuelle Anstrengung nämlich, mittels derer wir uns Rechenschaft über ihre Existenz ablegen.[19] Erst über die Bestimmung der eigenen Existenz und den beweisenden Nachvollzug der Existenz Gottes gelangen wir – in der Descartes'schen Metaphysik – zu einer Anerkenntnis der Notwendigkeit der Dinge außer uns.

Der Mensch der Neuzeit, folgen wir hier einmal der cartesischen Konstruktion, hat sich auf den winzigen Fleck seines Bewußtseins zurückgezogen. Die Welt selbst, einschließlich seiner eigenen körperlichen Natur, erscheint zunächst nur unter dem Gesichtspunkt ihrer Möglichkeit, das heißt, ihrer hypothetischen Konzipierbarkeit durch Leistungen der Vorstellungskraft und des Verstandes. Die Natur des Menschen ist möglich, sie ist veränderbar geworden.

---

19 Vgl. R. Descartes, *Meditationen,* insbesondere Meditation V und VI.

2 Selbst-Objektivation: Der Blick

Der Mensch der Neuzeit ist sich seiner eigenen Bedeutung nicht mehr sicher. Oder, um es positiv zu sagen, er beginnt, die Frage nach seiner ›Bedeutung‹ neu zu stellen. Er sucht die Wahrheit seiner selbst nicht länger in Anlehnung an die vorgegebene Lehre, er sucht sie aktivisch, in eigenem Tun zu erfahren. Die vertraute Stellung innerhalb der von Gott eingerichteten Schöpfungsordnung ist beengend und fragwürdig geworden – was wäre, wenn der Mensch die Aufgabe des Ordnens im eigenen Entwurf in die Hand nehmen würde?

Während in der traditionellen Kosmologie und Weltanschauung der Mensch unbesehen und selbstverständlich die Mitte der Welt einnahm, das heißt Bezugspunkt aller Deutungsketten des Kosmos war[1], suchte das neue Denken des 16. Jahrhunderts den Menschen von außen zu bestimmen. Es versuchte, die Wahrheit des Menschen in seiner Unterscheidung vom Anderen zu finden. Der Mensch sollte vom Umkreis der Objekte der Natur her bestimmt, eingekreist, wenn notwendig auch abgegrenzt werden. Die Anthropologie, die im Gefolge des Aufschwungs der Medizin etwa in dieser Zeit entstand, verstand sich als Naturwissenschaft, nämlich als Wissenschaft vom Menschen als einem Naturobjekt.[2] Der Weg der Bestimmung des Menschen verlief also von außen, über die Präsumption seiner möglichen Andersartigkeit. Erst in der Unterscheidung von dem ihm fremden Anderen würde sich die Fremdheit seiner selbst aufheben lassen. Entscheidendes Medium und Werkzeug dieser Unterscheidungsarbeit war für die Neuzeit der Blick. Der Blick bot dem suchenden Subjekt (siehe den Dürerschen ›Zeichner‹) die Möglichkeit, sich unverfänglich und selbstlos dem Studium des Anderen zu widmen, ohne sich körperlich-leiblich zu involvieren. Selbst-Objektivation nahm den Weg über die Selbst-Distanzierung: von sich selbst zurückzutreten und Abstand zu nehmen, schien der beste Weg, über sich selbst Aufschluß zu erlangen.

1 E. A. Burtt, *The Metaphysical Foundations of Modern Physical Science*, New York 1927, S. 4 ff.
2 F. Hartmann, *Ärztliche Anthropologie*, Bremen 1973, S. 23.

Im folgenden kurz zur Bedeutung des Blicks in der Renaissance, bevor das Thema der Objektivation des Körpers wieder aufgenommen wird.

In einem Aufstieg, der heute kaum noch nachvollziehbar ist, erringt der Blick in der Renaissance eine einzigartige Bedeutung als Mittel und Medium herrschaftlicher Erkenntnis. Die Distantheit des Blicks ermöglicht eine neue, sublime Form der Unterwerfung der Umwelt, die dem unterwerfenden Subjekt keinerlei körperliche Intervention, keinerlei Markierung von Gewalt mehr abverlangt. Der Blick selbst ist Gewalt.

Gleichzeitig aber auch subtiles Mittel der Selbstverständigung der Individuen. Mittels des Blicks bietet sich ein Weg der immerwährenden Selbst-Infragestellung und Selbst-Distanzierung, der im Vergleich am Anderen das notwendige Maß der eigenen Objektivation findet.

Albrecht Dürer schafft 1484 das erste Selbstporträt der europäischen Malerei.[3] Ebenfalls in der Kunst vollzieht sich eine Entwicklung, die der angesprochenen Tendenz der Selbstvergewisserung des Individuums Rechnung trägt: der Durchbruch der Perspektive in der Malerei. Das perspektivische Sehen (auf dessen Entwicklung im Einzelnen ich noch zurückkommen werde) und die vermehrte Anwendung, die es in der Malerei der Renaissance findet, unterstreichen die fundamentale Rolle des Subjekts, aus dessen ›Perspektive‹ das interessierende Sujet so und nur so gesehen werden kann. Es relativiert aber auch gleichzeitig das Sehen, indem es jedwedem zu seinem ›Blick‹ Recht gibt und die Geltung einer einzigen stringenten Sicht der Dinge verneint.

Der Blick, den der Mensch der Neuzeit distanznehmend dazugewinnt, beschert ihm gleichzeitig auch die Gewißheit endgültiger Heimatlosigkeit: Er kann nicht mehr sicher sein, unfehlbar und unverbrüchlich ›richtig‹ zu sehen. Im Gegenteil, mit zunehmendem Bewußtsein des ›subjektiven Charakters‹ seines Blicks geht ihm auch die Gewißheit verloren, seinen Gegenstand adäquat und getreulich zu treffen. Derjenige oder dasjenige, dem sein Blick gilt, ist ihm immer schon entgangen. Insbesondere der Blick des Menschen auf sich selbst ist von diesem flüchtigen Charakter betroffen. In dem Maß, in dem der Mensch sich

3 Vgl. E. Panofsky, *Das Leben und die Kunst Albrecht Dürers*, München 1977, S. 19.

mit seinem Blick zu treffen sucht, hat er sich selbst schon von sich distanziert und sich aus der Welt entfernt, um dieses ›Selbst‹ zu objektivieren und darzustellen.

Zentralperspektive, Selbstbildnis und subjektivistische Weltsicht geben Zeugnis davon, daß der Mensch sich anschickt, aus der bis dahin vertrauten Welt herauszufallen. Während eben noch, im Mittelalter, die Sicht der Welt und die Sicht der Dinge als gleich und allgemein gültig unterstellt werden konnte, ist es nun die Erfahrung der eigenen Fremdheit, die nicht mehr in die eine Welt integriert werden kann.

Ob es sich um den ›bösen Blick‹ der Hexe handelt, dem es auszuweichen gilt, den Blick des fremden Wesens, dem man vergeblich standzuhalten sucht, oder um den Blick des sich selbst erforschenden Künstlers –, es ist ein Abstand zu sich selbst eingetreten, der die Verläßlichkeit der einen Welt radikal in Frage stellt. Der es andererseits aber auch ermöglicht, nach dem Gemeinsamen aller möglichen Perspektiven und Sichtweisen erst zu fragen, nach dem *Blick* als dem Konstituens herrschaftlicher Erfahrung von Objekten.

Es wäre zu fragen, ob das weltgeschichtliche Datum dieses Blicks tatsächlich mit der hier betrachteten Renaissance anzusetzen ist; ob also die Eroberung der Objektivität und insbesondere die der Objekthaftigkeit an sich selbst eine originäre Leistung der Neuzeit sei.

Ich möchte hiervon zunächst einmal ausgehen – ohne diese Frage umfassend beantworten zu können –, um von dieser These aus die Erfahrungen der eigenen Körperlichkeit als *besondere* Formen der Objekthaftigkeit an sich selbst zu entwikkeln.

Sich selbst als Objekt zu erkennen und anerkennen zu lernen ist ein Erfahrungsprozeß, den die Phänomenologie mit dem Phänomen des ›Vom-Anderen-Erblickt-Werdens‹ beschreibt.

Jean-Paul Sartre hat in seinem Versuch einer phänomenologischen Ontologie »Das Sein und das Nichts« die existentielle Erfahrung des ›Vom-Anderen-Erblickt-Werdens‹ beschrieben. In einer Untersuchung des Phänomens ›Blick‹ stellt er zunächst eine Gerichtetheit der Welt um das jeweilige ›Ich‹, eine ursprüngliche Zentriertheit aller Dinge durch den ›vermeinigenden‹ Verweisungszusammenhang des Ich-bezogenen Blickzentrums fest; es ist ein Zusammenhang, der alle Dinge unwidersprochen ›mir‹ zuordnet, sie mir ›zuhanden‹ sein läßt – bis ein anderes Wesen, dazwischentretend, es vermag, durch seine bloße Anwesenheit die Zuordnung und Gerichtetheit der Dinge auf mein Ich zu stören und auf sich hin abzuziehen. Kulminationspunkt dieser Störung der eigenen Welt-Setzung ist der Blick des Anderen, der zunächst die *von mir* angeeignete Welt abzuziehen, zu entleeren beginnt: »... es ist *dieser* grüne Rasen, der für den Anderen da ist; ... dieses Grün wendet dem Anderen eine Seite zu, die mir entgeht. Ich erfasse das *Verhältnis* des Grün zum Anderen als eine objektive Beziehung, aber ich kann das Grün nicht so erfassen, *wie* es dem Anderen erscheint. So ist plötzlich ein Gegenstand sichtbar geworden, der mir die Welt gestohlen hat.«[4] Aber immerhin ist der Andere auf dieser Stufe der Beziehung noch Objekt für mich, solange nur sein Blick mich nicht trifft. Die Möglichkeit seines Blickes aber, der mich treffen könnte, raubt mir endgültig den Status des an seiner Welt festhaltenden, zentrierenden Subjekts »... das, worauf sich meine Auffassung des Anderen in der Welt als *wahrscheinlich ein Mensch seiend* bezieht, ist meine ständige Möglichkeit, *von-ihm-gesehen-zu-werden*, d. h. die ständige Möglichkeit für ein Subjekt, das mich sieht, sich an die Stelle des von mir gesehenen Objekts zu setzen. Das »Vom-Anderen-gesehen-werden« ist die *Wahrheit* des »Den-Anderen-Sehens«.[5]

Die Möglichkeit, vom Anderen erblickt zu werden – und damit mit einem Schlag der Subjektivität beraubt und auf Objekt-Sein verwiesen zu werden – diese Möglichkeit bedeutet zuallererst die Erfahrung des Objekt-Seins-für-den-Anderen und darin die Anerkenntnis einer fremden Subjektivität. Ich kann mich plötzlich mit den ›weltstiftenden‹ Augen des Anderen sehen, kann mein eigenes Ich objektivieren. Diesen Moment des in Situationen der Scham, des Hochmuts, des Schmerzes aufblitzenden reflexiven ›cogito‹ hat Sartre als ›situational‹ beschrieben.[6]

Die von Sartre untersuchte Objekt-Werdung unter dem ›Blick des Anderen‹ umfaßt drei Schritte von Objektivationen:

– Erfahrung der Objekthaftigkeit an sich selbst: ›Der Andere macht mich zum Objekt seiner Welt‹.
– Objektivierung des Anderen: ›Ich wende die Objekthaftigkeit gegen den Anderen, mache ihn seinerseits zum Objekt‹.
– Selbstobjektivierung: ›Ich werde mir selbst zum Objekt, indem ich mich selbst mit den Augen des Anderen sehe‹.

4 J. P. Sartre, *Das Sein und das Nichts*, Hamburg 1962, S. 341.
5 Ebd., S. 343.
6 Ebd., S. 346–348.

Ich denke, daß in der Renaissance der geschichtliche Ort dessen gesehen werden kann, was Sartre hier, gänzlich unhistorisch, mit den Mitteln der Phänomenologie analysiert hat. Alle drei Prozesse vermitteln sich in der Sartreschen Ontologie über das Phänomen des Blicks; dies gilt, wie im folgenden sich erweisen wird, auch historisch. Allen drei Vorgängen läßt sich nämlich innerhalb der Renaissance des 15. und 16. Jahrhunderts ein spezifisches Blick-Phänomen zuordnen, so daß man von einer kulturgeschichtlichen Identifizierung oder Rekonstruktion der Sartreschen phänomenologischen Befunde sprechen könnte:

1. Der >böse Blick<: die Gegenwart, Einbildung oder Hypostasierung eines störenden fremden Blicks, der von einem geheimnisvollen Anderen, einem Gegner oder Fremden geworfen wird.

2. Der >perspektivische Blick<: in der Lehre von der richtigen Perspektive bzw. vom richtigen perspektivischen Blick wird die adäquate Erfassung von Gegenständen als Objekten gelehrt.

3. der >medizinische Blick<: in Anatomie und Physiologie und der medizinischen Anthropologie lernt der Mensch, sich selbst mit den Augen der Objekthaftigkeit zu sehen; entdeckt er sich selbst als körperlich.

Alle drei Phänomene tragen zur Entstehung eines Bewußtseins der eigenen Körperlichkeit, zu einem Körperbewußtsein bei. Etwas schärfer formuliert, kann man sagen, im Medium des Blicks *konstituiert* sich die Körperlichkeit des Menschen der Neuzeit.

Im folgenden sollen alle drei Phänomene kurz zur Sprache kommen, um von dieser Basis aus der Frage nach dem Verhältnis der (neu entstehenden) Naturwissenschaften zu ihrer Körperlichkeit nachzugehen.

2.1 Abarbeitung am bösen Blick

An zwei Phänomenen soll die Erfahrung des >bösen Blicks< studiert werden, die die Menschen der Renaissance ver-

meintlich oder nicht vermeintlich in ihrem Selbstverständnis
zu bedrohen scheint:
– die Anfechtung der menschlichen Animalität durch den
  Vergleich mit dem Tier;
– der ›böse Blick‹ der Hexe.
Beide Phänomene mögen eingebildet sein, mögen auf Projektionen beruhen, denen ein heimlicher Blick auf sich selbst
zugrunde liegen würde. Dies ist für das Folgende nicht entscheidend; es gilt, die Phänomene als real empfundene Be-
drohungen des Selbstverständnisses des neuzeitlichen Menschen erst einmal ernst zu nehmen.

a) Die Anfechtung der Animalität

Die Frage der Unterscheidung bzw. Unterscheidbarkeit des
Menschen vom Tier ist eine der beunruhigendsten Fragen, die
die Neuzeit bewegte. Ist der Mensch tatsächlich, wie es die
aristotelische Lehre der Scholastik behauptete, ein ›ens rationale‹ oder zumindest ›rationabile‹? Ein vernunftfähiges Wesen?
Oder hatte er diese Bestimmung praktisch und real erst sich zu
beweisen?
Während die wissenschaftliche Anthropologie nach einem
sicheren Kriterium der Unterscheidbarkeit von Mensch und
Tier suchte, fand sich die Philosophie sehr schnell beruhigt
darin, daß schon in dem Vermögen, überhaupt eine solche quälende und irritierende Frage an sich selbst zu richten, ein Indiz
für die höhere Vernunft, für die Rationalität des Menschen
gegeben sei.
»Quid quod non a quovis animali haberi posse videretur?«[7] –
Was könnte nicht genausogut jedem Tier zugerechnet werden?
Diese Frage, von Descartes in den ›Meditationen‹ eher rheto-
risch gestellt, zielt auf andere Qualitäten als die der Animalität,
um sich als Mensch vom Tier zu unterscheiden. Aber zunächst
ist sie zu verstehen als Ausdruck der Irritation und des Verdachts, daß die Superiorität der menschlichen Spezies nicht

7 R. Descartes, *Meditationen* II, Art. 14, a. a. O., S. 56.

gegeben sein könnte, mehr noch, daß der Mensch für ein Tier gehalten werden könnte.

Tatsächlich war, wie Foucault in einer grandiosen Studie zeigt[8], in den künstlerischen Phantasmen der Renaissance gerade dieser Verdacht lebendig: In den Visionen der Maler, den Gespinsten der Schriftsteller und Literaten und in den Wahnsinns-Phantasien eines närrischen Volkes war die Tierwelt aufgestanden, die traditionell minderwertige Rolle eines ›Minor‹ der menschlichen Schöpfung abzulegen und eine geheimnisvolle eigene, nichtreduzible Bedeutung für die Selbstinterpretation des Menschen zu spielen.

Noch im ausgehenden Mittelalter, im Kanon der allegorischen Formen der Gotik, hatte die Tierwelt einen unverrückbar festen symbolischen Ort im Verständnis des Menschen inne. Mit Beginn der Neuzeit begann diese selbstverständliche Interpretation, diese notorische In-Beziehung-Setzung auf den Menschen, fragwürdig zu werden.

Im Spätmittelalter noch war jeder Bezug zur Tierwelt anthropozentrisch zu verstehen: als bildliche Allegorie, sprachliche Metapher oder rhetorische Parabel für korrespondierende menschliche Eigenschaften, etwa moralische oder intellektuelle Qualitäten. Die Tierwelt war inferior, war domestiziert und in feste Bedeutsamkeiten eingespannt – und wo sie dies nicht war, wo sie noch Spuren heidnischer Naturgewalt verkörperte, war man mit ihr im Bunde (oder gut beraten, es zu sein). Die Tiere etwa, die von jedem gotischen Dom herunter bleckten, waren Verbündete der Kirche, Residuen eines alten Naturglaubens, die entsprechende Konkurrenten im Medium des Analogzaubers aus dem Felde schlagen sollten.

Die Animalität, die den Menschen wie jedes andere ›ens animale‹ charakterisierte, konnte ihn nicht bedrohen – sie machte ihn nicht aus. Der zentrale Gegenbegriff zur ›animalitas‹ des Menschen war seine ›humanitas‹, wie W. Ullmann in *Individuum und Gesellschaft im Mittelalter* ausführt:

»Wandel, Wachstum, Verfall – dies sind auf der Grundlage der vorhandenen medizinischen Kenntnisse die Hauptmerkmale, in denen sich das Leben des Einzelnen und *folglich* auch der von diesem in Gang gesetzte und gestaltete historische Prozeß darstellen. Seine ›humanitas‹, sein

8 Vgl. M. Foucault, *Wahnsinn und Gesellschaft,* Frankfurt/M. 1973, insbesondere S. 19–67.

einfaches Mensch-Sein, ist das Merkmal, das den Menschen von der *animalitas* unterscheidet.«[9]

Es ist gerade diese Animalität, die den Menschen der Neuzeit tief verunsichert und in eine Krise des Selbstverständnisses stürzt. Michel Foucault beschreibt sie in *Wahnsinn und Gesellschaft* als Anfechtung des Menschen, möglicherweise ein Tier unter Tieren zu sein:

»Im Denken des Mittelalters tragen die Legionen der Tiere, die einst Adam ein für alle Mal benannt hat, symbolisch die Werte der Menschheit. Aber zu Beginn der Renaissance kehren sich die Beziehungen zum Tierreich um; das Tier befreit sich, es entzieht sich der Welt der Legende und der moralischen Illustration, um etwas ihm eigenes Phantastisches anzunehmen. Und in einer erstaunlichen Umkehrung ist es jetzt das Tier, das den Menschen beobachtet, sich seiner bemächtigt und ihn seiner eigenen Wahrheit enthüllt. Die unmöglichen Tiere, aus einer wahnsinnigen Imagination hervorgegangen, sind zur geheimen Natur des Menschen geworden, und wenn an seinem letzten Tage der sündige Mensch in seiner häßlichen Nacktheit erscheint, bemerkt man, daß er die monströse Gestalt eines irren Tieres hat.«[10]

›Das Tier beobachtet den Menschen, bemächtigt sich seiner und enthüllt ihn seiner eigenen Wahrheit‹ – dieser Satz beinhaltet die ganze Erschütterung der Renaissance, die wir Heutigen uns vielleicht nur schwer vorstellen können. Der Mensch sieht sich vom Tier erblickt und sieht sich *als* Tier erblickt, dies ist eine Ungeheuerlichkeit innerhalb der bis dahin intakten Schöpfungsordnung. Der Mensch fühlt sich in seiner Wahrheit durch ein anderes Wesen der Schöpfung bestimmt und zugleich noch auf dessen Ebene der Animalität herabgezogen. Aber nicht nur dieses, sich in seiner eigenen tierischen Natur entdeckt zu wissen, mehr noch ist es die Erfahrung, erblickt zu werden, die den Menschen in seiner angestammten Rolle der Krone der Schöpfung irritieren muß. Bisher sah er als das vornehmste Geschöpf Gottes auf die Schöpfung herab, nun macht er die Erfahrung, selbst von einem fremden Blick er-blickt zu werden.

Man könnte hier sehr schnell die Feststellung anschließen, daß

9 W. Ullmann, *Individuum und Gesellschaft im Mittelalter*, Göttingen 1974, S. 81.
10 M. Foucault, a. a. O., S. 39.

es sich um eine Projektion handele. Um die Projektion eines Blickes nämlich, der im Interesse der Selbsterforschung auf sich selbst gerichtet wird. Aber decken wir mit dieser Kategorie nicht bereits zu, was in dieser Grunderfahrung des ›fremden Blicks‹ erst langsam gelernt wird?

Widmen wir uns noch einmal geschärfter der geschilderten Situation: Der Mensch fühlt auf sich einen fremden, unbekannten und nicht auf die gewohnten Weisen des Sehens reduziblen Blick ruhen. Er fühlt sich von der gefährlichen Gestalt des Tieres erblickt und in seiner eigenen tierischen Natur entdeckt. Seine Nacktheit liegt unvermutet vor Augen, und damit Sünde, Begehren, eine ganze verlorene Tiefe innerer Leidenschaften. Aber ihre Entdeckung ist nicht verbunden mit der üblichen Wertung des Ekels und Abscheus, wie wir als zivilisierte Menschen es heute gewohnt sind, es ist eher der neutrale, indifferente und zu keiner Stellungnahme zu bewegende Blick, der hier der Autorschaft des Tieres zugeschrieben wird. Der Blick des Tieres, den wir modern als Projektion eines Versuchs der Selbstprüfung deuten können, dieser Blick kann neben allem Grauen, neben aller Gefahr, die er auszulösen vermag, auch die Unbekümmertheit der Neugier und des Interesses an sich selbst deutlich machen. Es ist eben nicht der Blick eines Irgendjemand, sondern der Blick des Tieres, der mich selber zum Tier machen kann.

Möglicherweise kann dies ausgeweitet werden: Der Blick des Anderen reduziert mich auf mein Objekt-Sein. In dem Blick dessen, der für mich traditionellerweise Objekt ist, erfahre ich an mir selbst, Objekt sein zu können. Der Blick wäre Konstitutivum der Objekterfahrung an sich selbst.

b) Der ›böse Blick‹ der Hexe

Das Interesse an der eigenen Natur bezieht sich nicht nur auf die verborgene Animalität. Es zielt auch auf die Hervorhebung und Nennung der inneren Triebe, die als – noch namenlose – Begierden und Leidenschaften im Innern des neuzeitlichen Menschen harren. Es gibt noch ein anderes Blick-Phänomen, das diesen inneren Stimmungen und Strömungen Ausdruck zu geben vermag: der ›böse Blick‹.

Der ›Blick des Tieres‹ war ein erster Anhaltspunkt: das Tier hatte Regungen der Wildheit und Gier, auch der fleischlichen Lust, anzuzeigen vermocht, die bis dahin als nicht zum Menschen gehörig, als ›tierisch‹ gegolten hatten, nun aber als menschliche Leidenschaften anzuerkennen wären. In der frühen Neuzeit sind zwei weitere kulturelle Ausgrenzungsprozesse zu nennen, anhand derer die ›menschliche Natur‹ sich, spiegelnd, einen Einblick in die eigenen Abgründe, Wünsche und Möglichkeiten verschafft: ich meine die Demarkationen der Entmündigung und Hospitalisierung der Irren und manifest Un-Vernünftigen, und die Prozesse der Sexualisierung und Dämonisierung der Frauen im neuzeitlichen Hexenwahn. Beide Prozesse spiegeln Entwicklungen der gesellschaftlichen Selbsterkenntnis im Wege der Unterscheidung vom Anderen, vom Fremden, der die gefürchteten, noch unbekannten Eigenschaften verkörpert, die nicht ans Licht kommen dürfen und doch ans Licht kommen sollen. Im Fall der Irren und Wahnsinnigen sind es die offenkundige Maßlosigkeit, das Über-die-Stränge-Schlagen der Unvernunft, die die Ordnung der Gesellschaft, ihre auf Arbeit, Disziplin und Unterordnung aufbauende neuzeitliche Verfassung herausfordern. Im Fall der Hexen, der bösen Frauen und zauberischen Weiblein ist es die Resistenz eines mythischen weiblichen Wollens und Handelns, das sich in die männlichen Muster der Religion, der Wissenschaft, der Sitte, und nicht zuletzt der ›geschlechtlichen Produktionsverhältnisse‹ nicht einfügt. Beide Bewegungen sind Fälle von Abweichung und gesellschaftlicher Sanktion der Abweichung, die beide kulminieren im Phänomen des ›bösen Blicks‹. Nur mit dem letzteren werde ich mich hier auseinandersetzen – und muß bezüglich der Diskriminierung und Ausgrenzung der Irren auf andere Arbeiten, etwa Foucaults *Wahnsinn und Gesellschaft*, verweisen.

Wie bei dem ›Blick des Tieres‹ geht es auch im Fall der Hexe und Zauberin zu einem guten Teil um den heimlichen Blick auf sich selbst, einen verschobenen Blick, den man als Vorgang der Projektion deuten könnte. Die Irritation an sich selbst, die zwitterhaft in der Unruhe der Neugier und der Abwehr des Unbekannten auftritt, wählt sich die Form des fremden Blicks, der für Abgründe verantwortlich zu machen ist, die man sich selbst nicht zuzugestehen traut. Dabei ist es nicht irgendeine fremde Figur, die diesen ›Blick‹ wirft, es ist regelmäßig die in der eigenen Angst-Phantasie oder dem heimlichen Begehren verbannte Wunsch-Figur, der dieser Blick unterstellt wird. Es ist kein äußerlicher Zusammenhang, wenn hier nach dem ›Blick des Tieres‹ der ›böse Blick‹ der Frauen erörtert wird, nachdem sie beide von der Sicht des Mannes aus – der als die zentrale ›auctoritas‹ der genannten Ausgrenzungs- und Verfolgungsprozesse anzusehen ist – als die insgeheim gesuchten, aber öffentlich verworfenen Gestalten der Andersartigkeit figurieren müssen. (Und ein Blick auf Zeichensprache und Fetischismus heutiger Mode und Werbung belehrt, daß noch heute eine der gängigsten Symbolisierungen ›unverbrauchter Natur‹ das wilde Weib oder das wilde Tier – oder eine Verschmelzung beider: das unschuldig-schöne wilde Wesen – ist.)

Es können hier nicht die Entstehungsbedingungen und Hintergründe, sozialpsychologischen Motive etc. des europäischen Hexenwahns nachgezeichnet werden (dem erst in allerjüngster Zeit, unter dem Nachdruck der Frauenbewegung, auch von seiten der Historiker größere Aufmerksamkeit zuteil geworden ist[11]). Ich möchte hier nur das eine Moment hervorheben: die Bedeutung des ›bösen Blicks‹ als eines Phänomens gesellschaftlicher Signifizierung oder Stigmatisierung.

Was ist ein ›böser Blick‹? Über die Ursachen desselben erfährt man bei dem Brauchtumsforscher und Ophtalmologen S. Seligman:

»Als Ursache sowohl des bösen Blicks wie des Beschreiens sah man gewöhnlich den Neid und die Mißgunst über das wirkliche oder vermeinte Glück eines anderen an und glaubte, daß aus den Augen eines Neidischen etwas ausstrahle, das diese Wirkung hervorbrächte. Die Wirkung dieses Blickes ist häufig von dem Willen des Besitzers abhängig; in vielen Fällen ist es aber ein ganz unfreiwilliger Zauber, völlig unabhängig von dem freien Willen des Menschen, dem diese Naturgabe zu Teil geworden.«[12]

11 Vgl. G. Becker/S. Bovenschen/H. Brackert, *Aus der Zeit der Verzweiflung. Zur Genese und Aktualität des Hexenbildes,* Frankfurt/M. 1977; oder jüngst: G. Heinsohn/O. Steiger, *Die Vernichtung der weisen Frauen,* Herbstein 1984.

12 S. Seligmann, *Der böse Blick,* Bd. I, Berlin 1910, S. 3 f.

An Äußerungsformen und Symptomen mangelt es nicht, das ganze Werk Seligmanns stellt im wesentlichen eine getreuliche Zusammenstellung aller überhaupt in Erfahrung zu bringenden Phänomene des ›bösen Blicks‹ oder ›Zauberblicks‹ dar; von den ›Jettatori‹ oder Blicke-Werfern (melancholisch, lieben die Einsamkeit) über die Rotschöpfe, die Einäugigen, die mit dem ›Zentralblick‹ begabten, über die Tiere, von denen auch der ›böse Blick‹ ausgehen kann, bis hin zu den Frauen, und insbesondere denjenigen, die uns hier vor allem interessieren, den Hexen:

»Die mit dem bösen Blick behafteten sind überhaupt häufiger *Frauen* als Männer – trotz der gegenteiligen Behauptung Wellmers.«[13]

Für die Hexen des ausgehenden Mittelalters gab es eine ganze Reihe von Erkennungsmitteln oder Indikatoren, durch die sie sich verraten konnten; weitgehend sind es rein äußerliche Symptome des Blicks oder der Augen, wie etwa ›nicht weinen können‹ oder ›nur drei Tränen aus dem rechten Auge vergießen können‹. Ein Fall sei hier näher wiedergegeben:

»Bei der Verhörung der wegen Hexerei angeklagten Elisabeth How, vor dem Hofe von Oyer und Terminer, gehalten zu Salem, den 30. Juni 1692, sagten die von ihr krank gemachten Personen aus, daß sie ihr Anschauen nicht vertragen konnten. Der Blick der Faszinierenden pflegt verschieden beschrieben zu werden: Entweder ist er lebhaft, glänzend, feurig, durchdringend, scharf oder finster, düster, funkelnd, stechend; bald ist er starr, schrecklich, grimmig, böse, schief, tückisch und teuflisch, bald kurzsichtig, blinzelnd oder melancholisch und traurig. Das schlechte Gewissen der Hexe hindert sie daran, einem gerade ins Gesicht zu sehen, deshalb blicken sie einen von der Seite an oder halten die Augen zu Boden gesenkt, oder haben einen nach innen gerichteten Blick. Der Blick gleicht dem einer Kröte oder eines Basilisken.«[14]

Die Delinquentin überführt sich also selbst: sie besitzt den ›bösen Blick‹, der für andere nicht ertragbar ist. Das Moment des *Beweises* spielt gerade in der Hexenverfolgung der Neuzeit eine große Rolle; gerade im Zeitalter des Humanismus, inner-

13 Ebd., S. 99.
14 Ebd., S. 77.

halb dessen ja die Verfolgung erst ihre Höhepunkte erreicht, wird auf Methodisierung und Überprüfbarkeit des Verfahrens wert gelegt. Es wird festgestellt, wie eine ›Befragung‹ vonstatten zu gehen habe, was als ein ›Beweis‹ von Schuld oder Unschuld zu gelten habe, und in welchem Sinne man davon sprechen könne, daß es ›mit rechten Dingen‹ zugegangen sei. ›Normales Verhalten‹, Normalität wird kanonisiert und kodifiziert und auf eine quasi naturwissenschaftliche Schlüssigkeit von ›Ursache‹ und ›Wirkung‹ verpflichtet.

Einer der maßgeblichen Vorreiter innerhalb dieser Tendenzen war der in vielerlei Hinsicht ›berühmte‹ *Hexenhammer* von Heinrich Institoris und Jacob Sprenger, der seit seiner Veröffentlichung 1487 zur entscheidenden rechtskanonischen Grundlage des Anklage- und Folterungsverfahrens innerhalb der Inquisition, aber auch bis in den Bereich des Protestantismus hinein wurde.[15]

Die Autoren dieses Werks geben sich zunächst ganz aufklärerisch und nüchtern, wenn sie erklären, daß ein Hexenwesen ›ohne Hilfe von Dämonen‹, auf natürliche Weise also, unmöglich sei; Argument für Argument gehen sie durch, um sie als Resultate der Leichtgläubigkeit, Unwissenheit und des Irrtums im Volke zu erweisen. Dann aber heißt es bei ihnen:

»Nach Erfassung dieser Punkte ... wird erläutert, in welcher Weise die Zauberei, von der wir reden, möglich sei, und wie nicht.«[16]

Und man erfährt im folgenden, daß das Wirken der Hexe, das heißt die Ausstrahlung ihrer Augen, mit *natürlichen* Dingen nicht zugehen könne:

»Es ist nämlich dem Menschen nicht möglich, durch die natürliche Kraft seiner Seele durch die Augen hindurch eine solche Kraft ausgehen zu lassen, die ohne Vermittlung einer Veränderung des eigenen noch des dazwischenliegenden Körpers dem Leibe des Menschen, den er anblickt, Schaden zufügen könnte; besonders, da wir nach der allgemeinen Annahme sehen, daß (die Augen) in sich aufnehmen, aber nichts ausgehen lassen.«[17]

15 Siehe hierzu K. Seligmann, *Das Weltreich der Magie*, Wiesbaden o. J., S. 219.
16 H. Institoris/J. Sprenger, *Der Hexenhammer*, übersetzt von J. W. R. Schmidt, Berlin 1906, Neuausgabe 1980, S. 31.
17 Ebd., S. 31 f.

Naturwissenschaftlich also ist ›Verwandlung‹ eines Menschen, Hexerei nicht möglich:

»Auch ist es nicht möglich für einen Menschen, daß er durch die natürliche Kraft seiner Seele nach seinem Willen eine Verwandlung vollbringe durch Vorstellung in seinen Augen, die durch Vermittlung der Veränderung des Mittelkörpers, der Luft, den Körper des Menschen, den er anblickt, in irgend eine Gestalt verwandeln könne, je nachdem es ihm beliebte; ... deshalb ist der Versuch, zu beweisen, daß Hexenwerke hervorgebracht werden könnten aus einer natürlichen Kraft, um die Werke der Hexen zu entkräften, ... ganz und gar der Wahrheit zuwider.«[18]

Natürliche Möglichkeiten bleiben dem Hexenzauber also nicht, allerdings ebenfalls denjenigen nicht, die dieses Unwesen durch rationale Aufklärung ›entkräften‹ wollen, also was dann? Man ist gespannt auf die Fortsetzung:

»Wie sie aber doch wohl möglich sei, soll hier noch deutlicher ausgeführt werden, ... Es kann nämlich geschehen, daß ein Mann oder eine Frau, wenn sie den Leib eines Knaben ansehen, ihn durch Vermittlung des bloßen Anblickes und der Einbildung oder irgend einer sinnlichen Leidenschaft erregen; und weil eine solche mit körperlicher Veränderung verknüpft ist, und die Augen sehr zart sind, weshalb sie Eindrücke sehr leicht aufnehmen, deshalb trifft es sich manchmal, daß durch irgend eine innere Erregung die Augen in eine schlechte Beschaffenheit verändert werden, wobei am meisten mitwirkt eine gewisse Einbildung, deren Eindruck schnell in den Augen sich ausdrückt wegen ihrer Zartheit und wegen der Nachbarschaft des Sitzes der Einzelsinne mit dem Organ der Einbildung; wenn aber die Augen in irgend eine schädigende Beschaffenheit verwandelt sind, dann kann es sich ereignen, daß sie die ihnen benachbarte Luft in eine schlechte Beschaffenheit verwandeln, und dieser Teil andere, und so fort, bis zu der Luft, die den Augen des Knaben, den man ansieht, am nächsten ist; und diese Luft wird bisweilen die Augen des Knaben in den disponierten Stoff, zu dem sie paßt, mehr als in den nicht disponierten, in eine andere, schlechte Beschaffenheit verwandeln können, und durch Vermittlung der Augen andere, innere Teile des Knaben selbst. Daher wird er unfähig sein, Speise zu verdauen, an den Gliedern zu erstarken und zu wachsen. Dies läßt sich durch die Erfahrung handgreiflich zeigen, weil wir sehen, daß ein an den Augen leidender

18 Ebd., S. 31; Institoris und Sprenger rekurrieren hier auf die schon zu Ausgang des Mittelalters gängigen rationalen Vorstellungen vom Zustandekommen des Sehens: die Optik ging dabei weitgehend vom Auge als einem rein *passiven* Sehorgan aus.

Mensch bisweilen durch seinen Blick die Augen dessen schädigen kann, der ihn ansieht, ...«[19]

Wenn es der *natürliche* Blick nicht ist, dann sind es die schlechten, krankhaften oder bösen Dispositionen dessen, der blickt, sind es seine ›Einbildung‹ oder seine ›sinnliche Leidenschaft‹. Institoris und Sprenger machen damit den Versuch einer suprarationalen (nicht ir-rationalen) Erklärung des Blicks. Normale Blicke sind geradeheraus, sind nicht-intentional (oder verraten zumindest ihre Intentionen nicht), sie verhalten sich ›euklidisch‹; der böse Blick aber trägt die Absichten dessen, der blickt, er übermittelt Lüsternheit, Krankhaftigkeit, schädigende Absicht.

Sicher nicht zufällig ist der männliche Ephebe, der Knabe, als Adressat des Blicks gewählt; er könnte nicht richtig erstarken, er könnte in seiner Reifung geschädigt werden, bei ihm muß Vorsorge getragen werden, daß er nicht durch falsche Blicke verwirrt, geschädigt, krank gemacht werden kann.

Umgekehrt ist die Instanz des ›Blicke-Werfenden‹ deutlich unscharf; ob es sich um Mann oder Frau handelt, ist offengelassen. Und ebenfalls das vorwerfbare ›Delikt‹; der Tatbestand des ›bösen oder krankmachenden Blicks‹ ist ganz in die Disposition des Anklägers gestellt; ein böser Blick ist der, welcher falsche Einstellungen und Wünsche auslöst oder Zumutungen beinhaltet.

Mittels dieses Vorwurfs können Phänomene gewaltigen Ausmaßes gesteuert werden, nicht nur solche der Stigmatisierung oder Ausgrenzung, sondern allgemeiner der gesellschaftlichen ›Zeichensetzung‹; die subtile Praeskription des ›richtigen‹ Blicks oder ›angemessenen‹ Blicks, gerade zwischen den Geschlechtern, erlaubt die Durchsetzung bestimmter sozialer Normen und bestimmter gesellschaftlicher Herrschaftsverhältnisse *auf Distanz.*

Das Verhältnis von Herrn und Gemeinem, von Mann und Frau ist nicht mehr durch unmittelbare Herrschaftsausübung, nicht mehr durch Demonstration körperlicher Gewalt, sondern durch den Kodex eines Verhaltens über die Distanz geregelt: im Blick schon hat sich jetzt die Anerkennung des Anderen, die Reverenz

19 Ebd., S. 32 f.

vor seiner sozialen Stellung oder geschlechtlichen Dominanz zu erweisen.

Von der Seite des Herrn aber bedeutet dies: Durchsetzung des Rechtes, Blicke zu werfen auf den Körper des Objekts, des Gemeinen, der Frau, ohne selbst un-verschämte Blicke gewärtigen zu müssen. Bedeutet es (siehe das Dürer-Bild), sein Objekt sehr wohl ausspähen zu dürfen, vor den inversen Blicken des Anderen aber bewahrt zu sein. Der Blick wird kodifiziert, in beide Richtungen.

Dennoch scheint mit dem ›bösen Blick‹ etwas in Bewegung gekommen zu sein. Die Möglichkeit schon, daß hier ein unerwünschter und unangemessener, schamloser Blick auftreten kann, zeigt an, daß dem Blick in der Renaissance eine Potenz zufiel, die vorher gänzlich unbekannt war: dieser Blick konnte Bedeutungen verleihen, konnte dem Körper zusprechen, was ihm vordem als ›Sinn‹ oder ›Bedeutung‹ niemals zugefallen wäre.

Der Blick des fremden Anderen (um in der Sartreschen Terminologie zu sprechen) vermag mit einem Mal zu ›bedeuten‹, das heißt, den Körper in einer Weise aufzuladen, die ihm vorher völlig fern gelegen war: zum Beispiel ihn mit dem Verdacht der Animalität zu konfrontieren oder mit Anfechtungen der eigenen Sexualität zu erschüttern. Der Körper vermag nunmehr, ›signifiziert‹ zu werden, das heißt unter die Gesetzgebung eines fremden, per Blick zuweisenden Subjekts zu geraten, das völlig äußerliche, noch unentdeckte Bedeutungen zu entdecken sich anschickt.

Eine kurze Notiz zum Verhältnis Neuzeit – Mittelalter. Tatsächlich (dies kann hier nur im Vorgriff auf spätere Explikationen gesagt werden) geht die Neuzeit mit völlig neuen – und häufig wechselnden – Zuschreibungen von Bedeutung an den Körper heran. Das ›ens animale‹ oder das Sexualwesen, die ich hier angesprochen habe, sind nur zwei der Beschreibungen, die an den Körper herangetragen werden. Zu nennen sind ebenso der Körper als ›Maschine‹ oder ›Automat‹[20], der Körper als

---

20 So Descartes mehrfach im *Discours de la Méthode* (1637) und den *Meditationes* (1641); siehe etwa *Von der Methode*, Hamburg 1971, S. 45; oder *Meditationes*, dt.-lat. Ausgabe Hamburg 1959, S. 45.

›Leichnam‹[21], der Körper als ›Arbeitskraft‹[22] oder als ›paradigmatisches Modell‹ wissenschaftlicher Instrumente.[23]

Diese Varietät der Bedeutungen wäre in der festgefügten Welt und Welt-Anschauung des Mittelalters undenkbar gewesen. Innerhalb der mittelalterlichen Kosmologie konnte gar keine Rede davon sein, dem Körper eine (beliebige) Bedeutung zu verleihen. Der Körper hatte *seine* Bedeutung, war darin unverwechselbar und durch willkürlich subjektive Zuschreibungen nicht zu erschüttern. Der Mensch war wesentlich sein Körper; seine Befindlichkeit, seine Zurechnungsfähigkeit, Mündigkeit und politische Kompetenz stand und fiel mit diesem Körper. Ein kranker Mensch war ein nicht vollwertiger, zumindest nicht voll zurechnungsfähiger Mensch, aber: »Der Mann, der jedoch ein Pferd besteigen oder auch nur ohne fremde Hilfe umhergehen kann, stellt für alle sichtbar – und dies ist ein wesentlicher Aspekt dabei – mit der körperlichen grundsätzlich die eigenverantwortliche Handlungsfähigkeit unter Beweis«, schreibt K. Schulz in seinem Aufsatz über »Mittelalterliche Vorstellungen von der Körperlichkeit«.[24]

Der Körper war Ausweis und Gradmesser eigener *Personalität*. Schulz führt im genannten Aufsatz verschiedene Beispiele an: die ritterliche Wehrfähigkeit, den Zweikampf als gerichtliches Beweismittel, die körperliche Tüchtigkeit als Garant juristischer und politischer Zurechnungsfähigkeit. Wer im Vollbesitz seiner körperlichen Anlagen und Kräfte war – und nur dieser –, war auch politisch und rechtlich, insbesondere erbrechtlich, zurechnungsfähig und ernst zu nehmen.

Wenn der Körper so die Integralität der Persönlichkeit garantierte, so waren ihm andererseits beliebige Bedeutungen

21 Ein Topos der neuzeitlich neu entstehenden Medizin; hierauf werde ich in 2.3 noch zu sprechen kommen.

22 In der Hauswirtschaft, Kooperation des Verlagswesens und der Manufaktur; siehe K. Marx *Das Kapital*, Bd. I (1890), Berlin 1970, S. 185 f. und S. 356–390.

23 Hierauf werde ich im Hauptteil der Arbeit unter Kap. 6 noch ausführlich zu sprechen kommen.

24 K. Schulz, »*Mittelalterliche Vorstellungen von der Körperlichkeit*, in: A. E. Imhof (Hg.), *Der Mensch und sein Körper*, München 1983, S. 46–64, hier S. 48.

nicht zuzumuten. Er war nicht beliebig instrumentalisierbar, sondern nur im Rahmen eines kanonischen Spektrums von Kompetenzen und Können einsetzbar. Einsatz des Körpers bedeutete, ihn in einen bereits vorgezeichneten Kreis von ›Ähnlichkeiten‹, ›Sympathien‹ und ›Entsprechungen‹ oder ›Korrespondenzen‹ hineinzustellen[25], die seine Wirksamkeit und Effizienz von vornherein bestimmten und einer Kalkulation oder gar Willkürlichkeit entzogen. Können, Kunst und Geschicklichkeit im Umgang mit diesem Körper waren zwar anzustreben, waren aber immer an die Grenzen der kosmischen Verbindungen und Beziehungen dieses Körpers gebunden.

Anders der Körper unter den funktionellen Vorgaben der Neuzeit: hier erfährt er zunächst eine wahre Inflation von ›Bedeutungen‹, er wird beliebig und willkürlich in Anspruch genommen und funktionalisiert. Mit der Folge aber, daß eine eindeutige, ihm originär zukommende Bedeutung nicht mehr existiert. Der neuzeitliche moderne Körper (wenn man einmal davon sprechen darf), besitzt vorab keine Existenz, keine Sinnhaftigkeit und keinen Zweck. Er ist leer und disponibel, seine Existenz muß erst bewiesen werden (Descartes), sein Sinn und Zweck erst bestimmt werden. Er wird zum ›Körper des Subjekts‹ erst dadurch, daß er mit Bedeutung gefüllt wird.

Dieser Körper erweist seine Adäquatheit nicht dadurch, daß er einem ›zu Pferde‹ verhilft, auch nicht dadurch, daß er den Ausweis eigener Mannhaftigkeit im Zweikampf liefert, er erweist sie durch Elastizität und Flexibilität. Durch eine Formbarkeit beliebigen Anforderungen und Zwecken gegenüber, welche es auch im Einzelfall sein mögen, die an ihn herangetragen werden.

Dieser so bestimmte *instrumentale Körper* hat indifferent gegen-

25 Siehe etwa das Zuordnungsschema der menschlichen Sinne zu den Regionen der Welt, wie es sich in der V. Vision der Hildegard von Bingen in *De operatione Dei* von 1170–73 findet: »Die fünf Erdregionen gleichen den fünf Sinnen des Menschen«, lautet das Motiv von Abschnitt V, 3; siehe Hildegard von Bingen: *Welt und Menschen – Das Buch ›De operatione Dei‹,* übersetzt und erläutert von H. Schipperges, Salzburg 1965, S. 189.

über dem jeweiligen Zweck, willfährig, neutral und schweigsam zu sein. Vor allem aber: mustergültig, modellhaft. Dies in einem sehr wörtlichen Sinne – er hat Modell zu stehen für beliebige andere, gleichwertige Körper an seiner Stelle: es ist der Körper unter dem Blick des Anderen, unter dem Blick der Perspektive.

2.2 Der perspektivische Blick

Die »Abarbeitung am bösen Blick« hatte jenes subtile Moment von Verunsicherung zum Gegenstand, das der Blick des Anderen im Subjekt des ›Ich‹ auszulösen vermag; es ist eine Verunsicherung, die nur den Anstoß dazu liefert, den eigenen Körper mit ›den Augen des Anderen‹ zu sehen, das heißt ihn mit neuen Bestimmungen und Bedeutungen zu füllen.

Der Blick des Anderen ist also nur der Auslöser, das Stigma zur Revolutionierung der Sichtweise, mit der das Subjekt seinerseits die Welt um es herum mit Bedeutungen besetzt und in seinem Sinne objektiviert. Insbesondere gilt dies für die Objektivierung des Anderen: »Die Vergegenständlichung des Anderen«, schreibt Sartre[26], »ist, ... ein Verteidigungsmittel meines Seins, das mich gerade von meinem Für-Andere-Sein befreit, indem es dem Anderen ein Sein-für-mich zuteilt.« Das Subjekt schickt sich damit an, durch den eigenen Blick die Welt seinerseits zu ordnen und zur seinigen zu machen. Mit diesem Contre-Blick in seiner historischen Gestalt will ich mich hier beschäftigen.

Wie schon vorn ausgeführt, gewinnt der Blick innerhalb der Renaissance eine überragende Bedeutung als Mittel einer unmerklich diskreten, aber gründlichen Aneignung von Gegenständlichkeit. Der Blick gewährt die Möglichkeit einer den Gegenstand selbst nicht ›versehrenden‹ Wahrnehmung, die nichtsdestoweniger ihr Objekt in umfassender und getreuer Form zu erschließen, ja sogar zu reproduzieren vermag. Das Ideal der ›Treue‹ oder ›Genauigkeit‹ der Abbildung erstreckt

26 J. P. Sartre, *Das Sein und das Nichts*, 3. Teil, IV: Der Blick, hier insbesondere S. 357.

sich dabei nicht nur auf den zu stellenden Gegenstand, sondern ebenso auf die Methode dieses ›Stellens‹, die Weise des Sehens also, dem das Zustandekommen der Abbildung sich verdankt. Nicht nur der Gegenstand dieses Verfahrens wird also objektiviert, sondern ebenso diejenige, scheinbar höchst subjektive Leistung des Individuums, die dieses Verfahren hervorbringt und produziert: seine ›Sicht‹ der Dinge, seine ›Perspektive‹, aus der heraus er sich die Dinge im Blick aneignet.

Im folgenden wird es um beide hier genannten Momente von Objektivierung gehen, und zwar insoweit sie sich auf den menschlichen Körper als ihren Gegenstand beziehen:

Die anthropometrische Erfassung des Körpers, insbesondere die Praxis der zeichnerischen Abbildung, zum anderen die Kanonisierung der menschlichen Sichtweise in Gestalt des perspektivischen Blicks.

Ein drittes schließt sich hier an: die Thematisierung der Sinne in der Kunst. Die ästhetischen Objektivierungsprozesse, wie ich sie hier für die kanonisierte visuelle Wahrnehmung der Renaissance zu beschreiben anstehe, ziehen eine Methodisierung und Vergegenständlichung der Mittel dieser Wahrnehmung nach sich: das Auge, und mit ihm auch alle anderen Sinne, werden in ihrer besonderen physiologischen Eigenart nicht mehr gebraucht, dienen zunehmend nur noch zur Registratur von Daten, wie sich später noch zeigen wird. Um so mehr aber können sie mit den jeweiligen Gefühls- oder Empfindungsanteilen identifiziert werden, die sie im Menschen auszulösen pflegen. Die Sinne werden zu Metaphern des Gefühls oder Sentiments, das ihnen im Empfinden des Menschen korreliert ist. Metaphorisierung und Identifizierung mit ›Gefühl‹ stellen den Hauptbeweggrund der »Fünf-Sinne-Darstellungen« dar, die gerade mit der Renaissance zu einem beliebten Sujet der Malerei werden.

a) Anthropometrie

Erwin Panofsky unterscheidet in seinem Aufsatz »The History of the Theory of Human Proportions as a Reflection of the

History of the Styles«[27] zweierlei Ausprägungen des Begriffs der ›Anthropometrie‹: Anthropometrie kann bedeuten, die Angemessenheit eines kontingent vorliegenden menschlichen Körpers an eine als gültig unterstellte Norm der Vollkommenheit und des Ebenmaßes zu untersuchen; sie kann aber auch heißen, ein eigenes harmonisches Verstehen des Kosmos in Gestalt eines ›ästhetischen Leitfadens‹ zu kreieren und an der Welt auszuprobieren. Die erste Auffassung ist eher objektivistisch ausgerichtet, sie trachtet nach Zumessung und Auswertung des in Frage kommenden Materials (und ist laut Panofsky mit der rationalistischen Tradition des Aristotelismus verknüpft); die zweite Variante strengt eher ein subjektives Verfahren, ein Konstruktionsprinzip zur ›Sicht der Welt‹ an, um das Maß des Menschen darin erst zu finden (sie wird von Panofsky mit dem Neuplatonismus und der Mystik in Zusammenhang gebracht). Beide Auffassungen waren in der Renaissance lebendig.[28] Allerdings, so wird man sehen, ergibt sich eine Präferenzverschiebung von der ersten zur zweiten hin. Und damit verbunden, eine Verschiebung des Interesses von der Objektivierung des Körpers als eines *Gegenstandes* zur Objektivierung des *Schauens* selbst, also eine Verschiebung innerhalb der beiden Pole der Körper-Objektivierung, die ich oben schon benannt hatte. An die Stelle des Interesses am Gegenstand des menschlichen Körpers tritt das Interesse an den Vergegenständlichungsbedingungen, die diesem Körper als einem Schauenden und blickhaft Aneignenden gesetzt sind.

Zunächst zur Anthropometrie am Gegenstand des Körpers: Der menschliche Körper wird in der bildenden Kunst der Renaissance genau studiert, bevor er gezeichnet oder gemalt wird. Leonardo (1452–1519) schon fordert explizit, daß der Künstler zuallererst ein guter Kenner der menschlichen Anatomie sein müsse:

»neciessaria cosa è al pittore per essere bon membrificatore nell' attitudine e gesti che far si possono per le nudi, di sapere la notomia de'

27 Vgl. E. Panofsky, *Meaning in the Visual Arts. Papers in and on Art History*, Garden City, N. Y., 1955, S. 55–108; deutsch: *Sinn und Deutung in der bildenden Kunst*, Köln 1978.
28 Vgl. L. Barkan, *The Nature's Work of Art*, 1975, S. 117.

nervi, ossi, muscoli e lacerti per sapere nelli diversi momenti e forze qual nervo o muscolo è di tal movimento causa . . .«
Es ist notwendig für den Maler, der ein guter Gestalt- und Formgeber der Haltungen und Gesten sein will, die sich von den Akten einnehmen lassen, die Anatomie der Nerven, Knochen, Muskeln und Kraftadern zu kennen, um in den verschiedenen Momenten und Handlungsakten zu wissen, welcher Nerv oder Muskel die Ursache solcher Bewegung ist . . .[29]

Albrecht Dürer beginnt in seinem *Buch von der menschlichen Proportion* von 1528 eine großangelegte anthropometrische Studie: er untersucht einige zweihundert bis dreihundert Personen verschiedenen Alters, verschiedenen Geschlechts und verschiedener Typik auf die Proportionen ihrer Gestalt und ihrer Körperteile, »und kommt zu dem Schluß«, wie E. Panofsky[30] schreibt, »daß es eine absolute Schönheit nicht gebe«. Dürer weigert sich, dem bis dahin üblichen Schönheitsideal zu folgen und die vorfindlichen Körper einfach zu ›verbessern‹ oder zu ›schönen‹, eine Praxis, der sich etwa Alberti noch verpflichtet gesehen hatte. Nicht die Gegenstände an sich haben schön zu sein, ästhetisch genormt und steril, sondern der Blick des Künstlers ist es, der in ihnen Schönheit zu wecken vermag. Mit Dürer tut sich, so Panofsky, ein entscheidender »Unterschied zwischen dem ästhetischen Wert des in einem Kunstwerk dargestellten Gegenstandes und dem ästhetischen Wert des Kunstwerks selbst«[31] auf. Diese Unterscheidung eröffnet für die Kunst die Möglichkeit, anstelle des einen, klassisch tradierten Vitruvschen Ideals von menschlicher Proportion und Ebenmaß ein eigenes, erfinderisches Konstruktionsprinzip von Harmonie und Schönheit zu setzen.

Für Dürer hieß dies, »daß der Künstler seine Auswahl aus *allen* Sorten von Typen gemäß seiner Aufgabe treffen müsse, abgesehen davon, daß er das Ungestalte, Monströse zu vermeiden habe, es sei denn, ›er wolle es mit Absicht darstellen‹; und daß deswegen die Theorie der Proportionen nicht bezwecke, ihm einen Kanon zu liefern, sondern vielmehr

29 Zit. nach L. Venturi, *La critica e l'arte di Leonardo da Vinci*, Bologna o. J., S. 76. Übersetzung von mir, W. K.
30 E. Panofsky, *Das Leben und die Kunst Albrecht Dürers*, München 1977, S. 353.
31 Ebd., S. 365.

Proben und Methoden, die ihn in die Lage setzen würden, innerhalb der weitesten Grenzen menschlicher Natur und auf der Grundlage schierer Messung alle möglichen Arten von Figuren *hervorzubringen:* ›edle‹ oder ›bäurische‹ Figuren – ›löwische‹, hunde- oder fuchsartige – cholerische, phlegmatische, melancholische oder sanguinische – zornige oder freundliche – verzagte oder muntere – Figuren sogar, ›aus deren Augen Saturn oder Venus hervorscheint‹.«[32]

Kein Ästhetizismus also, keine bloße Verpflichtung zur Reproduktion eines klassischen Schönheitsideals, keine schönfärberische Idealisierung des realen menschlichen ›Gegenstandes‹, sondern erste Versuche der Auswahl, der Kombination und willkürlichen Zusammensetzung, um ›alle möglichen Figuren hervorzubringen‹. Dieser Ansatz ist allerdings an eine Bedingung geknüpft, die Dürer im sogenannten Ästhetischen Exkurs seiner *Vier Bücher von der menschlichen Proportion* von 1528 angibt:

»Manche reden davon, wie die Menschen sein sollten . . .; aber ich halte in solchem die Natur für die Meisterin und menschliche Einbildung für Irrsal; ein für allemal hat der Schöpfer die Menschen gemacht, wie sie sein müssen, und ich behaupte, daß die wahre Wohlgestalt und Schönheit der Menge aller Menschen innewohnt; zu dem, der das recht herausziehen kann (›das rechte Maß herausziehen kann‹), habe ich mehr Zutrauen als zu dem, der eine neu ausgedachte Proportion (›eine neu erdichtete maß‹) festsetzen will, woran menschliche Wesen keinen Anteil gehabt haben.«[33]

Es besteht sehr wohl also die Notwendigkeit der Auswahl und der Setzung eines Maßes, aber eben eines solchen, das aus dem vorhandenen Material selbst extrahiert (»sit extrahendum«) wäre und nicht etwa einem vorgängigen apriorischen Kanon à la Vitruv oder Alberti abgewonnen wäre. Das Programm der ästhetischen Anthropometrie, das Dürer in diesem Zusammenhang entwickelt, ist drei Begriffen verpflichtet, der ›Nutz‹, dem ›Wohlgefallen‹ und dem ›recht Mittel‹ (dem Mittelmaß).[34] Die Konstruktion von Figuren soll den natürlichen Gegebenheiten einer Person gerecht werden, nämlich an ihr selbst Maß nehmen

32 Ebd., S. 353; Hervorhebung von mir, W. K.
33 Zit. nach Panofsky, a. a. O., S. 369.
34 E. Panofsky, a. a. O., S. 352 f.

und Maß finden, um auf dieser Grundlage variieren zu können und nicht etwa einen starr vorgegebenen Schönheitstypus reproduzieren zu müssen.[35]

Man stößt hier auf einen ›modus inveniendi‹, der in ähnlicher Weise auch für Descartes – und allgemeiner – für die Entdecker und Erfinder neuzeitlich-naturwissenschaftlicher Instrumente zu konstatieren sein wird[36]: die Aufmerksamkeit des Künstlers (Forschers oder Wissenschaftlers) widmet sich zunächst ausschließlich dem realen Körper, seiner empirischen Gestalt, Oberfläche und relativen Proportionalität, um daraus aber Anhaltspunkte für ein *Modell* dieses Gegenstandes herauszuziehen, dem umgekehrt der jeweilige ›empirische‹ Körper dann subsumiert werden kann. Damit dies geschehen kann, muß der menschliche Körper selbst schon als ein Konstruktum, mindestens aber ein ›construhendum‹, ein der Möglichkeit nach zu konstruierendes, begriffen sein. Dem Körper muß ein theoretisches Modell an die Seite gestellt sein, das nicht nur ihm zu gleichen in der Lage, das sogar Maßstäbe zu setzen und ihn zu übertreffen in der Lage ist. Wissenschaft und Kunst finden dies Modell in den Vorgaben der Mechanik, der Wissenschaft der maschinellen Simulationen: »Die Wissenschaft der Mechanik« führt Leonardo aus[37], »ist darum so edel und vor allem nutzbringend, weil sie erweist, daß auch alle belebten Körper, die Bewegung haben, nach ihren Gesetzen wirken.« Damit ist das Verfahren der Anthropometrie im zweiten Sinne erreicht: Anthropometrie versteht sich als eine Techno-Morphie des Menschen, die ihn nach dem Vorbild eines artifiziellen mechanischen Modells zu rekonstruieren trachtet.

35 Ich habe hier an dieser Stelle A. Dürer stark in den Vordergrund gerückt, weil er, wie mir scheint, am konsequentesten die Loslösung vom klassischen Archetypus des Schönheitsideals betreibt, hierin zunächst durchaus empirisch und realitätsversessen, dann aber über einen simplen Abbildrealismus hinausgehend, indem er die Vielfalt der gewonnenen Daten variiert und zum ›Entwurf‹ eines menschenähnlichen Modells fortschreitet. Auch bei Alberti, einem von Dürer abgelehnten Vorläufer, und auch bei Leonardo (an den Dürer sich zunächst angelehnt hatte) finden sich schon Hinweise für eine Hinwendung zu konstruktivistischen Vorstellungen.
36 Hierauf gehe ich näher erst in Kap. 6 ein.
37 Zit. nach L. Heydenreich, *Leonardo da Vinci*, Basel 1954, S. 140.

Objektivierung durch Rekonstruktion vollzog sich noch auf einer weiteren, möglicherweise noch subtileren Ebene: nicht nur der fremde Körper, auch die Bedingungen des eigenen Sehens gerieten in den Sog der ›theoretischen Rekonstruktion‹, indem sie als partikulare Bedingungen der Wahrnehmung reflektiert und in Frage gestellt wurden. Zu denken ist an die Verfahren der Rekonstruktion des menschlichen Sehens und Wahrnehmens in der ›Perspektive‹.

b) Die Perspektive

In der italienischen Renaissance, schon bei Leon Battista Alberti und Brunelleschi, setzt sich ein Verfahren der ›objektiven Zeichnung‹ durch, das – entgegen dem Anschein, es handle sich um die Durchsetzung einer nur willkürlichen, ›subjektiven‹ Perspektive – gerade die Objektivierung und Kanonisierung des individuellen Sehens als Methode bedeutet. Bei Erwin Panofsky findet es sich folgendermaßen charakterisiert:

»Die klassische ›Optica‹ und die mittelalterliche ›Prospectiva‹ gaben sich mit Problemen künstlerischer Darstellung ebensowenig ab wie sich die Darstellungsmethoden von Jan van Eyck, Petrus Christus oder Dirk Bouts auf die Lehren scholastischer Autoren gründeten. Einige wenige unter diesen, nämlich Grosseteste und Roger Bacon, konnten schon optische Instrumente entwickeln – allem Anschein nach unseren dioptrischen Fernrohren nicht unähnlich –, ...; aber kein Mensch dachte daran, die euklidische Theorie des Sehens auf die Probleme graphischer Darstellung anzuwenden. *Ebendas war es, was Brunelleschi zu tun vorschlug.* Er hatte die wahrhaft revolutionierende Idee, die euklidische Pyramide durch eine zwischen das Objekt und das Auge eingesetzte Ebene zu durchschneiden und dadurch das visuelle Bild auf diese Oberfläche zu ›projizieren‹, genauso wie eine Linse ein Bild auf einen Schirm oder auf einen photographischen Film oder eine photographische Platte projiziert. Eine bildliche Darstellung konnte danach als ›ein Querschnitt durch die visuelle Pyramide oder den visuellen Kegel‹ definiert werden (›l'intersegazione della piramide visiva‹, wie es Leon Battista Alberti ausdrückt, oder ›ein ebene durch sichtige abschneydung aller der streym linien, die auß dem aug fallen auf die ding, die es sieht‹, wie Dürer schreibt). Um die perspektivische Richtigkeit zu sichern, brauchte man nur eine Methode zu ersinnen, wie dieser

Querschnitt mit Hilfe eines Zirkels oder eines Richtscheits zu machen sei, dies war die Essenz der neuen ›Maler-Perspektive‹ (›prospectiva pingendi‹ oder ›prospectiva artificialis‹); zur Unterscheidung davon erhielt die ältere Theorie des Sehens die Bezeichnung ›prospectiva naturalis‹.«[38]

Wenn man sich klarmacht, daß diese perspektivische Konstruktion eine strenge, an die geometrische Optik angelehnte *Methode* der Bilderzeugung darstellt, dann wird deutlich, daß es um die Fixierung und Kanonisierung des subjektiven Standorts des Auges geht. Keineswegs wird hier einer subjektivistischen Willkür Tür und Tor geöffnet, die Dinge ›so oder anders‹ zu sehen – im Gegenteil wird das Sehen, wie es »auß dem menschlichen Auge falle« (Dürer in einer noch sehr traditionellen Ausdrucksweise), in dieser seiner subjektiven Herkunft momenthaft festgehalten und fixiert, und damit um eine seiner wesentlichen Dimensionen, die fortlaufende Verdichtung von Bildern aus einer Kette sukzessiver Momentaufnahmen, verkürzt: »Das planperspektivische Raumbild«, schreibt Arnold Hauser[39], »so wie die Kunst der Renaissance es uns vor Augen führt, mit der gleichmäßigen Klarheit und der konsequenten Gestaltung aller Teile, dem gemeinsamen Fluchtpunkt der Parallelen und dem einheitlichen Modulus der Distanzmessung, das Bild also, das L. B. Alberti als den ebenen Querschnitt durch die Sehpyramide definiert hat, ist eine kühne Abstraktion. Die Zentralperspektive ergibt einen mathematisch richtigen, aber keinen psycho-physiologisch richtigen Raum ...«.

Einen ähnlichen Vorbehalt führt auch die moderne physiologische Optik gegen die Perspektive ins Feld: Danach vermag das statische Bild, das von der ›Perspektive‹ eingefangen wird, kaum das tatsächlich vom Auge bzw. von den Augen gesehene Bild wiederzugeben, da letzteres sich als ein dynamisches, vom ständigen Fluß der Netzhauteindrücke gespeistes Bild ergibt.[40]

38 E. Panofsky, *Das Leben und die Kunst Albrecht Dürers*, a. a. O., S. 331 f.; Hervorhebung von mir, W. K.

39 A. Hauser, *Sozialgeschichte der Kunst und der Literatur*, München 1969, S. 357.

40 Siehe hierzu V. Ronchi, *Histoire de la Lumière*, Paris 1956, S. 284; oder E. Schrödinger, »Die Gesichtsempfindung«, in: Müller-Pouillets *Lehrbuch der Physik*, Bd 2/I, Braunschweig [11]1926, S. 456–560.

Die Perspektive ist demgemäß nicht so sehr als eine Kunst der perfekten Nachahmung dessen, was das Auge gewahr wird, zu verstehen, sondern als eine objektive, ja sogar *die* objektive Methode der Konstruktion von subjektiven Bildern: der subjektive Eindruck, den man hat, ist selbst noch einmal dokumentierbar geworden, man kann ihn bezeugen und gleichzeitig ihm gegenüber eine indifferente Haltung einnehmen. Wahrnehmung ist vorzeigbar geworden.

Nicht umsonst heißt bei Brunelleschi die erwähnte perspektivische Bildkonstruktion »costruzione legittima«, wie Panofsky anmerkt[41]; nicht umsonst leitet Leonardo aus dem Vermögen der Objektivierung des subjektiven Sehens den Anspruch auf *wissenschaftlichen Charakter* für die ›prospectiva artificialis‹ ab.[42]

Die Kunst insgesamt bezog aus der ›Legitimität‹ der Konstruktion die dogmatische Gewißheit, die Dinge unverfälscht und getreu wiederzugeben; aber ihr eigentliches Interesse bestand in einer *dokumentarischen* Wiedergabe derjenigen subjektiven Sicht der Dinge, die die Augen selbst nur flüchtig einzufangen wußten.

Was heißt dies für den Maler?

Der Maler ist nicht mehr mit der eigentlichen Aneignung des fremden Gegenstandes beschäftigt, er ist, schon eine Stufe weiter, »ganz mit den positiven Regeln seiner Reflexion (auf den Gegenstand) identifiziert«, wie Rudolf zur Lippe in »Naturbeherrschung am Menschen«[43] formuliert. Der Maler nimmt den Standpunkt eines imaginären Dritten ein, der einen Blick[44] auf die von einem möglichen Subjekt einnehmbaren Haltungen, Einstellungen und Deutungen gegenüber dem Objekt wirft.

Dieser Rekurs auf Reflexion – was bedeutet er anderes als die Vergegenwärtigung möglicher eigener Blicke, was bezweckt er anderes als den Versuch der Selbstvergewisserung durch Abstandnahme und Objektivation seiner selbst?

41 E. Panofsky, *Dürer* . . ., a. a. O., S. 332.
42 Vgl. Venturi, *La critica e l'arte di Leonardo da Vinci*, a. a. O., S. 10.
43 Rudolf zur Lippe, *Naturbeherrschung am Menschen*, Bd. II, Frankfurt/M. 1974, S. 226.
44 Ich verweise hier auf die einleitenden Bemerkungen zu »Der Zeichner des liegenden Weibes«, siehe oben.

Der Künstler der ›prospectiva pingendi‹ gibt mit der Darstellung des unter seiner Perspektive gesehenen Bildes ein Spiegelbild seiner selbst ab: ein Spiegelbild nämlich, das seine Einstellungen und Kon-Notationen zu verraten vermag, mit denen *er* das dargestellte Sujet belegt.

Das subjektive Sehen ist damit eingekreist; es ist verobjektiviert und geronnen in einem Verfahren, das ihm selbst abgeguckt, aber als geometrische Methode ›extrahiert‹ worden ist, wie Dürer sagt.

Diese Reflexion auf die Bedingungen der Wahrnehmung, zu der die Perspektive den Anstoß gibt, hat die Wahrnehmung selbst ›entäußert‹, nämlich zu einem vorzeigbaren Ding gemacht, dessen Resultate weniger als Abbildungen denn als Dokumentationen eigener Sichtweisen zu verstehen sind. Dem Körper des ›Anderen‹, eines Fremden beispielsweise, der in den Werken der perspektivischen Kunst oft genug ausgestellt wird, ihm wird diese Ehre nicht so sehr um seiner selbst willen zuteil, sondern vielmehr einer versteckten Plazierung eigener ›Ansichten‹ dieses Körpers wegen. Der ›Körper des Anderen‹ figuriert als Folie dessen, was der Autor und Künstler selbst über den Körper äußern und in die Diskussion bringen will.

c) Die Darstellung der Sinne in der Kunst des Barock

Parallel zur Vergegenständlichung und Objektivierung des Wahrnehmungsvorganges verändert sich auch die Bewertung und Würdigung der Sinne, die diese Wahrnehmung ermöglichen. In dem Maße, in dem der Vorgang der Wahrnehmung *äußerlich* wird, das heißt als eindeutig reproduzierbarer, methodischer Prozeß vor Augen steht, erscheinen auch die Sinne als die primären Rezeptoren von äußerer Realität entzaubert. Können sie nicht länger als Hersteller oder gar Schöpfer eines ewigen und unwandelbaren authentischen Bildes der Welt gelten, sondern haben sie sich – im Rahmen der nunmehr konzipierten »legitimen (Ersatz-)Konstruktionen« – schlicht auf die ihnen zugewiesene Funktion der Herstellung eines subjektiven Bildes zu beschränken. Die Sinne sind zu instrumentalen Mitteln der Perzeption geworden, derer man sich möglicherweise auch entledigen, die man kritisieren und verbessern kann.[45]

Die Sinne rutschen sozusagen ab aus dem Inneren des Menschen an seine Peripherie, indem sie zu fast beliebigen Mitteln der Realitätskontrolle oder -vergewisserung ›avancieren‹. Wahrnehmung und Person trennen sich im Verständnis der Renaissance-Kunst[46], sie trennen sich, um (aus der Sicht des Wahrnehmungssubjekts) Distanz zu gewinnen.

Innerhalb des Menschen sind es allein noch die Erkenntnis- und Erinnerungsfunktionen, die zu seiner Kennzeichnung übrig bleiben – und dabei auch noch den Charakter der Qualität eines ›Sinnes‹ abstreifen, den sie ehedem als sogenannter »sechster Sinn«, »sensus communis« oder »sensorium commune«[47] besessen hatten. Erkenntnis und Denken reißen die Führung an sich und beanspruchen, das »Subjekt« ganz aus sich heraus auszumachen. Die Sinne, die aristotelisch-ursprünglich als Repräsentanten des nach Erkenntnis strebenden Menschen gegolten hatten[48] – und als solche gleichberechtigt neben dem »mundus intellectualis« und dem »mundus imaginabilis« rangierten[49] –,

45 Diese Behauptung werde ich für die Naturwissenschaften erst in Teil II, Kap. 6, nachweisen können. Es wird sich zeigen, daß der hier für die ›Perspektive‹ konstatierte Entwicklungsmodus auch für die Entwicklung von Instrumenten Gültigkeit besitzt: Wenn in der ›Perspektive‹ die Sichtweise des Auges mit den Mitteln der geometrischen Optik eingefangen und fixiert wird – um sie dann von diesem Vorbild abzulösen –, dann geschieht ein Ähnliches in der Entwicklungsdynamik anderer Instrumente auch. Es findet eine Inversion von Erklärungsmaßstab und Erklärungsgegenstand statt: das szientifische Modell löst sich von seinem organischen Vorbild ab, gewinnt eine paradigmatische theoretische Struktur und wird seinerseits zum Erklärungsgrund des jeweiligen Körperorgans.

46 Vgl. M. L. Putscher, »Sehen – Bild – Erinnerung«, in: dies., *Die fünf Sinne*, München 1978, S. 63–74; hier insbesondere S. 72.

47 So der mittelalterliche, schon auf Artistoteles zurückgehende Terminus für das Bewußtsein.

48 Siehe etwa die *Metaphysik* des Aristoteles, A, 980 a 21 ff.

49 Siehe etwa die Beiordnung von »Sinnes-Welt«, »Vorstellungs-Welt« und »Geistes-Welt« in der Mikrokosmos-Darstellung von R. Fludd, *Utriusque cosmis historia . . .*, Tomus sec., Frankfurt 1619–21, tractatus sectio I, S. 217.

die Sinne werden als arbiträre Instrumente der Wahrnehmung in die Pflicht genommen und der Lenkung durch das Bewußtsein unterworfen.

»Keine Zeit«, schreibt Marie-Lene Putscher in ihrer kunstgeschichtlichen Studie über »Das Gefühl. Sinnengebrauch und Geschichte«,[50] »hat sich so sehr für die Wahrnehmung interessiert wie die Epoche des späten Manierismus und des beginnenden Barock. Betrachtet man die Darstellungen der ›Fünf Sinne‹, die seit den ersten Stichfolgen von Frans Floris und Marten de Vos und der reichen Entfaltung im Werk von Hendrik Goltzius immer häufiger werden, so hat man den Eindruck, daß in dem Augenblick, da die Wissenschaft sich den Sinnesorganen als den Instrumenten der Wahrnehmung zuwendet und alles Wahrnehmbare zu quantifizieren versucht, die Kunst nun die ›Sinne‹ und damit die ›Qualitäten‹ übernimmt – und damit auch den Gefühlsanteil einer jeden Empfindung dem Bewußtsein verdeutlicht.«

Diese Veränderungen spiegeln sich in der Kunst der Renaissance und des Barock in zweierlei Weise: als Neuformulierung der Darstellung des Sinnen-Gebrauchs und als Metaphorisierung des geschmacklichen Urteils der Sinne. Der äußerliche Gebrauch der Sinne wird vornehmlich durch eine entsprechende *Handlung* oder Tätigkeit des Subjekts dargestellt; dagegen wird das innere Resultat der Wahrnehmung als ›*sinnliche Empfindung*‹, ›*Gefühl*‹ oder ›*Sentiment*‹ beschrieben und separat ästhetisiert.

Zunächst zum ersten Punkt. M. L. Putscher weist in ihrer Untersuchung auf einen erstaunlichen Bruch zwischen Spätmittelalter und Renaissance hin: Während in den mittelalterlichen Allegorien die Sinne zumeist in ein statisches Verhältnis zu den verschiedenen Seinsbereichen der Welt gesetzt wurden (etwa den ›Vier Elementen‹ beigeordnet oder mit einer Sequenz signifikanter Tiere verglichen wurden), beziehen sich entsprechende Vergleiche der Renaissance- und Barock-Kunst nahezu immer auf Tätigkeiten oder szenische Handlungen. Wo in der Scholastik die Sinne selbst noch die fundamentalen Bereiche des Seins zu repräsentieren vermögen, da stehen sie in der Neuzeit nur

---

50 M. L. Putscher, »Das Gefühl. Sinnengebrauch und Geschichte«, in: dies. (Hg.), *Die fünf Sinne*, München 1978, S. 147–160, hier S. 153.

Abbildung 2. Die Dame mit dem Einhorn (La Dâme à la Licorne), Mittelteil des Eingangsbildes der berühmten Teppichserie im Cluny-Museum zu Paris, um 1500; aus: M. L. Putscher, Die fünf Sinne, a. a. O., Abb. 80

noch für den Vorgang der Erschließung, nicht mehr für die erschlossene Substanz selbst. Sie stehen für Handlungen, Tätigkeiten, Prozesse, deren Ausgangs- und Zielpunkt ihnen äußerlich, deren Sinnhaftigkeit ihnen verschlossen ist.

Beispielhaft läßt sich dies demonstrieren an einer Serie von Teppichen des Musée Cluny in Paris, die um etwa 1500 entstanden ist. Sie stellen in ihrer Gesamtheit offensichtlich das früheste

Abbildung 3. Der Gärtner oder »Der Geruch«, aus einer Serie von fünf Gemälden von David Teniers D. J. (1610–1690); aus: Putscher, a. a. O., Abb. 138

Beispiel einer Darstellung der »Fünf Sinne« durch szenische Handlungen dar.

Auf diesen Teppichen wird jeder Sinn durch eine andere Handlung der Hauptgestalt, der »Dâme à la Licorne«, der ›Dame mit dem Einhorn‹, dargestellt: sei es, daß sie sich im Spiegel betrachtet (das Sehen), sei es, daß sie Orgel spielt (das Hören), einen Blumenkranz flicht (das Riechen), ein Stück Konfekt aus einer Schale nimmt (das Schmecken) oder mit der Hand das Einhorn berührt (das Tasten).

»Die ganze Szenenfolge«, schreibt M. L. Putscher[51], »ist ein

51 Ebd., S. 73.

71

Abbildung 4. Der Geschmack. Aus einer Serie von fünf Gemälden von van Tilborgh (ca. 1625–1678); aus: Putscher, a. a. O., Abb. 139

Hochzeitsgeschenk ... Es ist fast wie ein Abschiedsgeschenk des Abendlandes von der Einheit der Sinne und der Person ... Im 17. Jahrhundert, das diese Szenen aufgreift und ins Genre einerseits, andererseits aber ins Allegorische wendet, werden die ›Passions de l'âme‹ mehr und mehr von der Erkenntnis der Welt ausgeschlossen: Der intentionale Anteil des Bewußtseins übernimmt die Führung allein.«

In der Folge – und davon legt der genannte Band insgesamt ein anschauliches Zeugnis ab – wird das Thema der »Sinne« zu einem gängigen und beliebten Sujet in der Malerei. Das Buch *Die fünf Sinne* weist mehr als ein Dutzend Darstellungen aus

Abbildung 5. Das Gefühl als Schmerz, dargestellt durch eine Szene beim Bader durch Adrian Brouwer (1605–1638); aus: Putscher, a. a. O., Abb. 164a

der Zeit von 1500 bis 1700 auf, die sich des Themas in verschiedenster Weise angenommen haben.

Nicht nur findet sich der Vergleich der Sinne mit Handlungen, mittels derer die Intentionalität des Gebrauchs der Sinne dargestellt wird, sondern gleichfalls häufig findet sich die Bezugnahme auf das Urteilsvermögen der Subjekte, die mittels der Sinne sich ein ›Geschmacksurteil‹ bilden.

Damit komme ich zum zweiten Punkt, dem der *»Ästhetisierung«* der Sinne.

Ein häufig gewähltes Thema innerhalb der Fünf-Sinne-Darstellungen des Barock stellt die Allegorie dar, die in mannigfachen Variationen das »Gefühl«, den »Geschmack«, das ästhetische »Urteilsvermögen« zu verkörpern versucht. Auch hierzu finden sich im angegebenen Werk eine ganze Reihe von Beispielen, von denen hier nur einige wiedergegeben werden sollen.

Abbildung 6. Das Gefühl. Stich aus der Fünf-Sinne-Folge von Frans Loris, gestochen 1561 von H. Cock; aus: Putscher, a. a. O., Abb. 157

Wie kommt es zu dieser auffälligen thematischen Variation – nach der Betonung des prozessualen Geschehens, nach der Darstellung der Wahrnehmung als *Vorgang* nun die Herausstellung eines eher passivischen Vermögens der Empfindung oder des Gefühls?
Versuchen wir, dieser Frage hier eine vorläufige Antwort zu geben; eine endgültige Bestätigung kann sie erst im II. Teil anhand der Besprechung der wissenschaftlich formulierten Wahrnehmungstheorien der Neuzeit erfahren.
Wahrnehmung stand immer im Spannungsfeld eines aktivischen und eines passivischen Moments, eines Moments des ›Zuteil-werdens‹ und eines Moments des ›Erschließens‹. Schon nach antikem Verständnis[52] (ich denke an die empedokleische – und von Platon übernommene – Vorstellung der ›Synaugie‹, der Zusammenwirkung von subjektivem und objektivem Sehstrahl in der visuellen Wahrnehmung) bedurfte es des Zusammen-

---

52 Vgl. A. E. Haas, »Antike Lichttheorien«, in: *Archiv für Geschichte der Philosophie* 20 (1907), S. 345–386.

Abbildung 7. Das Gefühl. Kupferstich aus der Fünf-Sinne-Folge von Hendrik Goltzius (1578); aus: Putscher, a. a. O., Abb. 163

spiels von »Pathos« und »Poiesis«, von erlittener Erfahrung und selbsttätig in die Wege geleiteter Handlung[53], um Wahrnehmung zu ermöglichen. Die Frage ist allerdings, wie die Gewichte zwischen beiden Momenten, der gemachten oder ›erschlossenen‹ Erfahrung und der zugelassenen oder ›zuteilwerdenden‹ Erfahrung, verteilt sind. Diese Frage, so wird sich zeigen, stellt und beantwortet jede Zeit neu.

Wenn die Renaissance in ihrer exzessiven Ingebrauchnahme der Sinne stark das prozessuale Moment der Tätigkeit oder Handlung betont – die Sinne also derart einseitig verstanden werden, daß sie auf ›Geheiß‹ etwas zu vermelden oder zu registrieren haben –, dann geht hier das Moment der Selbsttätigkeit verloren, wonach die Sinne selbst es sind, die die ihnen korrespondierende Welt ›erschließen‹. Die Sinne werden in diesem Verständnis als Organe eines willkürlich steuerbaren physikalischen *Prozesses* gedacht, dem sie unterworfen und dessen

53 So etwa Platon im *Timaios*, 45 b 2 ff., oder im *Theaitetos*, 156 a 1 ff.

75

Gesetzgebung sie nicht ausweichen können. Das Moment der ›Empfänglichkeit‹ dagegen wird von der Renaissance tiefer im Subjekt angesiedelt: nämlich in dessen gefühlsmäßiger Wahrnehmung und dessen Geschmacks- oder Stilempfinden.

Das Wahrnehmungsvermögen ist nicht länger eine Sache der Sinne, sondern Sache des Subjekts, ist eine Angelegenheit der Stilisierung und Kultivierung des eigenen Geschmacks und des eigenen ästhetischen Stilempfindens – so lautet die Antwort der Renaissance, der sich das 17. Jahrhundert mehr oder weniger anschließen wird, allerdings in einer geringfügig modifizierten Lösung.

Das Interessante an dieser Lösung ist, daß sie zu einer vollständigen Verkehrung der Rollen des Aktivischen und des Passivischen, des »Pathos« und der »Poiesis«, führen wird. Was in der Renaissance noch als *Aktivität* der Handlung des Subjekts erscheint, wird später als vollständige Passivität und Ergebenheit desselben einem naturgesetzlich ablaufenden Prozeß gegenüber verstanden. Und was hier, in der Kunst der Renaissance, als Passivität und Rezeptivität der Empfindung auftaucht, wird in der Form der ›ästhetischen Urteilskraft‹ zu einem Moment höchster Vervollkommnung und Verwirklichung des Subjekts stilisiert.

Ich werde auf dieses Thema in Teil II detailliert zurückkommen; es wird sich in der Erörterung der Wahrnehmungstheorien wie auch der experimentellen Vorgangsweisen der Naturwissenschaften insgesamt zeigen, daß es zu einer raffinierten Neuverteilung der Momente von »Pathos« und »Poiesis« zwischen Natur und Erkenntnissubjekt kommt: Unter der geschickten Anleitung der Wissenschaft erscheint die »Natur« allein als handelnde, das erkennende Subjekt allein als wahrnehmendes, rezipierendes, während es doch den Schlüssel zur Formulierung der Bedingungen der Handlung allein in der Hand hat.

Die »Ästhetisierung des Gefühls« scheint damit fast das Korrelat darzustellen zu jener Funktionalisierung, zu jener In-Gebrauch-Nahme der Sinne, wie sie vorn anhand der »Tätigkeits-Darstellungen der Sinne« festgestellt worden ist:
Die Sinne, so kann man resümieren, werden zu selbstverständlichen Mitteln, zu wahren Instrumenten der Wahrnehmung. Das Subjekt, das sich dieser ›Instrumente‹ bedient, sammelt in sich

nur noch die gefühlsmäßigen Anteile, die Residuen des Objekts, die in ihm Imagination und Leidenschaft zu erwecken vermögen. Diese Verdinglichung der Sinne einerseits und Ästhetisierung der Sinne (bzw. Sinnlichkeit) andererseits, wie sie sich derart für die Renaissance und das angrenzende 17. Jahrhundert feststellen läßt, bringt auch eine gewisse Entlastung für das Subjekt mit sich: der Vorgang der Aneignung der Objekte und Gegenstandswelten ist zu einem mehr oder minder mechanischen geworden, er belastet nicht mehr und läßt gleichgültig; das Subjekt aber ist ganz befaßt mit der Reflexion seiner selbst, nämlich mit der Prüfung und Bewertung der eigenen Wahrnehmungseindrücke und der Ausbildung und Kultivierung eines eigenen ästhetischen ›Empfindens‹. Von der Pflicht zur Teilhabe am Zustandekommen der äußeren Welt dispensiert – sie existiert nun ohne das Subjekt, nicht mehr nach Maßgabe der ehemals partizipatorischen Sinne –, ist dieses hinfort ganz auf die Stilisierung des eigenen Innern konzentriert.

2.3 Der medizinische Blick oder: Der Körper als Objekt der Medizin

Wenn hier auf die Erörterung des ›perspektivischen Blicks‹ die Darstellung der Verfassung des Körpers in der Medizin folgt, so mag diese Abfolge willkürlich erscheinen oder gar überraschen: sie kann aber gute Gründe für sich in Anspruch nehmen. Medizin und bildende Kunst gingen gerade in der Renaissance eine enge Verbindung ein; viele Künstler, man denke nur an Leonardo oder Dürer, wurden durch ihre Studien am Körper zu weitergehenden Untersuchungen im Bereich der Anatomie und Physiologie getrieben.

Die Darstellung des menschlichen Körpers, detailgetreu und verläßlich im Sinne richtiger Proportionen, war eben nicht nur ein Objektiv der Malerei und Zeichenkunst, sie traf mit einem Wunsch der neu erweckten empirischen Medizin der Renaissance zusammen, sich des menschlichen Körpers durch eigenes Schauen und Kennenlernen, durch eigene Kenntnisnahme am Modell, zu versichern.

Berengario da Carpi (etwa 1460–1530), Anatom, Arzt und Professor der Universität Bologna, war einer der ersten, der die Methode der anatomischen Abbildung anwandte. Seine Veröffentlichungen waren mit Zeichnungen, skizzenhaften Darstellungen und Tafelwerk der Muskeln illustriert, die er dadurch fesselnd zu machen wußte, »daß er den Kopf mit normalem Gesichtsausdruck zeichnet und die Figur jeweils vergnüglich Hautlappen zurückschlägt, um die Muskelstruktur zu zeigen«, schreibt Marie Boas[54]:

»Diese Methode, lebendige Anatomie darzustellen, wurde später weiterentwickelt und ergab die vollständigen ›Muskelmänner‹ und Skelette.«

Gerade von der Anatomie, der Physiologie und der allgemeinen Anthropologie her bestand ein Interesse an einer neuen Vermessung des Körpers, einer neuen Anthropometrie – und dazu war die Kunst der genauen bildlichen Darstellung unerläßliche Voraussetzung.

Die Medizin der Renaissance macht eine gewaltige theoretische wie praktische Entwicklung durch: sie wird Wissenschaft, wo sie bisher praktische Kunst und Handwerk war; sie wird gesellschaftliche Institution des Wissens, wo sie bisher nur scholastisches Dogma oder Lehrmeinung war. In der Medizin am augenfälligsten vollzieht sich eine Wandlung, wie sie für die Wissenschaften der Neuzeit insgesamt charakteristisch ist: eine Aufhebung der bisherigen ständischen Arbeitsteilung des Mittelalters und die Etablierung einer neuen Einheit von medizinischer Lehre und Praxis. Die Wissenschaft drängt es nach der Wirklichkeit, sie drängt dazu, sich zu bewahrheiten und in die Tat umzusetzen, was vorher nur Bestandteil akademischer Gelehrsamkeit war. Sie beansprucht, die Therapie zu bestimmen, das heißt Heilkunst und -pflege unter ihrem Dach zu vereinigen. Dieses Streben macht sie zur Feindin der alten Naturheilverfahren und -brauchtümer, die im Wissen der vielen Kräuterweiblein und Hexen des Mittelalters aufbewahrt waren. Es ist nicht verwunderlich, daß sich hier eine Gegner-

54 M. Boas, *Die Renaissance der Naturwissenschaften,* Gütersloh 1965, S. 154.

schaft zum naiven Volksglauben und seinen magischen Praktiken auftut.

Die Medizin wird im eigentlichen Sinne Naturwissenschaft. Sie erwirbt einen festen methodischen Standard innerhalb der Anatomie und Pharmakognosie, indem sie sich auf Sektionen am menschlichen Körper, auf Versuche an Tieren und auf Modellsimulationen stützt. Sie übernimmt, wie K. E. Rothschuh in seinem Essay »Die Rolle der Physiologie im Denken von Descartes« anhand der cartesianischen medizinischen bzw. anthropologischen Schriften darlegt[55], die kausal-analytischen und funktionslogischen Fragestellungen der modernen Wissenschaft, ohne sich von überkommenen entelechetischen Prinzipien, den ›formae‹ und ›facultates‹ der galenisch-aristotelischen Lehre noch weiterhin bestimmen zu lassen. Und vor allem und zuerst erwirbt die Medizin einen regelrechten und ernstzunehmenden *Gegenstand*, nämlich den menschlichen Körper.

Es kann hier dieser Paradigmenwechsel von der teleologischen zur mechanistisch-funktionalistischen Sicht nicht umfassend dargestellt werden, vielmehr sollen nur einige wesentliche Momente der Entwicklung hervorgehoben werden. Bezüglich einer genaueren Darstellung sei auf einschlägige Fachbücher von Rothschuh[56] oder Hartmann[57] verwiesen.

Erstaunlicherweise wird der menschliche Körper in dem Moment Gegenstand der Medizin, wo seine Besonderheit, seine Exzeptionalität innerhalb der animalischen Welt fragwürdig zu werden beginnt. Die naturwissenschaftliche Medizin der Neuzeit räumt mit der metaphysischen Sonderstellung des Menschen innerhalb der Schöpfungsordnung auf und erklärt ihn ob seines Körpers grundsätzlich der Natur zugehörig, um weitere Differenzierungen erst auf dieser Grundlage zu vollziehen. Das cartesische Programm, den Menschen im Rahmen einer noch zu entwickelnden Einheitswissenschaft als Schlußstein, als höchst differenziertes mechanisches Wesen zu behandeln (ich werde hierauf noch zurückkommen), läßt sich in seinem Ansatz als

55 K. E. Rothschuh (Hg.), *René Descartes: Über den Menschen,* sowie: *Beschreibung des menschlichen Körpers,* Heidelberg 1969, S. 11–27, hier insbesondere S. 14.
56 K. E. Rothschuh, *Geschichte der Physiologie,* Berlin 1953.
57 F. Hartmann, *Ärztliche Anthropologie,* a. a. O.

Paradigma der neuzeitlichen Medizin überhaupt ausmachen. Der Mensch wird nicht mehr *gegenüber*, auch nicht *versus* Natur, sondern im Rahmen und auf dem Boden *von* Natur interpretiert.

Die mittelalterliche medizinische Lehre in der Nachfolge Aristoteles' und Galens war von der selbstverständlichen Besonderheit des Menschen gegenüber der ›beseelten und unbeseelten‹ Natur ausgegangen und hatte, auf dieser Voraussetzung aufbauend, nach Ähnlichkeiten, Korrespondenzen und Entsprechungen der verschiedenen Formprinzipien Ausschau gehalten. Ihr war die Erklärung des Menschen in Analogie zum Tiere nicht fremd, da ihr die prinzipielle Differenz der Schöpfung von Anfang an vor Augen war.

Umgekehrt die Neuzeit, der die Unterscheidung nunmehr ein so großes Problem ist, nachdem sie sich von der Zugehörigkeit des Menschen zur Natur überzeugt hat. Sie fragt danach, ob der Mensch überhaupt eine Besonderheit, ob er anthropologisch gesondert begriffen und gerechtfertigt werden kann.

Die im Zuge der Renaissance wieder restaurierte neuplatonische und hermetische Lehre, insbesondere die der *Entsprechung von Mikrokosmos und Makrokosmos*, steht noch ganz im Banne der Analogie des Differenten; sie interpretiert den Menschen als eine Welt im Kleinen, die in sich schon die formale und kräftemäßige Bestimmung des Ganzen, und das heißt, seine Wahrheit, enthalte. Allerdings dient die Analogie zunehmend einseitig zur Bestimmung des Einen durch das Andere, nämlich des Mikrokosmos Mensch durch den Makrokosmos Natur, nicht aber zur Erkenntnis des Zusammenhangs beider als eines gegenseitig sich durchdringenden Ganzen.

Für Paracelsus etwa ist der menschliche Körper ein chemisches Laboratorium im Kleinen, das durch geeignete Stoffe der Iatrochemie und Pharmakologie aus der Welt des Großen günstig beeinflußt werden kann: nach genau den Gesetzen, nach denen dieser ›microcosmus‹ immer schon durch Gifte, schlechte Luft und Wasser ungünstigen Einflüssen des Makrokosmos ausgesetzt ist:

»Allein, daß ihr versteht, daß der Mensch die kleine Welt sei, nit in der Form und leiblichen Substanz, sondern in allen Kräften und Tugenden, wie die große Welt ist. Aus dem folgt nun dem Menschen der edle Name microcosmus; das ist so viel: daß alle himmlischen Läufe, irdische Natur, wasserische Eigenschaft und luftisches Wesen in ihm sind.«[58]

Mensch und Natur gehören für Paracelsus noch zusammen, sie besitzen *einen* Ursprung in der Schöpfung und müssen nach *einem* Prinzip, nämlich dem »Licht der Natur gemäß«[59], ausgelegt werden. Hierbei erscheint aber die menschliche Natur als die unbekannte, die ›luftische, irdische, himmlische und erzen-metallische‹ aber als die bekannte, mit deren Hilfe dem leiblichen Wohl des Menschen geholfen werden kann.

Auch bei William Harvey wird die Analogie von Mikro- und Makrokosmos weitgehend in nur einer Richtung benutzt, nämlich zur Erschließung und Deutung des unbekannten kleinen Menschen mittels der ›belichteten‹, der Aufklärung sich anbietenden großen Natur. Harvey postuliert in seiner Entdeckung des Blutkreislaufs (zwischen 1616 und 1628), daß dem astronomischen Kreislauf der Erde um die Sonne ein mikrokosmischer Kreislauf im Innern des menschlichen Körpers entsprechen müsse, nämlich der des Blutes um das Herz herum.[60]

Zwar gab es, wie Heidelberger ausführt[61], auch Versuche des umgekehrten Schlusses: nämlich von der Kenntnis des Mikrokosmos Mensch aus auf Entstehungs- und Veränderungsprozesse des himmlischen Makrokosmos zu schließen. Aber zum einen waren dies vage und vorläufige Spekulationen über die Kosmogonie des Ganzen, zum anderen ist es keine Widerlegung meiner These, wenn auch in ›umgekehrter Richtung‹ die Analogie zu Schlüssen benützt wird. Entscheidend ist, daß die Analogie von Mikro- und Makrokosmos überhaupt *verwendet* wird im Sinne einer erkenntnisleitenden, heuristischen Idee. Sie stellt keine Seins-Beziehung mehr dar, kein Datum ontologischer Endgültigkeit, sondern eine Idee von dynamisierbarer und instrumentalisierbarer Qualität. Wissen über den unbekannten Bereich des Menschen konnte bezogen und eingeholt

58 Paracelsus in: »Die Bücher von den unsichtbaren Krankheiten« von 1531/32, 4. Buch, zit. nach Paracelsus, *Werke*, eingerichtet von W. E. Peuckert, Bd. II, Darmstadt 1965, S. 242.
59 Ebd., S. 241.
60 Vgl. M. Heidelberger / S. Thiessen, *Natur und Erfahrung*, Hamburg 1981, S. 93.
61 M. Heidelberger /S. Thiessen, a. a. O., S. 93.

werden durch Kenntnisnahme in entsprechend modellierter äußerer Natur, das heißt Natur wurde zum Experimentierfeld und Simulationsbereich für die Humanwissenschaften. Schon bei Paracelsus deutet sich damit der spätere Experiment-Begriff an, wie er in den methodologisch normierten Naturwissenschaften des 17. und 18. Jahrhunderts üblich wurde.[62]

Demgegenüber war die alte Lehre der Mikrokosmos-Makrokosmos-Entsprechung nicht von methodologischer, sondern von ontologischer Qualität: die Entsprechung beider Welten war ein ihnen gemeinsames Formprinzip, ein beschlossenes Faktum gegenseitiger Konkordanz, aber kein Erkenntnisprinzip. Sowohl die Kosmologie des aristotelischen Weltbildes als auch die platonisch-neuplatonische Offenbarungslehre waren statisch und auf Unveränderbarkeit ausgerichtet. In den himmlischen Sphären der supralunaren Welt gab es keine Veränderung und keinen Wandel, und ähnlich konnte sich auch der wissensdurstige Mensch nicht anheischig machen, durch einen ›Prozeß des Erkennens‹ ein Wissen zu erwerben, das die eine oder die andere Welt würde verändern können. Wenn überhaupt, dann wurde Wissen durch ›Anteilhabe‹ an einer höheren Seinsstufe, durch Offenbarung oder ›Schauen‹, wie es bei Plotin heißt, erworben.

Die Neuzeit nun – um zum Ausgangspunkt zurückzukehren – zweifelt an allen vorherbestimmten, gottgegebenen und zweckhaft eingerichteten Verhältnissen. Nicht nur die ontologische Einbettung von Mikro- und Makrokosmos, nicht nur die Hierarchien der Schöpfung und nicht nur die Superiorität des Menschen über die animalische Natur sind ihr fragwürdig, sie stellt das selbstverständliche Vorhandensein des Wissens selbst in Frage. Der Mensch besitzt, insofern er zur ›historia naturalis‹ zählt, eine naturgeschichtliche, nicht ausschließlich geschichtliche Qualität – also kann er ungeschichtlich und vorurteilslos begriffen und von einer neuen Sprache erzählt werden.[63]

Die Unterscheidung des Menschen vom Tier, von der Natur überhaupt, stellt sich plötzlich als ein Problem dar, das einer gesonderten Aufklärung durch *neues* Wissen bedarf. Wenn vorn

62 Siehe Kap. 6 der vorliegenden Arbeit.
63 Zur Differenz von Geschichte und Naturgeschichte siehe M. Foucault, *Die Ordnung der Dinge,* Frankfurt/M. 1974, S. 170.

schon von einer Erschütterung des menschlichen Selbstverständnisses die Rede war (›der Mensch fühlt sich durch das Tier
erblickt‹), dann stellt sich hier diese Erschütterung auf einer
neuen Ebene ein: Sie drängt den Menschen zu fortlaufender
neuer Rechtfertigung seiner (anfechtbaren) Besonderheit, verlangt von ihm unablässig neue anthropologische *Rechtfertigungsarbeit.* Nur die Etablierung neueren, noch subtileren Wissens über die Besonderheit des Menschen innerhalb der Natur
verschafft Aufschluß über tatsächlich vorhandene Unterschiede, vermag die anthropologische Sonderstellung des Menschen zu rechtfertigen. Der Mensch *ist* nicht mehr die Krone
der Schöpfung, er hat sich immer wieder als solche zu erweisen.
Im folgenden seien zwei Etappen anthropologischer Rechtfertigungsarbeit näher beschrieben: die Entwicklung des Verhältnisses Mensch – Tier in der Anatomie des 16. Jahrhunderts und die
Geschichte der Sektion. Im Laufe dieser Etappen wird mit dem
mechanischen *Skelett* ein neues Paradigma die Bühne der
Anthropologie betreten, das geeignet ist, den Menschen als ein
Maschinenwesen, als ein immer wieder neu konstruierbares
Artefakt zu beschreiben.

a) Der anthropologische Sonderfall Mensch

In ihrem Werk *Die Renaissance der Naturwissenschaften* weist
die Wissenschaftshistorikerin Marie Boas auf einen bedeutsa-
men Wandel in der genealogischen Relation von Mensch und
Tier hin. Für die ganze mittelalterliche Anatomie, so schreibt
sie[64], war die Orientierung am vorliegenden tierischen Untersu-
chungsmaterial selbstverständlich. Selbst Galen hatte diese Einseitigkeit – wenn auch bedauernd – praktiziert, und die spätere,
unter arabischen Einflüssen stehende Anatomie (die etwa seit
dem 10. Jahrhundert nach Westeuropa durchdrang) verstärkte
nur noch diese paradigmatische Bindung. Das Tier galt als infe-
riorer, aber doch hinreichend repräsentativer Stellvertreter der
menschlichen Natur; untergeordnet zwar in der göttlichen

64 Vgl. M. Boas, *Die Renaissance der Naturwissenschaften,* a. a. O.,
Kap. V: Der menschliche Körper und seine Krankheiten, insbesondere
S. 143–156.

Schöpfungsordnung, sollte das Tier doch immerhin über den Menschen Auskunft geben können. Was das Tier besaß, sollte der Mensch schon lange besitzen.

Seit der Neu-Herausgabe von Galens Hauptwerk *De anatomicis administrationibus libri XV* durch Johannes Winther von Andernach 1531 wuchs die Zahl der Mediziner und Naturwissenschaftler, die es Galen gleich tun wollten und *praktische* Kenntnisse durch Sektionen an Leichen gewinnen wollten; hinzu kam noch das Interesse, das die Entwicklung der ›medizinischen Abbildung‹ durch Leonardo, Berengario da Carpi und Vesalius auf sich zog: man wollte am konkreten Material arbeiten bzw. seine Studien treiben.

Im Zuge der Wiederentdeckung Galens in der Renaissance wurden dessen warnende Worte, daß er nur tierische Anatomie habe treiben können, daß man aber, wenn irgend möglich, am Menschen entsprechende Studien anstellen müsse[65], zunächst in den Wind geschlagen oder schlicht übersehen. Alle Welt obduzierte, sezierte und systematisierte wie Galen, ›sah‹ wie er, fand dieselben Organe und machte dieselben Fehler wie er.

»Warum die Anatomen des sechzehnten Jahrhunderts im menschlichen Körper ›sahen‹, was Galen von den Tieren beschreibt, ist immer ein Rätsel gewesen, und man hat angenommen, sie seien absichtlich blind oder borniert gewesen. Abgesehen von der Tatsache jedoch, daß es nur zu leicht gewesen ist zu ›sehen‹, was man nach dem Lehrbuch sehen muß, verwandten die Anatomen des sechzehnten Jahrhunderts auch sehr oft das gleiche tierische Material wie Galen, zum Teil, weil es leicht zu haben war, zum Teil auch, weil es dem, was Galen beschreibt, genauer glich. Daher die ›fünflappige‹ Leber, die man bei Hunden und Affen findet, keineswegs beim Menschen... Daher auch die Behauptung, der Mensch habe ein Rete mirabile [ein Netz von Gefäßen an der Hirnbasis beim Rind, W. K.], wenn man auch annahm, daß es längere Zeit nach dem Tode schwer zu entdecken sei.«[66]

Erst nach einer gewissen Phase des Überschwangs für den spätantiken Gründer der eigenen Wissenschaft (der erst einmal gegen die vorherrschenden Einflüsse der arabischen Medizin

65 Vgl. ebd., S. 149
66 Ebd., S. 155.

84

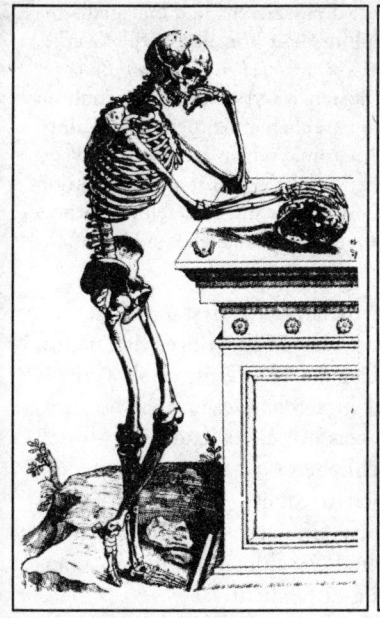 

Abbildungen 8 und 9. Anatomische Zeichnungen aus dem Werk des Andreas Vesalius 1543; aus: Heidelberger/Thiessen, Abb. 17

wieder durchgesetzt werden mußte) begann sich ein genaueres Hinsehen, und das heißt, die Differenzierung und Distanzierung vom Vorbild Galen, zu entwickeln.

Erst mit Vesalius und Berengario setzte sich die Erkenntnis durch, daß die Befunde des Menschen durchaus von denen des Tieres zu unterscheiden seien, daß der Mensch eben nicht schon im Tier zu erkennen sei und als ein *Sonderfall* der allgemeinen Anatomie zu behandeln war. Der Mensch, auf den hin man bis dahin jeden Befund der animalischen Anatomie projeziert hatte, wurde zu einer Randerscheinung innerhalb einer allgemeinen, systematischen und vergleichenden Anatomie.

Mit Andreas Vesalius (1514–1564) tritt der »große Erneuerer der Anatomie«[67] auf den Plan. Vesalius war in seinem Leben sowohl theoretisch wie praktisch, als Autor wie als Wissenschaftler wie als praktizierender Arzt ungewöhnlich erfolgreich. Sowohl Kaiser Karl V. als auch Philipp II.

67 Ebd., S. 25.

wählten ihn als Leibarzt, seine Kunst des Sezierens und der medizinischen Demonstration war hochgerühmt, und vor allem seine Werke, darunter das berühmte *De humani corporis fabrica – Vom Bau des menschlichen Körpers*, Basel 1543, lösten einen gewaltigen Schub an praktischer Beschäftigung mit dem menschlichen Körper aus. Vesalius' Arbeit wurde grundlegend für die Anatomie seiner Zeit, für das systematische Körperstudium, für die Sektion, die er selbst als Lehrsektion ab 1540 in Padua durchführte, für die Untersuchung einzelner Körperteile und Knochen, derer man sich mit den Leichnamen von Hingerichteten und Gehängten versicherte.

»Was an Vesalius' Arbeit am meisten in Erstaunen setzt«, schreibt Marie Boas,[68] »ist vielleicht die Mühe, die er sich nahm, das Verhältnis jedes einzelnen Organs zum Körper als Ganzes zu untersuchen. Was als Skelett in seiner Gesamtheit beginnt, hört mit ein paar Knochen auf; was mit einer hautlosen – doch in Tätigkeit begriffenen – menschlichen Gestalt beginnt, die die äußeren Muskelpartien zur Schau stellt, wird Schicht für Schicht abgetragen, bis nur noch ein paar einzelne Muskeln bleiben; die Bauchhöhle betrachtet Vesalius zunächst als Ganzes, bevor er ihre einzelnen Teile untersucht.«
Die neue Anatomie des Vesalius geht strukturalistisch vor. Sie setzt den Menschen aus einem funktionellen Plan des Ganzen, dem ›Skelett‹, zusammen, anstatt ihn nur von ›oben nach unten‹ oder ›von innen nach außen‹ zu beschreiben, wie es noch die Methode Mondino de Luzzis (1275–1326), des bis dahin maßgeblichen Anatomen gewesen war.
Mit der Entthronung Mondinos und der Renaissance der galenischen Werke erinnerte man sich eines viel abstrakteren und systematischeren Vorgehens, der Konstruktion des menschlichen Körperbaus aus seinen Grundbestandteilen. Man entdeckte das *Skelett* wieder, bei dem Galen schon einmal angesetzt hatte: »Galen hatte nicht, wie Mondino, mit den Eingeweiden begonnen, sondern mit dem Skelett; denn er betonte: ›Was die Stangen für Zelte, die Mauern für Häuser, das sind für die Lebewesen die Knochen; alle anderen Körperteile formen sich nach ihnen und ändern sich nach ihnen.‹«[69]

68 M. Boas, a. a. O., S. 161.
69 Ebd., S. 149; das Zitat stammt aus Galens *De anatomicis administrationibus*, ohne nähere Angabe.

Die Wirkungen dieses methodischen Schwenks sind erheblich: sowohl die Funktionen der einzelnen Körperteile als auch eine Systematik des Körperbaus und eine Rekonstruktion seiner mechanischen Bewegungsmöglichkeiten werden schrittweise erfaßbar. Der menschliche Körper wird als struktureller Bau verstanden, nämlich in Beziehung zu seinen Funktionen; die einzelnen Körperteile und -vermögen werden nach Aufgaben und Tätigkeiten, nach mechanischen oder dynamischen Kriterien der Bewegung verstanden. Das Zeitalter des mechanistischen Paradigmas beginnt.

b) Sektion

»Was die Stangen für Zelte, die Mauern für Häuser, das sind für Lebewesen die Knochen; alle anderen Körperteile formen sich nach ihnen und ändern sich mit ihnen«, heißt es bei Galen. Der Körper, den die Neuzeit anatomisch-statisch ergründet und physikalisch-dynamisch erklärt, ist ein rekonstruierbarer Körper. Die Formung und Änderung, die er zuläßt, ergibt sich aus den Kombinationsmöglichkeiten seines knöchernen Fundaments. Von daher ergibt sich ein grundlegendes Interesse der Wissenschaft am Skelett.

Wenn im folgenden kurz die Geschichte der Sektion rekapituliert werden soll, dann aus der Absicht heraus, die historische Faktizität der Durchsetzung der Sektion innerhalb der Neuzeit zu unterstreichen. Gerade unter der Prämisse, daß die Sektion nicht erst von der Neuzeit erfunden wurde, müssen Gründe für die besondere Bedeutung aufweisbar sein, die ihr erst in der Neuzeit zugewachsen ist.

Um die Geschichte der Sektion ranken sich Legenden. Hartnäckig findet sich immer wieder in der Literatur die Behauptung, daß erst Ende des 13. Jahrhunderts die ersten Sektionen Europas stattgefunden hätten. So schreibt der ansonsten sehr zuverlässige Rothschuh, daß die erste mittelalterliche Sektion am Menschen 1286 in Cremona stattgefunden habe. Dagegen wird von einer Reihe anderer Autoren überzeugend vertreten, daß es sich bei der These vom Sektions-Verbot im Mittelalter um einen Irrtum handele, der widerlegbar sei.

Hartmann referiert in seiner *Ärztlichen Anthropologie* wie folgt über die Geschichte der Sektion:

»Die Geschichte der Sektion läßt bis dahin (sc. der Renaissance) drei Phasen erkennen. Im 3. vorchristlichen Jahrhundert wurden zur Zeit der Ptolemäer in Ägypten von den Ärzten Herophilos und Erasistratos menschliche Leichen zum Zwecke wissenschaftlicher Erkenntnis seziert. Originalabbildungen über die Ergebnisse liegen nicht vor. Im frühen Mittelalter wurden vor allem in Vorderasien Sektionen mit dem Ziel, die Todesursache zu klären, besonders bei hochstehenden Persönlichkeiten durchgeführt, die plötzlich aus unerklärlichen Gründen starben und bei denen man als Todesursache Vergiftungen vermutete. Solche ›gerichtsmedizinischen‹ Obduktionen sind aus den Jahren 1111, 1286 und 1302 (Bologna) bezeugt. Die Lehrsektion wurde lange dadurch behindert, daß sich die Kirchenväter Tertullian und Augustinus gegen die an Verbrechern üblichen Vivisektionen wandten. 756 wurde z. B. den Ärzten in Byzanz ein christlicher Renegat übergeben, damit diese ›den noch Lebenden vom Schambein bis zur Brust aufschnitten, um die menschliche Struktur zu studieren‹, so berichtet Theophanes. Wer durch eine andere Religion, einen anderen Glauben, eine andere Rasse, einen anderen Stand (Sklaven) oder als Verbrecher außerhalb der Gesellschaft stand, wurde als ein Nicht-Mensch angesehen, der für das Studium menschlicher Anatomie und Organfunktion benutzt werden durfte. Zunächst wich man aber nach der Stellungnahme der Kirchenväter auf die Tiersektion aus.«[70]

Die leichtfertige Übertragung von Ergebnissen bezüglich des Tieres auf den Menschen und die ebenso leichtgläubige Anerkennung der Lehren der Autoritäten brachte schwerwiegende – und kaum zu revidierende – Irrtümer mit sich. Und gerade diese Autoritäten, etwa Galen, hatten gar nicht am Menschen gearbeitet: »Galenus hominem nunquam secuit«, stellt Vesalius ernüchtert fest.[71]

Die Lehrsektion wird tatsächlich erst zu Beginn des 14. Jahrhunderts erlaubt – warum? Das öffentliche Interesse am Körper, seinem Aufbau und seinen Strukturen war entsprechend gewachsen. Und die Sektionen, die man in Bologna ab 1316, in Padua 1341, in Montpellier 1376 und in Spanien und im transalpinen Europa noch später durchführte, waren öffentliche

70 F. Hartmann, *Ärztliche Anthropologie*, Bremen 1978, S. 51 f.
71 Zit. nach Hartmann, a. a. O., S. 51.

Abbildung 10. Titelbild des Vesalius'schen Hauptwerkes De humani corporis fabrica *von 1543; aus: Heidelberger/Thiessen, a.a.O., S. 56*

Ereignisse, bei denen der Körper eines Delinquenten als exemplarischer toter menschlicher Körper demonstriert werden konnte.

»Um 1400«, schreibt M. Boas[72], »gehörte anatomisches Präparieren in den meisten medizinischen Schulen zum regulären Teil des Lehrplans. Und man hatte ein Standardverfahren entwickelt. Die Leiche wurde auf einen Tisch gelegt, um den sich die Studenten scharten; ein Prosektor – häufig ein Wundarzt – nahm die Sektion vor, während der Professor von seinem hohen Pult aus den vorgeschriebenen Text las, Mondino und später manchmal Galens ›Vom Gebrauch der menschlichen Körperteile‹«.

Die Wiedereinführung der Sektion war an eine Bedingung geknüpft: man hatte nur Zugang zu Leichen von außerhalb der Gesellschaft stehenden Personen, eben Delinquenten und Verbrechern. Dies war eine ähnliche Regelung, wie sie das Mittelalter bei seinen Vivisektionen befolgt hatte.

Das grundsätzliche Interesse der Zeit hatte sich aber von der Vivisektion auf die Untersuchung von Leichen verlagert. Der Leichnam, auch wenn es der eines Asozialen war, galt als der exemplarische Gegenstand der Medizin.

Ich meine, daß der ausschlaggebende Grund hierfür das Vorliegen vollständiger *Verfügungsbereitschaft* ist: In keinem anderen Zustand ist der Körper derart disponibel und bis zur Verleugnung indifferent als in dem des Leichnams. Am Leichnam konnte die Begierde der Medizin, den Körper *aufzubauen,* ihn von Grund auf zu konstruieren, sich am ehesten erfüllen. Der Leichnam lieferte erste Strukturen für die theoretische Reduplikation des Körpers, er war sozusagen die empirische Vorform der späteren Modelle des Körpers, die als mechanische Entwürfe zur Verfassung der menschlichen Natur entwickelt wurden: »Wie eine Maschine gestaltet sein müßte, die unserem Körper ähnlich ist«, überschreibt Descartes seinen Traktat *De l'Homme* von 1632. In diesem unfertig gebliebenen Versuch geht Descartes nicht vom Menschen selbst aus, nicht von Befunden empirischer Erfahrung, sondern von einem *Modell* einer Menschen-Maschine, die es ihm gestatten soll, den tatsächlichen Menschen unter den Vorgaben des mechanischen Funktionszusammenhanges der Maschine zu reproduzieren:

72 M. Boas, a. a. O., S. 146.

»Ich stelle mir einmal vor,« schreibt er zu Anfang des Traktats[73], »daß
der Körper nichts anderes sei als eine Statue oder Maschine aus Erde,
die Gott gänzlich in der Absicht formt, sie uns so ähnlich wie möglich
zu machen, und zwar derart, daß er ihr nicht nur äußerlich die Farbe
und die Gestalt aller unserer Glieder gibt, sondern auch in ihr Inneres
alle jene Teile legt, die notwendig sind, um sie laufen, essen, atmen,
kurz all unsere Funktionen nachahmen zu lassen, von denen man sich
vorstellen könnte, daß sie aus der Materie ihren Ursprung nehmen und
lediglich von der Disposition der Organe abhängen.«

Ausdrücklich sucht Descartes die Parallele zu technischen Pro-
dukten seiner Zeit, Maschinen, Uhren und Wasserspielen: ihr
Vorbild ist es, das ihn animiert, ihr Beispiel läßt ihn danach
suchen, eine menschenähnliche Maschine zu konstruieren, die
»sich aus sich selbst auf ganz verschiedene Weisen zu bewegen«[74] vermag.

Der ›Mensch‹, der hier konstruiert wird, ist aus einer Dekom-
position des tatsächlichen Menschen, so wie man ihn in Sektionen vorgeführt bekommen kann, entstanden.[75] (Descartes hatte
ausführliche Studien anatomischer und physiologischer Art
betrieben, hatte an vielen Sektionen teilgenommen[76] und besaß
eine beachtenswerte Kenntnis der damals aktuellen medizinischen Literatur.) Auf der Basis des in seine Einzelteile dekom-
ponierten Menschen läßt sich erst axiomatisch ein Modell des
Funktionszusammenhangs und -zusammenspiels aufbauen,
wofür die Descartessche Maschine nur ein Beispiel unter vielen
seiner Zeit ist, wenn man etwa an Borelli oder Harvey denkt.[77]
Welches Modell es aber auch sei, das roboter-ähnliche Descartes' oder das kosmomorphe Modell Harveys für Herz und
Blutkreislauf – es war die Rückführung des menschlichen Leibes auf ein skelettartiges Substrat von Organ- und Funktions-
zusammenhängen, die die theoretische Reduplikation des Kör-

73 R. Descartes, *Über den Menschen*, übersetzt von K. E. Rothschuh,
Heidelberg 1969, S. 44.
74 Ebd., S. 44.
75 Vgl. R. Descartes, *Über den Menschen*, a. a. O. S. 44 f.
76 Vgl. Rothschuhs Bemerkung in: ebd., S. 43, Anmerkung 2.
77 Siehe hierzu H. D. Bahr, *Experimentum machinarum. Über den
Umgang mit Maschinen*, Tübingen 1983, insbesondere den Abschnitt
›L'homme machine – machine vivante‹, S. 113–124.

pers, seine Verfassung und Verpflichtung auf den Gedanken der Funktion, erst erlaubte.

Zwischensumme

Es sind nunmehr unter dem Stichwort der ›Selbstobjektivation‹ drei Momente des Selbstverständigungsprozesses des modernen, neuzeitlichen Subjekts versammelt, die sich drei spezifischen Phänomenen des ›Blicks‹ zuordnen ließen: dem ›Blick des Anderen‹ (Fremden), der auf ›mir‹ ruht, dem ›eigenen Blick, der den Körper des Anderen in Augenschein nimmt‹, und ›dem Blick auf den eigenen Körper‹. Alle drei Phänomene erschlossen Formationen des Körperverständnisses, wie sie sich in der Kulturgeschichte, der Kunst und der Medizin der Renaissance bzw. des Barock herausgebildet haben. Alle drei Phänomene zeichneten den Körper in spezifischer Weise aus; sie tauchten ihn, je nach ›Blickrichtung‹, in das Licht einer spezifischen Objekthaftigkeit, die dem jeweiligen Zugriff der wissenschaftlichen oder kulturellen Herangehensweise geschuldet war:

– Der ›Blick des fremden Anderen‹ traf den zunächst bedeutungslosen, leeren Körper, der zum sozialen Körper erst durch die Bedeutungs-Zuschreibung von seiten des Anderen wird. Das Objekt ›Körper‹ konstituierte sich als das Ergebnis einer bedeutungsstiftenden historischen Zuschreibung, sei es positiver, kodierender Art, sei es negativer, stigmatisierender und diskriminierender Art. (Der Körper in der Kulturgeschichte: Bezugspunkt und *Träger gesellschaftlicher Signifikanz*.)

– Der ›eigene Blick auf den fremden Anderen‹ drehte dieses Verhältnis um; er suchte den Körper des Anderen zu einem Spiegel eigener Sichtweisen und Geschmacksvorstellungen zu machen: Indem dem fremden Körper eigene Wertungen, Charaktere oder Gesichter zugemessen werden, können in ihm sich eigene Reflexionen verstecken. (Der Körper in der Kunst, der zeichnerischen Abbildung und der Perspektive: ein *Spiegel ästhetischer Einstellungen* und Methoden.)

– Der ›Blick des Menschen auf sich selbst‹ fand den Körper als funktionsfähiges Gestell, als Leichnam, Skelett oder Gliedermaschine vor. Nach dieser Definition besitzt der Körper seine

Bestimmung nicht in sich selbst, sondern nach Maßgabe des ihn rekonstruierenden Intellekts; dieser ist es, der ihn seinem Willen zu unterwerfen und eventuell zu manipulieren trachtet. (Der Körper als Gegenstand der naturwissenschaftlichen Anthropologie und Medizin: ein *mechanisches Gestell* oder Automat.)

Träger gesellschaftlicher Signifikation, Spiegel subjektivistischer ästhetischer Einstellungen, mechanisches Gestell – dieses sind die Objektivationen, die hier als ›Niederschläge‹ des Bewußtwerdungsprozesses des Körpers zusammengetragen werden konnten.

Bin ich mit diesen Kennzeichnungen des Körpers der Aufbruchsepoche der Renaissance gerecht geworden? Sind diese Kennzeichnungen, die von einer zunehmenden *instrumentalen* Verwendung des Körpers Zeugnis ablegen, sind diese Kennzeichnungen nicht unvereinbar mit der humanistischen Interpretation der Neuzeit als der ›Entdeckung des Menschen‹, wie es Burckhardt formuliert hat?

Sicher sind hier nicht alle Objektivationen des Körpers benannt, die für die Neuzeit von Belang sind, nachdem auch bei weitem nicht alle Felder der thematischen Behandlung des Körpers berührt worden sind. Ich möchte hier nur an die Bedeutung der Ökonomie und Wirtschaftsgeschichte erinnern, die mit der – im 17. Jahrhundert schon beginnenden – Freisetzung des ›Lohnarbeiters‹ auch ein Stück Körpergeschichte schreibt. Lohnarbeit bedeutet den existentiellen Zwang zur Veräußerung der eigenen körperlichen Kompetenzen, der eigenen Arbeitsfähigkeit, wie schon Kant 1793 erkannte.[78]

Die Kennzeichnungen, von denen die Rede war, bezeugen zunächst eine enorme Verschärfung des Objekt-Status des menschlichen Körpers: er wird zum Gegenstand wissenschaftlicher Neugier, mehr noch, wissenschaftlicher Rekonstruktionsbemühungen, er wird zum Medium eigener ästhetischer Einstellungen und methodischer Verhaltensweisen, und er wird zum Träger von insgeheimen Bedeutungen, die ihm auf dem versteckten Wege gesellschaftlicher Kodierung und Stigmatisierung zugeschrieben werden.

78 Vgl. Kant in »Über den Gemeinspruch«, A 246, 247, in: *Werke in sechs Bänden*, Bd. VI, Darmstadt 1956, S. 151.

Der Körper wird also zunächst einmal zum ganzen Gegenteil dessen, was die humanistische Deutung der Renaissance so sehr herausstellen möchte; nicht zur Quelle der Sinngebung und Sinnhaftigkeit des Menschen, nicht zum Ursprung der Subjektivität, sondern zum Objekt *par excellence*.

Wenn es zu Anfang dieses Abschnitts in einer Vermutung hieß, der Mensch der Neuzeit sei, trotz aller seiner Hervorbringungen und Erkenntnisse, von tiefem Zweifel an sich selbst befallen, und alle Erkenntnisanstrengungen seien im Grunde nichts anderes als Bekundungen einer Begierde, über sich selbst etwas in Erfahrung zu bringen, so läßt sich diese Vermutung an dieser Stelle fortführen:

Es scheint nur vordergründig eine Flucht nach außen, in die Welt der Objekte zu sein, die der neuzeitliche Mensch antritt. Genauer besehen wäre es eine Bewegung, die immer schon ihm selbst gelten würde und immer wieder auf ihn zurückschlüge, auch wenn sie sich mit den entferntesten Objekten beschäftigte. Die Auseinandersetzung mit der Natur, die die Neuzeit so vorurteilslos, so ergeben und willig vorzunehmen sich anschickt, wäre dann in Wahrheit die ›Verschiebung‹ der Auseinandersetzung mit sich selbst: die willige Rezeptivität den Objekten gegenüber wäre die insgeheime Annahme des eigenen Objektstatus, und die selbstlose Überantwortung an das Fremde und Selbstbestimmte der Natur wäre die Annahme der eigenen Fremdheit, die in einem selbst als Körper Platz greift.

Unterwirft nicht der neuzeitliche Mensch diesen seinen Körper vorbehaltlos der fremden Natur?

Läßt er ihn nicht kommandieren von fremden Bestimmungen, die da heißen Funktionszuschreibungen, Notwendigkeiten, methodische Maximen, um sich bei derart geöffnetem Körper von der Natur deren Gesetze einschreiben zu lassen?

Nach dieser Vermutung wäre es eine kreisende Bewegung, in der der Mensch von außen her, über die Untersuchung seiner Objektivationen, sich wieder nähern würde. Eine Bewegung, die ihn zunächst aus sich heraus gedrängt hat, ihn zum Verlassen seiner mikrokosmischen Welt aufgefordert hat, gejagt von einem Schauer des Schreckens über sich selbst. Eine Bewegung aber, die ihn nichtsdestoweniger dazu anhält – und glücklich führt –, diesem Schauer nachzugehen und ihn aufzuspüren als das über die Fremde der Außenwelt geoffenbarte eigene Fremde. Nach dieser Hypothese wäre die (mit der Neuzeit anhebende) Phase der Neugier sich selbst gegenüber nicht so sehr Ausdruck eines erhöhten Selbstgefühls und erhabener Individualität, wie es die gängige Interpretation von Humanismus und Renaissance behauptet, sondern eher das Nachgeben, das Reagieren auf die innere Erfahrung der Verdoppelung der Welt, die sich in Ich-Objekt und Ich-Subjekt aufgespalten hat. Alle Versuche, die Welt der Objekte zu begreifen, ihr in Erkenntnis, Abbild, Produktion entgegenzukommen, wären nichts anderes als Versuche, der Fremdheit in sich selbst ein Stück näher zu kommen.

Was heißt dies nun alles für die ›innere Natur‹ des Naturwissenschaftlers, die Befindlichkeit seines Körpers, die hier zum Thema gemacht werden soll?

Einen ganz wesentlichen Aspekt von ›Objektivation des Körpers‹ habe ich bisher nicht erwähnt: die Bestimmung nämlich, die der Körperlichkeit des Forschers und Entdeckers der Natur qua seiner eigenen Naturhaftigkeit zuteil wird. Der Körper, hochrangiger ›Sensor‹ und Empfänger der aufzuklärenden Natur, wird unter dem Regiment der Wissenschaft zu einem Instrument par excéllence – er wird als die anthropologische ›conditio sine qua non‹ jeder Naturerkenntnis erkannt und entsprechend reglementiert. Gerade die Naturphilosophie der frühen Neuzeit – dies wird im folgenden noch deutlicher werden – entdeckt den Körper in seiner erfahrungskonstitutiven Rolle neu; er stellt für sie die naheliegendste Zugangsart zum Naturgeschehen dar, die jedermann zur Verfügung steht und beliebig wiederholbar konsultiert werden kann. Der Körper gilt als der willkommene Zeuge und die einzig mögliche Richtschnur aller Erfahrung, der qua seiner eigenen Naturgegebenheit Zugang zum Medium der Natur selbst hat. Aber gerade ob dieser Zeugenschaft muß der Körper auch vergattert und unter verläßliche methodische Aufsicht gestellt werden.

Das impliziert das folgende, für die Naturforschung fundamentale Dilemma: der Erforscher der Natur vermag sich zum ›Subjekt‹ der Naturerkenntnis nur zu machen, indem er seiner eigenen Natur strengste Fesselungen und Regelungen auferlegt; um aber überhaupt Natur zu erfahren, muß er ihr immer schon ein

Stück weit Lauf lassen, trauen. Das heißt, er muß seiner eigenen Natur gleichzeitig Raum geben *und* ihr strenge methodische Regeln abverlangen, er muß sie ›subjektivisch‹ gewähren lassen und doch objektivisch einfangen und reglementieren.

Dies ist das Dilemma, das die neuzeitliche Naturwissenschaft (und nicht nur sie, *jede* Naturwissenschaft) zu lösen hat. Wie sie es löst, wie sie ihm entgeht, kann hier noch nicht im einzelnen dargelegt werden; wohl aber lassen sich die Umrisse ihrer Strategie in folgenden drei Schritten den oben genannten Objektivationsprozessen des Körpers unter dem ›Blick‹ der Neuzeit parallelisieren:

- Der Körper gerät unter den kritischen Blick der Wissenschaft, insofern ihm die genannte strategische Rolle in der Gewährleistung von Naturerkenntnis zuwächst; er wird in Augenschein genommen, auf seine Tauglichkeit geprüft, inspiziert. In Anwendung der obigen Terminologie ließe sich sagen, er gerät unter den Blick des ›fremden Anderen‹, unter dem er sich zu rechtfertigen und zu reinigen hat. Ich will dies den *Rechtfertigungszwang des Körpers* nennen.

- Der Körper gerät unter den methodischen Zugriff der Wissenschaft; er wird zu einem disziplinierten intersubjektiven Instrument gemacht, in dem sich gewisse ideologische Vorannahmen der Wissenschaft widerspiegeln.
Ausgesetzt dem ›Blick auf den Körper des Anderen‹, wenn man so will, gerät der Körper unter szientifische Normierungen. Ich will diesen Aspekt die *Methodisierung des Körpers* nennen.

- Der Körper verfällt den Ergebnissen der Wissenschaft; er wird zum Objekt – wenn man so will – des ›Blickes auf sich selbst‹, insofern die Ergebnisse der Wissenschaft auf diesen Körper übertragen, das heißt, insofern er nach ihren theoretischen Entwürfen rekonstruiert wird. Ich will diesen Aspekt die *Selbst-Objektivierung des Körpers*[79] nennen.

79 Der Terminus ›Selbst-Objektivierung‹ mag verfehlt erscheinen, da das Moment der *Selbst*-Bezüglichkeit des Körpers hier fehlt; es ist nicht der Körper, der sich selbst objektiviert, sondern das Subjekt setzt dazu an, ›sich‹, ›seinen eigenen Körper‹, entsprechenden Bestimmungen zu unterwerfen. Ob *dieses* Moments des Selbstbezugs sei die Wortwahl hier gestattet.

Diese drei Schritte, heuristisch entwickelt am Vorbild der oben dargestellten Objektivationsprozesse des ›neuzeitlichen Körpers‹, sind zunächst nur behauptet; sind postulierte Bestimmungen, Anhaltspunkte für die Untersuchung der Formation der Naturwissenschaften. Aber es könnte hilfreich sein, sie im weiteren Gang der Darstellung der ›Objektivation des wissenschaftlichen Körpers‹ im Auge zu behalten.

3 Bewußtwerdung und Thematisierung der Körperlichkeit in der Naturphilosophie der frühen Neuzeit

Mit diesem Thema rückt die in dieser Arbeit gestellte Frage ins Zentrum der Untersuchung. Bisher war die ›Bewußtwerdung der Körperlichkeit‹ nur von außen, nämlich als allgemeiner kultureller und sozialer Prozeß der Neuzeit beschrieben worden; hier nun soll es um das Moment der *Selbstbezüglichkeit* der wissenschaftlichen Erkenntnisanstrengungen gehen: inwieweit wird das Verhältnis des Naturwissenschaftlers zu seinem eigenen Körper – der als die einzigartige Basis seiner Weltbefindlichkeit und Welterschließung anzusehen ist – innerhalb der Naturwissenschaften noch einmal reflektiert? Und, eingeschränkt auf die hier zunächst interessierende Wissenschaft der Renaissance, gibt es in der Naturphilosophie des 16. Jahrhunderts so etwas wie ›Körper-Bewußtsein‹?

Wie wird die eigene Zugehörigkeit zu Natur, das heißt zu dem Terrain der möglichen Objekte, in dieser Naturphilosophie bedacht, aufgenommen, gewertet? Wie werden die Beziehungen zwischen dem Erkenntnisdrang und dem Körper, der diesen Drang realisiert (obwohl er dem Körper teilweise selbst gilt), – wie werden diese Beziehungen geregelt? Welche Bedeutungen insbesondere besitzen Scham und Reinigungsbemühungen gegenüber diesem Körper? Und schließlich muß die Frage nach einer Moral, nach einem Verhaltenskodex oder ›Ethos‹ für diesen Körper aufgeworfen werden.

Es gibt seit der Renaissance ein ungeheuer anschwellendes Bedürfnis nach Wissen – aber dieses Bedürfnis ist gepaart mit dem Bewußtsein des *verbotenen* Wissens. Als solches gilt es nicht nur, weil es durch den biblischen Schöpfungsmythos bzw. den Mythos des Sündenfalls sanktioniert war, sondern mehr noch, weil der Wille zum Wissen, die Neu-Gier immer noch mit der Figur der Sünde und begehrlichen Sucht zusammengebracht wurde.

Etwa in Comenius' *das Labyrinth der Welt und Paradies des Herzens* von 1631: hier werden zwar die Wunder der göttlichen Schöpfung gebührend herausgestellt und betont, der gläubige Mensch aber wird davor gewarnt, sich nicht durch übermäßige Intellektualität, durch den ›Zaum des Vorwitzes‹, die ›Brille der Verblendung‹, das ›Glas des Vorurteils‹ und das ›Horn der Gewöhnung‹[1] von der Suche nach der wahren besseren Welt abbringen zu lassen. Die fiktive Ich-Gestalt im ›Labyrinth‹ wird mit Hilfe der genannten sinnes-allegorischen Instrumentarien auf eine Reise durch die Welt gelockt, um in einer ausführlichen, fast schon enzyklopädischen Breite die verderbten Wunder, Verlockungen und Schaumschlägereien der Gelehrten und ihrer Systeme vorgeführt zu bekommen. Der Bericht der Reise des Comenius in diese weltlich-intellektuellen Gefilde ist zu genau, zu detailliert und zu systematisch abgefaßt, um nicht auch ein gewisses eigenes, wenn auch zwiespältiges Interesse des Autors zu verraten. Ich werde noch auf ihn zurückkommen.

Es gibt ähnliche Behandlungen des Themas etwa im frühneuzeitlichen Faustepos, das schon im Brief des Trithemius an J. Virdung 1507 zur Sprache kommt,[2] oder etwa in der Zeitsatire *peregrini in patria errores* des Valentin Andreae von 1618, einem Werk, das man als Vorläufer des Comenius'schen *Labyrinths* einschätzen kann: hier handelt es sich um eine regressive zeitkritische Darstellung aus der Sicht des christlichen Mystizismus. Figuren wie der Greis ›Impetus‹ oder das Weib ›Caro‹ symbolisieren allegorisch die Begierde bzw. den Körper und dessen mannigfache Verstrickungen aufgrund von zügelloser Neugier, Sucht und Wissensdurst. Das diesseitige Leben des Körpers ist sündig und schlecht; die wahre Haltung, die für einen ›Pilger Gottes‹ sich ziemt, ist die der Demut und Bescheidenheit, sich auf das wahre Leben im Staat Gottes vorzubereiten. Neugier, Lust und Interesse werden utopisch vertröstet.

Die Neugier, die der eigenen Natur gilt, ist von Grauen wie von Faszination durchdrungen. Bezüglich der letzteren bedarf sie

---

1 Vgl. J. A. Comenius, *Das Labyrinth der Welt und das Paradies des Herzens*, dt. von Z. Bandnik, Jena 1908; insbesondere 4. Kap.
2 Siehe *Der deutsche Renaissance-Humanismus*, hg. von Winfried Trillitzsch, Frankfurt/M. 1981, S. 207–209.

der Verschiebung und Distanzierung auf ein anderes Objekt. Diese Verschiebung ist sowohl denkbar in Form der Projektion, wie bereits vorn besprochen, sie ist aber auch denkbar in der Form der Zuwendung des Interesses auf ein anderes Wesen: An diesem Anderen könnte sich die aufgestaute Neugier des Selbst, die von je her mit größten Skrupeln und Sanktionen belegt war, eher abarbeiten und satt sehen als an dem tabuisierten, gefahrverheißenden Gegenstand des eigenen Körpers.

Eine Möglichkeit also, dem verbotenen Wissen sich zu nähern, bestand in der Umlenkung des Interesses auf einen scheinbar unverdächtigen Naturgegenstand hin, von dem man insgeheim erhoffen konnte, Aufklärung auch über sich selbst zu erlangen. Dabei war allerdings notwendige Vorbedingung und Regel im Sinne eines rituellen Gesetzes, den eigenen Körper völlig *rein* zu belassen, d. h. ihn nicht sprechen zu lassen und ihn von jeder ungewollten äußeren Beeinflussung fern zu halten. Der Körper war in einem ganz direkten Sinne einer kultischen *Reinigung* zu unterziehen, die öffentlich zu vollziehen und als eine Gewähr der lauteren Gesinnung und guten Absicht zu verstehen war.

3.1 Reinigung und Läuterung des Körpers

Hier sollen einige Beispiele für die Tendenzen der vorbereitenden Reinigung und Läuterung des Körpers gegeben werden. Allgemein kann für die Erziehungsliteratur des 16. und 17. Jahrhunderts, für Trithemius, Wimpfeling, Andreae und Comenius, gesagt werden, daß das Thema der Mäßigung und Zurückhaltung der jugendlichen Natur eine eminente Rolle spielte; die Anleitung der Jugend, insbesondere ihres Wissens- und Erkenntnisdranges, zu maßvoller Entwicklung und Beherrschung von Süchten, Leidenschaften und heftigen Gemütsbewegungen beschäftigte die Präzeptoren der Zeit. Ich verweise hier nur auf das zentrale Werk der ›Pädagogik‹ der Zeit (wenn hiervon schon gesprochen werden kann), auf Jakob Wimpfelings *Adolescentia,* einen zwischen 1500 und 1515 gleich in acht Auflagen erschienenen Ratgeber ad ›ingenia formanda‹.[3]

Im folgenden will ich mich auf Selbstreflexionen von Naturforschern, Künstlern, Gelehrten und Erfindern beschränken. Wer sich Wissen über die Natur, vor allem die eigene Natur, verschaffen wollte, hatte sich einer gewissenhaften Läuterung von Leib und Seele, von fleischlichem Verlangen und sinnlichimaginativer Begier, zu unterziehen. Herz und Körper sollten ›rein‹ sein, ungetrübt von falschen Absichten, unvoreingenommen und empfänglich für den ungewissen Stoff der Erkenntnis.

So heißt es etwa bei Dürer in der Vorrede[4] seines Entwurfs eines *Lehrbuches der Malerei,* der etwa von 1508 stammen dürfte, daß auf die Auswahl der Lehrlinge und Knaben für die Malerei, Zeichenkunst und darstellende Geometrie größte Sorgfalt aufgewendet werden müsse. Es sei eine Auswahl unter anderem unter folgenden Gesichtspunkten zu treffen: Beachtung der Himmelszeichen, unter welchen er geboren sei, Beachtung seiner körperlichen Gestalt und Gliedmaßen, Beachtung der Frage, ob der Knabe mit Güte oder Strenge zu lenken sei, damit die Freude am Lernen gewahrt bleibe, und: wenn er durch Überanstrengung der Melancholie anheimzufallen drohe, so rät Dürer, sollte seine Stimmung durch Musikübung aufgeheitert werden. (Welch guter Rat!)

Für die Erziehung und Ausbildung des Knaben nennt er folgende Grundsätze: Erziehung zu Gottesfurcht, Anhaltung zu Gebet um die Gnade des Scharfsinns und der Gottesverehrung, ebenso Anhaltung zum Maßhalten in Essen, Trinken und Schlafen, und: sein Wohnraum soll heiter und ruhig sein, er soll vor unlauterem Umgang mit Frauen behütet werden.

»Der ander teill der fored seit.
Zum ersten, daz der knab getzogen werd awff die gotz förcht, von got zw begeren die gnod der subtilitet und got eren. Daz ander, daz er

---

3 Aktuelle Neuauflage durch O. Herding (Hg.), *Jakob Wimpfelings Adolescentia,* München 1965; in Auszügen auch in: *Der deutsche Renaissance-Humanismus,* a. a. O., S. 184 ff.
4 Abgedruckt in: Albrecht Dürer, *Schriftlicher Nachlaß in 3 Bänden,* hg. von H. Rupprich, Bd. II, Berlin 1966, S. 92 f.

messig gehalten werd mit essen und trinchken, des geleichen mit schloffen.

Zum triten, daz er ein lüstige wonnung hab, do er durch keinerely hindernus gejrd werd.

Zum virten, daz er behut werd for frewlichem geschlecht, nit pey jm wonen los, das er keine plos sech oder an greiff, und sich vor aller unlawterkeit behut. Kein ding schwecht die vernunft mer den unlawterkeit.«[5]

Dürer lehnt sich mit diesen Maximen an die Maßstäbe an, die schon Marsilius Ficino, der Gründer der neoplatonischen ›Accademia‹, in *De Vita libri tres*, Florenz 1489, ausgegeben hatte. Das erste der drei Bücher Ficinos handelte von gesundheitlichen, hygienischen und moralischen Maßstäben in der Anleitung der jungen Scholaren, *De studiosorum sanitate tuenda* betitelt. Bezüglich der abzuwendenden oder doch zu vermeidenden Gefahren heißt es da in der Dürer bereits zugänglichen deutschen Übertragung durch J. A. Muling von 1508:

»... der gelerten, weisen und der hochsinnigen (Feinde), das seind flegma, melancoly, unkeüschheit, füllery und spat schloffen gon« (Das buch des lebens Marsilius ficinus zu Florentz von dem gesunden und langen leben der rechten artznyen, Übertragung von Johann Adelphus Muling, Straßburg 1508, fol Y4[a]).[6]

Nicht nur in der Malerei und den gelehrten Künsten, auch in der so derben Praxis der Metallurgie und Alchemie gab es Verhaltensmaßregelungen und Praktiken, die zu Enthaltsamkeit und Reinheit anhielten. Über die Initiationsriten der Alchemie berichtet Ernst Bloch, daß der angehende Schüler sich demselben Prozeß der Läuterung zu unterziehen hatte, den er selbst in seinen zukünftigen Handlungen der Materie angedeihen lassen würde (hierin noch ein traditionelles Prinzip der Mimesis offenbarend); überdies seien Fasten, Enthaltsamkeit und feierliche Überantwortung verlangt worden, um den Schüler in einen nicht-alltäglichen, erwartungsvollen Zustand zu versetzen:

---

5 Albrecht Dürer, *Schriftlicher Nachlaß*, Bd. II, a. a. O., S. 92.
6 Ebd., S. 94.

»Der Alchymist«, schreibt Bloch in *Das Prinzip Hoffnung*[7], »veränderte die Bewußtseinslage des Schülers auch dahin, daß er eine unbewußte Verbindung mit den Werkstoffen erlangen sollte. Der beginnende Adept hatte also nicht nur gerecht und rein von Begierden, er hatte auch materialgerecht zu werden, mit Feuer, Blei, Antimon, Dehnbarkeit, Glanz so verbunden, als wären sie ›im Grund‹ ein Stück von ihm. Sodann war ›Imagination‹ des Golds vorausgesetzt, faktisch wohl meist eine sehr eindeutige, eine des sehr eingängigen Tauschwerts, doch der idealistischen Vorschrift nach eine, die auf Gold, Weihrauch und Myrrhen bezogen war.«

Zwei Begriffe möchte ich aus dieser Darstellung der Alchemie hervorheben: den der Einstimmung des Schülers, um ihn ›materialgerecht‹ werden zu lassen, und den der Imagination. Beides Begriffe, die nicht nur eine passive Katharsis, nicht nur eine Läuterung *von* verlangen, sondern eine Selbststilisierung *auf,* eine Bereitung *zu* etwas hin fordern. Begriffe eines Ethos somit, das nicht nur privativ eingrenzen und reduzieren will, sondern produktiv ausweiten, initiieren und einstimmen will. Materialgerecht werden hieß, sich der im eigenen Innern schlummernden Verwandtschaft zum Naturgegenstand bewußt zu werden und sie zu offenbaren; Imagination wurde verstanden als die Fähigkeit, sich selbst derart dem ›Imago‹ zu öffnen, daß man sich mit ihm in einem gemeinsamen Punkt der Ähnlichkeit treffen könnte. Diese beiden Punkte gehen aber über die hier thematisierte Praxis der Reinigung und Enthaltsamkeit hinaus. Ein weiteres Beispiel gibt Paracelsus von Hohenheim (1493–1541) mit seinem etwa 1520 entstandenen, aber erst 1589 publizierten *Buch von der Gebärung der empfindlichen Dinge durch die Vernunft.* Mit diesem Werk ist Paracelsus einer der ersten in der Geschichte der neuzeitlichen Medizin, der sich um eine sachliche Klärung des Zeugungs- und Geburtsvorganges bemüht. Dies geschieht bei ihm aber nicht nur, um den Fortpflanzungsprozeß der Gattung der ›empfindlichen Dinge‹, das heißt der empfindsamen Wesen, der Menschen, in den Blickpunkt des Interesses zu rücken, sondern auch, um den Erkenntnisprozeß der menschlichen Vernunft zu beschreiben. In seiner Kennzeichnung des Aktes der Erkenntnis versucht Paracelsus, die beson-

7 E. Bloch, *Das Prinzip Hoffnung*, Bd. II, Frankfurt/M. 1977, S. 746f.

deren Bedingungen körperlichen Verhaltens und Enthaltens anzugeben, die bei der ›Gebärung von Erkenntnis‹ im Unterschied von der biologischen Geburt einzuhalten sind. Sein Vergleich des Erkenntnisaktes mit dem Akt der Zeugung und Gebärung ist nicht bloße Metapher, sondern sucht bewußt die Anlehnung an die Form des gebärenden Hervorbringens: Erkenntnis ist für Paracelsus hier Freilegung, An-das-Licht-Bringen eines bereits natürlich im Menschen angelegten, aber in ihm schlummernden Wissens, das er ›Licht der Natur‹ (lumen naturale) nennt.

Im »Buch von der Gebärung« taucht zum ersten Mal der Begriff der Reinheit der Erkenntnis auf – und zwar nicht mehr, wie noch bei Dürer, als Umschreibung einer sich auf Erkenntnis vorbereitenden oder zurüstenden *Handlung,* sondern als Betonung einer auf Erkenntnis zielenden *Haltung,* die von Unvoreingenommenheit und Selbstlosigkeit in der ›Empfängnis‹ von Erkenntnis gekennzeichnet ist. Anders als die »unempfindsamen Wesen«, bei denen »ihre Natur und ihr Samen ein ungeschiedenes Ding sind«, so Paracelsus zu Beginn des ersten Buchs[8], zählt der Mensch als »empfindliches Wesen« zu denen, die »ihr von allem Samen frei ledig seid und ungezwungen, allein *pur und lauter* in der Natur, aus der ihr das Licht der Natur habt.«[9] Gleich im Anschluß heißt es:

»Wo aber der Same in der Natur liegt, da ist das Licht der Natur nicht, sondern es ist tot. Versteht ein Exempel! Ihr wißt, daß ein samentragender Mensch keine Vernunft gebraucht, und lebt auch in keiner Vernunft, sondern allein in den Lüsten und Phantasien.«[10]

Same bedeutet hier nicht enggefaßt das physiologische Substrat männlicher Geschlechtsaktivität, sondern die sexuelle Neigung, den Trieb schlechthin. Paracelsus verurteilt diesen nicht schnöde, im Gegenteil findet er gerade im *freien Willen* des Menschen diejenige Instanz, die befähigt ist, die Geschlechtlichkeit nach ihrer Disposition zu regieren:

»So hat Gott den Samen in die Spekulation gesetzt, und hat der Spekulation den freien Willen gegeben, sich begierlich zu machen oder nit.

8 Paracelsus, *Werke,* Bd. I, a. a. O., S. 32.
9 Ebd., S. 33; Hervorhebung von mir, W. K.
10 Ebd., S. 33.

Und nit durch seine Natur fängt solches an, allein durch das Objekt. Nämlich, wenn ein Mann eine Frau sieht, das ist das Objekt.«[11]

Der auffällige Terminus ›Objekt‹ deutet schon an: es liegt im Belieben des Menschen, ist seiner freien Entscheidung anheim gegeben, sich der Liebe hinzugeben – aber es ist ihm gleichermaßen anheim gegeben, sich für die reine Erkenntnis zu entscheiden. Beide aber stehen einander im Wege, wie im 4. Abschnitt des 1. Traktats des »I. Buchs von der Gebärung« ausgeführt wird:

»... denn Gott will das Licht der Natur viel lieber rein als befleckt haben. Denn im Reinen ist der Geist, und im Befleckten die schweigenden Geister.«[12] Und kurz darauf:
»Der die reinen Herzen liebt und nit die Befleckten, will das Licht und nit den Stummen, will einen Ruhigen und nit einen Beladenen, einen Gedrückten, einen Freien und keinen Gefangenen.«[13]

Diese Passagen sind nicht zu verstehen als grundsätzliche Rede für Keuschheit oder zölibatäre Enthaltsamkeit. Es geht Paracelsus vielmehr darum, die seiner Meinung nach unverzichtbaren Voraussetzungen von Erkenntnis (Empfang des *lumen naturale*) herauszustellen. Begehrlichkeit und Genuß, Trieb und Leidenschaft vertragen sich nicht mit dem reinen Schauen der Natur, und: Dem Menschen ist es aufgrund seines freien Willens aufgegeben, Wahl und Entscheidung zu treffen. »Denn Gott hat dem Menschen die Vernunft gegeben«, heißt es im 2. Abschnitt[14], »damit er weiß, wie die Begierde sei. Er kann sie zur Vollkommenheit kommen lassen oder nit, er kann sie üben oder nit, er kann seinem Verstande verhängen, das ist nachgeben, oder nicht.«
Nach diesem Verständnis ist der Mensch aus zwei Naturen zusammengesetzt – einer freien und reinen Natur, die ihn zu Selbsterkenntnis und Selbstbestimmung befähigt, und einer triebhaften animalischen Natur, die ihn zu ›beflecken‹ oder ›unrein zu machen‹ droht. Der Wille aber befähigt ihn, sich

11 Ebd., S. 34.
12 Ebd., S. 37.
13 Ebd.
14 Ebd., S. 34.

zwischen diesen Naturen[15] zu entscheiden; und der Verstand erlaubt ihm, die letztgenannte animalische Natur mit Hilfe der ersteren zu regieren. Eine erstaunlich moderne These, denkt man etwa an Kant.[16]

Zurück zu Paracelsus: Selbstverständlich verhehlt er nicht, daß er die Naturerkenntnis für hochstehender und edler erachtet als die Hingabe an die Leidenschaft; ja, er erklärt sie sogar für die *leibliche Seligkeit* des Menschen als förderlich:

> »Wir achten, daß dem Menschen auf Erden für seine leibliche Seligkeit nichts Edleres sei, als die Natur zu erkennen und vor ihr als vom rechten Grunde zu philosophieren und recht zu reden.«[17]

Hingabe an Gott, Frömmigkeit und Devotion sind nicht mehr gefragt, weder vor Gottes Schöpfung noch vor der Autorität der Alten ist eine Geste der Unterwerfung oder des Respekts vonnöten; wohl aber wird Nüchternheit, Aufgewecktheit und wache Wahrnehmung gegenüber der Natur verlangt. Die neuen Tugenden, die Paracelsus zu predigen beginnt, heißen Sensibilität und Rezeptivität; es gilt, von der Natur selbst sich belehren zu lassen:

15 Das Thema der ›zwei Naturen‹, die im Körper des Menschen – und in jeglicher Kreatur überhaupt – anzutreffen wären, läßt sich sowohl auf das Erbe der Religion als auch auf Einflüsse der aristotelischen Kosmologie zurückführen. Nach dem Menschenbild der christlichen Lehre gibt es sowohl den ›reinen‹, weißen Körper des Menschen – insofern er nämlich Vertreter der Schöpfung Gottes ist; gibt es aber auch den schmutzigen und befleckten Körper in ihm, insofern er fluchbeladener vergänglicher Sünder ist.

Die ›zwei Naturen‹ im Menschen lassen sich aber auch rekonstruieren als Projektion der aristotelischen Lehre von der Gedoppeltheit der Welt, der supra- und der sublunaren Welt, *auf* den Menschen: diese beiden Welten auf den Menschen projeziert, würden in ihm das Nebeneinander von himmlischer Ordnung und irdischer Vergänglichkeit hervorrufen, eine Vorstellung, von der F. Bacon sehr schön noch Zeugnis ablegt in *De dignitate et augmentiis scientiarum* von 1605, deutsch *Über die Würde und den Fortgang der Wissenschaften*, Nachdruck Darmstadt 1966, S. 249.

16 Ich denke an die Gegenüberstellung von ›sinnlich-animalischer‹ und ›moralisch-intelligibler Welt‹ im »Beschluß« der *Kritik der praktischen Vernunft, Werke*, Bd. IV, S. 300.

17 Paracelsus, *Werke* Bd. I, a. a. O., S. 24.

»Der Arzt kommt aus der Natur, denn sie gibt es ihm, und der ist ein
Arzt, dem die Natur ihre Experienz gibt, – nit der, der aus seinem
spintisierenden Kopf wider die Natur, wider ihre Art und wider das,
das in ihr ist, schreibt, redet und handelt.«[18]
Aber, so resümiert er wenig später, die Arznei ist in einen Mißbrauch
gekommen, »denn ... nit ein jeglicher mag seine Hoffart lassen, um der
Natur Knecht zu sein.«[19]

Aus diesen Sätzen spricht schon eine ›moderne‹, fortschrittliche
Einstellung der Natur und ihrer möglichen Verwertbarkeit
gegenüber – eine Einstellung, die dadurch gekennzeichnet ist,
daß sie das ›Dienen‹ vor der Natur, die ›Unterordnung‹ und
›Einordnung‹ dem ehernen Naturganzen gegenüber betont. Die
Natur soll nicht länger die gewaltsam geschundene und gegen
ihr Innerstes gequälte sein, wie es dem Mittelalter noch geläufig
war. Es soll so mit der Natur verfahren werden, wie es ihr selbst
gemäß ist – dies ist das Motto der Neuen Naturwissenschaft.
»Der Natur bemächtigt man sich nur, indem man ihr nachgibt«,
formuliert F. Bacon im *Neuen Organon*.[20]
Bevor ich auf den endgültigen Durchbruch dieser ›nuove
scienze‹ (Galilei) zu sprechen komme, soll hier noch ein Warner
zu Wort kommen, der sie nicht etwa euphorisch begrüßt oder
antizipiert, sondern ausdrücklich ob ihrer Glücksverheißung in
Zweifel zieht: der bereits erwähnte Johan Amos Comenius mit
seinem Sittengemälde *Das Labyrinth der Welt und das Paradies
des Herzens* von 1631. Comenius zeichnet ein äußerst negati-
ves, ja abschreckendes Bild von der Wissenschaft, das in der
Literatur seinesgleichen sucht.[21] Sein Hauptinteresse gilt nicht

18 Ebd., S. 15.
19 Ebd., S. 18.
20 F. Bacon, *Novum Organon*, I, Art. 3; zit. nach A. Th. Brücks
Übersetzung von 1830, Neudruck Darmstadt 1974, S. 26.
21 Eine Parallele läßt sich hier zu Jonathan Swifts phantastischem
Roman *Gullivers Reisen* von 1726 ziehen: auch hier handelt es sich um
eine Reise in das Land der »science fiction«, auch hier werden in
Gestalt der Laputier Wesen vorgestellt, die völlig wissenschaftlich
sozialisiert sind und den Menschen als natürliches, körperliches Wesen
nicht mehr kennen.
Was beim Comenius des 17. Jahrhunderts noch ›Ausflug‹ in die Welt
mit dem Resultat der Flucht in die Innerlichkeit ist, ist bei Swift

den Veränderungen in menschlicher Industrie und Wohlfahrt, die Bacon motivisch bestimmt hatten, er fragt nach den Veränderungen, die der Mensch sich selbst unbewußt und unreflektiert im Prozeß der Bürokratisierung und Verwissenschaftlichung antut.

Hatte er schon zu Beginn der Pilgerfahrt (siehe vorn) die hinderlichen und verfälschenden Brillen, Kappen und Instrumente der ›wissenschaftlichen Voreingenommenheit‹ kritisiert, so wird er im Kapitel »Der Pilger unter den Gelehrten« besonders deutlich. Hier schildert er drastisch die Zumutungen, die man über sich ergehen lassen muß, will man selbst einmal zu diesen Gelehrten gehören:

»Und so gelangten wir zu einem Torweg, welcher *Discipline* hieß und lang, schmal, dunkel und von Wachposten besetzt war, bei welchen jedermann, der in die Straße der Gelehrten gelangen wollte, sich anzumelden und um den Einlaßschein zu bitten hatte. Ich sah, wie eine große Menge besonders junger Leute hier zusammenströmte, von denen sich ein jeder auf der Stelle einer strengen Prüfung unterziehen mußte. Die erste Untersuchung bezog sich auf die *Börse*, das *Gesäß*, den *Kopf* und das *Gehirn* ... und schließlich auf die *Haut*, in der er stak. War nun der Kopf aus Stahl und das Gehirn darin *quecksilbern*, der Rücken *bleiern*, das Fell von Eisen und die Börse wohlgefüllt mit Gold, so erhielt er eine anerkennende Belobung und wurde dann bereitwillig weitergeführt; doch fehlte es an einem dieser fünf Dinge, so wies man ihn entweder gänzlich ab oder man nahm ihn auf gut Glück trotz dieser schlimmen Vorbedeutung auf.

Verwundert fragte ich: ›Was kann denn an den fünferlei Metallen so viel gelegen sein, daß man so eifrig danach fahndet?‹ ›Darauf kommt‹, sprach mein Führer, ›alles an! Denn wäre nicht der Kopf aus Stahl, so würde er zerspringen, und das Gehirn darin nicht flüssig, so könnte nie ein Spiegel daraus werden; hätte man ferner keine Haut von Eisen, dann würde man die Umformung nicht aushalten, und kein bleiernes Gesäß, so hätte man auch keine Ausdauer und würde all sein Wissen zersplittern; und wie sollte man endlich die freie Zeit und Muße, die toten und lebendigen Lehrmeister gewinnen, wenn es an dem hiezu nötigen Gelde fehlte?‹«[22]

(18. Jahrhundert) schon bittere Satire auf die Wirklichkeit der eigenen Entfremdung.

22 J. A. Comenius, *Das Labyrinth der Welt und das Paradies des Herzens*, a. a. O., S. 75 ff.; Hervorhebung von mir, W. K.

Im weiteren Verlauf werden dann die Prozeduren geschildert, denen die jungen Schüler der Wissenschaft und Gelehrsamkeit sich unterziehen müssen: sie werden an ›den Ohren geblasen‹, die ›Augen werden ihnen gewischt‹, ›Mund und Nase abgebrüht‹, die ›Zunge herausgenommen und beschnitten‹, die ›Finger gekrümmt und Arme gebogen und gestreckt‹. Auch die ›Köpfe werden zum Teil angebohrt‹ und weitere Schrecklichkeiten mehr.[23]

Unschwer läßt sich hier eine beißende und bittere Kritik an den Wissenschaften erkennen. Sie richten den Menschen zu, sie bauen ihn um, sie vereinseitigen und vereinnahmen ihn. Ja, sie nehmen ihm sein natürliches Urteil, seine natürliche Scham, sein natürliches Empfinden, was zusammengehört und nicht getrennt werden darf. Von der Philosophie der Natur heißt es, sie nehme allen Dingen, ja sogar den Engeln, ihre natürlichen Merkmale und Eigenarten, und mache sie einander gleich. Und sei imstande, alle wahrnehmbaren Dinge ihrer Körperlichkeit zu entkleiden.[24] Diese Körperlichkeit aber, ein Siegel der ›Natürlichkeit‹, gilt es zu bewahren. Dennoch üben die vielen Disziplinen und Künste der Gelehrten eine nicht unerhebliche Faszination auf den Pilger des Comenius aus: er läßt keine aus, dringt in alle Disziplinen ein und läßt sich alles genauestens zeigen.

Am Ende behält aber doch das *natürliche Empfinden* bei Comenius die Oberhand; er spürt, daß in den Wissenschaften ihm eine Veränderung gerade seiner leiblichen Natur zugemutet würde – und nimmt davon entsetzt Abstand. Wo »einige sich dabei sogar die Augen blind gesehen und die Zähne ausgebrochen« hatten, »da hielt ich es nicht länger unter ihnen aus.«[25] Comenius besitzt ein deutliches und treffsicheres Gespür für die Veränderungen, die zu gegenwärtigen sind, wenn man Wissenschaft treiben will. Nicht nur die Veränderungen der eigenen Natur, sondern umfassender noch der Natur insgesamt, sofern sie in das gedankliche Blick- und Schußfeld der Wissenschaft gerät. Er spürt den gewaltsamen Zugriff, der gerade der neuen Wissenschaft eigen ist, die sich von ihrer eigenen Naturbasis total distanziert. Insofern ist seine Utopie schlicht negativ, antiszientifisch; sie ist als ein Versuch der Restitution der alten, naiven Formen der Naturbegegnung und Naturbescheidung zu verstehen. Der Mensch soll sich seiner eigenen Natur nicht ent-

23 Vgl. ebd., S. 77.
24 Vgl. ebd., S. 99.
25 Ebd., S. 98.

fremden, er soll sich ihrer besinnen und sich ihrer befleißigen. Und sie so, wie sie ist, belassen und mit ihr brüderlich leben, sie aber nicht verkomplizieren und rationalisieren, denn diese Rationalisierung schlägt auf ihn selbst zurück: er verunstaltet sich selbst, der er doch immerhin ein Wesen der Schöpfung ist. Aber in dieser Kritik – dies ist nun die erstaunliche Volte der neuen Methodologie – in dieser Kritik gibt die neue Wissenschaft Comenius nun gerade Recht: Wenn er nämlich das Ärgernis der eigenen ›Umformung‹, des ›die eigene Haut zu Markte Tragens‹[26] so stark betont, dann tragen die Reinheits- und Enthaltsamkeitsgebote, die bei Paracelsus und den Alchemisten, bei Dürer und Ficino schon zu hören waren, dem gerade Rechnung, denn sie fordern selbst einen unbeteiligten und unversehrten Körper, den ›reinen‹ Körper, der sich aus den Prozessen der Natur heraushält. Die Begründung allerdings für diese Forderungen wird zunehmend eine andere: es wird nicht mehr ein Ethos, es wird Methode verlangt.

3.2 Von der Mimesis der Gewalt zur Mimesis der Rationalität

Wenn die Renaissance-Philosophen sich um der *reinen* Erkenntnis willen für einen reinen, das heißt *enthaltsamen* Körper aussprechen, so unterstellen sie offensichtlich einen Zusammenhang zwischen Erkenntnisgegenstand und Erkenntnisorgan, der uns spekulativ oder seltsam vorkommen mag. Sie unterstellen einen Zusammenhang von ›Natur und Natur‹, der des Erkenntnisobjekts und -subjekts, und es ist gerade dieser Zusammenhang, den die neue Wissenschaft stillgestellt und suspendiert sehen will.

Der neuen Wissenschaft ist es um nichts als die Natur der Objekte, die Natur der äußerlich vorfindbaren Gegenstände zu tun, nicht aber um miteinander in Beziehung stehende oder gar wechselwirkende ›Naturen‹. Prozesse wechselseitiger Durchdringung und »influentia«, wie sie in der Praxis der Magie und des Hermetismus noch gebräuchlich waren, will sie vielmehr

26 Ebd., S. 77.

aufgehoben und verhindert sehen – mittels der Regeln der ›Enthaltsamkeit‹.

Dem ausgehenden Mittelalter war es eine selbstverständliche – und als notwendig empfundene – Erfahrung, *Hand an die Natur zu legen*. Mit ihr zu ringen, im Verein mit ihr, unter den Formen der Nachahmung, oder aber auch gegen sie, als Zwang und Gewalt. In jedem Fall galt die Natur als beseeltes Wesen, als unberechenbarer Gegner, dem man nur im Kampf, listig oder machtvoll, betrügerisch oder unverhohlen, begegnen konnte. Dies galt sowohl für die Praxis der Naturausbeutung als auch für die Kunst der Naturüberlistung: »Die Weisheit muß man wie andere Kostbarkeiten tief aus dem Schoß der Erde graben«, heißt es in einem Aphorismus bei G. Cardano.[27] Und wenn in diesem etwa 1573 geschriebenen Satz das Ringen mit der Natur schon zur Metapher geworden ist, so war es für die Praxis der mittelalterlichen Naturaneignung ungeschminkte Wirklichkeit: im Bergbau etwa und in der Metallgewinnung war es ein geläufiger Topos, die Erde als einen eigenen Leib zu begreifen, den man tangieren, heimsuchen, dem man Gewalt antun würde.[28]

Der Bergmann des Mittelalters, der in den Berg einfuhr bzw. einstieg, legte damit gleichsam Hand an den (weiblichen) Körper der Erde an; er hatte Gelübde der Keuschheit und der lauteren Absicht abzulegen, die ihn bei diesem Tun leiten würden, er hatte sich zu waschen und in Gebetsstunden rituell vorzubereiten. Allgemein galt der Eingriff in den Berg als schwerwiegend, als kaum rechtfertigbarer Frevel am ›Körper‹ der Natur. Hiervon legt noch Georg Agricolas Werk *De re metallica*, ein bergwissenschaftliches Standardwerk zur Förderung des Berg- und Hüttenwesens von 1556, Zeugnis ab; Agricolas größte Sorge ist es, die vielfältigen, im Volk grassierenden Vorurteile und Tabus bezüglich des Bergbaus zu überwinden; die Ausbeutung der Gold- und Silberadern und der übrigen ›Kostbarkeiten der Erde‹ muß von ›abergläubischen‹ Vorbehalten erst noch befreit

27 G. Cardano, *De vita propria*, Paris 1643, deutsch: *Über mein Leben*, Übertragung von H. Hefele, Jena 1914, Neuausgabe München 1969, S. 219.
28 Vgl. hierzu C. Merchant, *The Death of Nature*, San Francisco 1983, insbesondere S. 29–41.

werden, der Mythos der als Gewalt erfahrenen Erde niedergerungen werden.

Das ganze erste ›Buch‹ der zwölf Bücher des *De re metallica* ist der Entkräftung und Widerlegung aller möglichen Vorurteile und Einwände gegen den Bergbau gewidmet; insbesondere wird mit dem Argument aufgeräumt, das Graben und Schürfen nach Metall sei etwas Verbotenes oder gar Frevelhaftes, weil das erstrebte Metall nichts dem menschlichen Körper Eigenes oder ihm wesenhaft Anhaftendes sei: Agricola reklamiert sehr selbstbewußt den Fortschritt, der es dem Menschen nun einmal erlaube, ja sogar zur Pflicht mache, die Segnungen der göttlichen Schöpfung für sich in Anspruch zu nehmen.[29]

Auch die Heilkräuter-Lehren der mittelalterlichen Medizin gingen von einem mimetischen Prinzip aus, nämlich von der Annahme einer ›Homoio-Pathie‹, also einer Behandlung und Therapierung von Gleichem mit Gleichem: Mittel der Behandlung, Pharmakon, sollte ein Stoff sein, der einen im Kranken vermuteten Stoff ›anzusprechen‹ und zu sensibilisieren hatte. Erst Paracelsus beginnt mit diesem Prinzip zu brechen, indem er eine rein chemische Pharmakologie (die sogenannte Iatro-Chemie) einführt, deren Wirkungsprinzipien auf kausallogischer Erklärung aufgebaut sind.

Homoiosis, Ähnlichkeit durch Angleichung, war ein allgemeines Prinzip des magischen Denkens des Mittelalters; Gleiches sollte durch Gleiches vergolten werden; Gewalt war nur mit Gewalt zu begegnen. Hiervon legen sowohl die mimetischen Prinzipien der Magie und Dämonologie als auch die sympathetischen Wirkungsprinzipien der Alchemie Zeugnis ab, die allesamt die antizipierte Gewalttätigkeit der Natur durch die mimetische Geste des ›Es-der-Natur-gleich-tun-Wollens‹ zu beschwichtigen suchen.[30]

Die hier als ›mittelalterlich‹ apostrophierten Lehren der Magie und des Hermetismus weisen wie auch die vorn erwähnte Alchemie historisch eine gewisse *Ambivalenz* auf. Sie stehen weitgehend antithetisch zur

29 Vgl. G. Agricola, *Vom Berg- und Hüttenwesen* (1556), München 1977, S. 9.
30 Vgl. M. Mauss, »Entwurf einer allgemeinen Theorie der Magie«, in: ders., *Soziologie und Anthropologie*, Bd. I, Berlin 1978, S. 43–179, insbesondere S. 53 ff. und S. 113.

neu aufkommenden rationalistischen Naturwissenschaft – und konstituieren diese doch wesentlich mit.[31]

Gerade innerhalb der Renaissance spielten Magie und Alchemie eine große Rolle; die Lehren des Hermes Trismegistos hatten durch die Ficinosche Übersetzung 1454 eine Wieder-Entdeckung erfahren: die Mikrokosmos-Makrokosmos-Lehre, die Lehre von der Allbeseeltheit der Welt und von der Universellen Sympathie spielten weit in das 17. Jahrhundert hinein. Kepler und sogar Newton können ohne diese Einflüsse nicht verstanden werden. Dennoch: als ›Schwärmerei‹ und ›Okkultismus‹ verfolgt bzw. als ›Dämonomanie‹ ausgerottet, verfielen sie letztendlich dem Vergessen, wobei eine apologetisch-szientifische Geschichtsschreibung ein übriges getan hat. Erst heute beginnen neuere historische Untersuchungen, sich dieser Para-Traditionen zu erinnern.

Mit der neuen Naturphilosophie änderte sich gar nicht so sehr das Prinzip der Mimesis, es änderte sich die Sichtweise der Natur, der man es gleichtun wollte. Natur wurde nicht mehr wesentlich als gewaltförmig, auch nicht als mythisch beseeltes Wesen der Schöpfung Gottes angesehen, sondern als vernünftig und einsichtig durchkonstruierter Bauplan, als Konstruktionsanleitung, derer man sich anzubequemen hatte, um von ihr zu lernen. Das ›natura non nisi parendo vincitur‹ des Francis Bacon[32] formulierte das neue Prinzip der Mimesis: erst wer es lernt, die Natur ›sich erweisen‹ zu lassen[33], wer es lernt, ihr die ihr innewohnenden Gesetze abzuschauen und zu entlocken, vermag sich ihrer auch zu bedienen – und eine noch ganz andere Knechtung der Natur in die Wege zu leiten.

Die neue Wissenschaft, die sich von Magie und Alchemie, von Kräuterheilkunde und sympathetischen Lehren abwandte, kehrte das Prinzip der ›bildhaften Mimesis‹ (wie ich es hier einmal nennen will) in eines der rationalen Mimesis oder *Mimesis der Rationalität* um. Während die ›archaische‹ eidetische

31 Vgl. M. Heidelberger / S. Thiessen, *Natur und Erfahrung*, a. a. O., S. 84–113.

32 F. Bacon im *Novum Organon* I, Art. 3 von 1620; vgl. Anm. 20.

33 Paracelsus spricht im *Opus paramirum* (ca. 1530) davon, daß »die Natur dahin gebracht werden (muß), daß sie sich selbst erweist«; alle Anstrengung des Naturforschers und Arztes muß dahin gehen, diese ›Selbst-Offenbarung‹ der Natur zu Wege zu bringen (Zitat siehe Paracelsus, *Werke*, Bd. II, eingerichtet von W. E. Peuckert, a. a. O., S. 7).

Form der Mimesis noch eine von Angesicht zu Angesicht, von Naturgewalt gegenüber Naturgewalt war (und oft mit einem Schaudern des die Natur herausfordernden Menschen begleitet war), vermied die neue Wissenschaft jede herausfordernde Geste, ja, überhaupt jeden Kontakt, der eine Auseinandersetzung von Gleichen angezeigt hätte: *sie versteckte und tabuisierte ihre Naturbasis.*

Der Natur als Gewalt gegenüberzutreten, hätte zunächst einmal bedeutet, ihr als Natur-Gewalt gegenüberzutreten. Dies genau aber vermied die neue Wissenschaft – und dies war auch der Sinn der Reinigungs- und Enthaltsamkeitsgebote, wie ich sie oben wiedergegeben habe. Der Forscher soll, soweit er naturaler Körper ist, weder etwas bewirken noch von etwas betroffen sein. Soll weder sich in eine ›Imagination‹ begeben, noch in eine Bereitschaft zur ›Stimulierung‹ sich versetzen lassen. Er soll nichts als stillhalten, adaptiv-aufnahmefähig, aber unwiderständig sein.
(Aufnahme: nicht wie man den Geliebten empfängt, freudig daseiend, ihm entgegengehend, um ihm einen Empfang zu bereiten, sondern unbeteiligt, willenlos und willfährig, indifferent.)
Gerade weil dem Körper die ganze (insgeheime) Neugier des neuzeitlichen Menschen gilt, er aber zu einem blinden Fleck, einer Leerstelle des Bewußtseins geworden ist, hat er seine Verhaltensbestimmungen von außen, mit still-haltender Geduld, zu erwarten. Und weil man ihn derart von außen, in einer Angleichung an die (vermeintlichen) Gesetze der äußeren Natur, bestimmen will, wird ihm äußerste Zurückhaltung, Abstinenz, Nicht-Bestimmtheit auferlegt. Keine Anwandlungen von Phantasie, keine ›Vermählung‹ oder ›Verschmelzung‹ mit der parallelisierten, nachempfundenen Natur, nur und allein die Forderung geringest möglichen Widerstandes und größtmöglicher Aufnahmefähigkeit.

In der Folge wurde jeder Versuch der Annäherung von gleich zu gleich, jede mimetische Anpassung, Einschmeichlung oder Einschüchterung der Natur in den Formen der Dämonie vermieden. Was in der Praxis der vielen ›weisen Frauen‹ des Mittelalters, der Hexen, Kräuterweiblein und heilenden Frauen noch gegenwärtig war, wird in der Wissenschaft der Neuzeit Tabu: Die neue Wissenschaft zielt auf die Aufhebung des mythischen, ja überhaupt jeden Bandes zwischen Mensch und Natur. Es soll keine irgendwie geartete besondere Beziehung zwischen beiden mehr geben: die menschliche Natur soll denaturalisiert, die dämonische Natur soll entmenschlicht, entmystifiziert werden. Dieses Bestreben durchzusetzen ist nur möglich um den Preis einer totalen Stillstellung der menschlichen Beziehung zur Natur, und einer ebenso gründlichen *Des-Anthropomorphisierung* der Natur. Die ›Natur selbst‹ wird zur neuen großen Fiktion, zur neuen Richtschnur, an der sich Erkennen, Lernen und Nachahmen zu orientieren haben.

3.3 Vom Ethos zur Methode

Die Forderungen der ›Reinheit‹, die bei Ficino, Dürer, Paracelsus und Comenius anzutreffen waren, Forderungen nach vorbereitender Einstimmung, Läuterung und ›Materialgerechtheit‹, lösen sich im folgenden auf, versachlichen sich und gehen in säkularisierte Formen der Methode über. Sie reduzieren sich auf Regeln eines sachdienlichen Verhaltens, auf Gebote der Unauffälligkeit, der Störungsvermeidung, der Anpassung an die Bedingungen von Beobachtung und Messung. Kategorien der Moral und des persönlichen Ethos schwinden in dem Maße, in dem das Verhältnis von Mensch und Natur, Forscher und Gegenstand, als ein rein physikalisches verstanden wird und nur noch von der Sorge um die Reinhaltung der Versuchsbedingungen durchherrscht ist. Sie werden überflüssig dadurch, daß der Akt der ›Empfängnis‹ von Natur durch Natur (Paracelsus) reduziert wird auf das physikalisch-physiologische Problem der Wahrnehmung.

Die ›Neue Wissenschaft‹ insistiert auf einer strengen Methodologie, das heißt auf einer strikten und verbindlichen Regelung des Verfahrens der Erkenntnisgewinnung. Diese schließt insbesondere Vorschriften über die Kanonisierung der Wahrnehmung, eine Art ›Wahrnehmungslehre‹, ein, die die sinnlich-leibliche Präsenz des Beobachters auf ein Mindestmaß seiner ›ästhetischen‹ Funktionsfähigkeit einschränkt.

Wenn ich hiermit der Entstehung der ›Neuen Wissenschaft‹ schon vorgreife, deren Behandlung erst im Zweiten Teil ansteht, so kann die Tendenz zur Methodologisierung, die Entwicklung vom Ethos zur Methode, schon an derjenigen Figur demonstriert werden, mit deren *Underweysung der Messung* ich diese

Abbildung 11. Der Zeichner der Vase. Holzschnitt von Albrecht Dürer, 1525

Arbeit eingeleitet habe: Albrecht Dürer. Dürers Anleitungen und Empfehlungen zur Vervollkommnung der perspektivischen Methode scheinen mir an dieser Stelle aussagekräftig genug, den Wandel vom ›Ethos zur Methode‹ deutlich zu machen.

Schon mit der thematischen Einordnung des Holzschnitts in den didaktischen Rahmen des Werks *Underweysung der Messung* zeigt Dürer an, worum ihm zu tun ist. Es wird nicht mehr in erster Linie das Geschehen der Begegnung zwischen Gegenstand und Künstler, zwischen weiblichem Akt und seinem Zeichner, hervorgehoben, sondern es wird der richtige (und allein angemessene) Weg gewiesen, in dem diese Konfrontation zu bewerkstelligen ist: messend. Vom Faszinosum des weiblichen Akts, des ›Sujets‹, verschiebt sich das Interesse auf das Demonstrandum des richtigen Weges, nämlich der Methode des perspektivischen Zeichnens. Die Dürersche Anleitung zur Aufzeichnung und Messung des weiblichen Aktes beinhaltet in sich, aber nur noch implizit, Maßstäbe für das Verhalten des beteiligten Zeichners. Sie enthält technisch und mechanisch alles, was überhaupt an Regelungen und Vorschriften seines Verhaltens denkbar ist – und dies nicht nur dem weiblichen Akt gegenüber, sondern jedwedem möglichen Gegenstand gegenüber. Sein Blick, seine Handhaltung, seine körperliche Präsenz insgesamt ist von der Aufgabe der Reproduktion ›gefangengenommen‹ – und dies in einem durchaus unmetaphorischen Sinn: die Lehre der richtigen Methode erzwingt das sachdienliche, richtige Verhalten; das ›Ethos‹ einer zusätzlichen Moral,

Abbildung 12. Zeichner, eine Laute zeichnend. Holzschnitt von Albrecht Dürer, 1525

einer asketischen Enthaltsamkeit oder einer symbolisch-sympathetischen Teilhabe, wird obsolet, ›Ethos‹ wird zu einer nüchternen Konsequenz des Sachzwangs.

Dies wird noch deutlicher, studiert man die Weiterentwicklungen, die Dürer selbst über das angesprochene Beispiel hinaus vorgeschlagen hat.[34]

In einer Sequenz mehrerer der *Underweysung der Messung* beigegebener Holzschnitte, von denen zwei erst der revidierten Ausgabe von 1538 beigefügt sind, unterstreicht Dürer die Bedeutung der instrumentellen Methode. Gerade in diesen letztgenannten Entwürfen, die zugleich als darstellungstheoretische Unterweisungen anzusehen sind, sind die letzten subjektiven Anteile des Sehens, die in der vorn beschriebenen Apparatur noch vertreten waren, gelöscht:

Die eine Vorrichtung (vgl. Abbildung 11) behebt die Schwierigkeit, daß der Abstand zwischen Auge und Rahmen nicht über

---

34 Bezüglich einer genaueren Darstellung sei hier auf E. Panofsky, a. a. O., insbesondere S. 336 ff. verwiesen.

die Armlänge des Zeichners hinausgehen kann (damit der Zeichner den über die Kimme anvisierten Gegenstandspunkt auf dem Fadenkreuz des Rahmens zur Not abgreifen kann); diese Bindung an die Armlänge bedeutete, wie Panofsky[35] schreibt, »eine unannehmlich scharfe Verkürzung«, sprich Verkleinerung des Gegenstands. Wie wird sie vermieden?

» ... das menschliche Auge wird durch das Öhr einer in die Wand getriebenen großen Nadel ersetzt, woran ein Stück Schnur mit einem Visier am anderen Ende befestigt ist; der Zeichner kann dann die charakteristischen Punkte des Gegenstands ›aufs Korn nehmen‹ und sie in der nicht durch die Position seines Auges, sondern durch die Position der Nadel festgelegten perspektivischen Situation auf der Glasplatte markieren.«[36]

Die andere Vorrichtung (die Panofsky zufolge als originär Dürersche Erfindung anzusehen ist, während die zuletzt beschriebene Vorgängern wie Alberti, Bramantino, Leonardo und Keser zuzuordnen sei) räumt mit der Sehkraft, Sehfähigkeit und -schärfe des menschlichen Auges ganz auf (vgl. Abb. 12):

»Die letzte Apparatur (...) eliminiert das menschliche Auge ganz und gar; sie besteht wiederum aus einer in die Wand geschlagenen Nadel und einem Stück Schnur, aber das Stück Schnur hat eine Nadel an dem einen Ende und ein Gewicht an dem anderen Ende; zwischen dem Öhr der Nadel und dem Gegenstand ist ein hölzerner Rahmen aufgestellt, innerhalb dessen jeder Punkt durch zwei bewegliche, einander im rechten Winkel kreuzende Fäden festgelegt werden kann. Wenn die Nadel auf einen bestimmten Punkt des Objekts gesetzt wird, so bestimmt die Stelle, wo die Schnur durch den Rahmen läuft, den Ort jenes Punktes in dem zukünftigen Bild. Dieser Punkt wird festgelegt, indem die beiden beweglichen Fäden an der Stelle vereinigt werden, und er wird sogleich auf ein Stück Papier eingetragen, das an Angeln an dem Rahmen befestigt ist; durch Wiederholung dieses Vorganges kann das ganze Objekt nach und nach auf das Zeichenblatt übertragen werden.«[37]

Die Kausalität des Prozesses ist ganz von außen, vom Objekt her bestimmt. Der Körper nimmt wahr nach Maßgabe eines

---

35 Panofsky, a. a. O., S. 336.
36 Ebd.
37 Ebd., S. 336 f.

mechanischen Verfahrens, er ist selbst Teil einer toten mechanischen Apparatur, die mit den Funktionen der ›Wahrnehmung‹ und ›Aufzeichnung‹ betraut ist.

Insbesondere dient der Körper (womit jetzt nicht mehr nur der von A. Dürer vorgegebene gemeint ist) nicht zur Bestimmung, sprich Interpretation und Verständlichmachung der Natur. Dieser Körper kann nicht ›sprechen‹, weder im direkten, noch im übertragenen Sinne. Es ist ihm verwehrt, seine Ähnlichkeit oder Brüderlichkeit der äußeren Natur gegenüber zu artikulieren, so wie ihm jede Äußerung eines sympathetischen oder mimetischen Mitgefühls versagt bleibt. Er findet sich bald dieser, bald jener äußeren Natur ›vor‹gesetzt, hat sich bald dieser, bald jener gegenüber adäquat, das heißt zurückgenommen und beherrscht zu verhalten. Diese grundsätzliche Verfügbarkeit als Dispositivum leistet einer Haltung der Indifferenz und Unbestimmtheit der ›Natur‹ gegenüber Vorschub.

Damit gewinnen auch die Forderungen nach einem ›reinen‹, moralisch geläuterten Verhalten, die Dürer und andere selbst noch aufgestellt hatten, einen anderen Sinn. Enthaltsamkeit, Keuschheit und Läuterung, Übungen des Fastens und der Buße sind nicht mehr vonnöten, um die rechte Anschauung (und Aneignung) der Natur in die Wege zu leiten. Bekundungen der Scheu, des Respekts oder gar der Verehrung dem Gegenstand gegenüber sind ebenso unangebracht wie Demonstrationen der reinen Gesinnung oder der lauteren Absicht. Die Maximen des naturphilosophischen Ethos in der Anschauung der Natur sind überflüssig geworden. Sie verstehen sich von selbst, insofern der Wissenschaftler dem von der Apparatur vorgegebenen ›methodus‹ Rechnung zu tragen gezwungen ist.

Wenn es in der Folge noch eine Verknüpfung zwischen Anschauung und Moral zu geben scheint, dann auf dem Rücken jener Inversion, die sich mittlerweile ergeben hat. Die ›Ästhetik‹ der Erkenntnis, anders formuliert, die Wahrnehmungslehre, hat die ›Moral‹ in ihr Schlepptau genommen. Moral bestimmt sich hinfort aus der Befolgung dessen, was die Methodik der Naturforschung an ›Ordnung‹, ›Struktur‹ und ›Gesetz‹ in der Natur auszumachen vermag. ›Wie es Euch gefällt‹. Die Ästhetik der Erkenntnis hat freie Bahn, endgültig, nachdem ihre Unterordnung unter das Diktat der Moral sich erübrigt hat. Erkenntnis wird nicht länger ›gemacht‹, nicht länger von einem sympathetischen Körper zu Wege gebracht, sie besteht in der stummen Anpassung an die Gesetze der Rezeption, im Nachvollzug derjenigen Vorschriften, die der Apparat der instrumentellen Wahrnehmung schon immer vorgibt. Nachdem jede aktivische Konnotation im Begriff der Wahrnehmung getilgt und durch ein passivisches Sich-Beeindrucken-Lassen ersetzt ist, ist für ein ›Ethos‹ des Erkennens kein Platz mehr.

Damit soll der Erste Teil von der »Entdeckung des Körpers« seinen Abschluß finden. Worin aber besteht die neue Qualität des Körperbewußtseins, das mit der Neuzeit sich entwickelt haben soll? Es scheint, daß es nunmehr eine Konstellation dreier Momente ist, die an die Stelle des dualen mittelalterlichen Welt-Verständnisses von Mensch und Kosmos getreten ist: die Konstellation von Bewußtsein – Körper – Natur. Der Körper hat sich *zwischen* Bewußtsein und Natur geschoben, ohne einem der beiden Pole schlicht anzugehören. Alle drei Momente erfahren erst im wechselseitigen Verhältnis zueinander ihre Bestimmung.

Die *Natur* gilt als das primäre ›Jagdgebiet‹ der naturphilosophischen Wissenssuche. Sie wird als ›äußere Natur‹ zum Gegenstand par excéllence. Sie zu exteriorisieren, bedeutet aber gleichzeitig, die übrigen Anteile, den perzipierenden Körper und das rationalisierende Bewußtsein, auszublenden und aus dem Programm der Aufklärung der Objekt-Natur zu streichen. Der *Körper* ist Mittler und Vermitteltes in einem; er ist zwar Teil der Natur, aber immerhin doch ›gegen‹ diese eingesetzt oder ihr vorausgesetzt als apriorische Natur. Seine undefinierte und in einem Schwebezustand verbleibende Mittelstellung ergibt sich daraus, daß er als eine ungewollt vorweggenommene Synthese zwischen der von der Natur erhofften stofflichen Erkenntnis und der diese organisierenden Anschauungsform erscheinen muß. Diese Rolle wird nur als vorläufige und transitorische akzeptiert, das heißt mit Stillschweigen hingenommen, aber nicht reflektiert oder gar kodifiziert.

Das *Bewußtsein* ist als Bewußtsein *von* immer auf Objekte, immer auf Gegenständlichkeit bezogen; es faßt auch den Körper nur als gegenständliche, prinzipiell ersetzbare Vorausset zung von Wahrnehmung auf: eine Reflexion auf das Apriori der eigenen leiblichen Natur unterbleibt.

Statt dessen entwickelt das neuzeitliche Bewußtsein Techniken, um das Angewiesensein auf diese Naturhaftigkeit des Leibes eindämmen und regulieren zu können. Der Körper soll in der Perzeption ›rein‹ bleiben, das heißt allein den ihm verordneten Aufgaben nachkommen und sich jeder Beeinflussung oder Teilhabe an der Erkenntnis der Natur enthalten.

So entsteht die eigentümliche Situation, daß gerade der Körper, dem das ursprüngliche Interesse des um Aufklärung ringenden Menschen der Renaissance gilt, zurückgedrängt und zu größtmöglicher ›Servilität‹ in der Befolgung seiner Funktionen angehalten wird.

Diese *Abrichtung* des Körpers von seiten der Naturphilosophie läßt sich in folgenden drei Prinzipien formulieren, die den Entwicklungsgang der bisherigen Untersuchungen im Kern zusammenfassen:

1. Die Betonung der Priorität der *Natur selbst:* ›das Licht kommt aus der Natur und nur aus dieser‹, heißt es bei Paracelsus. Die Natur schlechthin ist zur Lehrmeisterin geworden. Dieser ›lichtbringenden‹ Natur gehört der Körper (sofern er Rezipiens ist) nicht mehr an, weshalb er zu Stummheit und Regungslosigkeit angehalten wird.

2. Die *Überflüssigkeit, der Natur gegenüber zu handeln:* der Natur muß Gewalt nicht länger entgegengebracht werden, vielmehr hat der Mensch sich aller gewaltsamen Handlungen ihr gegenüber zu enthalten. Mimesis der gewalthaften Natur wandelt sich zu einer Mimesis der ›Vernünftigkeit der Natur‹; je reiner und unverstellter sie belassen wird, desto ergiebiger kann von ihr gelernt werden.

3. Die *Gewinnung einer Methode:* die Natur selbst zeigt den vernünftigen Weg auf, aber es läßt sich nur dann von ihr lernen, wenn man die ihr eigenen Verfahren ihr abschaut und kopiert. Hierzu ist die physische und affektive Beherrschung der eigenen Natur unbedingte Voraussetzung.

Alle drei Prinzipien werden in der folgenden Analyse der modernen Naturwissenschaft eine tragende Rolle spielen.

Zweiter Teil
Die Verleugnung der inneren Natur

Versuch einer Theorie
der Naturwissenschaftsentwicklung
aus der Perspektive des Körpers

In einer bis dahin nicht gekannten Weise fordern die Naturwissenschaften der Neuzeit die leibliche Präsenz des Wissenschaft treibenden Subjekts heraus. Sie beanspruchen nicht nur seine sinnlichen und intellektuellen Kompetenzen, sie dirigieren und formieren auch den körperlichen Habitus in einem Ausmaß, daß von einer totalen Funktionalisierung seiner inneren Natur zugunsten einer um so kühneren Exploration der äußeren Natur gesprochen werden kann. Der Wissenschaftler hat sich ganz den strengen Anforderungen wissenschaftlicher Objektivität zu unterwerfen; seine inneren und äußeren Organe, Herz und Hand, Intellekt und Affekt haben sich unter der Maßgabe einer verbindlichen Logik des Verhaltens und Funktionierens zu bewegen. Sie werden zu körperlichen Instrumenten eines subjektunabhängigen wissenschaftlichen ›Willens zur Objektivität‹.

Wenn man sich die Grundzüge der neuen Wissenschaft vor Augen führt (wie sie *in nuce* im Ersten Teil vorgeführt worden sind), leuchten die Gründe für diese intensive Inanspruchnahme des Körpers unmittelbar ein. Die Wissenschaft der Neuzeit ist im Unterschied zu antiken und mittelalterlichen Vorbildern durch strenge Ausrichtung und Bindung an Empirie und zugleich durch die Befolgung verbindlicher methodischer Regeln in der Gewinnung und Überprüfung ihrer Erkenntnisse gekennzeichnet. Beide ›essentials‹ gemeinsam bringen jenen Typus von Wissenschaft hervor, der uns (in den okzidentalen Gesellschaften) unter dem Titel der ›empirisch-analytischen Wissenschaft‹ zur Wissenschaft schlechthin, dessen Inanspruchnahme und Domestizierung des Körpers zu einer Selbstverständlichkeit geworden ist.

Die Untersuchungen dieses Zweiten Teils der Arbeit sind dem Thema der Verflechtung von Naturwissenschaftsgeschichte und Geschick des Körpers innerhalb der Entstehungsphase der frühneuzeitlichen Naturwissenschaften gewidmet. Es geht darum, zu zeigen, wie die ›Verleugnung der Natur im Menschen‹ (Horkheimer und Adorno[1]), ihre Unterwerfung unter das Diktat einer methodischen Vernunft, zur Voraussetzung einer gewaltigen Exploration der äußeren, gegenständlich vorliegenden Natur werden konnte; und mehr noch, wie diese *Verleugnung der inneren Natur* zu einer Abkehr der Naturwissenschaften von der Verfaßtheit des eigenen *Leibes* führte, die erst die Möglichkeit dafür schuf, sich dem *Körper* als einem potentiellen Gegenstand dieser Wissenschaften wieder nähern zu können.

Wenn ich im Untertitel von einer möglichen ›Theorie‹ der Naturwissenschaftsentwicklung gesprochen habe, dann ist hier Theorie nicht im Sinne eines wissenschaftstheoretischen Modells, auch nicht im Sinne eines ›rational rekonstruierbaren Strukturkerns von Wissenschaftsdynamik‹ à la Stegmüller[2] zu verstehen, sondern als Bemühung um einen Begriff von Wissenschaft, der – entgegen dem vorliegenden Anschein einer gegenseitigen Äußerlichkeit von Mensch und Wissenschaft – diese als ein Resultat menschlicher Praxis zu begreifen gestattet und damit auch in ihrer geschichtlichen Entwicklung wieder als originär *menschliche* Entwicklung lesbar und aneigbar macht.

Es geht um einen Begriff von Wissenschaft, der nicht von Anfang an ignorieren und unterdrücken muß, daß Wissenschaft ihren Ausgang vom Menschen als dem Ursprung, Beweggrund und Ziel ihrer Anstrengungen genommen hat; einen Begriff von Wissenschaft mithin, der sich insbesondere auf die soziale und leibliche *Abkunft* der Wissenschaft vom Menschen zu beziehen vermag. Wissenschaft ist die systematische Suche des Menschen nach Erkenntnis, aber in Form einer Anstrengung, die seiner selbst vorgängig schon bedarf, die ihn als naturhaftes Wesen voraussetzt – und umgreift.

Dieses – fast in Vergessenheit geratene – leibliche Apriori, das der Mensch für die Wissenschaft bedeutet, bringt es mit sich, in der Wissenschaft nicht nur ein Unternehmen der Erkenntnis-

1 M. Horkheimer / Th. W. Adorno, *Dialektik der Aufklärung*, Frankfurt/M. 1969, S. 61.
2 Vgl. W. Stegmüller, *Theorie und Erfahrung* (Bd. II/2 von *Probleme und Resultate der Wissenschaftstheorie und analytischen Philosophie*, Berlin 1973.

suche und nicht nur den Versuch der Beantwortung der Frage nach dem ›richtigen Leben‹ zu sehen, sondern auch nach der schon bestehenden Verwickeltheit dieses Lebens mit und inmitten der Wissenschaft zu fragen. In diesem Sinne ist die verschwiegene Dialektik von innerer und äußerer Natur, von wissenschaftskonstitutiver menschlicher Natur und wissenschaftskonstituierter Objekt-Natur, zum Thema einer Reflexion der Wissenschaft auf sich selbst zu machen – und hierzu soll mit der systematischen Darstellung der Entwicklung der frühneuzeitlichen Naturwissenschaften ›aus der Perspektive des Körpers‹ ein Anfang gemacht werden.

Ich möchte, ein wenig inorthodox, diese Untersuchungen beginnen mit einem Rückblick auf diejenigen ›Naturwissenschaften‹, in denen die genannten empirisch-kritischen und methodischen Voraussetzungen der heutigen Naturwissenschaft nicht gegeben waren: auf die antike Naturwissenschaft oder besser, Naturphilosophie, die in Platon und Aristoteles ihre prominentesten Vertreter fand. Dieser Rückblick auf eine andere, nicht-empirisch-analytische Form von Wissenschaft verhilft nicht nur zu Abstand gegenüber der heutigen Form von Wissenschaft, vermittelt nicht nur eine andere Sicht des Verständnisses von ›Körper‹ und ›Seele‹, er soll vor allem dazu dienen, im Vergleich beider Wissenschaftsformen zu einem für die neuzeitliche Naturwissenschaft und ihren Umgang mit dem ungeliebten Körper typischen und spezifischen *Prinzip* zu gelangen, das die Gliederung des gesamten in Rede stehenden Teils ersichtlich zu machen gestattet.

Seele und Körper zwischen
Pathos und Poiesis

Die antike Philosophie ist von der Unvereinbarkeit von Seele und Körper bestimmt. Seele (›ψυχή‹) und Körper (›σῶμα‹) stehen sich als Beständiges und Unbeständiges, ewig Gültiges und Vergängliches, als Wahrheit und Schein gegenüber. Der Körper gilt als der ›augenblickliche‹, temporäre Aufenthaltsort der Seele, ist aber zum Sterben verurteilt und wandelbar. Die Seele dagegen[3] ist unsterblich, frei und unbeeindruckbar; sie ist der Wahrheit der Ideen am nahesten, weil sie ihnen ähnlich ist.

Der Seele gilt alle philosophische Bemühung und Bildung, sie ist das Subjekt jeder theoretischen Anstrengung, während der Körper allenfalls Träger oder Hülle, Conditio der intellektuellen Tätigkeit ist (und vom ›Leib‹ in unserem heutigen phänomenologischen Sinne noch gar nicht die Rede ist). Das praktische Ethos des klassischen Philosophen besteht in seiner Unbeeindruckbarkeit, in der ›Apatheia‹ seines ›Nus‹ (seiner Vernunft), sich der reinen Anschauung hingeben zu können.

So wie der ›Theoros‹ als Abgesandter der griechischen Städte sich den Feiern der panhellenischen Festspiele selbstlos hingeben sollte, so sollte auch der Philosoph unvoreingenommen und leidenschaftslos sich der ›Theoria‹ der göttlichen Ordnung widmen. Leidenschaftslosigkeit und Interesselosigkeit sollten aber nicht nur seine kontemplative, ›theoretische‹ Haltung kennzeichnen, sie stellten auch Bedingungen für seine körperliche Existenz, seine Lebensführung, auf: der Philosoph sollte sich seinen Körper gefügig machen und ihn zur Gleichmäßigkeit und Genügsamkeit erziehen. Jede körperliche Regung, jedes bedürfnisbestimmte Begehren müßte auch die Seele beeinträchtigen und auf ihre Unvoreingenommen-

---

3 Das Gesagte gilt zunächst für Platon; siehe Platons *Phaidon*, 78 b–79 c; für Aristoteles sind gewisse Einschränkungen zu machen.

heit und Reinheit schädlich wirken. Umgekehrt würde die Haltung der ›vita contemplativa‹ (wie sie im Mittelalter dann genannt wurde) auch eine entsprechende Ferne, ja, Inkompetenz und Ignoranz dieses Körpers nach sich ziehen.

Platon schildert dies im Exkurs über den ›Philosophen‹ im Dialog *Theaitetos:* ironisch läßt er Sokrates ausmalen, wohin es führt, wenn man nur die ›Anzahl der Gestirne‹, die ›Weite der Welt‹ oder die ›Ausdehnung der Ebene‹ vor Augen habe; man fällt in den Brunnen, vor den Augen der Magd, der thrakischen, die hier gerade Wasser holt, und wird verlacht.[4] Welche Schmach! Nicht nur, daß man sich täppisch benimmt, man geht überhaupt der Chancen bei den Menschen, etwa den schönen Thrakerinnen, verlustig. Aber, so Sokrates, dafür geht der Philosoph den Dingen zur Gänze nach, »mißt alle Tiefen der Erde, betrachtet über dem Himmel die Sterne, erforscht überall jegliche Natur aller Dinge«.[5] Für die Werte der Menschen, ihr Streben nach Bequemlichkeit und Genuß, hat er nichts übrig, sie sind ihm unbedeutend und nichtig, er schätzt sie gering.

Dies ist das Pathos des antiken Philosophen (in des Wortes Doppelsinn): »allein sein Körper (befindet) sich in dieser Polis und hält sich dort als Fremder auf«.[6] Er, der es gar nicht darauf anlegt, mit dieser Welt zu tun zu haben, der keine Ehrfurcht vor Besitz und großen Namen hegt, ist notgedrungen, fast gegen seinen Willen, physisch in dieser Welt, hält sich aber in ihr als ein Fremder auf.

Auch die Wahrnehmungsfähigkeit der Sinne und ihre Rolle beim Zustandekommen von Erkenntnis ändern an diesem Bild nicht viel. Die Sinne, sie täuschen bei Platon (von dem hier zunächst die Rede sein soll) eher, als daß sie zur Erkenntnis der Dinge beitragen. Sie führen in die Irre – die der eigenen Anschauungen und Begierden – und hintergehen das reine Denken.[7]

Die körperliche Anwesenheit in dieser Welt, auf dem Marktplatz oder vor den Frauen am Brunnen, beschert also zwar Anschauung und sinnliche Erfahrung, aber für die Erkenntnis

---

4 Vgl. Platon, *Theaitetos,* 174 a; alle Zitate, hier und im folgenden, nach E. Martens' Übersetzung *Theätet,* Stuttgart 1981, S. 105 ff.
5 *Theaitetos,* 173 e 8; Martens, a. a. O., S. 105 f.
6 Ebd.
7 Vgl. *Phaidon,* 65 b 8–9.

des Ganzen, also des Zusammenhangs der Dinge und ihrer gemeinsamen Abkunft, ist sie schon eher hinderlich: Das »Sich-Aufhalten der Seele bei der Wahrheit«, wie Platon die Anstrengung der reinen Erkenntnis nennt[8], wird durch die vermeintliche Erkenntnis des Körpers und seiner Sinnesorgane eher getrübt.

Diese Schelte der Sinne kommt bei Platon nicht von ungefähr: die reine Erkenntnis bedarf der Sinne gar nicht mehr. Die Idealität der Formen und Bewegungen der Natur ist nicht am Kosmos abzulesen, ist nicht *in* der Welt vorzufinden, sie ist als Idee der reinen Form in Geometrie, Zahlenlehre oder Harmonielehre anzutreffen. Die Planeten etwa vollführen nach Platon nicht das vorbildgebende Paradigma einer Kreisbahn – sie kommen vielmehr der Idee des Kreises nach. Die irdische wie auch die kosmische Materie ist grundsätzlich unvollkommen und kontingent, und im Rückstand gegenüber den Vorgaben der reinen Form, deren Ideen zu erkennen als der *eigentliche* Gegenstand der Wissenschaften anzusehen ist.[9]

Platon führt damit eine absolut idealistische, fast schon überheblich anmutende Position der Welt-Verachtung vor: die Seele ist in ihrem irdischen Leben auf den Kerker des Leibes verwiesen; diese Gebundenheit kann sie aber nur dazu anspornen, dieses Gefängnis ideell zu übersteigen und es derart, schon als Sterblicher, zu transzendieren.

Dieser Position gegenüber traten schon in der Antike die Kritiker auf den Plan, die Platon mangelnde Konsequenz in der Welt-Verachtung oder aber Vernachlässigung des pragmatisch-empirischen Anteils der Erkenntnistätigkeit vorwarfen: Diogenes, der Kyniker etwa oder auch Aristoteles.

Aristoteles rügt die Ignorierung des sinnlichen Aspekts der Evidenz, des Einsichtigen: für ihn kann Erkenntnis nicht anders als durch Anschauung und Kenntnisnahme von empirisch vorfindlichen Dingen der eigenen Umwelt entstehen und reifen: wie könne denn Erfahrung und Erkenntnis anders als durch die Sinne überhaupt zustande kommen? Für Aristoteles war die Sinnenwelt nicht einfach Abbild einer unendlichen, abstrakten Ideenwelt, sondern umgekehrt war diese, als

8 *Phaidon*, 65 a 9.
9 Hierzu detailliert G. Böhme, »Platonische Wissenschaft«, in: ders., *Alternativen der Wissenschaft,* Frankfurt/M. 1980, S. 81–100.

begriffliche Schöpfung eine Abstraktion, darauf verpflichtet, die Wirklichkeit angemessen wiederzugeben, im Einklang mit den Vorgaben der sinnlichen Erfahrung. Die Seele (deren genaues Bild bei Aristoteles ich hier nicht wiedergeben kann)[10] geht mittels ihrer Rezeptivität als ›νοῦς παθητικός‹ mit den Dingen mit, sie wandelt sich mit ihnen, ist vergänglich und sterblich, wie der Körper. Beide sind als Form und Inhalt aufeinander verwiesen und nicht voneinander abtrennbar.

Dennoch, trotz dieser Korrekturen, war das von Platon vorgegebene Bild des theoretischen Intellekts, der der reinen Anschauung und nur dieser lebt, eine auch für Aristoteles gültige Vorstellung. In *De anima – Über die Seele* unterscheidet er innerhalb der Fähigkeiten der Seele neben dem rezeptiv wahrnehmenden, affizierbaren Verstand (dem ›νοῦς παθητικός‹) einen tätigen, ›reinen‹ Verstand, der alles macht und bewirkt, dabei aber leidenslos oder leidensunfähig ist (›νοῦς ποιητικὸς καὶ ἀπαθές‹). Dieser höchste, unbeeindruckbare Verstand, der im Gegensatz zu Platon als überindividuell, als Geist der theoretischen Vernunft schlechthin gedacht wird, ist gegen das Leiden des irdischen Lebens gefeit, ist unsterblich, ist in einem gewissen Sinne die Vernunft überhaupt: »Dies ist der abgetrennte Geist, der leidenslos ist und unvermischt und seinem Wesen nach Wirklichkeit. Denn stets ist das Bewirkende ranghöher als das Leidende und der Ursprung höher als die Materie«, heißt es in *De anima* III.[11]

Das Prinzip, durch das sich die Seele – für Platon wie für Aristoteles gemeinsam – im Unterschied vom Körper charakterisieren läßt, ist das Prinzip von ›Pathos‹ und ›Poiesis‹. Grundsätzlich ist alles Seiende, so führt es Platon im ›Sophistes‹ aus[12], durch eine ›δύναμις εἰς τὸ ποεῖν καὶ τὸ παθεῖν‹, ein Vermögen des Bewirkens und Erleidens, ausgezeichnet; dennoch soll die Vernunft, und das heißt, die Seele, vor dem Anteil des ›Pathos‹

10 Vgl. die aristotelische Schrift *De anima*, insbesondere III. Buch; dt. Ausgabe in der Übersetzung und erläuternden Einleitung durch O. Gigon herausgegeben: Aristoteles, *Vom Himmel, Von der Seele, Von der Dichtkunst*, München 1983.
11 *De anima* III, 430 a 15–16; bei Gigon (Hg.), a. a. O., S. 333.
12 *Sophistes* 247 e 1 bzw. 248 d 5; siehe auch die diesbezügliche Bemerkung, die R. Wiehl in seiner kommentierten Übertragung *Der Sophist*, Hamburg 1967, als Anmerkung 80 auf S. 191 macht.

dieses Vermögens, also vor Einflüsterungen und Affektionen, Erleidensprozessen jeglicher Art bewahrt werden. Das Prinzip des höchsten ›Nus‹ soll ein rein enthaltsames sein, eben das des ›νοῦς ἀπαθές‹, der leidenslos und unbeeindruckt auch von seinen eigenen Ideationen nicht bewegt oder verändert wird.

Das wahre Sein, so ließe sich für Platon und Aristoteles gemeinsam sagen, wird erst durch das gänzliche Ablegen des somatischen ›ποιεῖν‹ und ›παθεῖν‹, durch gänzliche Enthaltung von irdischen Umtrieben erlangt. Erkenntnis der reinen Form, so lautet das Ideal, ist frei zu halten vom somatischen Seins-Prinzip von Pathos und Poiesis. Der wahre Philosoph nimmt, zumindest als ›νοῦς ἀπαθές‹, an Prozessen des Bewirkens und Erleidens, Veränderns und Verändert-Werdens, Besitz-Ergreifens oder Übermannt-Werdens nicht teil, er ist tätig nur noch als ideeller Verstand, der an den Schöpfungen oder Ideationen des »Lichts«[13] teilhat. Handeln und Erleiden, Geben und Nehmen sind zwar unabdingbar und nicht zu vermeiden im alltäglichen irdischen Leben, wohl aber als theoretische Vernunft. Für diese gibt es keine Zwangsbedingungen – und wenn sie an etwas ›teilhat‹, dann an der Poiesis, nicht am Pathos des Seienden. Dieses Handeln der Vernunft ist aber in Strenge, so führt Platon es im ›Phaidon‹ vor, erst mit dem Absterben des somatischen Anteils, als unsterbliche reine Seele in der Welt der Ideen möglich. Bis dahin gilt es für den antiken Theoretiker oder Philosophen, sich gegen die Affektionen des Irdischen zu wappnen und eine a-pathische, unbeeindruckbare Seele auszubilden.

So weit, summarisch und im Überblick, die Antike.

Was macht die Neuzeit daraus?

Wie bestimmt sich in ihr das Verhältnis von ποιειν und πάσχειν?

Und welche Rolle spielt der Körper hierin?

Es wird sich zeigen, daß die Trennung von Idealität und Endlichkeit, die Platon eingeführt hatte zugunsten einer ungehinderten Aktivität der weltentrückten Seele, daß diese Trennung radikal verweltlicht wird. Das ›Handeln‹ der Vernunft wird entschlossen in *diese* Welt eingeführt, aber in der erstaunlichen (und listigen) Figur der Unterwerfung des Körpers unter das

---

13 Vgl. *De anima III*, 430 a 13; bei Gigon, a. a. O., S. 333.

Diktat des ›Erleidens‹. Der Verstand des wissenschaftlichen Menschen der Neuzeit beginnt derart weltlich zu *handeln,* daß er planmäßig und umsichtig die Selbstoffenbarung der Natur zu organisieren beginnt. Unter der Herrschaft des ›Prinzips vom zurückzugebenden zureichenden Grunde‹ (wie Heidegger in Anlehnung an das Leibnizsche ›principium reddendae rationis sufficientis‹ formuliert[14]) wird der Natur eine Auskunftspflicht über die Gründe bzw. ›rationes‹ der in ihr ablaufenden Prozesse, der menschlichen Beobachternatur aber ein Stillhalten zur absoluten Rezeptivität zugemutet. Der Gegensatz von Idealität (des ποιεῖν) und Endlichkeit (des πάσχειν) bleibt dabei gewahrt: die ideellen Vorgaben und Antizipationen des Verstandes beschränken sich darauf, der Natur durch geschickte Fragestellung des Experiments den Schlüssel zur Reproduzierbarkeit der von ihr vorgeführten Prozesse abzulisten.

Hierin kehrt also der platonische Entwurf von Wissenschaft zunächst voll wieder: die Wirklichkeit der Natur wird an den gesetzgeberischen Ideen der reinen Form – und seien es auch nur die einer in der Untersuchung vorausgeschickten Gleichförmigkeit, Stetigkeit und Mathematizität des Prozesses – gemessen. Nur ist die *Transzendenz* der reinen Formen, die Platon behauptet hatte, gefallen: sie werden nicht einfach den empirischen Bedingungen entgegengehalten oder als unerreichbares Modell (εἶδος) diesen vorgehalten, sie werden schlicht als Konstituenten von Empirie unterstellt und vorausgesetzt. Die Natur besitzt nach Meinung der neuen Naturwissenschaftler, von Galilei bis Newton, selbst immer schon die Form eines kopierbaren Verlaufs, einer ›ratio sufficiens‹, deren Schlüssel man ihr im inquisitorischen Verfahren des Experiments abzutrotzen gesonnen ist.

Robert Boyle formuliert in *De ipsa Natura* (1687): Die Natur sei nicht als ein Inbegriff von *Kräften* zu denken, durch welche die Dinge erzeugt werden, sondern als ein Inbegriff von *Regeln,* gemäß denen und nach welchen sie entstehen.[15] Es obliegt dem

14 Vgl. M. Heidegger, *Der Satz vom Grund,* Pfullingen 1957, insbesondere S. 189–211.

15 »Wenn wir sagen, daß die Natur handelt, so meinen wir damit nicht sowohl, daß ein Vorgang *kraft* der Natur, als vielmehr, daß er *gemäß* der Natur vonstatten geht. Die Natur ist hier also nicht als eine

Verstand, diese ›Regeln‹ zu formulieren und in konkreten, experimentell realisierbaren Entscheidungsverfahren zu verifizieren. Die Aktivität der Natur ist damit nur eine scheinbare, nämlich eine von Gnaden des dic Regel erkennenden Verstandes, der sich selbst allerdings in eine Aura der Passivität hüllt. Die körperliche Natur des Menschen wird dabei, wie man noch sehen wird, zum Rezipiens *par excellence* stilisiert; ihr wird das absolute Pathema, die absolute Selbstlosigkeit der Rezeptivität, zugemutet zugunsten der freien (poietischen) Aktivität eines dirigistischen Verstandes, der sich darauf versteht, die Bedingungen eines ›naturgemäßen‹ Verfahrens zu organisieren.

Innerhalb der Empfänglichkeit des Menschen kommt es zu einer vollständigen Umschichtung der Erkenntnisvermögen, die der angestrebten Gewichtsverteilung von ›Aktiv‹ und ›Passiv‹ zwischen menschlichem Geist und menschlicher Natur kongruent wird: das leibliche Spüren und Empfinden, die aktive Sinnlichkeit des ›Wahr-Nehmens‹ werden eingefroren und stillgestellt zugunsten einer gesteigerten Aktivität des Verstandes; und invers werden das Mitleiden der Seele und die Empathie oder Synharmonie des Verstandes ausgeschaltet oder zumindest diskriminiert. Die Gewährleistung der Forderung, die Natur, ›so wie sie ist‹, unverstellt in Erfahrung zu bringen, verlangt den in-aktiven Körper und den a-pathischen Geist: beide Momente zusammen bestimmen die leibliche Daseinsweise des neuzeitlichen Naturwissenschaftlers.

So ergibt sich ein neues Schema von ›Pathos‹ und ›Poiesis‹: Wenn es Handlung gibt in der neuzeitlichen Naturwissenschaft, dann in der raffinierten Form des Sich-anheim-Gebens an die Prozesse der Natur. Handlung und Procedere des poietischen Subjekts finden ihre eigentümliche Methode darin, sich körperlich völlig den Vorgängen der Natur auszuliefern und sich ihnen pathisch anzuvertrauen – und gerade darin die konzeptuelle Verwirklichung zu finden. Nicht der Mensch wird zum

distinkte und abgesonderte Tätigkeit, sondern gleichsam als die *Regel oder vielmehr als das System der Regeln* zu betrachten, gemäß welchen die tätigen Kräfte und die Körper... zum Handeln und Leiden bestimmt werden«, heißt es bei R. Boyle, *De ipsa Natura*, London 1687, Sectio VII, S. 122; zitiert nach E. Cassirer, *Das Erkenntnisproblem*, Bd. II (1922), Darmstadt 1974, S. 433; Hervorhebung im Text.

›Anthropometron‹, zum Richtmaß für die Welt, sondern umgekehrt, willentlich läßt er die Natur zum ›Physicometron‹ seiner eigenen ›Anthropologie‹ werden (so läßt sich kritisch gegen Schipperges' anthropozentrische These in ›Kosmos Anthropos‹ formulieren[16]).

Inwiefern ist diese Einstellung der ›Poiesis‹ gegenüber etwas Neues? Entsprach es nicht vielmehr, so mag gefragt werden, schon der geschilderten traditionellen Haltung der *Enthaltsamkeit*, wie sie uns im Bild des Theoretikers der Antike begegnet und zum Begriff geworden ist?

Gehen wir zunächst zurück zu einer Untersuchung desjenigen Prinzips, das für das methodische Selbstverständnis der modernen Naturwissenschaften als fundamental zu erachten ist: das Prinzip »*so zu verfahren wie die Natur selbst*«.[17] In Verfolgung dieses Prinzips wird sich zeigen, daß die neuzeitliche Enthaltsamkeit nur eine scheinbare ist: dem Verzicht auf die eigene körperliche Aktivität steht eine um so größere methodische Aktivität gegenüber, die es in der Hand hat, die jeweils gewünschte Tätigkeit der Natur zu entfesseln.

Zunächst zur Herkunft dieses Prinzips, das wie kein zweites das neue Verhältnis von ›Pathos‹ und ›Poiesis‹ aus dem Selbstverständnis der Naturwissenschaften zu formulieren vermag.

Es gehört zu den immer wieder auftauchenden Parolen der modernen Naturwissenschaft, sich in ihrem Verfahren von der Natur selbst anleiten oder ›belehren‹ zu lassen[18], es ›der Natur gleich zu tun‹ oder ›so zu verfahren wie die Natur selbst‹.[19] In

16 Vgl. H. Schipperges, *Kosmos Anthropos. Entwürfe zu einer Philosophie des Leibes*, Stuttgart 1981, S. 11.

17 Ein mimetisches Prinzip menschlicher Naturaneignung, das noch in den berühmten Worten Marx' nachklingt, daß der »Mensch ... in seiner Produktion nur verfahren (kann), wie die Natur selbst, d. h. nur die Formen der Stoffe ändern (kann)«; K. Marx, *Das Kapital*, Bd. I (1890), Berlin 1970, S. 57.

18 ›Natura doceri‹ lautet die Formel, auf die sich positiv F. Bacon in seinem *Neuen Organon*, kritisch schon Descartes in den *Meditationen* bezieht; vgl. F. Bacon, *Neues Organon* (zit. als *N.O.*) (1830), Darmstadt 1974, S. 11 (dt. Einleitung); R. Descartes, *Meditationes*, dt.-lat. Ausgabe, Hamburg 1959, S. 66 und 136.

19 So implizite sowohl F. Bacon in § 129 des *N.O.* I, a. a. O., S. 96, als auch I. Newton in den *Regulae Philosophandi* 1 und 2 seiner *Principia*

dieser Maxime ist implizite eine Annahme enthalten, auf die sich so verschiedene Begründer der Naturwissenschaften wie Bacon, Kepler oder Galilei gleichermaßen verpflichten lassen: daß es nämlich *Gesetze* der Natur seien, an die der menschliche Geist sich nur zu halten brauche, um die Natur in ihrem Wirken zu verstehen[20]; daß umgekehrt aber die *menschlichen* Voraussetzungen des Erkenntnisprozesses – anthropologische Gegebenheiten des Subjekts ebenso wie kollektive Vorurteile, Voreingenommenheiten oder schlichte Absicht – abzuschneiden oder zumindest doch in ihrem verfälschenden Einfluß einzudämmen seien.

Francis Bacon etwa entwirft in seinem *Novum Organon* von 1620 skizzenhaft die Vorstellung einer Selbstauslegung der Natur, einer ›interpretatio naturae‹ anstelle der vorherrschenden Anmaßung der ›anticipatio mentis‹[21] – und dieser Selbstauslegung habe sich die Naturwissenschaft zwecks größeren Nutzens anzuschließen. Nur durch Gehorsam besiege man die Natur, nur indem man ›ihr nachgebe‹[22], könne man die Natur beherrschen bzw. sie ›durch Werke besiegen‹.[23]

Und wenn Galilei oder Kepler, aus sicher unterschiedlichen Motiven, von der Notwendigkeit reden, zum ›Buch der Natur‹ zurückzukehren, in dem ›in geometrischer Schrift niedergelegt‹[24] ihre Wahrheit zu lesen sei, dann liegt auch hierin, mehr als nur metaphernhaft, die Vorstellung zugrunde, sich ganz den Dingen selbst an die Hand geben und jegliche Voreingenom-

Mathematica Philosophiae Naturalis, dt. von J. Ph. Wolfers (1872), Darmstadt 1963, S. 380.

20 Vgl. G. Galilei, *Dialogo, Op. Ed. Naz.* VII, S. 288, oder dt. Ausgabe (1891) Darmstadt 1982 (zit. als *Dialog*), S. 279 f. Die Entwicklung des Begriffs des Naturgesetzes ist untersucht bei F. Borkenau, *Der Übergang vom feudalen zum bürgerlichen Weltbild,* Paris 1934, insbesondere S. 15–96; neuerdings auch durch J. Mittelstrass, »Das Wirken der Natur«, in: F. Rapp (Hg.), *Naturverständnis und Naturbeherrschung,* München 1981, S. 36–69.

21 F. Bacon, a. a. O., S. 25.

22 Ebd., S. 26.

23 Ebd., S. 25.

24 Vgl. J. Kepler, *Epitome Astronomiae Copernicanae,* Gesammelte Werke nach v. Dyck, Caspar et al. (zit. als *KGW*) VII, 9, S. 530; vgl. G. Galilei, *Il Saggiatore, Op. Ed. Naz.* VI, S. 232.

menheit, sei sie durch Sprache, Bildung, Orthodoxie oder Geschichte bedingt, abstreifen zu können.

Aber: wie verfährt die Natur?

Was kann es heißen, »die *Natur der Dinge selbst* zum Ziele zu haben«, wie es bei Bacon[25] heißt? Wie kann von einem Vorbild der Natur gesprochen werden, ohne hypostasierend und übervorteilend dieser Natur ein eventuell nur eingebildetes eigenes Vorgehen zu unterstellen?

Hier liegt die Crux der Begründung der neuzeitlichen Naturwissenschaft: von ihrem ganzen Ansatz her ein anti-dogmatisches und anti-autoritäres Unternehmen, gelingt ihr die Abschüttelung ungeliebter Fremdbestimmung, sei sie aristotelisch-scholastischer Abkunft, sei sie kirchlich-dogmatischer Provenienz, doch nur durch einen Rekurs auf die fragwürdige Evidenz einer ›selbsttätigen Natur‹, der ihr die Natur in einem Licht erscheinen läßt, wie sie sie möglicherweise schon immer hat sehen wollen. Die Natur erscheint, diesem Verständnis gemäß, ›evidenterweise‹ als mathematisch verfaßter und gesetzmäßig strukturierter Gegenstandsbereich.

Offensichtlich ist hier schnell die Gefahr eines Zirkels oder einer Projektion gegeben[26]: die Gefahr nämlich, der Natur hier eine Lehrmeisterschaft bezüglich ihrer Gesetzlichkeit und Sinnhaftigkeit zu unterstellen, die man zuallererst selbst ihr zugesprochen hat. Von ›der Natur selbst‹ sich anleiten zu lassen, wäre dann nichts anderes als eine neue Variante jener Hypostasierungen, die schon im Mythos der göttlich durchherrschten Natur zu den Menschen gesprochen haben.

Wenn Kant später in dem Versuch der Begründung »Wie ist reine Naturwissenschaft möglich?«[27] diese Antizipationen als transzendentale, die Möglichkeit jeder (wissenschaftlichen) Erfahrung erst bedingende Apriori des Verstandes bzw. der Anschauung entdeckte, dann war dies nicht zuletzt auch das Ergebnis kritischer Redlichkeit, die unreflektierten Voraussetzungen einer scheinbar nur aus sich selbst sprechenden Natur wieder einzuholen.

25 F. Bacon, *Neues Organon,* I, § 127, a. a. O., S. 94.
26 Vgl. F. Borkenau, a. a. O., S. 304.
27 Vgl. den Titel der entsprechenden Fragestellung in Kants *Prolegomena* von 1783, § 14 ff.

Ungeachtet dieses Verdachts auf Projektion soll die genannte Maxime, soll das bezeichnete Prinzip zunächst einmal wörtlich und ernst genommen werden. Nur dadurch, das ist die Behauptung, kann die vorn angesprochene erstaunliche ›Verleugnung der inneren Natur‹ beim beobachtenden Subjekt einer Erklärung näher gebracht werden. Lassen wir uns also zunächst auf die Maxime des ›so zu verfahren wie die Natur selbst‹ ein.

Im folgenden sollen einzelne Momente dieser Sentenz derart hervorgehoben und herausgetrennt werden, daß sie sich zu drei methodischen Grundannahmen der Naturwissenschaften in Beziehung setzen lassen. Ich wähle dieses Vorgehen zunächst aus heuristischen Gründen; es dient mir zu einer ersten Erkundigung im Bereich des Themas ›Naturwissenschaftsentwicklung aus der Perspektive des Körpers‹ und gleichermaßen damit zu einer ersten Gliederung des hier in Rede stehenden Teiles der Arbeit.

An der Sentenz des ›so zu verfahren wie die Natur selbst‹ sind folgende Momente zu unterscheiden:

1. ›zu verfahren‹; es geht darum, zu verfahren bzw. methodische Regulative eines ›Verfahrens‹ zu gewinnen, mit deren Hilfe die beabsichtigte ›Auslegung der Natur‹ auf verläßliche Grundlagen gestellt und standardisiert werden kann.

In der Tat ist die Konzentration auf *Prozesse* oder Verfahrensweisen ein hervorstechender Zug der neuzeitlichen Naturwissenschaften; die Reflexion auf Methode, die ihr parallel geht, findet darin erst ihren Sinn, daß *Verlaufsformen* der Natur, nicht etwa statische Seinsweisen, auf einen kausallogisch beschreibbaren Prozeß verkürzt werden, der unter den reproduziblen Bedingungen des Experiments auf seine Re-Synthetisierbarkeit hin untersucht werden kann.

2. ›die Natur selbst‹; ihr gegenüber hält sich der Urheber dieser Aussage, die neuzeitliche Naturwissenschaft in Gestalt ihrer Protagonisten Bacon, Galilei oder Descartes, nicht für ›Natur‹; oder aber, wenn sie selbst schon auch Naturhaftes an sich hätten, so soll diesem doch eine untergeordnete und ephemere Rolle zukommen:

Was immer mit dem Terminus der ›Natur selbst‹ gemeint sein kann, es wird zwischen der Selbstigkeit (dem An-sich-Sein) der Natur und dem gänzlich anders gearteten Wesen der menschlichen Erkenntnistätigkeit unterschieden.

Auch hier kann auf ein entsprechendes Merkmal der modernen Naturwissenschaften verwiesen werden: Die Distinktion von ›mundus hominis‹ und ›mundus universi‹, der Welt des Interpreten und der Welt des Universums (wie sie Bacon[28] stellvertretend für die empiristische wie auch die rationalistische Richtung der Naturwissenschaften der Neuzeit formuliert). Der Beobachter und Interpret wird als bloße Intellektualität oder (etwa bei Descartes) transnaturale Subjektivität verstanden, der gegenüber die Natur der Dinge als eine Welt von Objekten offen ausgebreitet ist. Jede Vermischung beider Sphären muß vermieden werden, jede Voreingenommenheit einer Bindung, einer Verwandtschaft oder eines Vertraut-Seins muß unterbunden werden. Die moderne Naturwissenschaft strebt nach der Ausbildung völlig ›reiner‹, d. h. zur Gänze kontrollierbarer objektiver Bedingungen der Naturerkenntnis. Zu diesem Zweck aber muß das Vorhandensein einer eigenen Natur zunächst geleugnet werden, zumindest bagatellisierbar sein.

3. ›so ... wie ...‹; hierin zeigt sich ein analogisierendes, spiegelndes Verfahren. So wie die Natur – vorgeblich – verfahre, so habe auch die Praxis der Naturforschung vorzugehen: Nicht ›analogia hominis‹, sondern ›analogia universi‹, um die Baconschen Begriffe aufzunehmen. Der Mensch wird demgemäß nicht nur seiner Vorbildfunktion für den Kosmos im ganzen beraubt, umgekehrt ist er es, der dem Paradigma des Universums unterworfen und nach dessen Vorbild erklärt und rekonstruiert wird.

Tatsächlich behauptet die Naturwissenschaft ihre vollständige Formentsprechung mit den Vorgaben der Natur: Wenn sie, wie unter ›1‹ angedeutet, die Verfahren des Experiments an gewisse idealtypische Abstraktionen von Prozessen der Natur anlehnt, so bedeutet dies für die daraus erwachsende synthetisierte ›Natur‹ wissenschaftlicher Konstitution, daß diese sich auf eine Formgleichheit mit der ursprünglich vorgegebenen Objektnatur berufen kann.

Versucht man, die Ergebnisse dieser vorläufigen Charakteristik zusammenzufassen, so ergibt sich folgendes Resümee:
Naturwissenschaft will (I) prozessual vorgehen, in methodisch reflektierter Praxis, die jeden Verdacht auf uneinholbare Vor-

---

28 »Falso enim asseritur, sensum humanum esse mensuram rerum; quin contra, omnes perceptiones tam sensus quam mentis, sunt ex analogia hominis, non ex analogia universi«, heißt es im Original bei Francis Bacon im § 41 des *Novum Organon*, I, London 1620.

aussetzungen zu widerlegen vermag, sie findet (II) ihr Vorbild in einer als autonom unterstellten Natur, deren gesetzeshaft vorgestelltes Wirken sie (III) zum Vorbild der Erklärung und Auslegung jeglicher Gegenständlichkeit, insbesondere auch der eigenen menschlichen Natur, nimmt.[29]

In programmatischen Stichworten zusammengefaßt ergibt sich folgendes Tripel von ›essentials‹ aus der Selbstdeutung der modernen Naturwissenschaften:

  I Methodisch reflektiertes Verfahren

 II Hypostasierung einer an sich schon gesetzeshaft strukturierten Natur

III Verfahren der Selbstauslegung der Natur im Experiment.

Sind diese Grundmomente des Selbstverständnisses der Naturwissenschaften der Neuzeit einmal akzeptiert (für deren Bestätigung zunächst[30] die Ergebnisse des Ersten Teils dieser Arbeit herangezogen werden können), so schließt sich die Frage der Relevanz für das Geschick des Körpers an. Wenn die genannten ›essentials‹ derart fundamentale Geltung besitzen, wie behauptet, so müssen sie auch wesentliche Aussagen über das *Schicksal des Körpers im naturwissenschaftlichen Forschungsprozeß* in sich bergen. Versuchen wir also, die zunächst rein heuristischen

29 Terminologische Anmerkung: Diese Praxis der Auslegung von Natur an Natur, nämlich der fremden Gegenstandsnatur am Vorbild und Maß der bereits objektivierten (angeeigneten) Natur, soll im folgenden *Selbstauslegung* genannt werden. Hierunter soll insbesondere auch der Fall der Auslegung der menschlichen Natur gefaßt werden. Auch wenn es sich im strengen Sinne nicht um einen reflexiven Akt, nicht um eine Identität zwischen auslegender und auszulegender Natur handelt, scheint mir der Begriff der *Selbstauslegung* doch bestens geeignet, das naturalistische Mißverständnis, das der intendierten Erklärung von Natur durch Natur und nichts als Natur zugrunde liegt, wiederzugeben. Vgl. den Begriff der ›interpretatio naturae‹ bei Bacon (*Novum Organon*, I, § 26) und die reflexive Bedeutung, die er dem Genitiv ›naturae‹ innerhalb dessen verleiht.

30 Für die Wissenschaften der in Rede stehenden Epoche verweise ich auf das Folgende; bezüglich einer gewissen Gültigkeit dieses Selbstverständnisses auch noch heute siehe die kritische Darstellung bei G. Ludwig, *Theoretische Physik*, Bd. I, Braunschweig 1978, S. 4 f. und 319; oder auch W. Heisenberg, *Wandlungen in den Grundlagen der Naturwissenschaften*, Stuttgart 1949, S. 72 f.

Vorgaben (I), (II) und (III) auf Bestimmungen des Körpers unter der sich entwickelnden Naturwissenschaft zu differenzieren:

ad I: Kritik des Körpers
Die Naturwissenschaften der Neuzeit zeichnen sich durch systematische Reflexion der Bedingungen szientifischer Erfahrung aus. Unter diesem Blickwinkel erscheint der *Mensch* in seiner Körperlichkeit als eine relativ fragwürdige, weil partikulare und unaufgeklärte Instanz der Erfahrungsgewinnung. Die Tauglichkeit dieses Menschen für die Zwecke der Experimentation steht zur Disposition, und zwar in mehrfachem Sinne: Sowohl, insofern er
– Sinnenwesen, Beobachter und Interpret, als auch insofern er
– sympathetischer Leib, natürlicher Bezugspunkt und Teilnehmer dieser Natur ist.
Die Kontributionen des körperlichen Menschen zur Erkenntnis der Natur, seien es die seiner organischen, sinnesbestimmten Konstitution, seien es die seiner kreatürlichen Empfindungsfähigkeit, seien es die seiner sprachlichen oder anderweitig kulturell ausgebildeten Vorgriffe, werden als anthropologische Bedingungen der Naturerkenntnis entdeckt und dechiffriert und verfallen der *Kritik*.

ad II: Verleugnung der inneren Natur
Unter der Prämisse einer autonom strukturierten ›äußeren‹ Natur wird die Erheblichkeit der ›inneren Natur‹, der Natur des wissenschaftlichen Subjekts, *geleugnet* bzw. in ihrer Relevanz für das Zustandekommen von Erkenntnis eingeschränkt, wenn nicht neutralisiert. Die Einsicht in die anthropologische Bedingtheit (siehe oben) der wissenschaftlichen Erfahrung zieht Versuche der Aufhebung dieser Bedingtheit nach sich. Die Naturwissenschaft trachtet systematisch nach Aufhebung aller gattungsbedingten ›natürlichen‹ oder anderweitig vorgängigen leiblichen Bedingungen oder Apriori der Naturerkenntnis. Sie zielt auf vollkommene Artifizialität, das heißt auf vollkommene Bestimmbarkeit der Bedingungen, unter denen Naturwissenschaft vor sich gehen soll. Aus dieser Intention heraus formiert sich ein Programm der ideellen Trennung von Mensch und

Natur, das sich als ›*Desanthropomorphisierung der Natur*‹ (auf der Seite der Objekt-Natur), als ›*Leibfreiheit der Naturerkenntnis*‹ (auf der Seite der Erkenntnissubjekte) geltend macht.

ad III: Auslegung des Körpers

Wenn Natur sich *selbst auszulegen* vermag, dann gilt dies insbesondere für die Auslegung der menschlichen Natur: Der Körper des Wissenschaftlers wird – exemplarisch für den des Menschen überhaupt – unter der Maßgabe der experimentell bereits angeeigneten Natur interpretiert und, soweit möglich, einer instrumentellen Funktionsbestimmung zugeführt. Der Körper gerät unter das Paradigma der inthronisierten wissenschaftlichen Theorie, wird entsprechend objektiviert und ›beschriftet‹.

Was zunächst Medium der Aneignung oder Vermeinigung des Fremden in der Natur war, wird nun seinerseits zum Objekt einer durchdringenden Aufklärung: Die menschlichen Sinne und Organe, die Art und Weise der menschlichen Wahrnehmung, sie werden theoretisch wie auch praktisch-instrumentell zu einem Teil der ›Natur selbst‹, das heißt zu einem Teil der Objekt-Natur. Nicht länger also nimmt die Natur die Rolle des ›Fremden‹ ein, dem mit menschlicher Analogisierung und Interpretation beizukommen wäre, sondern es sind der menschliche Sinnesapparat und die menschliche Apperzeptionsweise, die ihrerseits der Theoretisierung bedürftig werden.

Diese drei Folgerungen, Spezifikationen aus den Essentials I–III bezüglich der Formierung des Körpers, sollen Richtschnur und Orientierung für die weitere Entwicklung der Thematik sein, und mehr noch, sie sollen die Gliederung dieses Teils verständlich machen, die sich zu

– Kritik (Kap. 4)
– Verleugnung der inneren Natur (Kap. 5)
– Selbstauslegung oder: Instrumentelle Naturerkenntnis
  (Kap. 6)

ergibt.

Im folgenden wird es also um die große Strategie der Abwendung oder Umgehung des Körpers gehen, die die experimentelle Naturwissenschaft im Zuge ihrer Neubegründung in der Neuzeit einschlägt. Es wird sich ein Weg ergeben, der die Wissenschaft *um* den Körper *herum*, statt durch ihn hindurch führt (den Körper des Wissenschaftlers wohlgemerkt, Paradigma für den Körper des Menschen überhaupt); ein Weg, der den Körper zu meiden, zu ersetzen und überflüssig zu machen gestattet, statt von ihm seinen Ausgang zu nehmen. Es wird sich dabei eine Wandlung ergeben, an deren Endpunkt der Körper zum Gegenteil dessen geworden ist, worunter er, von der Wissenschaft engagiert, angetreten ist. Zunächst als hervorragendes Mittel von Erfahrung und Kontrolle gerühmt, gerät der Körper mehr und mehr unter das Stigma, doch nicht gänzlich dem zu entsprechen, wovon er künden und offenbaren sollte: der unverstellten Natur. Schon mit der betonten Hervorhebung des Körpers als eines unersetzlichen Zugangsweges zur Erkenntnis der Natur ist dessen praktische Kritik, dessen Eingrenzung und schrittweise Reduktion mit beschlossen, so daß am Ende dieses Prozesses die Ersetzung eben dieses Körpers und seiner Organe durch ihm (zunächst) nachgebildete, dann ihn übertreffende und schließlich ihn ihrerseits aufklärende Instrumente der Beobachtung und Experimentation stehen kann.

4 Kritik

4.1 Kritizismus versus Empirismus

Die Naturphilosophie der Renaissance und in ihrem Gefolge die ›neuen Wissenschaften‹ des 17. Jahrhunderts gelten geläufigerweise als *empirische* Wissenschaften. Alle Behauptungen auf Erfahrung zu gründen und an ihr ständig zu überprüfen, gilt als das hervorragende Merkmal ihrer Methode der Erkenntnisgewinnung. Alles, was empirisch erfahrbar und durch jedermanns Sinne empirisch nachprüfbar ist, wird als ›Datum‹ oder ›Faktum‹ der neuen Wissenschaft hingestellt – aber auch nur dieses. Zu den ›Phänomenen‹ ist im Fall widerstreitender Folgerungen und Schlüsse immer wieder zurückzukehren.

»Unsere Untersuchungen haben die Welt der Sinne zum Gegenstand, nicht eine Welt von Papier«, läßt Galilei etwa seinen Protagonisten Salviati im »Dialog« sagen[1]:

Dieses Bekenntnis zu Empirie und konkreter Praxis ist gemünzt gegen die Statthalter metaphysischer Prinzipien, gegen Buch- und Buchstabengläubige wie etwa den Salviatischen Widersacher Simplicio, Vertreter der aristotelischen Orthodoxie. Aber es liegt in diesem Satz eine polemische Einseitigkeit, die aufhorchen lassen sollte. Es kann nicht damit sein Bewenden haben, daß die neue ›Experimentelle Philosophie‹ sich demselben Erfahrungsprinzip, derselben Treue zur Evidenz der Empirie, verschreiben würde, wie das schon für ihre Gegnerin, die aristotelische Naturwissenschaft, gegolten hatte. Schließlich hatte gerade diese in ihrer Anknüpfung an die universelle Erfahrungsfähigkeit des Menschen, in ihrem Appell an den ›gesunden Menschenverstand‹, die Empirie als Kriterium gesucht und beschworen;[2] hierin allein kann kein neues Element der ›nuova scienza‹ gesehen werden.

1 G. Galilei, *Dialog*, a. a. O., S. 118.
2 Siehe hierzu P. Feyerabend, *Wider den Methodenzwang*, Frankfurt/M. 1976; und M. Heidelberger, »Die Rolle der Erfahrung in der Entstehung der Naturwissenschaften im 16. und 17. Jahrhundert: Experiment und Theorie«, in: *Natur und Erfahrung*, Hamburg 1981, S. 25–182.

Sieht man genauer zu, tut sich das Rätsel einer gleichermaßen empirischen wie auch erfahrungskritischen Wissenschaft auf: Erstaunlicherweise nämlich lassen sich bei den entscheidenden Naturwissenschaftlern der frühen Neuzeit, F. Bacon und Galilei ebenso wie etwa I. Newton, sowohl Bekundungen zugunsten eines strikten Empirismus als auch Äußerungen kritischer Vorbehalte demselben gegenüber versammeln: auf der einen Seite das Bild eines unverbrüchlichen *Empirismus*, auf der anderen Seite die Betonung eines methodisch geschärften *Kritizismus* der Erfahrung. Das Rätsel dieses Widerspruchs wird sich dahingehend auflösen lassen, daß dem Begriff der ›Empirie‹ von seiten der Naturwissenschaft eine fundamentale Wandlung zugemutet wird, die in den methodischen Anstrengungen ihren Ausdruck findet, die Bedingungen der Möglichkeit wissenschaftlicher Erfahrung aus sich heraus, selbstbestimmt formulieren zu können. Wissenschaft gelangt damit, trotz aller ihr innewohnenden egalitären Tendenz, zunächst zu einer scharfen Kritik des gesunden Menschenverstandes, zu einer Kritik des Postulats der Sichtbarkeit, wie es selbstverständlich und unverbrüchlich für die traditionelle ›Theoria‹ gegolten hatte.

a) Kritik des gesunden Menschenverstandes

›Nichts anzuerkennen, was man nicht selbst mit eigenen Augen gesehen hat‹ – dieser Satz taucht in mannigfachen Wendungen als *die* Bekundung, als *die* Maxime der Neuzeit auf; Gassendi formuliert ihn in den berühmt gewordenen Worten ›nihil in intellectu est quod prius non fuerit in sensu‹[3], und Fra Paoli Sarpi beruft sich auf ihn – der angeblich schon auf Sokrates zurückgehe – in der schwierigen Auseinandersetzung um die Glaubwürdigkeit der Resultate des Teleskops: »L'avviso delli nuovi occhiali l'ho avuto gia più di un mese, e lo credo per quanto basta a non cercar più oltre, non per filosofarci sopra, proibendo Socrate il filosofare sopra esperienza non veduta da sè proprio.« (»Die Nachricht von den neuen Gläsern habe ich

---

3 P. Gassendi, *Institutio Logica*, 1658, pars I Canon II, Nachdruck Assen 1981, S. 4.

bereits seit mehr als einem Monat in Händen, und ich glaube ihnen insoweit, als es mit ihrer Hilfe einem erspart wird, länger zu suchen, aber nicht, um mit ihrer Hilfe zu philosophischen Betrachtungen der Dinge zu kommen, zumal Sokrates es verbietet, über Erfahrungen zu philosophieren, die man nicht wirklich selbst gesehen hat.«[4])

Dieser Satz drückt eine gehörige Portion Skepsis gegen hier und da Behauptetes, gegen irgendwelche Meinungen und Ansichten aus und beharrt dagegen auf der Selbständigkeit des eigenen Erfahrungsurteils: Nur das, was man selbst gesehen oder mit eigenen Sinnen wahrgenommen hat, soll auch als wahr gelten. Aber noch ein zweites kann man in diesem Satz lesen: Er kann als eine Hervorhebung des Wunsches verstanden werden, mit *eigenen* Augen zu sehen, d. h. auf unverfälschte und unmittelbare Weise sich selbst von der Wirklichkeit überzeugen zu können: Danach liegt die Betonung auf dem Sehen mit den eigenen Augen, dem unverfälschten Erschließen des Gegenstandes, ungetrübt durch besondere Medien, Vermittler, Kommunikatoren oder Techniken. Dieser Wunsch hat eine besondere Evidenz für sich, weil er auf eine gewisse ›Natürlichkeit‹ der Wahrnehmung rekurriert, die jedermann gerade im Unterschied zu einer obliquen, hoch elaborierten und vermittelten Wahrnehmungsweise vertraut ist. Es ist dies in gewisser Weise die Position des *gesunden Menschenverstandes*, wie es Feyerabend ausdrückt.[5] Eine Position, die absolute Sichtbarkeit, vielleicht sogar Ertastbarkeit, also Zugang innerhalb des Gesichtskreises oder sogar des haptischen Umfeldes, fordert und diesen Zugang als den einzig verläßlichen und unproblematischen Beweis vom Vorhandensein des in Rede stehenden Gegenstandes anerkennt. Ich will diese Maxime, soweit sie auf die Zugänglichkeit durch den Gesichtssinn abhebt, das ›Sichtbarkeitspostulat des gesunden Menschenverstandes‹ nennen.

Es ist nun festzustellen, daß dieses Sichtbarkeitspostulat weder eine revolutionär neue Forderung der neuzeitlichen Naturwissenschaft ist, noch überhaupt eine Forderung, die sich mit der

4 Frao Paoli Sarpi in einem Brief an L' Isle Groslot vom 6. 1. 1609, in: *Lettere di Fra Paolo Sarpi*, hg. von Polidori, Bd. I, Firenze 1863, S. 181, Übersetzung von mir, W. K.

5 P. Feyerabend, *Wider den Methodenzwang*, a. a. O., S. 207.

durch Medien vermittelten und instrumentell verkomplizierten Praxis der Naturwissenschaften verträgt. Obwohl sie diese Parole selbst teilweise im Munde führt, obwohl sie sie sich als Leitspruch eigener anti-scholastischer und anti-nominalistischer Unverfrorenheit aufs Panier geschrieben hat, setzt die neuzeitliche Naturwissenschaft (wie im folgenden noch verdeutlicht werden wird) eine Praxis der Naturbeobachtung und -experimentation durch, die sich in ihren methodisch hoch avancierten Standards weit von jenem naiven Sichtbarkeitspostulat entfernt hat. Die Auflösung dieses Rätsels muß in einer (möglicherweise unter der Hand sich vollziehenden) Veränderung der Begriffe der ›Evidenz‹ und des ›für den gesunden Menschenverstand Evidenten‹ gesucht werden.

Zunächst zur Tradition des Sichtbarkeitspostulates:

Der Philosoph Hans Blumenberg bezieht sich auf den im späten Mittelalter vorherrschenden Aristotelismus, wenn er vom Evidenz-Charakter des Sichtbaren schreibt:

»Der Naturbegriff der Tradition war mit einer Art von *Sichtbarkeitspostulat* verbunden, das sowohl der Endlichkeit des Universums als auch der Vorstellung seiner auf den Menschen bezogenen Zweckmäßigkeit und Zentrierung entsprach. Daß es in der Welt für den Menschen nicht nur zeitweise und vorläufig, sondern seiner natürlichen Ausstattung definitiv Entzogenes und Unsichtbares geben könnte, war eine der Antike wie dem Mittelalter unbekannte, unter bestimmten metaphysischen Voraussetzungen auch unvollziehbare Unterstellung.«[6]

In der Tat sind mit den ›bestimmten metaphysischen Voraussetzungen‹ die epistemologischen Grundüberzeugungen der aristotelischen Wissenschaftslehre zu denken, die im Ausgehen vom Faktum des sinnlich Gegebenen nicht nur den Fuß- und Basispunkt der Untersuchung, sondern mehr noch ihre methodologische Stütze sehen konnte. Die Welt war nach dieser Überzeugung tatsächlich nach Maßgabe des Vorhandenen eingerichtet und geordnet; folglich hatte die Forschung in ihrer Systematisierungsabsicht sich an die Richtschnur des Vorhandenen zu halten.

6 H. Blumenberg, Einleitung zu G. Galilei, *Sidereus Nuncius*, Frankfurt/M. 1965, S. 15; Hervorhebung im Text.

Sicher gab es innerhalb dieser Ausrichtung auf die empirische Evidenz der sinnlich gegebenen Gegenstände auch für Aristoteles den Begriff des Fehlers: Die Sichtbarkeit konnte verzerrt, das Auge getäuscht und der allzu selbstgewisse Blick durch unbekannte und fremdartige Gegenstände irritiert werden. Hierin liegt aber nicht der Unterschied zur neuzeitlichen Bewertung der ›Sichtbarkeit‹:

»Der Unterschied zwischen dem Aristotelischen Empirismus und dem in der modernen Wissenschaft steckenden«, schreibt Paul Feyerabend[7], »liegt ... nicht darin, daß der eine Beobachtungsfehler vernachlässigt und der andere sie beachtet. Die Einstellung des Aristoteles gegenüber der Beobachtung ist viel differenzierter als die vieler Philosophen des 20. Jahrhunderts. *Der Unterschied liegt in der Rolle, die man dem Fehler zuerkennt.* Bei Aristoteles entstellt und verbirgt der Fehler bestimmte Wahrnehmungen, *läßt aber die allgemeinen Züge der Wahrnehmungserkenntnis unberührt.* Wie groß der Fehler auch sei, diese allgemeinen Züge lassen sich immer wieder herstellen, und aus *ihnen* erfahren wir etwas über die Welt, in der wir leben. In dieser Hinsicht entspricht die Aristotelische Philosophie dem gesunden Menschenverstand. ... Der Irrtum ist eine *lokale* Erscheinung, man gesteht ihm nicht zu, daß er das *gesamte Weltbild* verfälschen könnte.
Die moderne Wissenschaft dagegen hat gerade solche *globalen* Verfälschungen postuliert. Die treibende Kraft des Angriffs war nicht einfach eine neue physikalische Theorie, sondern *eine neue Einstellung zu den Daten, eine neue Methodologie.*«

Während also die aristotelische Wissenschaft von der unerschütterlichen Überzeugung ausging, daß ›die allgemeinen Züge der Wahrnehmungserkenntnis‹ sich schon einstellen und durchsetzen würden, war die neuzeitliche Wissenschaft geradezu darauf versessen, die Bedingtheit der Wahrnehmungserkenntnis durch auftretende Fehler zu studieren und jene durch deren Modulation und Modifikation in den Griff zu bekommen, das heißt die Bedingungen der ›Sichtbarkeit‹ selbst erzeugen und regulieren zu können.
Hiervon wird später noch ausführlich die Rede sein. Aber, fragen wir an dieser Stelle ergebnishungrig dazwischen, hat denn die neue Wissenschaft das Postulat der Sichtbarkeit einfach geopfert?

7 P. Feyerabend, *Wider den Methodenzwang*, a. a. O., S. 206, Anm. 7; Hervorhebung im Text.

Müssen wir nicht vielmehr zur Kenntnis nehmen, daß auch das ›revolutionäre Instrument *par excellence*‹ der neuen Wissenschaft, das Fernrohr, auf der Evidenz des Sichtbaren aufbaut? Müssen wir nicht in Rechnung stellen, daß gerade Galilei – der Mann, der diese Neuerung durchsetzte und mit der naiven Sichtbarkeit und dem naiven Realismus aufräumte – nichtsdestoweniger auf die Beweiskraft und Evidenz des mit eigenen Augen Gesehenen und mit eigenen Sinnen Vernommenen pochte?

Man denke nur an die verzweifelten Anstrengungen Galileis, seine Gegner an das Fernrohr zu bekommen (beschrieben bei Blumenberg[8] oder Feyerabend[9]), seine Anstrengungen, ihnen gerade den Beweis der Sichtbarkeit nicht schuldig zu bleiben, den sie durch das neue Instrument, die neue Art zu sehen, nicht wahr-nehmen wollten. Die Aufkündigung der Beweiskraft der natürlichen Sichtbarkeit oder, allgemeiner gefaßt, der natürlichen Wahrnehmbarkeit, enthielt eben eine vertrackte Schwierigkeit als Konsequenz in sich geborgen:

In dem Augenblick, in dem man die Sinne für nicht mehr ausreichend, für ›nicht gänzlich vollkommen‹ erklärte (wie es Galilei zu tun nicht müde wird[10]), und sie der Ersetzung, zumindest der Unterstützung durch ein Instrument für bedürftig erklärte, war die *natürliche* Basis der Sichtbarkeit verlassen und eine schwankende, von Gerät zu Gerät umzudefinierende relativierte Sichtbarkeit eingeführt. Galilei scheint dies zwar nicht zu bemerken – sein Werk ist voll von Bekundungen eines ungetrübten empirisch-eidetischen Pathos, eines Pathos der ›unmittelbaren Einsichtigkeit‹ und hohen Überzeugungskraft dessen, was man durch das ›wunderbare Organ des Auges‹ alles beweisen oder widerlegen könne (siehe hier insbesondere seinen Brief an Christine von Lothringen, Großherzogin der Toskana, vom Sommer 1615[11], in dem er die empirische Evidenz des Sichtbaren dem Glauben an Worte in der Schriftauslegung und Theologie gegenüberstellte).

Ob man es aber will oder nicht, ob man es überhaupt sieht oder

8 Vgl. Blumenberg, a. a. O., S. 10 f.
9 Vgl. Feyerabend, a. a. O., S. 155.
10 Vgl. etwa Galilei, *Dialog*, a. a. O., S. 350.
11 Vgl. Galilei, *Op. Ed. Naz.* V, Firenze 1932, S. 309–348.

nicht, die neue Sichtbarkeit ist eine relativierte, nicht mehr unverbrüchliche, sondern aus Gründen der Technik zufällig ausfallende ›Sichtbarkeit‹. Eine Sichtbarkeit von Gnaden und nach Definition einer arbiträren (und möglicherweise auch wieder vergänglichen) Technik, die – in den Worten Blumenbergs[12] – »eine neue Form der Zufälligkeit der Objektivierung einführte«.

Mit der Etablierung einer *technischen* Ebene in der Konstitution der Sichtbarkeit ist nicht nur ein kontingentes Element in die Beweisfähigkeit des Sichtbaren eingeführt – der Mensch selbst ist als die bis dahin unantastbare, unverbrüchlich gültige Instanz der Verifikation in Frage gestellt. Durch die Etablierung der technischen Wahrnehmungsweisen ist unwiderruflich die anthropologische Priorität des Menschen als letzter Beweisinstanz dahin, und jede weitere Technisierung wird die Abhängigkeit des Menschen von den instrumentellen Verifikationsinstanzen nur verstärken.

Das, was bei Aristoteles noch zu den Bedingungen guter Beobachtung gehörte – ein unbewaffnetes Auge, gute Sicht, Sonnenschein und keine Trübung des Mediums (man könnte diese Konditionen in Anlehnung an D. Dubarle die ›*vorwissenschaftlichen Bedingungen der Erfahrung*‹ nennen[13]) –, verlor mit dem Vordringen der wissenschaftlich organisierten Erfahrung zunehmend an Bedeutung. Vielmehr wurden die Bedingungen der Wahrnehmung, speziell der Sichtbarkeit, mehr und mehr vom Instrument und von technischen Verrichtungen diktiert, die selber sich immer wieder änderten und damit auch die Wahrnehmung des beteiligten Menschen immer wieder neuen Anpassungen und Erziehungsprozessen unterwarf.

Das aber bedeutet den Sturz derjenigen Instanz, die nach aristotelischen Vorstellungen die Stabilität der wissenschaftlichen Erfahrungsgewinnung garantieren sollte – der Instanz des normal wahrnehmungsfähigen, gesunden Alltagsmenschen. Wenn der Mensch selbst ›umgebaut‹ wird, um ein Wort von Brecht zu zitieren, wenn der Mensch als die Basis dessen, was überhaupt

12 Blumenberg, a. a. O., S. 19.
13 Vgl. D. Dubarle, »La méthode scientifique de Galilée«, in: *Galilée. Aspects de sa vie et de son oeuvre*, Paris 1968, S. 81–110; hier insbesondere S. 107.

unter ›normaler Wahrnehmung‹ zu verstehen ist, sich wandelt und immer neu konditioniert wird, dann erweist sich der Rekurs auf ihn als ein nicht länger gültiges und obsoletes Verfahren.

Was heißt es, daß der Mensch ›umgebaut‹ wird? Hierauf gab das frühe 17. Jahrhundert selbst ganz verschiedene Antworten; es soll hier nur an die Antworten zweier Wissenschaftskritiker und Schriftsteller erinnert werden, die in ihrer Gegensätzlichkeit nicht extremer sein könnten: an Francis Bacon und an Johann Amos Comenius, beide Zeitgenossen des 17. Jahrhunderts und beide mit dem Erwachen der Experimentellen Philosophie konfrontiert.

An *Comenius* (1592–1670), den Pädagogen und Zeitkritiker, braucht hier nur erinnert zu werden (siehe Teil I); für ihn bedeutet Wissenschaft Dienst, Knechtschaft, Deformation. Umbau des Menschen heißt für ihn Entstellung des Menschen, heißt Versündigung gegen die ›ursprüngliche‹ menschliche Bestimmung, die Welt in ihrer Ganzheit natürlich zu erkennen.

Francis *Bacon* (1561–1627), schillernde Gestalt des elisabethanischen und nach-elisabethanischen Hofes, Staatsmann, Essayist und Wissenschaftspolitiker, gibt die genau entgegengesetzte Antwort: Der Mensch *muß* umgebaut werden; er muß sich ändern, um den Anforderungen eines immensen Dienstes am Wissen, der des Menschen harre, überhaupt gerecht werden zu können. Sein ganzes Werk ist vordringlich dieser prophetischen Aufgabe eines ›Aufrufs‹ an das Menschengeschlecht zur mentalitätsmäßigen Selbstveränderung zu verstehen: Es habe sich von seinen eingeschliffenen Gewohnheiten, seinen Vorurteilen und Traditionen zu trennen, um den neuen Aufgaben der ›interpretatio naturae‹, der vorurteilslosen Auslegung der Natur an deren eigenem Leitfaden, überhaupt gewachsen zu sein.

Die vier wichtigsten Typen von Vorurteilen und traditionalen Hemmnissen behandelt Bacon in seiner berühmten Idolatrien-Lehre innerhalb des *Novum Organon* von 1620. Es sind dies die ›idola tribus‹, die Vorurteile der Gattung, die ›idola specus‹, die Vorurteile des Standpunktes, die ›idola fori‹, die Vorurteile der Gesellschaft, und die ›idola theatri‹, die Vorurteile der (philosophischen) Bühne, insgesamt also Voreingenommenheiten, die den Menschen in seiner anthropologischen, subjektiv-persönlichen, soziologischen und ideologischen Konstitution betreffen.[14] Ich werde insbesondere auf den anthropologischen ›Umbau des Menschen‹ durch Bacon zurückkommen. Soviel aber kann hier schon gesagt werden: bis in seine anthropologische

14 Vgl. *N. O.*, I, § 39–44.

Konstitution, bis in die Ausstattung seiner Sinnes-Organisation hinein muß der Mensch sich ändern, um den Aufgaben der Wissens-Ermittlung gewachsen zu sein.

Tatsächlich scheint der Mensch als die Instanz, die letztendlich über Annahme oder Verwerfung von (wissenschaftlichen) Wahrnehmungen zu entscheiden hätte, herabgesetzt, scheint er seiner Kompetenzen beraubt und entwertet zu sein.

Aber – kann dafür nicht auf einer anderen Ebene von einer Neu-Begründung des Menschen und seiner Urteilsfähigkeit gesprochen werden? Liegen seine Kompetenzen jetzt nicht vielmehr in der Fähigkeit des Entwurfs neuer, methodisch erst zu begründender Erfahrung, so wie es Galilei vorgemacht hatte?

Wenn die ›natürlichen Interpretationen‹[15] des Alltagsverstandes in der Wissenschaft nicht mehr anerkannt werden, wenn statt dessen ›Wahrnehmung und Erfahrung‹ (in wissenschaftlichem Sinne) wesentlich durch instrumentelle Verfahren der Beobachtung, Identifizierung und Kontrolle gewährleistet werden – liegt dann nicht darin auch eine *Entlastung* und *Befreiung* des Menschen von der Welt-Präsenz? Stellt es nicht auch eine *Emanzipation* des Menschen dar, wenn er von den bisher für natürlich gehaltenen, aber auch ›natürlich‹ zu erfüllenden Wahrnehmungsfunktionen dispensiert wird derart, daß diese Funktionen instrumentell besorgt und zur Verfügung gestellt werden? Der Mensch seinerseits aber zu einer gewissen Distanz befreit wird, die ihn zu einer abwägenden und eventuell veränderungsbereiten Haltung befähigt?

Das, was nicht mehr länger durch die eigene Leiblichkeit zu gewährleisten und herzustellen ist, geht den Menschen auch weniger an, belastet ihn weniger, ist aber auch seiner freien Verfügung (eventuell seiner völligen Neugestaltung) viel eher überlassen. Vor allen Dingen: es prägt ihn nicht, es kann, so er will, spurlos an ihm vorübergehen. Der Idealtypus des neuen wissenschaftlichen Menschen, der sich einer instrumentellen Wahrnehmungstechnik bedienen kann, ist indifferent, unbeeindruckt und frei. Frei dazu, über konzeptuelle Neuentwürfe der Welt und ihrer Gesetzlichkeit zu befinden. Frei dazu, das Gewicht der Welt als ›Empfindung‹ wahrzunehmen oder aber

15 Vgl. P. Feyerabend, *Wider den Methodenzwang*, a. a. O., S. 108.

als ›Physikalität der Außenwelt‹ sich auf verdinglichte Apparaturen ergießen und abfließen zu lassen. Der Beobachter selbst bleibt der, der er ist.

Damit wäre, nebenbei, auch eine Antwort gegeben auf die anfängliche Frage nach der Möglichkeit des Sichtbarkeits-Argumentes in den Händen derer, die sich der ›natürlichen Sichtbarkeit‹ aufgrund einer Dominanz technischer Verfahren bereits begeben haben: Ihr Evidenz-Beweis liegt in der Möglichkeit begründet, über ›Sichtbarkeit‹ und ›Sinnfälligkeit‹ zuallererst entscheiden, ja, definitorisch befinden zu können.

Der Beobachter bleibt der, der er ist. Er tritt nur noch versuchsweise, hypothetisch in eine Welt ein, der er durch das Vermögen, sie schöpferisch zu konstituieren, immer schon voraus ist. Soweit das *Ideal* des Beobachters in der neuzeitlichen Wissenschaft. (Ich sage hier bewußt ›Ideal‹, um auf einen von der Methode geforderten Typus hinzuweisen, dem in der Realität der beliebige Naturwissenschaftler nicht entsprechen wird. Denn auch der methodisch bewußteste Wissenschaftler ist Mensch und dementsprechend in seinen Launen, Neigungen und Faszinationen beeindruckbar, und das heißt, auch der Faszination des Technischen und technisch Letztgültigen, Modischen gegenüber nicht indifferent.)

Diesem Ideal gegenüber galt in der Antike, etwa in der Wahrnehmungslehre des Aristoteles, aber auch schon in der Nachfolge Protagoras' und Aristipps, die Auffassung von der wachsenden *Entsprechung* von Wahrnehmungsgegenstand und Wahrnehmendem: Danach sollte die *Form* des Gegenstandes auch schon im Wahrnehmenden anzutreffen sein, so daß der Akt der Wahrnehmung als Nachvollzug oder tatsächliche Nachbildung dieser Form im Subjekt selbst gefaßt werden konnte. Aristoteles schreibt über eine entsprechende Formbarkeit des Wahrnehmungsorgans im Zweiten Buch von *De anima*:
»Das Wahrnehmungsorgan in der Möglichkeit ist so wie der Wahrnehmungsgegenstand in der Verwirklichung, ... Es erleidet, sofern es nicht ähnlich ist, hat es sich aber umgestaltet, so ist es ähnlich geworden und ist wie jener.«[16]

Hier kommt bei Aristoteles die große Idee zum Ausdruck, daß der Wahrnehmende sich mit der Wahrnehmung tatsächlich ändere, daß er ein anderer werde, insofern das Wahrgenommene

16 *De anima*, II, 418 a 2 ff.; Gigon, a. a. O., S. 300.

nicht spurlos an ihm vorübergehe, sondern er sich diesem vielmehr angleiche: In gewissem Sinne, so führt in *De anima* III Aristoteles aus, »ist auch das Sehende selber gewissermaßen gefärbt. Denn jedes Sinnesorgan nimmt den Sinnesgegenstand auf ohne die Materie. Darum bleiben auch nach dem Weggang des Sinnesgegenstandes die Wahrnehmungen und Vorstellungen in den Sinnesorganen.«[17]

Nach der neuzeitlichen Vorstellung von Wahrnehmung gibt es diese ›Beeindrucktheit‹ oder ›Betroffenheit‹ nicht mehr. In dem Maße, in dem Wahrnehmungstätigkeit an Instrumente, Medien und ›Kontexte‹ delegiert und der Leib entsprechend entlastet wird, weicht auch das Bewußtsein vom Verändert-worden-sein, und ein Ideal der Indifferenz und Unbeteiligtheit tritt an die Stelle. Der neue ›gesunde‹ Menschenverstand zeichnet sich durch Distanznahme, Skepsis und kalkulierende Abwägung aus. Der ›Apatheia‹ des Verstandes ist eine entsprechende ›Apatheia‹ des Körpers nachgefolgt.[18]

b) Non analogia hominis sed analogia universi doceri[19]

Wenn das aristotelische Konzept der Sammlung von Erfahrung immer noch davon ausgegangen war, daß die Welt, *so wie sie ist*, vom Menschen, so wie er in ihr ist, erschaut und geordnet aufbewahrt werden sollte, dann meldet die neue Wissenschaft auch noch gegen die Instanz des Menschen den Verdacht auf ›Voreingenommenheit‹ und ›Inobjektivität‹ an. Der Mensch selbst, zumindest, soweit er körperlich-leibliches Wesen, empfindsame Kreatur ist, gilt fortan als das größte Hindernis für

17 Ebd., S. 322.

18 Die Trennung, die sich in der Neuzeit zwischen ›Sehen‹ und ›Erkennen‹ auftut, ist keineswegs als evident und selbstverständlich anzusehen. Vielmehr entwickelte sich aus einem ursprünglich identischen Verständnis von ›Sehen‹ und ›Erkennen‹ erst mit der Neuzeit derjenige Begriff des Denkens, der sich um solch auffällige Distanz zur ›Aisthesis‹ bemüht. Unsere Sprache macht, ebenso wie das Griechische mit εἴδειν und dem medialen εἰδέναι, diesen Zusammenhang noch deutlich.

19 Frei nach F. Bacon, *N. O.*, I, § 41.

eine objektive, *unverstellte* Naturerkenntnis, so daß alles darauf ankommt, die Zutaten, Färbungen und Verzerrungen, die mit diesem menschlichen Wesen in seiner Einseitigkeit verbunden sind, auszuschalten. Während die Wahrheit der Natur wie ein aufgeschlagenes ›Buch‹ zu lesen sich anbiete (so die berühmte Metapher[20], die auch bei Galilei und Kepler anzutreffen ist), gelte es, sich um die Neutralität und Zuverlässigkeit des menschlichen Beobachters Gedanken zu machen.

Nicht länger soll diese Wahrheit eine vom Menschen zu formulierende – und in den Schriften der Alten bzw. der Heiligen Schrift zu verifizierende – sein, sondern die Natur selbst soll sich entdecken, die Natur selbst soll offenbaren, was an Wahrheit in ihr geborgen sei – durchaus in dem scheinbar subjektlosen, medialen Sinne, den die Formulierung hier andeutet. Paracelsus schon überschlägt sich vor Polemiken gegen das papierene Wissen, gegen die Theorie, die aus Büchern stammt, und preist dagegen die ›Instruktion‹, die vom ›Licht der Natur‹ ausgeht: »So ist es auch von der theorica und practica der Arznei zu verstehen«, schreibt er im *Labyrinthus medicorum errantium* VIII[21], »wenn sie ins Papier des Buches gebracht werden kann, ist es doch nur ein toter Buchstabe; aber aus dem Licht der Natur muß die Illumination, das ist Erleuchtung kommen, damit der textus libri naturae verstanden werde – ohne welche Elucidierung kein philosophus noch naturalis sein kann.«

Die pythagoräisch-platonisch beeinflußten Galilei und Kepler gingen noch einen Schritt weiter: Die Natur wurde einer eigenen ›Sprache‹ und ›Schrift‹ für fähig gehalten.[22] Nicht die Namensgebung und Erkenntnis, die ihr durch den Menschen zuteil wird, würde ihren Sinn und ihre Ordnung konstituieren, sondern es wäre eine von Anfang an in ihr enthaltene, in sie ›eingeschriebene‹ Gesetzeshaftigkeit in den Formen der Geo-

20 Vgl. E. R. Curtius, *Europäische Literatur und lateinisches Mittelalter*, Bern 1967, S. 323–329.
21 Paracelsus, *Werke*, Bd. II, eingerichtet von W. E. Peuckert, Darmstadt 1965, S. 476.
22 Siehe W. Kutschmann, »Von der Natursprache zur Warensprache. Die Sprache der Naturwissenschaft zwischen Objektivität und sinnlicher Verlockung«, erscheint in: Th. Bungarten (Hg.), *Wissenschaftssprache und Gesellschaft*, Hamburg 1986.

metrie, die ihren Zusammenhang stiften würde. In diesem Sinne führt Kepler in seinen *Fünf Büchern von der Weltharmonik* aus:

»Die Geometrie ist vor Erschaffung der Dinge, gleich ewig wie der Geist Gottes; ist Gott selbst (was ist in Gott, was nicht Gott selbst ist?) und hat ihm die Urbilder für die Erschaffung der Welt geliefert; und sie ist mit dem Ebenbilde Gottes in den Menschen übergegangen, *nicht erst durch die Augen in das Innere aufgenommen worden* (wie Aristoteles gelehrt hatte). Da also die Eigenschaft, geometrisch konstruierbar zu sein, den Größen wesenhaft zukommt, nicht insofern die Figuren *dem Urteil der Augen unterworfen* werden, sondern insofern sie dem geistigen Auge offenbar sind, d. h. insofern sie nicht so sehr von sinnlicher Erscheinung abstrahiert worden sind, als vielmehr niemals als Konkreta existiert haben, setzen wir mit vollem Recht die abstrakte Größe als Bestimmungsstücke der urbilderhaften harmonischen Proportionen, . . .«[23]

Bacon gibt es der »Vernunft und höheren Philosophie«[24] des Menschen fortwährend auf den Weg, nicht ›aus den Analogien des Menschen‹, sondern aus denen ›des Universums‹ die Natur zu verstehen; in der schon angesprochenen Idolatrienlehre des »Novum Organon« verlangt er wieder und wieder nach einem Verfahren nach Maßgabe der Natur, wider die verführerischen »Vorurteile der Gattung«:

»Die *Vorurteile der Gattung* haben ihren Grund in der menschlichen Natur selbst und im Geschlechte, in der Gattung des Menschen. Es ist eine falsche Annahme: Unsere Sinne seien der Maßstab der Dinge. Vielmehr sind alle Wahrnehmungen, sowohl sinnliche als geistige, der Beschaffenheit des Beobachters, nicht dem Weltall analog; und der menschliche Verstand gleicht einem unebnen Spiegel zur Auffassung der Gegenstände, welcher ihrem Wesen das seinige beimischt und so jenes verdreht und verfälscht.«[25]

Unter idealen Bedingungen würde die sich offenbarende Natur von einem ›ebenen Spiegel‹, also einem strikt teilnahmslosen objektiven Rezipienten, empfangen werden, statt von der gat-

23 J. Kepler, *Harmonices Mundi libri quinque*, Linz 1619, IV, 1; zit. nach: J. Keplers *Kosmische Harmonie*, übersetzt von W. Harburger, Leipzig 1925, S. 135 f.; Hervorhebung von mir, W. K.
24 Francis Bacon, *Neues Organon der Wissenschaften*, II, § 40, a. a. O., S. 185.
25 Ebd., I, § 41, S. 32, Hervorhebung im Text.

tungs- und lebensweltlich bedingten ›Beschaffenheit‹ des Beobachters vereinnahmt zu werden. In diesen Formulierungen blitzt schon die Utopie einer selbsttätigen Rezeption durch, einer Wahrnehmungsweise also von Natur *durch* Natur, wie sie von der späteren vollinstrumentalisierten Laborwissenschaft annähernd auch realisiert wurde.

Ein halbes Jahrhundert später formuliert I. Newton: »... in philosophicis autem abstrahendum est a sensibus«[26] (... in Angelegenheiten der Naturphilosophie muß von den Sinnen Abstand genommen werden). Die Natur, wie sie eigentlich und an sich ist, kann nicht mit den menschlichen Sinnen, auch nicht mit menschlichen Maßstäben und Vorstellungen erfaßt werden, sie besitzt eine ›mathematische, absolute und wahrhafte‹ Struktur (frei nach Newton[27]), die unabhängig von jeder Erfahrung ihr zukommt.

Wenn derart aber die ›Sicht‹ umgedreht wird, wenn alles in die Wahrheit der Natur, wie sie (eigentlich) offen vor uns liegt, gelegt ist, dann ist zunächst der ›freie‹ und ›unverstellte‹ Zugang das Problem: die Öffnung für die Offenbarung der Natur zu uns hin und durch unsere Empfindungs- und Wahrnehmungsapparatur hindurch.

Die neue Wissenschaft, so kann das vorläufige Resümee lauten, ist also nicht schlicht erfahrungsorientiert, sie ist erfahrungskritisch; nicht nur erkennt sie die Sinne als unverzichtbares, konstitutives Element der Naturerkenntnis an, sondern unterwirft sie im Moment dieser Anerkenntnis einer strengen methodischen Kritik bezüglich der Berechtigung, diese Erkenntnis verifizieren zu können. Der Begriff der empirischen Erfahrung wird damit selbst konzeptuell und nimmt eine radikale Wendung gegenüber der aristotelischen Vorstellung von ›menschlicher Erfahrung‹ an.

Bisher war von dem *Bewußtsein* der mißlichen Abhängigkeit der Naturerfahrung die Rede; es stellen sich aber im Verein damit zwei Strategien ein, der Kritik an den Sinnen auch ent-

---

26 I. Newton, *Principia Mathematica Philosophiae Naturalis*, 3. Auflage textkritisch ediert durch I. B. Cohen und A. Koyré, Cambridge 1972 (zit. als *Principia*), S. 49.

27 Vgl. Newtons ontologische Bestimmungen von ›Raum‹, ›Zeit‹ und ›Bewegung‹ in den ›Definitionen‹ der *Principia*, a. a. O., S. 46.

sprechend Rechnung zu tragen: zum einen der Versuch, die Eigenheiten und Begrenztheiten der menschlichen Beobachter-Instanz näher herauszuarbeiten, um sie eventuell ausgleichend in Rechnung stellen oder mit anderen Mitteln kompensieren zu können; zum anderen das Bemühen, die Notwendigkeit dieser Instanz überhaupt in Frage zu stellen, das heißt sie durch ein objektiveres und verläßlicheres Aggregat der Perzeption zu ersetzen.

Überall dort, wo die Instanz des menschlichen Beobachters und Experimentators nur traditionell, nicht aber systematisch vonnöten war, konnte sie auch aufgegeben und durch ein höherrangiges objektives Verfahren ersetzt werden. Was diesen zweiten Ansatz betrifft, so sind ihm alle Anstrengungen zuzurechnen, die Notwendigkeit *menschlicher* Beobachtung, Wahrnehmung und Kontrolle im Experiment in Frage zu stellen.

So wie sich etwa beim Wechsel vom geozentrischen zum heliozentrischen Weltbild der Standpunkt des irdischen Beobachters als nicht mehr relevant verabschieden ließ, so wären auch methodisch Verfahren der Natur-Exploration einzusetzen, die eines partikularen menschlichen Standpunktes nicht mehr bedürften: Der ›Zentrismus‹ der menschlichen Weltwahrnehmung wäre zu überwinden.

Während es sich bei dem letztgenannten Aspekt eher um die Tendenz der grundsätzlichen *Vermeidung* oder Elimination von menschlicher Wahrnehmungsleistung handelt, geht es bei der hier zunächst interessierenden Variante um *praktische* Wahrnehmungskritik, also um eine Kritik en détail am Vermögen der menschlichen Sinneswahrnehmung.

Allerdings wird sich im Verlauf der ›Debatte um die Sinne‹ zeigen, daß die rein praktische oder kompensatorische Kritik an den Sinnen im Laufe ihrer Entwicklung in eine Elimination dieser Sinne umschlagen kann.

4.2 Die Debatte um die Sinne

Es liegt eine gewisse Willkür darin, von einer ›Debatte‹ um die Bewertung der Sinne in der frühneuzeitlichen Naturwissenschaft zu reden, denn zu verschieden waren die Interessen, Motive und Anlässe, die zu diesem Diskurs um die Sinne beigetragen haben. Ich erwähne nur drei Konstellationen von Problemen, die – in sich völlig unterschiedlich – zu einer Erörterung des Themas der Sinne führten:

Zum *ersten* das anthropologische Thema der Bewertung der Sinne; hier tauchte die Frage der Bedeutung der Sinne für die Konstitution und Kompetenz des Menschen auf: War der Mensch wesentlich durch die Sinne bestimmt? Wäre er auch ohne Sinne oder zumindest ohne das volle Ensemble der Sinne denkbar, und vor allem: Wäre es überhaupt legitim, sich den Menschen anders zu denken als ein sinnliches und sinnenbegabtes Wesen?

Zum *zweiten* das methodologische Interesse an einer kritischen Erörterung der Fehlerhaftigkeit der menschlichen Sinne; dieses Interesse meldete sich an im Rahmen der Debatte um die Überlegenheit oder Inferiorität der menschlich-sinnlichen gegenüber der instrumentellen Wahrnehmungsweise. Die Auseinandersetzung galt ganz generell der Infragestellung der außerordentlichen Stellung des menschlichen Beobachters als eines anthropologischen Apriori der Naturforschung.

Zum *dritten* das technische Interesse an einer möglichen Verstärkung, Verlängerung oder gar Substitution der menschlichen Sinne; die Entdeckung von Instrumenten, vornehmlich der visuellen Wahrnehmung, führte zu der historischen Möglichkeit, die Fehler und Defizienzen der menschlichen Wahrnehmung durch technische Werkzeuge kompensieren und wettmachen zu können.

Diese drei Problemkonstellationen im Auge, möchte ich das Thema der Sinne wie folgt gliedern; jedem der genannten diskursiven Kontexte soll ein Punkt der Gliederung entsprechen:

– Bestimmung der Sinne (a):
Welche Bedeutung kommt den Sinnen insgesamt wie auch den einzelnen Sinnen für die Bestimmung des Menschen zu? Welche Hierarchien und Dominanzen bestehen unter den Sinnen unter den Vorgaben der Wissenschaft? Sind die Sinne aufspaltbar, und wie rechtfertigt sich eine mögliche derartige Differenzierung?

– Diskreditierung der Sinneswahrnehmung – der Gedanke des Fehlers (b):
Welches sind die Grenzen der Sinne, sowohl qualitativ als

auch quantitativ? Welches sind ihre ›Reichweiten‹? Welche
Abhilfe ist angesichts der Mängel und Defizite der Sinne
denkbar? Und aus welchem Kontext heraus werden die
Anwürfe ob der Fehlerhaftigkeit überhaupt erhoben?

– Das Für und Wider von Instrumenten (c):
Wie läßt sich die Einführung von wahrnehmungssubstituti-
ven Instrumenten rechtfertigen? Konkret, wie vermag Galilei
die von ihm angestrebte ›Verbesserung des Gesichtssinnes‹
durch das Fernrohr zu propagieren und zu rechtfertigen?

a) Bestimmung der Sinne

Es ist kennzeichnend für die Naturwissenschaft des 17. Jahrhunderts, daß die Frage der *anthropologischen* Bedeutung der
Sinne für sie kaum von Belang ist. Wenn die Frage der Sinne
erörtert wird, dann meist unter dem Aspekt der ›Tauglichkeit‹
für spezifische Anliegen der Wissenschaft. Allenfalls in der
grundsätzlichen weltanschaulichen Debatte von Empirismus
versus Dogmatismus tauchen die Sinne häufig als Metapher für
das Gelöbnis zu Erfahrung, Anschauung und Experiment auf.
Nicht ob die Sinne den Menschen ausmachen, sondern ob und
inwieweit dieser sinnenbegabte Mensch für die Zwecke der
Wissenschaft hinreicht, das ist die Frage. Dementsprechend ist
auch die Zerteilung und Aufschneidung des Urteils der Sinne
den Wissenschaften kein Problem; von den typisch ›neuzeitlichen‹ Autoren, die ich untersucht habe, Bacon, Kepler, Galilei,
Descartes und Newton, wird die Differenzierung der Sinne
nicht in Frage gestellt. Sie erscheint legitim, mehr noch: selbstverständlich, nachdem den Sinnen von vornherein eine zuarbei-
tende Funktion innerhalb der Aufklärungsinteressen der Wissenschaft zugewiesen ist: Sie dienen zu etwas, nämlich zu
Wahrnehmung, Anschauung (Anhörung?), Erfahrung – aber sie
leisten diese nicht selber.
Dies soll zunächst nur anhand eines einzigen Vertreters der
›Neuen Wissenschaft‹ näher ausgeführt werden: am Beispiel
Galileis.
Galilei gehört zwar zu den Bewunderern des ›Baues‹ der
menschlichen Natur – wieder und wieder lobt er die exemplari-

sche Erkenntnisfähigkeit des Menschen, wie sie im Auge versinnbildlicht sei –, aber er hat andererseits auch keine Schwierigkeiten, das oberflächliche und ungenügende Zeugnis der Sinne zu kritisieren und beiseite zu schieben, wenn es in seine Beweisführung nicht hineinpaßt.

Seine Stellung zu den Sinnen insgesamt ist doppelschlächtig; kennt er einerseits Pathos und Emphase, das »nicht-papierene Zeugnis der Sinne« zu loben, so ist er andererseits auch wieder bestrebt, das unmittelbare Zeugnis der Sinne zu relativieren und durch ein subtileres Urteilsvermögen zu ersetzen.

Bei einer Durchsicht des *Dialogo* fällt auf, daß fast alle Stellen, die ein Bekenntnis zur sinnlichen Wahrnehmung und zur Vorrangigkeit und Dignität derselben ablegen, *Simplicio* in den Mund gelegt werden, sei es, um damit direkt auf Aristoteles anzuspielen, sei es, um einen gewissen Aristotelismus (Simplicio als Namensvetter des berühmten Aristoteles-Kommentators) zu karikieren. Damit ist von Galileis Seite her schon ein gewisser Hinweis auf die ›Primitivität‹ des Arguments der Priorität der Sinneswahrnehmung (im doppelten Sinne des Wortes) gegeben. Auch Salviati allerdings gibt gelegentlich der sinnlichen Wahrnehmung zunächst den Vorrang, um dann aber doch das Hinzutreten »strenger und zwingender Beweismethoden«[28] zu fordern. Dies kann auch nicht verwundern bei der Figur des Salviati (hinter der sich ja wohl niemand anderes als Galilei verbirgt), die als solche entworfen ist, um die Unerschütterlichkeit und Unantastbarkeit der menschlichen Wahrnehmung in Frage zu stellen.

So etwa bei der Frage der Wahrnehmbarkeit der Drehung der Erde: Hier verlangt Simplicio von Salviati einen Nachweis der sinnlichen Erfahrung, des Spürens dieser Drehung der Erde um die Sonne, etwa in Form eines gewaltigen Windes, der von dieser Drehung gegen den ruhenden Kosmos zeugen müsse[29], und Salviati fällt die unangenehme (aber für die galileische Vorgehensweise typische) Aufgabe zu, die Scheinhaftigkeit dieses Arguments zu erweisen, das heißt den trügerischen und bisweilen täuschenden Charakter von Wahrnehmungen zu entdecken. Salviati hat zu zeigen, daß die Sinne nicht immer schon unmittelbaren Aufschluß über physikalische Zustände und Vorgänge liefern; er argumentiert damit, daß die Sinne nicht in der Lage seien, Ruhe oder Bewegung in einem annähernd gleichförmigen Bewegungszustand zu unterscheiden: Er verweist auf die Erfahrung von Schiffs-

28 G. Galilei, *Dialog*, a. a. O., S. 425.
29 Vgl. ebd., S. 268 ff.

reisenden, die eine derartige Bewegung nicht wahrzunehmen vermögen, »es sei denn, die Barke (das Schiff, auf dem sie sich befinden) sei aufgelaufen oder auf ein Hindernis gestoßen und sei dadurch zum Stillestehen gebracht worden.«[30]

Die Sinne sind also nicht schon von vornherein und selbstredend die Kronzeugen der Wahrheit, im Gegenteil ist es ›durchaus notwendig, unseren Sinnen zu mißtrauen‹, wie es defaitistisch und dennoch in Galileis Sinne von Simplicio zu hören ist.

Galilei verlangt zunächst nichts weniger, als den eigenen Sinnen Gewalt anzutun, zumindest die Bereitschaft dazu, die von ihnen gelieferten Erfahrungen hintan zu stellen; angesichts der schwierigen Beweislage betreffs der Wahrnehmbarkeit der Erddrehung führt er in Gestalt Salviatis aus:

»Ich kann nicht genug die Geisteshöhe derer bewundern, die sich ihr [der pythagoreischen Ansicht von der Drehung der Erde, W. K.] angeschlossen und sie für wahr gehalten, die durch die Lebendigkeit ihres Geistes den eigenen Sinnen Gewalt angetan derart, daß sie, was die Vernunft gebot, über den offenbarsten gegenteiligen Sinnenschein zu stellen vermochten.«[31]

Es ist also geraten, *vom »Scheine abzusehen«*[32], um auf das hören zu können, was die Vernunft selbst gebietet! Zunächst steht für Galilei an, der Stimme dieser Vernunft zu folgen, um zugunsten der höheren mathematischen Einsicht oder Intuition den Standpunkt des naiven Weltenbürgers relativieren zu können.

Daß diese mathematische Intuition sich ihrerseits durch einen Rekurs auf die ›empirische Evidenz‹, allerdings eine methodisch regulierte und verfaßte Evidenz, rechtfertigt, ist eine andere Frage. Sie berührt das Problem der ›Methode‹ bei Galilei, auf das an dieser Stelle nicht näher eingegangen werden soll.[33]

Soviel aber kann hier gesagt werden, daß die ›Regel der Subordination der Theorie unter die empirische Evidenz‹ (so D. Dubarle in einer prägnanten Formulierung[34]) immer nachträglich, in regulativer und nicht in konstitutiver Hinsicht, bei Galilei befolgt wird.

30 Ebd., S. 270.
31 Ebd., S. 342.
32 Ebd., S. 271, Hervorhebung von mir, W. K.
33 Siehe hierzu D. Dubarle, »La Méthode scientifique de G. Galilée«, in: *Galileo Galilée. Aspect de sa vie et de son oeuvre*, Paris 1968, S. 81–110, oder P. Feyerabend, *Wider den Methodenzwang*, Frankfurt/M. 1976, insbesondere Kap. 6–11; oder J. Mittelstraß, *Neuzeit und Aufklärung*, Berlin 1970, insbesondere §§ 5–8.
34 Vgl. Dubarle, a. a. O., S. 96.

Das Zeugnis der Sinne ist von Gnaden der vorgängig zu instituierenden Theorie: Erst die Theorie weist der empirischen Erfahrung die Plätze zu, an denen sie verifikatorisch oder falsifikatorisch tätig werden kann, erst die Theorie setzt die Bedingungen der eigenen Überprüfbarkeit fest: sei es, daß Instrumente zur Überprüfung der Theorie ins Spiel gebracht werden, die von eben dieser Theorie erst propagiert worden sind, sei es, daß die in Rede stehenden Behauptungen der Theorie erst überprüft werden können aufgrund der Anerkenntnis gewisser präjudizierender Interpretationen oder Prämissen, die selbst dem Kontext der Theorie entstammen. Wissenschaft nach Galilei kreiert nicht nur neue Erkenntnisse, sondern stellt vor allem die Methoden bereit, anhand derer jene sich bewähren können. Dieser ›konstitutionslogische‹ Zug neuzeitlicher Wissenschaft ist, wenn auch oft geleugnet oder schlicht übersehen, heute als typisches Kennzeichen dieser Wissenschaft erkannt.[35]

Dies gilt auch für Newton, der sich allerdings sichtlich schwertut, die Konsequenzen des auch von ihm selbst praktizierten methodologischen Apriorismus in der Wissenschaft auch anzuerkennen. Zwar ist seine mathematische Naturphilosophie der *Principia* das Musterbeispiel einer axiomatisch und deduktiv aufgebauten Theorie, zwar lassen sich die ersten Sätze oder ›Axiomata‹ dieser Theorie schwerlich testen oder verifizieren – entsprechend dem oben referierten Diktum Newtons, ›in Angelegenheiten der Naturphilosophie müsse von den Sinnen abstrahiert werden‹ –, dennoch bleibt Newton in allen Fragen ideologischer Stellungnahme seinem empiristischen Credo treu, wie es im berühmten ›Scholium Generale‹ der *Principia* oder den ›Regulae Philosophandi‹ ebendort formuliert ist. Hier redet Newton immer laut und emphatisch von den ›Sinnen‹ bzw. den ›sensus‹, auf die zu hören und deren Zeugnis zu befolgen sei – vgl. etwa Regel 3 der ›Regulae‹ zu Beginn des III. Buches der *Principia*. Man kann getrost an dieser Stelle, wie es der oft getadelte deutsche Übersetzer Wolfers getan hat[36], den Newtonschen Terminus ›sensus‹ mit ›Versuche‹ übersetzen – und kommt so der Newtonschen Praxis näher, als es das Wort ›Sinne‹ mit seinen Konnotationen von unmittelbarer sinnlicher Erfahrung je vermöchte.

35 Vgl. E. Cassirer, *Das Erkenntnisproblem*, Bd. II (1922), Darmstadt 1974, S. 672 ff.
36 Vgl. I. Newton, *Mathematische Prinzipien der Naturlehre*, dt. Übersetzung von J. Ph. Wolfers, Berlin 1872, Nachdruck Darmstadt 1963, hier insbesondere S. 380.

Die Sinne sind also Instrumente des Intellekts – in ihrer Mehrzahl allerdings mehr schlecht als recht. Dienten sie nach aristotelischer Auffassung noch der Aufklärung der ihnen jeweils korrespondierenden Media, also das Auge der Untersuchung des Lichts, das Ohr der Erforschung der akustischen Phänomene, der taktile Sinn der Erkundung der stofflich-materialen Beschaffenheit der Dinge usw., so räumt die Neuzeit mit dieser Fünf-Sinnes-Dimensionalität auf: Alle Phänomene werden dem *einen*, geometrisch-mechanischen Paradigma der Erklärung und Zugänglichkeit unterworfen, und der Gesichtssinn wird der einzig vorherrschende, ausgezeichnete Sinn der Wissenschaft.

Wenn es Kritik an der Zersplitterung und Spaltung der Sinne unter den Wissenschaften gab, dann eher von seiten randständiger oder gar nichtwissenschaftlicher Natur-Philosophen wie Robert Fludd[37] oder Comenius.[38]

Die Einsicht, daß das Zeugnis der Sinne zusammengehöre und nur unter gewaltsamer Reduktion auf einen ›einsinnigen‹ Perzeptionsstrom sich ausrichten lasse, scheint eine eher späte Erkenntnis der Moderne zu sein, die sich zudem nur am Rande des offiziellen wissenschaftlichen Diskurses hat halten können, denkt man an Herder oder Goethe. Erst in jüngerer Zeit scheint sich mit dem Gedanken der ›Gestalt‹-Bewegung und Gestaltpsychologie wieder eine Wende anzubahnen. Aber das ist nicht unser Thema.

Durchgängig gilt der Seh-Sinn als der herausragende, überlegene Sinn, der für die Zwecke der Wissenschaft allein in Frage kommt und für die Theoriebildung, für Intuition und Imagination unerläßlich scheint.

Dies läßt sich für nahezu alle wesentlichen Naturphilosophen und Wissenschaftler der Epoche bestätigen: Für Francis Bacon etwa[39], der als Forscher und Experimentator allerdings weniger von Belang ist; für Johannes Kepler, der an experimenteller Tätigkeit ausschließlich Beobachtungsarbeit geleistet hat und auch in den die Wahrnehmung betreffenden Partien seines Werkes sich nur mit der Optik und der Physiolo-

---

37 Vgl. die Darstellung, die M. L. Putscher in ihrem Aufsatz »Das Gefühl. Sinnengebrauch und Geschichte«, in: *Die Fünf Sinne*, a. a. O., S. 147–159, von der Erkenntnistheorie Fludds gibt.
38 J. A. Comenius, *Das Labyrinth . . .*, a. a. O., S. 77 f.
39 Vgl. F. Bacon, *Novum Organon*, II, §§ 39 und 40.

gie des Auges auseinandergesetzt hat[40] – ungeachtet einer platonistisch-pythagoreischen Vorliebe für die *Harmonie* der Weltordnung als entscheidendem erkenntnistheoretischem Leitmotiv –; dasselbe gilt auch für Galilei, der zwar als Sohn eines berühmten Komponisten und Musiktheoretikers selbst Vorarbeiten zur physikalischen Akustik[41] geleistet hat, dessen Präferenz für den Gesichtssinn und das ›Schauen‹ des Wesens der Natur aber doch unübersehbar ist; ähnliches ist für Huygens und Newton zu konstatieren[42], für die die Fragen der Erklärung des Lichtes und der Farben von entscheidend höherer Bedeutung waren als etwa die des Gehörs, des Geruchs oder des Geschmacks.

Woher diese Bevorzugung des Gesichtssinnes innerhalb der Wissenschaft?

Der Gesichtssinn ist allein in der Lage, jene Distanz zum Gegenstand zu ermöglichen, die dem beobachtenden Subjekt eine irgend geartete Mitleidenschaft, ein ›πάθημα‹, wie ich es vorne genannt habe, erspart. Erst die Distanz ermöglicht die Selbststilisierung des Beobachters zu einem hoheitlich-indifferenten Subjekt, das jeden Gedanken an ›Mitgefühl‹, ›Mitleidenschaft‹ (dies Wort selbst hat im Sprachgebrauch schon eine negative Konnotation!) oder anderweitiger Involviertheit von sich zu weisen vermag. Und erst die Distanz ermöglicht jene Trennung der Akte der Wahrnehmung und der Erkenntnis, die ihrerseits eine subtile Reflexion auf die Verbesserung der Rezeptionsweisen erlaubt, eine Trennung von objektiv materialisierbarem Wahrnehmungsverfahren und subjektiv darob angestellter Auswertung und Reflexion.

Die Vorrangstellung des Sehens zielt also auf die Favorisierung eines gewissen Erkenntnistyps, eines Typs *aneignender, herrschaftlicher* Erkenntnis, die ihrem Gegenstand gegenüber auf Distanz und Unbeteiligtheit beharrt; sie gilt aber keineswegs

---

40 Hier ist zu denken an die Keplerschen *Ad Vitellionem Paralipomena* von 1604 und die *Dioptrice* von 1611, Werke, in denen Kepler die Grundlagen der geometrischen Optik, der optischen Theorie des Auges und der Möglichkeit des Fernrohrs auseinandersetzt.

41 Vgl. seine *Discorsi et dimostrazioni mathematiche* (1638), *Ed. Naz.*, VIII, S. 39–312; 1. Tag.

42 Vgl. die Darstellung, die K. F. Weinmann in *Die Natur des Lichts*, Darmstadt 1980, vom Huygensschen bzw. Newtonschen Beitrag zur Optik gibt (ebd., S. 89–96 bzw. S. 96–112).

der Bevorzugung eines bildhaft verstehenden eidetischen Erkenntnisvermögens, das mit dem Gesichtssinn verbunden wäre.

Die neuzeitliche Wissenschaft versteht das menschliche Sehen durchaus *funktional* (wie oben schon betont wurde); sie präferiert das optische Medium (und damit den visuellen Sinn) ob der ihm anhaftenden Objektivierungs- und Dokumentarisierungsmöglichkeit. Der Gesichtssinn läßt sich insofern objektivieren, als das gesehene Bild ›aufgefangen‹ und materialisiert werden kann (es sei hier an die Untersuchungen des Ersten Teils zur ›legitimen Konstruktion‹ der von einem Auge geschauten perspektivischen Bilder erinnert). Der Gesichtssinn ist damit der einzige unter den Sinnen, dem eine gewisse *Dokumentarizität* eignet: Bilder lassen sich auffangen und reproduzieren, sie besitzen den Status von ›optischen Dokumenten‹, die eines subjektiven ›Geschaut-Werdens‹ gar nicht mehr bedürfen.

Hier kann Newton mit seinen Untersuchungen zur Optik (*Opticks*[43] von 1704) zur Illustration dienen. Sehr wohl stützt Newton sich in der Anlage und Realisation seiner optischen Experimente zunächst auf das Auge – wie er auch in der Aufzählung der von ihm benutzten theoretischen Voraussetzungen und Prämissen in ›Axiom VII‹ und ›VIII‹ sehr wohl der bis dahin bekannten physiologischen Gesetze der Bildentstehung im Auge Erwähnung tut. Im weiteren Fortgang seiner sehr systematisch angelegten Thesen- und Demonstrationskette des I. Buches entledigt er sich aber mehr und mehr der Notwendigkeit ›subjektiver‹ Augenbeobachtung: Zunächst führt er parallel zur subjektiven Beobachtung‹ die ›objektive Bilddarstellung‹ auf dem Schirm ein, um bald die erstgenannte zugunsten der letzteren abzuschütteln: Alle durch Refraktion und Dispersion des Lichtes erzeugten Phänomene lassen sich, wie Newton vorführt, auch objektiv darstellen, sie sind dokumentierbar geworden, und das heißt vor allem: ausmeßbar.

Newtons ganzes wissenschaftstheoretisches Streben ist darauf gerichtet, die bloße Phänomenalität des Sichtbaren abzustreifen zugunsten einer ›mathematischen‹ Behandlung der Probleme der Farben und des Lichts – eine Behandlung, die es gestattet, ihrerseits die wahrgenommenen Resultate als bloße Epiphäno-

---

43 Vgl. I. Newton, *Opticks* (4. Aufl. 1730), New York 1979 (eine deutsche Übersetzung des I. Buches liegt durch W. Abendroth, Leipzig 1898, Nachdruck Braunschweig 1984, vor).

mene hinzustellen. Newton kommt es darauf an, die »Optik in einer neuen Art und Weise zu vermitteln«, nämlich sie nicht nur »als einen Unterricht in der Verbesserung des Sehens« zu begreifen, sondern als das Vermögen der »mathematischen Bestimmung aller Phänomene, die sich aus Brechungen überhaupt ableiten lassen«.[44]

Der Höhepunkt dieser *Epoché von aller Sinnlichkeit* ist im General-Satz des ersten Teils der *Opticks*, Prop. VII, Theor. V, erreicht, in dem Newton explizit erklärt, daß er sich hinfort nur noch auf ›Farben, insoweit sie von tatsächlichem Licht herrühren‹, beziehen will, nicht aber auf nur vermeintlich vom Auge wahrgenommene, halluzinierte, imaginierte oder anderweitig subjektiv empfundene Bilder des Auges.[45] Hier ist das Ziel erreicht, das Auge, der ursprüngliche Helfer, entbehrlich geworden und deshalb plötzlich in die Dunkelzone von Halluzination und Einbildung abgedrängt.

In der Tat hat sich im Anschluß an Newton ja auch eine disziplinäre Aufspaltung der Optik ergeben: Nicht nur eine solche von ›physikalischer versus physiologischer Optik‹, sondern mehr noch die von ›mathematischer Wissenschaft‹ versus phänomenologischer ›Lehre vom Licht und von den Farben‹.

In dieser Differenzierung ist die eigentliche ›Leistung‹ Newtons zu sehen: Die vollendete Theorie ist vollständig von objektiven und objektimmanenten Größen wie ›Refrangibilität‹, ›Reflexibilität‹, ›Wellenzahl‹ und ›Schwingungszahl‹ bestimmt; sie hat jede Verknüpfung zu ihren ursprünglichen Voraussetzungen, den sinnlichen Bedingungen des Auges, abgeschüttelt, mehr noch, sie vermag die physikalische Möglichkeit des ›Sehens mittels des Auges‹ selbst noch einmal zu erweisen und einsichtig zu machen.

Dennoch ist die Optik Newtons auf eine eigentümliche, ihm selbst verborgene Weise den morphologischen Vorgaben des Auges verpflichtet: Die Experimentierweise, die Newton mittels der Camera obscura einführt und zu einem derartig großen Erfolg führt, ist gestaltmäßig interpretierbar als ein vergrößertes intersubjektives Auge: Das leiblich-sinnliche Apriori hätte sich demnach nur vom Epistemologischen ins Methodologische verschoben. (Näheres hierzu im Kapitel 6: ›Instrumentelle Naturerkenntnis‹.)

Man kann resümieren: Die Wissenschaft faßte die Sinne funktional, nicht aber gestaltgebend oder deutend auf und noch

44 Ebd., S. 131; Übersetzung von mir, W. K.
45 Vgl. ebd., S. 160 f.

weniger als mitfühlende oder empfindsame ›Partner‹ der Natur. Je weniger ein Sinn in das unmittelbare Erlebnis von Sinnlichkeit, je weniger er in die Empfindung verstrickt war, desto eher war er als Rezeptor für die Wissenschaft geeignet. Dementsprechend fungierte der Gesichtssinn als der privilegierte und führende Sinn, an dessen überlegener, Abständigkeit und Dokumentarizität verbürgender Potenz auch die anderen Sinne gemessen wurden.

Nicht nur als überlegen galt der Gesichtssinn, sondern auch als unverzichtbar; alle anderen Sinne einschließlich des Tastsinns galten als im Prinzip ersetzbar oder reduzierbar.

Eine Ausnahme stellt hier in einem gewissen Sinne René Descartes dar. Er besitzt von den grundsätzlichen Prämissen seines Weltbildes her eine Präferenz für eine andere als die optisch-eidetische Wahrnehmungsform, nämlich für die schlicht mechanische Wirkungsübertragung bzw. deren sinnlichen Rezeptor, den taktilen Sinn. Für Descartes ist der Tastsinn der paradigmatische und zentrale Sinn, auf dessen Wirkungsprinzip alle anderen Sinne reduziert werden können. In seinen physiologischen Versuchen *Traité de l'Homme* (1632) und *Descriptions du corps humain* (1648) erörtert er alle sinnlichen Wahrnehmungsformen auf der Basis einer mechanischen Reiz-Stimulus-Theorie. Wie ich an anderer Stelle noch darlegen werde, gerät ihm deshalb auch seine Beschreibung des Sehens, der Farben und des Lichts selbst, die er in der *Dioptrique* von 1637 abgibt, nur zu einer Demonstration der theoretischen Mächtigkeit dieses seines mechanistischen Paradigmas. Wie man aber noch sehen wird, stellt sich diese ›Demonstration‹ nicht einfach als wissenschaftsgeschichtliche Sackgasse heraus, sondern lassen sich aus ihr die Umrisse einer allgemeineren Wahrnehmungstheorie mit Konsequenzen bis auf den heutigen Tag entnehmen.

b) Diskreditierung der Sinneswahrnehmung – der Gedanke des Fehlers

Bisher war auf einer eher grundsätzlichen Ebene von den ›Sinnen‹ und der direkten körperlichen Sinneswahrnehmung, ihren Vorzügen und Nachteilen, ihrer Unverzichtbarkeit die Rede. Es fand aber nicht nur diese Debatte um die Vermeidbarkeit oder Unvermeidbarkeit der Sinne statt, es wurde auch der Versuch gemacht, die Schwächen der einen wie der anderen Beobachtungsmethode, nämlich der ›unbewaffneten‹ wie der instrumentell bewaffneten wissenschaftlichen Wahrnehmung bloßzulegen. Insbesondere war der modernen, instrumentell verfahrenden Wissenschaft daran gelegen, die traditionell etablierte unmittelbare Sinnes-Wahrnehmung zu diskreditieren und durch den Gedanken der ›Fehlerhaftigkeit‹ zu schwächen.

Neben der *Ordnung* der Sinne war also immer auch die Frage nach den *Grenzen* der Sinne präsent: inwieweit sind sie tatsächlich verläßliche Organe für die Anzeige der Vorgänge in der Außenwelt? Wo liegen die Grenzen der einzelnen Sinnesorgane, sowohl objektiv als auch subjektiv, wenn man die außergewöhnlichen Belastungen des Beobachters in Observation und Experiment zusätzlich in Anschlag bringt?

Ein Experiment, dies hatte schon Bacon im *Novum Organon* gefordert (I, §§ 104, 105), muß wieder und wieder repetiert, variiert und zugespitzt werden; dies aber verlangte die Konzentration auf *eine* Sinnesbetätigung, auf *eine* spezielle Handlungsform, die dem damaligen Menschen noch weniger leicht von der Hand ging und noch weniger geläufig war als dem heutigen. Das lange Sitzen auf den Beobachtungsstühlen der Astronomen, die unablässige Beanspruchung eines und nur eines Organs, des Auges, in einer und nur einer Richtung und Entfernung, das ewige fein-mechanische Agieren mit den Händen, etwa beim Linsenschleifen, bei der Mikroskopie oder Mikrotomie, dies alles waren Beanspruchungen, denen der noch nicht ›geformte‹ Wissenschaftler (im Sinne des Comenius) nicht gewachsen war, auf die er mit Fehlern, Auslassungen, Konzentrationsschwächen antwortete.

Die neue Wissenschaft, jede Kritik schon vorwegnehmend, nahm diese Fehler zum Anlaß, gegen die körperliche Beobachtung und Experimentation überhaupt zu polemisieren, zumindest aber für Hilfestellung oder Ersatz zu plädieren. Galilei etwa wird, wie man noch hören wird, in seinen Werken nicht müde, die Sinne ob ihrer Fehlerhaftigkeit und Endlichkeit an ihre Hilfsbedürftigkeit zu erinnern, ihnen die Möglichkeit der Täuschung bzw. des Getäuscht-Werdens vorzuhalten, um ihnen »einen höheren, über dem Gewöhnlichen und Natürlichen erhabenen Sinn« vorzuhalten, der ihnen in Gestalt des Fernrohrs zu Hilfe kommen könne.[46]

Allerdings war das Argument der *Täuschung* ein durchaus zweischneidiges, denn es konnte genausogut gegen die von Galilei und anderen empfohlenen instrumentellen Hilfsmittel der Sinne und der anderen körperlichen Kompetenzen des Menschen ins Feld geführt werden.

Die Gegner der neuen instrumentellen Wahrnehmungsformen konnten mit gutem Recht das Verlassen der Basis der sinnlichen Anschauung kritisieren, deren Endlichkeit und Fehlbarkeit die Protagonisten der ›nuova scienza‹ so sehr unterstrichen. Wenn Galilei, Bacon und die Experimentalisten des 17. Jahrhunderts ins Feld führten, ›es sei eine falsche Annahme, daß unsere Sinne der Maßstab der Dinge seien‹[47] – dann konnten die eher konservativen Gegner der neuen Wissenschaft dagegen anmahnen, daß der menschliche ›Sinn‹ ja gar nicht mehr unversehrt und ursprünglich verwendet werde und infolgedessen auch nicht mehr ursprünglich sprechen könne: Die Einheit der Sinne, ihr Zusammenklang aufgrund seines subtil aufeinander abgestimmten Vermögens sei erst wieder in ihr Recht einzusetzen (ein Argument, das von Berkeley noch in seiner *New Theory of Vision* von 1709[48] verwendet wird).

Es war also erst die Elaboriertheit der neuen Wissenschaften, die die Zuspitzung der Anforderungen für die Sinneswahrnehmung mit sich brachte und derart eine Debatte um die Tauglichkeit dieser Sinne entstehen ließ:

Sowohl der Verdacht auf ›Mängel‹ der Sinne, auf ›Irrtümer‹, ›Verzerrungen und Täuschungen‹, die auf sie zurückzuführen seien, als auch umgekehrt die Betonung ihrer fundamentalen Unverzichtbarkeit wurden als Positionen erst laut, als die Entthronung der Sinne bzw. der Sinneswahrnehmung durch die diversen Instrumental-Techniken der neuen Wissenschaft bereits eingeleitet war. Der Begriff des ›Fehlers‹ wurde zu einem

---

46 *Dialog*, a. a. O., S. 343.
47 Siehe oben, S. 156.
48 Vgl. G. Berkeley, *Versuch einer neuen Theorie der Gesichtswahrnehmung*, übersetzt von R. Schmidt, Leipzig 1912, insbesondere § 11.

objektiven Instrumentarium der Wissenschaft selbst – nicht nur, um die Widerstände der Traditionalisten zu überrennen, sondern mehr noch, um die Tragfähigkeit der eigenen Methode abzuschätzen und den Anstoß zu ihrer eventuellen Revision zu geben. Der Fehler wurde, derart objektiviert, zu einem Vehikel des fortschrittsorientierten Unternehmens Wissenschaft. Dieser Umschlag läßt sich wohl am ehesten am *historischen Beispiel Galilei* studieren, der hier wieder einmal als Vorreiter und listiger Kritiker fungiert.

Man muß sich vor Augen halten, daß Galilei mit seiner vehementen Betonung der möglichen ›Fehler‹ der Sinnesorgane, und dabei vor allem des Auges,

– nicht nur das Augenmerk auf bisher übersehene Mängel und Defizienzen der menschlichen Wahrnehmung lenken will,

– nicht nur dem Leser den Übergang zu (vermeintlich) besseren, fehlerkorrigierenden Instrumenten nahelegen will,

– nicht nur auf die Objektivierung oder gar Positivierung des Fehlers als einer objektiven und unumgänglichen Größe moderner wissenschaftlicher Methodologie abzielt,

sondern daß er schlicht *ablenken* will von den Schwierigkeiten des von ihm begründeten teleskopischen Sehens, das heißt den Schwierigkeiten der Verifizierung der ›Nachrichten von den neuen Sternen‹.

Sehr geschickt, wie Galilei vorgeht. Er übernimmt den Begriff des Fehlers von seinen Kritikern, etwa Chiaramonti, dessen Werk *De tribus novis stellis* in aller Ausführlichkeit im *Dialog* behandelt wird. Chiaramonti (1565–1632) war ein prinzipieller Gegner der instrumentellen Astronomie, und das hieß, auch schon der instrumentell verfeinerten Augenbeobachtungskunst Tychos.

Während Chiaramonti den Vorwurf des Fehlers denunziatorisch einsetzt, um seine Feinde und Gegner herabzusetzen[49], geht Galilei dialektisch vor: er erklärt, man müsse einsehen, daß Fehler überall vorkommen könnten (insbesondere also auch beim Auge), viel eher komme es darauf an, daß man sie einsehen und abschätzen, daß man also ihrer Herr werden könne:

49 Vgl. etwa *Dialog*, S. 270.

»Da nun die Beobachter [es ist an dieser Stelle von einer ganzen Reihe hochrangiger astronomischer Beobachter seiner Zeit die Rede; W. K.] fähige Leute sind und trotzdem geirrt haben, da also ihre Irrtümer verbesserungsbedürftig sind, wenn anders aus ihren Beobachtungen soviel Aufklärung als möglich gewonnen werden soll, so ist es angemessen, möglichst kleine und naheliegende Verbesserungen und Korrekturen anzubringen, vorausgesetzt, daß sie ausreichen, die Beobachtungen *aus dem Bereich der Unmöglichkeit in das der Möglichkeit zu rücken*.«[50]

Galilei entwickelt hier die Vorstellung einer Fehler-Rechnung: solange Beobachtungen grundsätzlich im Bereich des Möglichen lägen, seien sie auch geeignet, zu einem Mittelwert zusammengefaßt zu werden. Etwa die Fehler, die Chiaramonti den Astronomen Tycho, Maurolyco, Hagek, Hainzel oder Wilhelm IV. von Hessen ankreide –, sie seien nicht etwa als Fehler zu verwerfen, sie seien *positiv* aufzunehmen, um aus ihren Werten einen Mittelwert, eine durchschnittliche Abweichung, eine Fehlerabschätzung aufzubauen.[51]

Es wäre von Interesse, die Frage des systematischen Fehlers der menschlichen Beobachtungsleistung, die Galilei aufwirft, historisch weiterzuverfolgen. Dies kann hier nicht geschehen; es sollen aber einige Stichworte bezüglich der an Galilei anschließenden Entwicklung gegeben werden:

1. Nach Galilei wurde der Fehler ein systematisches Element in der Auswertung experimenteller Praxis; Beobachtungs- und Versuchsreihen der Physik hatten fortan mit einer Betrachtung und numerischen Abschätzung des ›persönlichen Fehlers‹ abzuschließen.

2. Insbesondere in der Astronomie wirkte die Betonung des Fehlers der Augenbeobachtung durch Galilei nach; die Geschichte der Astronomie des 17. Jahrhunderts liefert, unter Gesichtspunkten der Rivalität von Instrumenten- und Direkt-Beobachtung betrachtet, einige Fälle von heutzutage anachronistisch anmutenden Debatten um den ›Vorzug‹ oder ›Nachteil‹ direkter Augenbeobachtung – etwa den Streit zwischen Hevelius und Hooke um die Überlegenheit der

50 Ebd., S. 305; Hervorhebung von mir, W. K.
51 Vgl. auch die diesbezüglichen Anmerkungen St. Drakes: ebd., S. 584.

bloßen Augenbeobachtung bei der Einschätzung von Winkelgrößen.[52]

3. Auch in der Objektivierung des persönlichen Fehlers hatte das galileische Argument historische Wirkung insofern, als die Astronomie nach Bessel im 19. Jahrhundert dazu überging, diesen Fehler durch Aufstellung der sogenannten *persönlichen Gleichung* zu erfassen und zu positivieren.[53]

Und Galilei geht noch weiter: er benutzt die Erkenntnis des *notwendigen* Charakters eines Fehlers oder einer Täuschung, um auf die physikalische Verursachung seines bzw. ihres Zustandekommens hinzuweisen. Wenn es auch geraten ist, vom ›Scheine abzusehen‹, der die unmittelbare Wahrnehmung trügt[54], dann sollte es doch nicht verwehrt sein, aus dem Vorhandensein dieses Scheins Schlüsse zu ziehen.

Als beispielhaft kann in diesem Zusammenhang die mögliche Nicht-Wahrnehmbarkeit eigener Bewegung gelten (insbesondere natürlich der eigenen Mit-Bewegung mit der Erde); Simplicio läßt sich im Verlauf des *Dialogs* des Zweiten Tages auf die gewagte Behauptung festlegen, jede Bewegung sei insofern Bewegung, als sie von einer entsprechenden Veränderung der Augenblickrichtung begleitet sei. Sobald also ein Objekt ohne jede Bewegung unserer Augen von uns wahrgenommen werde [sc. die Erde], so ruhe es auch wirklich und für immer. Hiergegen setzt Salviati das Beispiel der Barke (siehe oben), auf der ein Beobachter sich aufhalte: auch ohne Bewegung seines Augenspiels wisse er doch, daß das Schiff das Wasser durchpflüge – (zum Beispiel) wenn er es mit der Position fester Gegenstände [sc. der Fixsterne] vergleiche.

Die eigene Bewegung einmal anerkannt, muß es aber einen Grund geben, der den *Schein* der Nicht-Bewegung hervorbringe, einen Grund, der in der gemeinsamen Bewegung von Schiff und Beobachter (sc. von Erde und Beobachter) zu suchen ist; es ist also geraten, »vom Scheine abzusehen, über den wir alle einig sind, und durch Vernunftgründe uns zur Erkenntnis durchzuringen, ob der Schein der Wirklichkeit entspricht oder trügerisch ist.«[55]

52 Vgl. die Darstellung der Debatte um die »errors of the naked eye observation« bei H. C. King, *The History of the Telescope*, Cambridge, Mass. 1955, S. 100 bzw. S. 240.
53 Vgl. hierzu G. Böhme, *Alternativen der Wissenschaft*, Frankfurt/M., S. 157 f.
54 Vgl. *Dialog*, a. a. O., S. 271.
55 Ebd.

Wenn es hieß, Galilei gehe ›dialektisch‹ mit dem Begriff des Fehlers um, so ist dies in einem sehr wörtlichen Sinne gemeint. Galilei nimmt nämlich den Vorwurf der Fehlerhaftigkeit auf und dreht ihn um – gegen das bevorzugte Organ, auf dessen Fähigkeit die alte, unproblematische Theorie empirischer Evidenz aufgebaut hatte: das Auge.

Zahlreich sind die Stellen allein im *Dialog*, in denen Galilei von der Täuschungsfähigkeit des Auges bzw. genauer von seiner Täuschbarkeit redet. Das Auge ist nicht so sehr willentlich täuschend, von seinen eigenen Intentionen her – dies wäre eine mystisch-animistische Deutung, der Galilei nicht anhängt; vielmehr *läßt* das Auge sich täuschen, es ist in seiner passivischen Funktion des Rezeptors noch nicht gut genug. Diese Einschätzung läßt Galilei gleich mehrfach anklingen:

– Das Auge ist nicht in der Lage, alles, was sich bewegt, auch als solches wahrzunehmen.[56]
– Das Auge ist in seiner Auflösung nicht fein genug; Galilei kritisiert den Gesichtssinn, »welchen die Natur den Menschen nicht in solcher Vollkommenheit verliehen hat, daß er es bis zur Wahrnehmung solcher Unterschiede [etwa der Sichelförmigkeit der Venus im Angesicht der Sonne; W. K.] brächte.«[57]
– Das Auge läßt sich durch hell strahlende Objekte täuschen, denn glänzende und leuchtende Körper scheinen uns größer als sie wirklich sind.[58]
– Das Auge besitzt keine ausreichende Reichweite; es ist als ein Werkzeug anzusehen, das seinen Mangel darin hat, entfernte Objekte zu klein erscheinen zu lassen: »Worauf gründet sich sein Ausspruch [gemeint ist Chiaramonti; W. K.], daß die Sterne so klein erscheinen? Etwa darauf, daß wir Menschen sie in solcher Kleinheit sehen? Weiß er nicht, daß dies von dem Werkzeug herrührt, welches wir bei ihrer Betrachtung benutzen, das heißt von unserem Auge? Wir brauchen zum Beweis dafür nur das Werkzeug zu ändern, so werden wir sie größer und größer erblicken, wie uns beliebt. Wer weiß, ob sie nicht der Erde, die sie ohne Augen betrachtet, gewaltig groß erscheinen, so groß vielleicht, wie sie wirklich sind?«[59]

Die letztgenannte Stelle ist vielleicht am aufschlußreichsten: das Auge wird als ein *Werkzeug unter Werkzeugen* benannt. Damit

56 Vgl. ebd., S. 263.
57 Ebd., S. 350.
58 Vgl. ebd., S. 351.
59 Ebd., S. 388.

ist mitgesagt: es gibt besseres Sehwerkzeug, besser zumindest, was das Sehen in die Ferne anlangt, und es gibt ein Sehen gänzlich ohne Werkzeug, ein Sehen der Natur auf Natur, wie es Galilei mit dem Bild der ›ohne Augen betrachtenden Erde‹ andeutet.

Diese Sentenz verrät einen gewissen Natur-Realismus, der bei Galilei öfter auftaucht, ein Natur-Realismus oder Naturalismus, der nicht ohne metaphysische Züge ist: die Natur sehen, wie sie ist, dazu soll am ehesten die ›Natur selbst‹ fähig sein, hier am Beispiel verkörpert durch die Erde. Vielleicht verdeckt diese Bemerkung aber auch eine gewisse Scham darüber, daß Galilei im Grunde die gegenteilige Intention hat – nicht Natur durch Natur erblicken zu lassen, sondern sie sich anzueignen durch bereits angeeignete Natur.

Mit dem Gedanken vom ›Werkzeug unter Werkzeugen‹ versteht Galilei das Auge nicht nur als ein ›Organon‹, als Werkzeug in der Hand des Menschen – was auch für die Antike schon ein geläufiger Topos war –, vielmehr regt er damit die bewußte Vergleichung am Maßstab anderer Werkzeuge an. Sinnesorgane und leibliche Ausstattung des Menschen werden einer technisch verfaßten Natur komparabel, und mehr noch, sie werden als einander homolog gedacht. Dem bevorzugten Sinnesorgan Auge kommt dieselbe Arbitrarität, vielleicht sogar Artifizialität zu, wie sie geläufigerweise nur Instrumenten eigen ist. Die Dignität der menschlichen Natur beginnt einer bloßen Zugehörigkeit zur gegenständlich vorliegenden technischen Natur zu weichen.

Mit Galileis Satz ist eine Erkenntnis eingeleitet, die sich in seiner Zeit theoretisch wie praktisch erst durchzusetzen beginnt: die Erkenntnis nämlich, daß der menschliche Körper in genau derselben Weise der Natur angehöre wie die ›Natur‹, die er geläufigerweise als ›gegenstehende‹ äußere Natur wahrzunehmen gewohnt ist, und mehr noch, daß diese eigene Natur um so mehr Gegenstandscharakter besitze, als sie im Vergleich zur bereits erkannten und angeeigneten technischen Natur der Werkzeuge und Instrumente noch unerkannt und undurchdrungen sei. Mit dieser Erkenntnis ist ein ›lebenslanger‹ gattungsgeschichtlicher *Umweg* eingeleitet, den der Mensch in der aufklärerischen Absicht der Selbst-Erkenntnis fortan einschlagen wird: ein Umweg über die Objektivierung jener fremden, anderen Natur, der der selbstreflexive Geist sich erst zu subsumieren, und in der er sich erst wiederzufinden hat, bevor die Selbstentfremdung überwunden werden kann.[60]

Der Mensch beginnt sich selbst als ›fremd‹ zu setzen, indem er sich als noch fremder als die äußere, gegenständliche Natur begreift und die Aufklärung der eigenen Natur nur vermittels der Anleitung durch aufgeklärte äußere Natur möglich erscheint. Was Heidegger in *Sein und Zeit* als die ontologische Ferne des Selbstverständnisses des Daseins beschreibt – »das ontisch Nächste und Bekannte ist das ontologisch Fernste, Unerkannte und in seiner ontologischen Bedeutung ständig Übersehene«[61]–, kann durchaus auch auf die Ferne des leiblichen Daseins bezogen werden. Der Mensch der Neuzeit beginnt sich zwar als Natur überhaupt anzuerkennen, aber in der eigenartig vermittelten, ›selbstentfremdeten‹ Art und Weise, daß ihm das Mittel und Medium dieser Anerkenntnis – die äußere Natur – viel näher zu stehen scheint. Die theoretisch und praktisch angeeignete äußere Natur dient ihm als Werkzeug der Erkundung der fremd gebliebenen eigenen Natur; sei es, daß sie zum theoretischen Paradigma dieser Erkundung erhoben wird, sei es, daß sie als dinghaftes Instrument oder Werkzeug diese Erkundung in die Tat umsetzt.

Diese Thematik kann erst im Laufe der folgenden Abschnitte voll entfaltet werden. Als Beispiel mag aber die folgende Passage aus der Geschichte der Optik dienen, die das Verständnis des Auges als ›Werkzeug unter Werkzeugen‹ illustriert.

c) Rinforzare l'occhio e l'orecchio[62] oder: Das Für und Wider von Instrumenten am Beispiel des Teleskops

»Fino a Galilei la impressione prodotta sui nostri sensi costituiva il solo mezzo del quale si servivano gli osservatori per valutare l'intensità delle

60 Vgl. vorn Teil I »Zwischensumme«.
61 M. Heidegger, *Sein und Zeit*, Tübingen 1979, S. 43.
62 »Das Auge und das Ohr verstärken« – Motiv aus G. Boffito, *Gli Strumenti della Scienza*, Firenze 1929, S. 75.

cause fisiche e delle forze che agiscono sui corpi naturali; simile valuta-
zione nulla poteva avere di preciso, poichè come si potevano misurare
poi le relazioni delle sensazioni fra loro? Sotto l'aspetto generale, lo strumento galileiano segna quindi il princi-
pio di quelle grandi conquiste nei mezzi di osservazione che ebbero per
effetto il rinnovamento delle scienze«, heißt es bei Antonio Favaro in
»Galilei e lo Studio di Padova«.[63]
(Bis Galilei bildete die in unseren Sinnen ausgelöste Empfindung das
einzige Mittel, dessen sich die Beobachter bedienten, um die Stärke der
physikalischen Ursachen und Kräfte zu ermessen, die auf die natürlichen Körper einwirkten; eine derartige Abschätzung konnte nicht präzise sein, wie ließen sich dann erst die Relationen der Empfindungen
untereinander messen? Unter dem generellen Aspekt beinhaltet deshalb das galileische Instrument [gemeint ist hier das Fernrohr, W. K.]
das Prinzip jener großen Errungenschaften innerhalb der Mittel der
Beobachtung, die die Erneuerung der Wissenschaften zur Folge hatten.)

Das Pathos Favaros, des großen Biographen und Editoren des
galileischen Werkes, scheint angebracht: in der Tat bedeutet die
Verwendung des Fernrohrs – paradigmatisch für andere, ihm
folgende Instrumente – einen gewaltigen revolutionären Schub
in der Wissenschaftspraxis. Nicht nur konnten die körperlichen
Funktionen der Wahrnehmung, ungenau und unscharf, wie sie
waren, ersetzt werden durch ›präzis messende‹ Instrumente,
wie Favaro ausführt, sondern mehr noch konnte auch das Urteil
der einzelnen Sinne miteinander verglichen, auf eine gemeinsame metrische Grundlage gestellt werden. Quantitative Messung anstelle bisheriger qualitativer Reizung spezifischer Sin-
nesvermögen – das war in der Tat ein ›rinnovamento‹ der Wissenschaft.
In diesem Sinne äußern sich auch die Herolde der neuen Wissenschaft; sowohl F. Bacon – zögerlich und ängstlich noch
ein wenig, wie in der ›Instanzenlehre‹ des *N. O.*[64] zu vernehmen ist – als auch Galilei, der angesichts seiner praktischen
Erfolge auch allen Anlaß hat, dieses ›strumento‹ herauszustel-

---

63 A. Favaro, *Galilei e lo Studio di Padova*, Firenze 1883, S. 273 f.,
Übersetzung von mir, W. K.
64 Vgl. F. Bacon, *N. O.*, II, §§ 21–51, insbesondere § 39.

len.[65] Galilei ist durchweg von einem unkritischen Optimismus erfüllt, was die *Fortsetzbarkeit und Verlängerbarkeit der Sinne* durch die neuen Instrumente anlangt. Für ihn existieren Probleme der Vergleichbarkeit oder auch nur der Anpaßbarkeit von sinnlichem und instrumentellem Wahrnehmungsbild nicht, der geht einfach von einer ›natürlichen‹ Überlegenheit der instrumentellen (teleskopischen) Beobachtung gegenüber einem leicht zur Fehlerhaftigkeit und Täuschung neigenden Auge aus.

Man hat sich aber zu vergegenwärtigen, daß Galilei mit diesem Optimismus zunächst allein da stand. Er konnte weder auf Kollegen verweisen, die ähnliches beobachtet hätten (Harriott in England zum Beispiel publizierte seine Erkenntnisse gar nicht erst, von ihm war Galilei also nichts bekannt), noch gab es irgendeine theoretische Sicherheit, die die Überlegenheit des teleskopischen Sehens über das ›unbewaffnete Auge‹ hätte begründen können. Galilei mußte also zunächst schlicht *glauben*, glauben an die Möglichkeiten seines Instruments, und glauben an die Beweiskraft der von ihm derart wahrgenommenen Bilder.

Diesen Punkt betonen in ihrer Einschätzung und Würdigung Galileis sowohl Feyerabend[66] als auch Heidelberger.[67] Weder habe Galilei eine Theorie des neuen Instruments zur Verfügung gestanden – die in der Tat erst von Kepler 1611 in der *Dioptrice* gewagt wird –, noch habe er die Stichhaltigkeit, die Beweiskraft des von ihm teleskopisch Wahrgenommenen schon rechtfertigen können.

Den Aspekt des ›Glaubens‹ spricht Galilei selber aus, wenn er im *Sidereus Nuncius* zu Beginn der ›Astronomischen Mitteilung‹ beschreibt, was ihm zu Ohren gekommen sei:

»Vor ungefähr zehn Monaten kam mir ein Gerücht zu Ohren, von einem gewissen Belgier sei ein Augenglas entwickelt worden, durch dessen Hilfe man sichtbare Gegenstände, mochten sie auch weit vom

65 Vgl. G. Galilei, *Sidereus Nuncius* (1610), dt.: *Nachricht von neuen Sternen,* übersetzt und eingeleitet von H. Blumenberg, Frankfurt/M. 1965 (zit. als *Sidereus Nuncius*), S. 83–87.
66 Vgl. P. Feyerabend, *Wider den Methodenzwang,* a. a. O., Kap. 9–11.
67 Vgl. M. Heidelberger, a. a. O., S. 130 ff.

Auge des Betrachters entfernt sein, so deutlich wahrnähme, als sähe man sie aus der Nähe. Von dieser wahrhaft erstaunlichen Wirkung kursierten etliche Erfahrungsberichte, denen einige Glauben schenkten, andere nicht.«[68]

Für Galilei mag seine Unkenntnis und Ignoranz gegenüber den theoretischen Problemen des Teleskops ein Glücksfall gewesen sein, hinderten sie ihn doch immerhin daran, an den Möglichkeiten des neuen Instruments zu zweifeln oder gar diese von der Position der tradierten Optik her in Frage zu stellen. Aber wenn Galilei derart ein ›uomo di fede‹ war (wie V. Ronchi in seiner Studie *Galileo e il canocchiale*[69] äußert), dann war es auch niemandem zu verargen, wenn er diesen ›Glauben‹ nicht teilte. So etwa Galileis Gegnern und Kritikern, die aus der Überzeugung des gesunden Menschenverstandes und der täglich geübten Praxis der Verifikation des Gewohnten gegen das Instrument argumentierten. So wie Galilei des öfteren die Täuschbarkeit, die Irritierbarkeit und Unzuverlässigkeit des Auges betonte – um auf die Superiorität des Fernrohrs zu sprechen zu kommen –, so verwiesen umgekehrt seine Kritiker auf die möglichen Täuschungen und Blendwerke, die das Fernrohr genauso wie auch andere optische Geräte mit sich brächten.

Wie man weiß, hatte die gelehrte Wissenschaft einige Probleme mit den neuen Instrumenten, insbesondere dann, wenn sie nicht aus ihrem Schoß heraus entwickelt worden waren. Vasco Ronchi hat in der besagten Studie ›Galileo e il canocchiale‹ ein beredtes Zeugnis davon abgegeben, mit welchen Widerständen und welcher Verachtung die neuen Instrumente der Optik, die Linse, die Brille, die ›Camera obscura‹ und nicht zuletzt das Fernrohr innerhalb der Wissenschaft behandelt und teilweise jahrelang unterdrückt und bagatellisiert worden sind.

Hiernach ist der interessanteste Aspekt in der Geschichte des Fernrohrs nicht der seiner genialen handwerklichen Ideation, sondern eher der seiner massiven Retardierung, wenn nicht Verhinderung innerhalb der wissenschaftlichen Welt: das Fernrohr hätte, so lautet einer der zentralen Sätze Ronchis, durchaus schon früher, zumindest seit Maurolyco und G. B. della Porta, für die wissenschaftliche Praxis entdeckt

68 G. Galilei, *Sidereus Nuncius*, a. a. O., S. 84.
69 Vasco Ronchi, *Galileo e il cannocchiale*, Udine 1942, S. 173.

werden können; statt dessen wurde es aber, weil in einem ›nicht-seriö-
sen‹, nämlich handwerklich-artistischen Milieu entwickelt, nicht in seiner Bedeutung erkannt bzw. zur Bedeutsamkeit gar nicht zugelassen.[70]
So drückt etwa Descartes noch 1637 in seiner *Dioptrique* seine ›Scham‹
darüber aus, daß das teleskopische Instrument nicht systematisch und
geplant durch die Wissenschaft, sondern ›durch Erfahrung und glücklichen Umstand‹ in der Praxis entdeckt worden sei. »… à la honte de
nos sciences, cette invention, si utile et si admirable, n'a premièrement
été trouvée que par l' expérience et la fortune.«[71]

Die Erfindung Galileis war zu singulär, andererseits aber
auch zu einschneidend, um gleich anerkannt zu werden. Sie
gefährdete ganze Disziplinen und deren Primat auf ›philosophische Betrachtung‹ der Dinge (vgl. den vorn zitierten[72]
Vorbehalt Fra Paoli Sarpis, sich in ›philosophischen Angelegenheiten‹ dem Fernrohr nicht anvertrauen zu wollen).
»*Tarde credere est nervus sapientiae*« – das skeptische Urteil
des Marcus Welser bezüglich des neuen Instruments[73] –
drückt den allgemeinen Skeptizismus der Zeit treffend aus
(auch wenn sie sich später, wie Welser, von Galilei überzeugen ließ).
Das wissenschaftliche Milieu mußte seine Gründe besitzen, diesem neuen Instrument – und den vielen anderen neben ihm
auch, auf die ich an späterer Stelle noch zu sprechen kommen
werde – zu mißtrauen.
Im folgenden seien einige wesentliche Gründe dieses Mißtrau-
ens oder zumindest Unbehagens zusammengefaßt:
1. Das grundsätzliche erkenntnisbegründende Primat des Menschen, das in dessen sich die Welt immer schon erschließen-
   der Befindlichkeit, Heideggerisch: seinem In-Sein, seinen
   existentiellen Grund hat, wird durch Instrumente, zumindest solche, die der Substitution von Sinnesleistungen fähig
   sind, in Frage gestellt. Gewohnte, alltäglich gewordene
   Bedingungen der Leiblichkeit von Naturerkenntnis werden

70 Vgl. Ronchi, a. a. O., S. 141.
71 R. Descartes, *Dioptrique – Six premiers Discours,* in: ders., *Oeuvres
et lettres,* présentée par A. Bridoux, Paris 1953, S. 180.
72 Siehe oben, S. 145 f.
73 Brief vom 12. 3. 1610 an Pater Clavius, Astronomen der Kurie und
des Collegium Romanum, zit. nach Ronchi, a, a. O., S. 135.

durch solche einer artifiziell definierten Körperlichkeit in Frage gestellt.

Wie oben schon[74] zu sehen war, befindet sich etwa Galilei genau im Dilemma dieses Umbruchs: er appelliert zum einen in emphatischer und durchaus untaktischer Weise an die Evidenz der Sinne, an ihre egalitäre Überzeugungskraft – ist aber andererseits genau derjenige, der jenseits der Beweisfähigkeit durch die Sinne neue Phänomene einführt, ja erzwingt (›Überwindung des Sichtbarkeitspostulates‹ hatte ich es genannt), die nur von den Instrumenten verifiziert werden können.

2. Die Einführung wahrnehmungsspezifischer Instrumente begründet eine Form der Objektivität der Naturerkenntnis, die vom jeweiligen Entwurf und Charakter dieser Instrumente abhängig ist; sie setzt also eine ›Objektivität‹, die mit einer gewissen Willkürlichkeit oder Beliebigkeit behaftet ist, zumal auch sie wiederum durch die mögliche Einführung noch neuerer, verbesserter Instrumente in ihrer Gültigkeit bedroht ist.

Dies ist die Argumentationsfigur, die den Verteidigern der alten Wissenschaft, den Verfechtern einer ϑεωρία im Sinne eines ›Erschauens der Ordnung des Kosmos‹ zu Gebote stand: wenn der Kosmos ein kohärentes und statisches Angesicht besitzt, dann sollten auch die Mittel der ›Anschauung‹ entsprechend kohärent und konstant sein.
Eine solche Argumentation wurde insbesondere von Galileis Gegnern ins Feld geführt, als sie sich gegen die Versuchung, durch das Fernrohr zu schauen, zur Wehr setzten.[75]
Trotz aller Gewichtigkeit dieses Arguments hatte es gegen die dynamische neue Wissenschaft keine Chance, da diese nicht mehr daran interessiert war, im schlichten Sinne zu ›schauen‹, sondern eher die Natur in einen dialogischen Prozeß des Frage-und-Antwort-Spiels einzuspannen, wie er im Experiment dann seine Ausprägung fand. Dieser dynamische Prozeß aber beruhte nicht auf irgendeiner vorgängigen Objektivität, sondern schuf sie erst – und mit jedem

74 Siehe oben, S. 160 ff.
75 Siehe etwa P. K. Feyerabends liebevolle Rekonstruktion dieser Debatten, in der er in der Art eines ›advocatus diaboli‹ für die heute verdrängte Seite der Orthodoxie Partei ergreift: *Wider den Methodenzwang*, insbesondere Kap. 10, a. a. O., S. 161 ff.

Schritt des ›Dialogs‹ auch neu, so wie auch ein wirklicher Dialog sich im Fortschreiten des Gesprächsgangs von Argumentation zu Argumentation neue Erkenntnisse, neue (und subtilere) Einsichten zur Grundlage macht.

3. Die Wahrnehmung mittels der neuen Instrumente basiert zunächst auf Vertrauen oder auf Probe (›fides‹ oder ›fede‹, wie es bei Ronchi heißt): ihre Verläßlichkeit und Legitimität kann erst von einer Theorie nachgewiesen werden, die die Kompatibilität der neuen mit der alten, vertrauten Wahrnehmungsform darzulegen imstande ist. Ein unmittelbares ›Nachschauen‹, im Sinne eines Sich-unmittelbar-durch-die-Sinne-Überzeugen-Könnens, gibt es in den meisten Fällen nicht, da ja Reichweite und Empfindlichkeit der Wahrnehmung durch die neuen, instrumentellen Formen enorm gesteigert werden. Es ist daher nicht von vornherein ausgemacht, ob die neue, instrumentelle Wahrnehmungsform und die herkömmliche, ›basische‹ Form überhaupt zueinander passen und einander homolog sind.

Dieses Problem trat nicht nur historisch mit der Durchsetzung von Fernrohr-Bildern oder mikroskopischen Bildern auf, sondern ist auch heute noch durch den schnellen Umschlag kommunikativer Technologien wie Telefon, Fernsehbild, Rasterbild, digital-codierter Musik usw. geläufig. Allerdings ficht das Argument des notwendigen Vertrauensvorschusses, der dem neuen Verfahren entgegenzubringen wäre, die Apologeten der instrumentellen Wahrnehmung nicht an: sie verweisen auf die ›normative Kraft des Faktischen‹. Wenn die herkömmliche und die neu begründete artifizielle Wahrnehmung nicht zueinander passen, dann werden sie sich zukünftig aneinander anpassen. Die neue, technologisch dominante Wahrnehmungsform wird eine Revision der Verstehensmuster der traditionellen Wahrnehmungsform nach sich ziehen.

Mit anderen Worten: die Herrschaft der ›neuen‹ Wahrnehmung wird, so lautet das Argument, auch den Charakter der alten Wahrnehmungsform, ihre Struktur, Begrifflichkeit und Interpretationsmuster, verändern, indem sie sie den neuen Formen unterwirft.

(Dieser Durchsatz von Wahrnehmungsformen und entsprechenden Interpretationsmustern wäre auch auf der Ebene der ›Theorien der Wahrnehmung‹ zu untersuchen: wie weit sich etwa Theorien der Sinneswahrnehmung, zum Beispiel des Sehens, unter dem Eindruck instrumentell verdinglichter Wahrnehmungsformen, zum Beispiel katoptrischer oder dioptrischer Geräte, den Erklärungs- und Interpretationsformen dieser optischen Mittel angepaßt und deren theoretische Paradigmata sich zu eigen gemacht hätten.)

4. Auf einer ganz pragmatischen Ebene ist das Problem anzumelden, wie der naiv eingestellte, unvoreingenommene Mensch das ›Erkennen‹ mittels der neuen instrumentellen Wahrnehmungsformen eigentlich lernt: wie etwa das ›unbewaffnete‹ Auge eigentlich instruiert wird, *was* es wahrzunehmen und *wie* es die instrumentell wahrgenommenen Bilder zu verstehen hat.

Unabhängig von diesen wissenschafts- und erkenntnistheoretischen Einwendungen gibt es in der Wissenschaft eine natürliche Resistenz gegen neue Wahrnehmungs- und Informationsgewinnungsmethoden: eine Art ›esprit de corps‹ der Wissenschaft, der sie hindert, vorschnell dem, was nicht aus ihren Reihen und ihrem methodischen Gang entstammt, die Zustimmung und Anerkennung zu gewähren. Wie es schon Descartes mit seinem ›à la honte de nos sciences‹ anklingen läßt, haben es Außenseiter, Amateure und Autodidakten, auch wenn sie sich als Erfinder neuer Instrumente hervortun, außerordentlich schwer, dieses Ressentiment der Wissenschaft zu überwinden.

Generell ist wohl zu sagen, daß die euphemistische Interpretation der Ergänzung und Verfeinerung der Sinne durch Instrumente als Zeichen einer fortschrittlichen und menschheitsbefreienden Tendenz (wie es etwa bei Boffito in der Begrüßung der ›galileischen Ära‹ anklingt[76]) nicht immer geteilt wurde und jedenfalls nie zu Beginn eines Kampfes um die Durchsetzung neuer Erfindungen geteilt wird. Erfindungen, die eine Substitution von körperlichen Fähigkeiten und Funktionen vorzunehmen sich anschicken, begegnen immer auch einem Mißtrauen, einer Angst und Skepsis deshalb, weil die Menschen sich ihrer natürlichen Erfahrungsquellen und ihrer natürlichen Urteilsfähigkeit beraubt sehen. Jedes Verstehen und jedes Erkennen ist nämlich von einem vorgängigen Sich-In-der-Welt-Befinden schon erschlossen, das zu den existentialen Bestimmungen des Daseins zu rechnen ist.[77] Eine Substitution von Körperfunktio-

76 Vgl. Boffito, a. a. O., S. 88.
77 Vgl. Heidegger, *Sein und Zeit,* a. a. O., insbesondere S. 134 ff.

nen ist immer auch eine Ersetzung, ja Kränkung der Leiblichkeit, indem sie den Menschen der Möglichkeit der praekognitiven Auslegung der Welt beraubt.

Allerdings kann dagegen, von einer historischen Warte aus gesehen, durchaus ins Feld geführt werden, daß die Bedingungen einer Erfahrung eigener Leiblichkeit gerade erst mit der Freistellung dieses Leibes, mit seiner *Entlastung* von vorgängig erscheinendem ›In-Sein‹ in der Welt, gegeben seien. Daß also gerade die Freistellung des Menschen von bis dahin für naturgegeben erachteter Welt-Erschließung und Welt-Wahrnehmung die Wege freisetzte, um sich selbst als ›Leib‹ gegenüber nur instrumental verstandenem ›Körper‹ zu erfahren. Das folgende letzte Kapitel dieses Abschnittes befaßt sich mit einigen Modi dieser ›Freistellung‹.

4.3 Kritik der anthropozentrischen Weltanschauung

Die kritische Abstandnahme von den Sinnen und den Bedingungen der ›natürlichen Sichtbarkeit‹ berührt nicht allein technisch-pragmatische Fragen einer möglichen Korrektur menschlicher Wahrnehmungsleistungen. Sie zielt auf die unbewegliche Trägheit und ›Apathia‹ der naiven menschlichen Weltanschauung, wie sie sich in den Weltbildern der Alten niedergeschlagen hatte. Die Kritik stellt grundsätzlich die bis dahin für selbstverständlich gehaltene anthropozentrische Fixierung von Theorie und Kosmologie in Frage. Sie geht soweit, den ›natürlichen‹ menschlichen Standort in der Anschauung der Welt für borniert und innerhalb seiner selbst für unbelehrbar, auf einer höheren Stufe des Verständnisses aber für ›notwendigen Schein‹ zu erklären.

Man denke an die Anstrengungen Kopernikus', Keplers und Galileis, die Sichtweise des geozentrischen ptolemäischen Weltbildes nicht länger hinzunehmen, sondern im Gegenteil von der Warte des elaborierten heliozentrischen Systems aus zu kritisieren, das heißt den Schein dieser erdbezogenen Welt-Wahrnehmung und -Interpretation aufzudecken.

Man denke an die Versuche Descartes' und Newtons, die geläufigen, ›im Volk gebräuchlichen, relativen und scheinbaren‹ Anschauungsformen der Kinematik von den ›wahren, absoluten und mathematischen Begriffen‹ derselben (so Newton im ›Scholium‹ der ›Definitionen‹[78]) zu unterscheiden.

Man denke an die begrifflichen Anstrengungen Galileis oder Newtons, die gewohnte Referenz zum irdischen bzw. subjektiv-menschlichen Bezugssystem von Ruhe und Bewegung zu relativieren und statt dessen eine prinzipielle Gleichwertigkeit aller, oder doch zumindest einer ganzen Klasse von Bezugssystemen zu etablieren.

In allen Fällen sind es erst diese *Anstrengungen,* die sie befähigen, von der traditionellen Weltsicht der Antike Abschied zu nehmen; sind es erst ihre Versuche, Distanz und Abwehr gegenüber den vertrauten Formen der Welt-Anschauung aufzubringen, die sie in den Stand setzen, über ihre Erfahrung als eine *unterworfene,* der Gesetzgebung der eigenen Idee subsumierte zu verfügen.

Erst dieses Heraustreten aus den Bezügen ›natürlicher‹ Interpretation erlaubt der neuzeitlichen Wissenschaft, einige der fundamentalsten Voraussetzungen bisheriger Naturauslegung zu verabschieden. Es seien hier ohne Anspruch auf Vollständigkeit die folgenden Kategorien genannt:

– die des ›Ortes‹, soweit er Anknüpfungspunkt einer natürlichen Weltanschauung war; dagegen der Aufstieg des ›relativistischen‹ kopernikanischen Weltbildes;

– die der ›Zeit‹ als Ausfluß eines natürlichen menschlichen Erlebens; dagegen die Etablierung einer abstrakt mathematischen Absolut-Zeit (Newton) bzw. einer physikalisch realisierbaren System-Zeit (Einstein);

– die der ›Bewegung‹ unter Bezugnahme auf den in Ruhe befindlichen menschlichen Beobachter; dagegen die Postulierung der Äquivalenz von Ruhe und gleichförmig geradliniger Bewegung und die Aufstellung eines ›Relativitätsprinzips‹ der Mechanik.

Der *Ort* des Menschen bzw. des menschlichen Beobachters gilt nicht länger als apriorisches oder natürliches Datum; im Gegenteil unternimmt die Naturwissenschaft allenthalben Anstren-

---

78 Vgl. *Principia,* a. a. O., S. 46 ff.

gungen, von der Singularität des irdischen oder subjektiv-individuellen Beobachter-Standpunktes Abstand zu nehmen.

Hier ist nicht nur an die globale Revision des geozentrischen durch das heliozentrische Weltbild zu denken, sondern etwa auch an – weniger spektakuläre – Ansätze bei Kepler, in denen er, methodisch revolutionär für seine Zeit, dem Problem der Erfassung der Marsbahn durch die Einführung eines fiktiven Beobachters auf dem Mars zu Leibe rückt. Die Details dieser Methode sollen hier nicht interessieren[79], wohl aber ihr Schule machendes Beispiel. Kepler selbst nahm in seinem *Somnium seu Astronomia Lunaris* von 1624, einer Art ›Science fiction‹ einer Reise zum Mond, den Gedanken literarisch wieder auf; sein ›Mondreisender‹, den er hier einführt, läßt nicht nur den geläufigen irdischen Standpunkt des Welt-Beobachters hinter sich, er karikiert oder parodiert ihn sogar, indem er mit der gleichen Selbstverständlichkeit auf der Gültigkeit seines lunaren wie der terrestrische Beobachter auf der seines irdischen Standpunktes beharrt. Diese Keplerschen Bemühungen sind als Versuche zu verstehen, dem Menschen die Abschiednahme vom gewohnten geozentrischen Standpunkt, überhaupt von jeder Absolut-Setzung eines Standpunktes, zu erleichtern.

Die *Zeit* wird ihrem abstrakten Begriff nach vom originären menschlichen Empfinden von Zeitdauern und Zeitrhythmen abgekoppelt; schon Newton findet, wie erwähnt, zu einer Kritik der nur augenscheinlichen oder erlebten Zeit. Entscheidend soll die ›wahre, absolute und mathematische‹ Zeit sein, die – unabhängig davon, ob sie durch irgendeine geeignete gleichförmige Bewegung auf Erden oder am Himmel darstellbar oder realisierbar ist – für die mathematische Beschreibung der Natur schlicht zu unterstellen ist. Newton kommt hier ungeahnt (und seiner ontologischen Begründung ungeachtet) in die Nähe der transzendentallogischen Begründung von Zeit als apriorisch reiner Form der Anschauung bei Kant.

Generell findet sich im besagten Newtonschen Scholium der Ansatz zu einer kritizistischen Unterscheidung von ›wahren‹ (sprich ontologischen) Größen und ihren sinnlich wahrnehm-

---

79 Sie findet sich dargestellt bei C. Wilson, »Kepler's Derivation of the Elliptical Path«, *Isis* 59 (1968) 196, S. 5–25.

baren (irdischen) Manifestationen.[80] Diese Unterscheidung muß nach Newton unbedingt durchgehalten werden, um nicht die nur anscheinend richtigen Maße, die der Mensch im täglichen Umgang mit den absoluten Größen sich definiert (konventionalistisch-pragmatisch, würde man heute sagen), für die Sache selbst zu halten. In diesem Zusammenhang fällt der oben schon zitierte Satz: Die Naturphilosophie muß von den (pragmatischen) Vorgaben der Sinne abstrahieren – *in philosophicis autem abstrahendum est a sensibus*.

Auch die ›Bewegung‹ und der ihr korrespondierende Begriff der *Ruhe* verfallen der Kritik. Nicht erst Descartes[81] oder Newton[82], bereits Galilei vollbringt hier die ›Abstraktion von den Sinnen‹. Entgegen der Erfahrung des gesunden Menschenverstandes gelangt er in seinen *Discorsi* zu einem Begriff ›gleichförmig geradliniger Bewegung‹, die von sich aus, ohne Störung durch äußerlich angreifende Beschleunigungen oder Verzögerungen, in der Horizontalen ohne Ende andauern würde[83], wäre sie einmal mit einer bestimmten Geschwindigkeit versehen.

Das bloße menschliche Dafürhalten von ›Ruhe‹ und ›Bewegung‹ wird von diesen Begriffen nicht mehr bestätigt; was der Mensch als ›Ruhe‹ empfinden mag, ist nicht unbedingt physikalisch in Ruhe, und was er als ›Bewegung‹ eines fremden Gegenstandes wahrnimmt, beruht nicht unbedingt auf einer tatsächlichen Bewegung dieses Objekts. Die Grundlagen des Relativitätsprinzips der Mechanik werden gelegt.

Wie gewinnt die neue Wissenschaft diese Einsichten, die hier nur ausschnitthaft angedeutet werden konnten? Wie lassen sie sich rechtfertigen, wenn gerade die Basis des sinnlich Wahrnehmbaren und Evidenten, auf der die ›Theoria‹ der klassischen Antike aufgebaut hatte, verworfen wird?

---

80 Vgl. *Principia*, a. a. O., S. 52.
81 Vgl. R. Descartes, *Principiae Philosophiae* (1644), dt. *Die Prinzipien der Philosophie*, Hamburg 1955, II Art. 24 u. 25.
82 Vgl. *Principia*, Scholium der Definitionen und Axiom I.
83 Vgl. *Discorsi*, a. a. O., 3. Tag, Scholium zu Probl. IX, Prop. XXIII; bzw. 4. Tag. Theor. I, Prop. I.

»Die alte mathematische Physik«, schreibt Dubarle in dem bereits
erwähnten Aufsatz »La Méthode scientifique de Galilée«[84], »baute auf
der rationalen Idealisierung der naiven Anschauung auf. Dies ist sehr
offensichtlich bei der griechischen Astronomie der Fall. Die spontane
Empfindung des irdischen Beobachters, im Verbund mit der Erde in
Ruhe und damit im Mittelpunkt allen Geschehens zu sein ist unverzichtbar für das geozentrische System. Aber sie gilt gleichermaßen für
die Optik und für die Akustik der Alten, und selbst für die Wissenschaft des Gleichgewichts der Lasten, mit der sich Archimedes abgibt.
In jedem dieser Fälle gibt der Geist sich mit dem zufrieden, was die
Dinge vor ihm zeigen, um von dort aus direkt zu den abstrakten Repräsentationen überzugehen, die für die mathematische Theorie dann
(allein) zureichend sind.«

Wie schließt die neue Wissenschaft, wenn sie schon den *Bruch
mit der naiven Anschauung* herbeiführt, die Lücke, die sie
durch ihre Erfahrungskritik eingerissen hat?
Um diese Fragen zu beantworten, genügt es hier, die Vorgehensweise der Naturwissenschaften am Beispiel Galileis zu
rekapitulieren.
Galilei, dies war bereits gezeigt worden, nimmt eine durchaus
ambivalente Position bezüglich der Sinne und ihrer Beweiskraft
ein: einerseits setzt er alles daran, die Endlichkeit und Fehlerhaftigkeit des allein sinnenbegabten Menschen zu erweisen,
andererseits ist er ein vehementer Verfechter des Beweises aufgrund unmittelbarer sinnlicher Evidenz bzw. ›unwiderleglicher
Erfahrbarkeit durch die Sinne‹[85], ein Verfahren, auf das er mit
der Präsentation der teleskopischen Bilder des Mondes, der
Jupitertrabanten oder der Sonnenflecken selbst Rekurs genommen hat.
Die Auflösung dieses Rätsels, das im Kern die Lösung der eingangs gestellten Frage nach dem Verhältnis von ›Empirismus
versus Kritizismus‹ enthält, ist darin zu sehen, daß für Galilei
sich das Verhältnis von Theorie und Empirie, von Beweispflich-

---

84 D. Dubarle, a. a. O., S. 88, Übersetzung von mir, W.K.
85 Vgl. hierzu den Brief an Christine v. Lothringen, in dem Galilei
wiederholt Bezug nimmt auf die Beweiskraft der »natürlichen Effekte
und der Erfahrungen der Sinne, die wir vor Augen haben«; zit. nach:
Galilée. Aspects de sa vie et de son oeuvre, a. a. O., S. 336; Übersetzung
von mir, W. K.

tigem und Beweisgrund umdreht. Während die antike ›Theoria‹ von der Erfahrung der naiven Anschauung ausgeht, um sie in mathematischer Abstraktion und Idealisierung aufzuheben, gewissermaßen theoretisch zu rechtfertigen, setzt Galileis Wissenschaft mit der methodischen Reflexion ein, wie Erfahrung überhaupt zu machen sei[86], entwickelt sie Begriffe, Thesen und Konsequenzen, die dann ihrerseits einer Überprüfung, einem Test von ›unmittelbarer Evidenz‹ unterzogen werden müssen. Nach dem Entwurf der mathematischen Idee folgt für Galilei die Ableitung von empirischen Schlußfolgerungen, die im Verfahren des Experiments einer realistischen Überprüfung auszusetzen sind.

Was in der platonischen Wissenschaft der Beweisgrund war, die letzte voraussetzungslose Idee der Phänomene, wird hier, in der galileischen Wissenschaft, beweispflichtig: die Theorie nämlich hat sich in der experimentellen Situation zu bewähren, sie hat sich zu *bewahrheiten.*

Umgekehrt verhält es sich mit der Stellung der Phänomene: in der antiken Wissenschaft zwar von der Theorie in den Schatten gestellt, bewiesen und begründet, geben sie doch den Anfangspunkt jeder Anschauung ab, mit dem alle Theorie erst anhebt. In der neuzeitlichen Wissenschaft dagegen (ich denke, hier die Verallgemeinerung über Galilei hinaus vornehmen zu können) ist Empirie, obzwar verifizierend und Beweisgrund, immer von Gnaden der Theorie, zu deren Bestätigung sie dient. Die Formen, in denen ›Erfahrung‹ überhaupt möglich wird, die Begriffe, in denen sie formulierbar und die Gestalt, in der sie experimentell befragbar wird, sind allenthalben von Gnaden der sie einrichtenden Theorie. In *regulativer Absicht* nur kehrt das mathematisch-methodische Verfahren, nachdem es sich vom ›Schein‹ der sinnlichen Anschauung getrennt hat, zu deren Ebene zurück, um sich in experimentell verfaßter Erfahrung bestätigen oder widerlegen, gutheißen oder falsifizieren zu lassen.

Während antike Wissenschaft also zwar anhebt bei sinnlicher Erfahrung, um dann von dieser ›abzuheben‹ und sie für immer

---

86 Dies wird unten an einem Beispiel näher erläutert: Wie ist der freie Fall der Körper experimentell erfahrbar? Siehe Abschnitt 6.1.

hinter sich zu lassen (dies gilt zumindest für Platon und die platonischen Wissenschaften im Vollzug der ›Epagogé‹ des Liniengleichnisses zum ›Anhypotheton‹ der Wissenschaften), kehrt die neuzeitliche, von Galilei geprägte Wissenschaft trotz ihrer Frontstellung und Kritik des empirischen Scheins immer wieder zu der Institution der Erfahrung zurück, um sich Gewißheit über die eigene Realitätsmächtigkeit zu verschaffen. Damit läßt sich in zweifacher Weise ein Unterschied zwischen neuzeitlicher und klassischer (Natur-)Wissenschaft beleuchten, der dieses ganze Kapitel abschließen kann:

– das Verhältnis zur *Kritik* der Welt und
– das Verhältnis zur *Veränderung* der Welt betreffend.

Eine *Kritik* findet im wahren und emphatischen Sinne nur in der klassischen antiken, durch Platon verkörperten Wissenschaft statt; nämlich als Kritik an der Kontingenz der Welt ob ihrer Nicht-Entsprechung gegenüber dem Ideal der reinen Idee. *Veränderung* dagegen strebt die antike Wissenschaft überhaupt nicht an – im Gegensatz zur modernen, neuzeitlichen –: vielmehr nimmt sie die Welt an, wie sie ist, bzw. behauptet sie, diese in ihrer Eigentlichkeit erst im theoretischen Ideal anzutreffen.

In den Worten der Einleitung dieses Zweiten Teils: ›Pathos‹ und ›Poiesis‹ treffen sich nicht. Das Erleben- und Erleiden-Müssen dieser Welt ist nicht von handelnder Umgestaltung, verändernder ›Poiesis‹ durchkreuzt; vice versa ist die Welt der Ideen davor bewahrt, durch die reale und kontingente Welt kontrolliert oder revidiert zu werden.

In der modernen Wissenschaft dagegen herrscht nicht die Kritik, sondern das Motiv des Entwerfens von Realität vor; sie ist davon überzeugt, die Welt so, wie sie ist, erst im eigenen Entwurf antreffen und dingfest machen zu können. Sie betrachtet die Welt unter dem Vorbehalt einer möglichen Andersartigkeit, einer Andersartigkeit, die mit ihrem eigenen Entwurf nicht übereinstimmen könnte. Dieser Zweifel treibt sie zu immer neuen, subtil verbesserten Entwürfen, läßt sie immer neu ›Maß nehmen‹ und zeitigt im Ergebnis immer wieder Differenz, die den Anschein von Dynamik und Veränderung im Agieren der Wissenschaft erzeugt.

Pathos und Poiesis durchkreuzen sich hier; wenn Poiesis im

Sinne der modernen Wissenschaft darin besteht, einen Entwurf
von der Welt anzulegen, dann wird dieser Entwurf erst reali-
tätstüchtig, indem er sich dem Pathos des Vergleichs, des
Gemessen-Werdens an der Fiktion der unbehelligten Natur
aussetzt, das heißt, indem er es sich gefallen läßt, an der ›Natur
selbst‹ gemessen zu werden.

5 Verleugnung der inneren Natur

5.1 Die Natur selbst

Die neue Wissenschaft von Kepler, Galilei und anderen, die ›nuova scienza‹ des 17. Jahrhunderts, fällt durch einen rigorosen Drang zu ›der Sache selbst‹ auf. Die Natur selbst, nicht die menschliche Empfindung und Anschauung von ihr, soll Orientierung und Richtschnur im Prozeß der Aufklärung der Welt sein. Dieses objektivistische Vorhaben, das in seiner Radikalität ebenso kühn wie fragwürdig erscheinen mag, bedarf zu seiner Verwirklichung eines Aktes der Abgrenzung von Mensch und Natur, den zu untersuchen für das Thema vom ›Körper‹ von größter Wichtigkeit ist. Dieser Akt stellt sich in folgenden zwei Aspekten dar, die sich als Aspekte ein und desselben Schnittes begreifen lassen: dem Aspekt der Inschutznahme der Natur vor dem Menschen (im folgenden als ›Desanthropomorphisierung der Natur‹ bezeichnet) und dem Aspekt der Dispensierung des Menschen von Sym-Pathie und Teilhabe an der Natur (von mir als ›Leibfreiheit der Naturerkenntnis‹ bezeichnet).

Während der erstgenannte Aspekt sich geltend macht von der Natur her gesehen – gegen eine voreilig unterstellte Zugehörigkeit oder gar Zuständigkeit des Menschen für diese Natur –, ist der zweite im Zentrum einer neuen Selbstdefinition des Menschen, unabhängig und sogar *gegenüber* von Natur, angesiedelt. Der erste Aspekt, die Tendenz der Desanthropomorphisierung, stellt den Versuch dar, den Menschen aus dem Bereich der Natur herauszudrängen, zumindest aber diese vor einer vorschnellen Gleichsetzung mit menschlichen Befindlichkeiten oder Anthropomorphismen zu bewahren. Der zweite Aspekt der Leibfreiheit stellt sich dagegen als befreiend und aufbauend dar, insofern er die Entlassung des menschlichen Körpers aus der zwanghaften Assoziation zur Natur proklamiert: wenn schon die äußere Natur nicht länger der menschlichen als eine ›ähnliche‹ und ›vertraute‹ zugeordnet werden dürfe, dann sei er umgekehrt von jedwedem ›natürlichen‹ Verhältnis der Wahrnehmung, Empfindung und Anschauung dieser Natur gegenüber dispensiert. Die Abgrenzung von seiten der Natur aus also prohibitiv, von seiten des Menschen aber emanzipativ.

Versuchen wir im folgenden, diesen beiden Aspekten in ihrer ganzen Ambivalenz gerecht zu werden.

Eine grundlegende Voraussetzung beider Maximen, den Begriff der Natur betreffend, ist vorauszuschicken: Desanthropomorphisierung der Natur (die Natur besitzt kein menschliches Wesen) und Leibfreiheit der Naturerkenntnis (Naturerkenntnis hat von der leiblichen Gegebenheit des Erkenntnissubjektes zu abstrahieren) – beide Maximen beruhen auf der Unterstellung einer an sich seienden und von sich selbst her bestimmten autonomen Natur.

Wenn die Natur kein menschliches Wesen besitzt bzw. nicht derartig interpretiert werden darf, und wenn andererseits gerade der *Leiblichkeit* des menschlichen Erkenntnissubjektes die Fähigkeit und Kompetenz für die Erkenntnis von Natur abgesprochen wird, dann ist damit die menschliche Natur in ihrer Zugehörigkeit zu ›Natur überhaupt‹ in Frage gestellt und in jene Sonderrolle gedrängt, die es erlaubt, einer ›an sich seienden, vom menschlichen Dasein unabhängigen Natur‹ nichts als den frei erkennenden menschlichen Geist gegenüberzustellen.

Erst aufgrund einer solchen, abstrakte Natur hypostasierenden Begriffsbildung wird es denkbar, (a) vor ›unzulässigen‹ Anthropomorphismen in der Deutung dieser Natur zu warnen, (b) den Menschen von jeglicher Bindung, Rücksichtnahme oder gar ›Mitgefühl‹ dieser Natur gegenüber loszusprechen. Erst aufgrund dieser Fiktion wird es dem Menschen möglich, sich als Geist oder denkende Substanz zu bestimmen (Descartes), der das theoretische Objekt ›Natur‹ als Inbegriff möglichen Reichtums zu Füßen liegt.

Wie kam die Neuzeit dazu, einen derartigen Begriff auszubilden? Was veranlaßte sie, sich derart von der eigenen, leiblichen Naturbasis loszusagen, daß im Begriff der ›Natur‹ die menschliche Teilhabe an ihr schlicht ausgeblendet und ignoriert werden konnte?

Es ist hier nicht der Ort, diese Fragen umfassend zu beantworten. Es soll hier nur die Antwort desjenigen Philosophen herausgestellt werden, der für die Formation des Bewußtseins der

Neuzeit entscheidendes Gewicht besitzt: René Descartes. Er wird in diesem Abschnitt im Mittelpunkt stehen.

Es ist Descartes, der auf dem Wege des methodischen General-Zweifels zu einer Bestimmung des Menschen qua dieser Zweifelsfähigkeit gelangt – und damit den Menschen, sich selbst, als rein *denkende* Substanz, res cogitans, zu definieren vermag.

Es ist Descartes, der im Verfolg dieses beispielhaften Zweifels dazu geführt wird, an der Gegebenheit seines eigenen Körpers, seiner Sinne, Phantasie und Einbildungskraft Zweifel zu hegen.

Es ist Descartes, der in seinem Programm der rationalistischen Rekonstruktion der Welt aus der Fähigkeit der klaren Verstandes-Erkenntnis heraus vorführt, daß es eine Erkenntnis dieser Welt aus den Quellen des eigenen Leibes und der eigenen Sinne nicht geben kann.

Und es ist insbesondere Descartes, hiermit komme ich wieder zum Ausgangspunkt der Frage zurück, der die Notwendigkeit eines Begriffes der *äußerlich-gegenständlichen Natur* explizit einklagt.

In der VI. Meditation seiner *Meditationen* nimmt er die Unterscheidung zwischen der leiblich vorgefundenen eigenen Natur und der vom Bewußtsein gesetzten gegenständlichen Natur ausdrücklich vor. Wieder ist es der Zweifel, der als der entscheidende Motor der Erkenntnisleistungen auftritt: hier der Zweifel an der Zuverlässigkeit der eigenen Natur, die sich als irritierend und fehlbar, als *täuschend,* erwiesen hat.

Nach den *Meditationen*[1] muß die wahrhaft verstandene Natur von der im eigenen Innern vorgefundenen Natur, dem »Inbegriff alles dessen, was mir Gott verliehen hat ... als einem Ganzen aus Geist und Körper«, unterschieden werden.[2] Während letztere für die Angelegenheiten des täglichen Lebens, für die Frage, ob etwas »zuträglich oder unzuträglich« für das Ganze aus Geist und Körper sei, durchaus von Nutzen und angebracht ist[3], kann sie für die Frage der Wesensbestimmung der äußerlich vorliegenden Natur (und das heißt auch der

1 Ich beziehe mich hier auf die *Meditationen* von 1644; zit. nach der lat.-dt. Ausgabe der Buchenau-Gäbeschen Übersetzung, Hamburg 1977; im folgenden zit. als *Meditationen.*
2 *Meditationen* VI, 15; a.a.O., S. 147 f.
3 Ebd., S. 149.

Wesensbestimmung des eigenen Körpers) nichts ausrichten. Hier bedarf es durchaus eines anderen Begriffs von Natur; sie muß als eine Natur von Objekten, genauer von konstruierbaren Objekten begriffen werden und nicht als die phänomenal sich meldende kontingente Natur, um in ihrem eigentlichen Wesen, so wie sie wahrhaft geometrisch ist, verstanden zu werden.

Descartes fragt sich selbstkritisch, was es eigentlich heiße, bzw. mit welcher Berechtigung davon gesprochen werden könne, sich ›von der Natur belehren zu lassen‹ – »me aliquid doceri a natura«?[4] In den Fragen des täglichen Lebens, der Vermeidung von Gefahren, in der Besorgung von Krankheiten bzw. der Befriedigung von leiblich sich meldenden Bedürfnissen sei das ›Ganze aus Geist und Körper‹ (siehe oben) durchaus geeignet, das Richtige anzuraten[5]; zwar träfe es nicht immer die Wahrheit, wohl aber in der Mehrzahl der Fälle das Wahrscheinliche.

Für die Frage der Wesenserkenntnis der äußeren Körper aber sei es nicht angeraten, von dieser zusammengesetzten Natur sich anleiten zu lassen. Hier müsse zwischen Natur und Natur unterschieden werden: die eine könne einen zwar lehren, »zu meiden, was Schmerzgefühl, und zu suchen, was Lustgefühl erregt«[6], nicht aber, die »Wahrheit darüber zu wissen«[7]; jene andere aber, und hier greift er auf seine frühere Bestimmung der Natur als ›res extensa‹[8] zurück, ist als Natur von Objekten zu verstehen, die klar und distinkt einzusehen nur dem Verstand zukommt: »Indessen existieren sie [sc. die körperlichen Dinge] vielleicht nicht alle genau so, wie ich sie mit den Sinnen wahrnehme, da ja diese sinnliche Wahrnehmung vielfach recht dunkel und verworren ist; aber wenigstens all das ist in ihnen wirklich vorhanden, was ich klar und deutlich denke, das heißt alles das, ganz allgemein betrachtet, was zum Inbegriffe eines Gegenstandes der reinen Mathematik gehört.«[9]

Vom Zweifel an der möglicherweise täuschenden eigenen Natur führt also ein direkter Weg zur Konzeption einer ›an sich seienden‹, autonomen Natur, deren Gesetzlichkeit der menschliche Geist im Vertrauen auf die eigene Klarheit und Distinktheit aufzuklären sich anmaßt. Wie im soeben zitierten Fall Des-

4 Ebd., S. 146.
5 Vgl., ebd., VI, 23; S. 159.
6 Ebd., VI, 15; S. 149.
7 Ebd.
8 Vgl. ebd., V, 3 und 6.
9 Ebd., VI, 10; S. 143 f.

cartes', so finden sich auch bei Galilei und Kepler nicht nur mannigfache Zeugnisse des Zweifels an den eigenen Sinnen und der eigenen Körper-Natur, sondern als Kontrapunkt und Korrelat das Insistieren auf einer durch den Intellekt aufklärbaren mathematischen Natur, etwa einer Natur, deren ›Eigenschaft, . . . geometrisch konstruierbar zu sein‹, ihr ›wesenhaft‹ zukommt.[10] Hiermit hat sich der Kreis dessen geschlossen, was im folgenden verhandelt werden soll. Der Abschnitt gliedert sich in zwei Kapitel bezüglich der ›Desanthropomorphisierung‹ bzw. der ›Leibfreiheit der Naturerkenntnis‹, die sich beide auf die Konzeption der ›Natur selbst‹ beziehen. Das Schwergewicht liegt, dem Thema entsprechend, auf der Erörterung der ›denaturalisierten‹ Naturerkenntnis, wogegen die Überlegungen zur Desanthropomorphisierung der Natur relativ kurz gefaßt sind.

5.2 Desanthropomorphisierung

Was bedeutet nun Desanthropomorphisierung der Natur? Ich möchte unter diesem Titel die Aufkündigung grundlegender Verwandtschafts- und Ähnlichkeitsbeziehungen zwischen Mensch und Natur verstanden wissen, wie sie von den verschiedenen Denktraditionen des Spätmittelalters und der Renaissance, der Scholastik, des Neuplatonismus und Hermetismus, geknüpft worden waren. Diese Vorstellungen hatten eigenmächtig und vorschnell ganze Regionen des Kosmos auf den Menschen bezogen; sie hatten einen einseitig auf den Menschen zugeschnittenen Maßstab der Interpretation unterstellt wie auch eine umfassende Zweckgerichtetheit allen Geschehens in der Natur behauptet. Die Natur galt – ebenso wie der Mensch – in ihrer Entwicklung von den Gesetzen eines letzten Zwecks durchherrscht, sie war immer schon in den begrifflichen Bestimmungen einer anthropomorphen Metaphorik zu verstehen, und ihre einzelnen regionalen Ontologien standen immer schon in dem rätselhaften Verhältnis der Analogie zueinander.[11]

10 Vgl. das S. 156 zitierte Kepler-Wort aus den *Harmonices Mundi.*
11 Ich kann an dieser Stelle auf die Ursprünge dieser Denktraditionen nicht eingehen, verweise aber auf die grundlegenden Arbeiten von

Desanthropomorphisierung hieß demgegenüber:
- Aufkündigung der Analogien von Mensch und Natur,
- Inschutznahme der Natur vor animistischer Interpretation,
- Infragestellung der entelechetischen Zweckhaftigkeit der Natur.

a) Aufkündigung des Analogie-Denkens

Das ausgehende Mittelalter und noch die italienische Naturphilosophie des 15. und 16. Jahrhunderts bis hin zu Agrippa von Nettesheim und Paracelsus waren von dem Gedanken einer unentrinnbaren *Ähnlichkeit,* einer bedeutungsmäßig verketteten Beziehung zwischen allen Regionen des Seienden auf der Welt geprägt.[12] Von den Bereichen der Gestirne, der Mineralien und chemischen Elemente, des Getiers bis zur organischen Verfassung des Menschen, einschließlich seiner Sprache, Schrift und Erkenntnis hin sollte es eine innere Verwandtschaft nach Art einer alles durchziehenden Kette von Ähnlichkeiten geben. Die ›vier Ähnlichkeiten der convenientia, aemulatio, analogia und sympathia‹[13] verketteten nach diesem Bild den Menschen in einer Folge unendlicher Ähnlichkeitsbeziehungen, unaufhebbar und erdrückend in der Fülle ihrer Bedeutungen. Und jede Erkenntnis und jede Wissenschaft, die an einer spezifischen Region des Seienden ansetzte, hatte immer auch die ungeheure Fülle der Mit-Bedeutungen, die ihre einzelnen Gewißheiten implizierten, zu bedenken. Eine Erkenntnis des Menschen war nicht möglich ohne die aller anderen Seinsbereiche, und vice versa. Astrologie war demzufolge nicht nur Wissenschaft der Sterne, sondern auch Prognostik und Horoskopie des menschlichen Geschicks. Physiognomie war nicht nur die Lehre der Gesichter, sondern auch Weissagung und Deutung der im

Lynn Thorndyke, *A History of Magic and Experimental Science,* 8 Bde., New York 1923 ff. und K. Seligmann, *Das Weltreich der Magie,* Wiesbaden o. J.; desgleichen auf Heidelberger/Thiessen, *Natur und Erfahrung,* Hamburg 1981.
12 Vgl. Erster Teil, S. 57.
13 Vgl. M. Foucault, *Die Ordnung der Dinge,* Frankfurt/M. 1974, S. 46 ff.

menschlichen Antlitz geschauten archetypischen Form; und so waren Wetterkunde, Tierkunde, Mineralogie, Alchemie und Psychologie alle nur phänomenale Bekundungen ein und derselben tief verknoteten Form, ein und derselben Signatur, in deren Zeichen sie sich als Kreis von Ähnlichkeiten gruppierten. Innerhalb dieser Verhältnisse war der Mensch tatsächlich eingesponnen, mehr noch, erdrückt, er konnte sich vor den Bedeutungsvorgaben seiner vielen Entsprechungen in der Natur buchstäblich nicht retten.

Die neue Wissenschaft versperrte sich diesen Erkenntnisprinzipien. Zum einen waren sie in ihren Augen in des Wortes Sinne zu *hermetisch,* zu sehr abgeschlossen und verkettet, um einzelne Bereiche des Seins für sich aufschließen und aufklären zu können; zum anderen waren die Erklärungsprinzipien zu *okkult,* zu magisch-kabbalistisch, um zu mehr als nur zu Worterklärungen taugen zu können; und zum dritten waren sie in ihrem symbolbeladenen Bilde zu *prädestinatorisch,* um mit versuchsweise unterstellten Kausalbeschreibungen einzelne Phänomene isolieren und darstellen zu können. Es ist Kepler, der in einem Brief an J. Tanck vom 12. 5. 1608 die Vorbehalte der ›nuova scienza‹ treffend zusammenfaßt:

»Auch ich spiele mit Symbolen und habe ein Werk ersonnen, das den Titel ›Cabbala geometrica‹ führen und von den Ideen der Dinge handeln soll, soweit sie sich in der Geometrie finden. Aber ich *spiele so,* daß ich niemals vergesse, *daß es sich um ein Spiel* handelt. Denn durch Symbole wird nichts bewiesen; kein Geheimnis der Natur wird durch geometrische Symbole enthüllt und ans Licht gezogen. Sie liefern uns nur Ergebnisse, die schon zuvor bekannt waren; – wenn nicht durch sichere Gründe dargetan wird, daß sie nicht lediglich Gleichnisse sind, sondern die Art und die Ursachen der Verknüpfung der beiden mit einander verglichenen Dinge zum Ausdruck bringen.«[14]

Die neue Wissenschaft tritt für Regionalisierung, für Mathematisierung und Kausalisierung der Beschreibungsformen ein. Sie räumt mit der zwanghaften In-Beziehung-Setzung zur Welt des Menschen, mit der Verwendung einer analogisch überbestimm-

---

14 Kepler, *Opera omnia,* ed. Frisch, I, S. 378; zit. nach Cassirer, *Das Erkenntnisproblem,* Bd. I, a. a. O., S. 348; Hervorhebung von mir, W. K.

ten Zeichen- oder Signaturensprache auf, und sie setzt an die Stelle eines totalisierenden Weltzusammenhangs die probeweise unterstellte Kausalbeziehung, deren Wahrheit sich in definierten Überprüfungssituationen bewähren muß.

b) Inschutznahme der Natur vor animistischer Interpretation

Die Welt des Mittelalters war eine geschlossene Welt, organisch und geistig ein Ganzes. Ob sie nun aristotelisch-scholastisch als beseelte, vom eigenen Formprinzip durchherrschte Materie gefaßt wurde, oder im Sinne des arabischen Neuplatonismus als eine von Intelligenzen, den höheren Ideen der Dinge, durchströmte Welt – in jedem Fall galt sie als von Seelen und Kräften durchzogen, die ihr ein menschliches Antlitz, den Charakter eines göttlichen Geschöpfes oder ›animal divinum‹ verliehen.

Die Neuzeit brachte hier die große antimetaphysische Rebellion. Sie war bestrebt, allen derartigen animistischen oder panpsychistischen Interpretationen respektlos ein Ende zu bereiten. Die Welt war überbestimmt, sie war erdrückt von einer allgegenwärtigen Präsenz von ›Seelen‹, ›species‹, ›causae‹ und ›Prinzipien‹. Die Kritik der neuen Wissenschaft zielte auf die Herstellung einer voraussetzungslosen Beziehung zu dieser ›Natur‹: Man war, wie Galilei es bündig ausdrückte, eben nicht an einer Welt ›von Papier‹, sondern an der Welt der Sinne interessiert (siehe oben). ›Empirismus‹ und ›Experimentalismus‹ haben wesentlich hier ihre Wurzeln: einen fundamentalen Neuanfang in der Sichtweise und Ansprache der Natur beginnen zu können, einen Neuanfang jenseits aller traditionellen Deutungen und Formeln, jenseits aller großen Worte, die von den Autoritäten der bisherigen Philosophie ergangen waren.

»... in den Angelegenheiten der Natur«, führt Galilei im Brief an Ingoli 1624 aus[15], »gilt die Autorität des Menschen nichts; aber Ihr, als Rechtsgelehrter, scheint daraus großes Kapital

---

15 Galilei, *Opere Ed. Naz.*, VI, S. 538; Übersetzung von mir, W. K.

schlagen zu wollen: Doch die Natur, mein Herr, schert sich nicht um die Verfassungen und Dekrete der Fürsten, der Herrscher und Monarchen, auf deren Verlangen hin sie nicht ein Jota ihrer Gesetze und Statuten ändern würde.«

Die Kritik der neuen Wissenschaft richtete sich gegen ein erdrückendes Erbe von Deutungen und Interpretationen, die die bis dahin herrschenden ›Fürsten‹ der Weltanschauung vorgezeichnet hatten. Richtete sich gegen die geläufigen Nominalismen, Metaphern und Bilder in der Erklärung der Natur, die nur aus der Gewohnheit der Tradition, nicht aber aus der Sache gerechtfertigt waren. Hierfür sollen nur einige Beispiele stehen:

1. Die Natur besitzt keine *Seele,* und noch weniger ihre einzelnen Repräsentanten.

Mit diesem Begriff ficht Kepler einen lebenslangen Kampf aus. In seinem ersten Entwurf einer kosmologischen Welterklärung, dem *Mysterium Cosmographicum* (1596) findet sich der Begriff ›anima motrix‹ noch als Quellprinzip der Bewegung bzw. des Antriebs der Planeten. In späteren Revisionen des ›Weltgeheimnisses‹, wie das Werk von M. Caspar getauft wurde, ersetzt er die ›animae motrices‹ durch den sachlicheren Begriff der ›vis‹, also der Kraft, die entweder in der Sonne oder in den sich bewegenden Planeten selbst angesiedelt sein müsse. Ich werde hierauf an anderer Stelle zurückkommen.

Sogar Newton noch kennt in seiner Äthertheorie und in seinen Hypothesen zur Aufklärung der Natur des Lichts und der Gravitation den Begriff des ›spiritus‹, eines feinsten materiellen oder immateriellen Geistes, der die mathematisch erfaßten Phänomene zu bewerkstelligen weiß – aber dieser ›spirit‹ oder ›spiritus‹ wird mehr und mehr zum Lückenbüßer für offene, noch nicht verstandene Probleme.

2. Die Natur ist kein menschliches (oder göttliches) Wesen; insbesondere besitzt sie kein Geschlecht, ist weder männlich noch weiblich.

Die Auseinandersetzung mit der animistischen Metapher von der ›Animalität‹ der Welt, von der ›Mutter Erde‹, der großen ›Ernährerin‹ ist ein langwieriger und zäher Prozeß der Entmythologisierung, den zu untersuchen hier zu weit führte. Carolyn Merchant hat in ihrem Werk *The Death of Nature* einen ersten Versuch der kritischen Aufarbeitung dieser Entmythologisierung im Verlauf der Durchsetzung der modernen Naturwissenschaften gemacht.[16] Es ist ein Versuch, der in seiner deutlichen Trauer um den Verlust der mythischen Naturzugehörigkeit des weiblichen Geschlechts die ganze Ambivalenz deutlich macht, die in einem Insistieren auf dem Mythos beschlossen liegt: Denn mit ihm ist auch die Zwanghaftigkeit, die geschichtliche Unaufhebbarkeit dieser ›sexistischen‹ Zurechnung gegeben.

Auf der anderen Seite ist auch die Aufklärung, die gegen den Mythos der Virginität oder Maternität der Erde zu Felde zieht, selbst nicht gegen Mythen, neue Mythen gefeit; C. Merchant zeigt dies überzeugend am Beispiel William Harveys (1578–1657), der sich zwar vehement gegen feminine Deutungen und Ansprüche in der Aufklärung der Natur, insbesondere der Reproduktion der menschlichen Natur wendet[17], andererseits aber selbst vitalistischen Schlüssen nach Art der Mikrokosmos-Makrokosmos-Analogie nicht fern stand.

3. Die Natur besitzt keine Gefühle, sie leidet nicht und kennt weder Schmerz, Hunger, Durst oder Angst.

Die Natur ist keiner Gefühle fähig, und der Mensch muß es sich abgewöhnen, sie nach seinen Affektionen, nach dem Maßstab seines Empfindens, zu beurteilen. Pascal etwa führt in seinen *Untersuchungen zum Gleichgewicht der Flüssigkeiten und dem Gewicht der Luft* (etwa 1651 bis 1654) bezüglich der Unerheblichkeit des Begriffes des ›horror vacui‹ aus:

»Es fällt nicht schwer, ... zu beweisen, daß es der Natur vor dem Vakuum nicht schaudert; denn diese Redeweise ist nicht angemessen, da ja die Schöpfung, um die es sich hier handelt, unbelebt und keiner Gefühle fähig ist; man versteht unter dieser metaphorischen Redeweise nichts ande-

---

16 C. Merchant, *The Death of Nature*, San Francisco 1980.
17 Vgl. ebd., S. 151 ff.

res, als daß die Natur sich bemüht, das Vakuum zu vermeiden, wie wenn es ihr davor schauderte.«[18]

Ebenfalls Descartes macht sich zum Fürsprecher der Entsinnlichung und Entmystifizierung der Natur. In den *Meditationen* erklärt er klar und bündig, daß es nicht unsere Natur sei, die Schmerz, Hunger oder Freude erfahre, sondern daß es verworrene »modi cogitandi« seien, die allerdings »aus der Vereinigung und gleichsam Vermischung des Geistes mit dem Körper entstanden« seien.[19]

Die Bedeutung dieser Feststellung kann man nicht hoch genug veranschlagen. Die gesamte Naturwissenschaft steht und fällt mit dem cartesischen Konzept der Trennung von Humanum und Natur: die letztere, nicht selbst schon humaner Empfindungen fähig, kann erst von den Zweck- und Willensbestimmungen des Menschen aus ›humanisiert‹ werden. Es bedurfte erst dieser Trennung von ›Empfindung‹ und ›Sache‹, um die Entwicklung eines abgehärteten wissenschaftlichen Sachverstandes möglich zu machen, dessen ›Härte‹ dann nicht so sehr in der Grausamkeit gegenüber der Natur, sondern der ›Festigkeit‹ gegenüber den eigenen Gefühlen beruhte.

Gerade in der medizinischen Institution des ›Selbstversuchs‹, innerhalb derer der Wille gegen die eigene ›Natur‹ antritt, spielt die Überwindung des Leid- oder Mitleid-Gefühls eine große Rolle. Indem der Experimentator sich die Vermeintlichkeit der eigenen Gefühle des Schmerzes oder Mit-Leidens einreden kann, vermag er auch deren Aussagekraft in Zweifel zu ziehen: Sie sind dann nur noch Mitleids-Effekte seines Geistes, nicht aber objektive Vermeldungen seines geschundenen Körpers.[20] Hiervon wird an späterer Stelle noch die Rede sein.

Kritisch läßt sich resümieren für diesen Prozeß der Entmythologisierung: Auch diejenigen, die als ›Aufklärer‹ diesen Prozeß

18 Blaise Pascal, *Traité de l'équilibre des liqueurs et de la pesanteur de la masse de l'air*, zit. nach Heidelberger, a. a. O., S. 139 f.
19 *Meditationen*, VI, 13; a. a. O., S. 146/147 f.
20 Vgl. B. Karger-Deckert, *Ärzte im Selbstversuch. Ein Kapitel heroischer Medizin*, Leipzig 1967.

vorantreiben, sind an Sprache und Vorstellungen gebunden; nicht nur müssen sie selbst Abschied von vertrauten Denkvorstellungen nehmen; mehr noch sind auch die neuen Begriffe, die die Wissenschaft an die Stelle der animistisch gefärbten Metaphern setzt, nicht gegen die Gefahr der Metapher gefeit. Auch die neuen Formulierungen, seien sie umgangssprachlicher oder kunstsprachlicher Art, bilden sich zum ›Mythos‹ oder Fetisch aus, bilden Geschichte, führen Konnotationen im Schlepptau, gegen die die Autoren sich schwerlich wehren können. Wenn J. Kepler etwa den Begriff des ›animal divinum‹ für das Weltganze verwirft und statt dessen das Bild des ›horologium‹ favorisiert[21], dann ist er der unvoreingenommenen Natur an sich damit nicht näher gekommen, sondern hat sie vielmehr nur mit einer neuen, zeitgemäßeren Metaphorik belegt (die durchaus ihre eigene längere Geschichte nach sich gezogen hat[22]). Ähnliches ließe sich auch für die ›modernen‹ Begriffe der klassischen Physik, etwa den Kraft-Begriff, sagen[23]; und sogar das Herzstück der neueren, anti-metaphysischen und positivistischen Wissenschaftlichkeit, die definitorisch strenge Formel- und Symbolsprache, ist vor Mystifizierung und Fetischisierung nicht sicher.

c) Infragestellung der entelechetischen Zweckhaftigkeit der Natur

Desanthropomorphisierung kann noch etwas anderes bedeuten: die Infragestellung der entelechetischen Zweckhaftigkeit der Natur, wie sie im traditionellen Denken der Scholastik unterstellt wurde. Der Gedanke der ›Entelechie‹ gab nicht nur Ziel und Zweck, nicht nur den Sinn des Daseins der Arten vor, er war auch ihr allererster Seinsgrund insofern, als jedem Werden und Entstehen im All immer schon der Gedanke seiner Verwirklichung oder Erfüllung zugrundelag.
Die gesamte Natur war damit in ihrem Entstehen bereits präde-

21 Brief an Herwart v. Hohenburg, Februar 1605; in Kepler, *GW* XV, S. 146.
22 Vgl. R. Descartes, *Meditationen*, VI, 17.
23 Vgl. W. Kutschmann, *Die Newtonsche Kraft. Metamorphose eines wissenschaftlichen Begriffs*, Wiesbaden 1983, S. 148 ff.

stiniert, jeder Prozeß in ein Schema des ›So-Werden-Sollens‹ eingehüllt. Die neue Naturwissenschaft wehrte sich vehement gegen diese Unterstellung einer bereits beschlossenen Zweckhaftigkeit. Sie beharrte darauf, die Legislatur der Prozesse und Verlaufsformen in der Natur zuallererst selbst aufzuklären. Damit war nicht schon der Titel eines ›Gesetzgebers‹ der Natur reklamiert (wie später in der kritischen Philosophie), wohl aber der Anspruch des nominalistischen Wissens abgewehrt, immer schon die Sinnhaftigkeit eines Vorganges, seine innere Kausalität zu kennen. Die neue Naturwissenschaft ging von einer kausalgesetzlichen und sinnvollen Ordnung in der Natur weiterhin aus, verschaffte sich aber in der Abwehr jedweder apriorischer Vorgaben von den Entwicklungslinien der Natur Raum für die stückweise investigatorische Eroberung eines gesetzgeberischen Wissens, das von sich sagen konnte, ein Stück weit in den unbekannten Bauplan der Natur Einsicht genommen zu haben:

»Die Natur«, so führt Galilei im berühmten Brief an Christine von Lothringen 1615 aus[24], »leistet unerbittlich Folge denjenigen Gesetzen, die ihr auferlegt worden sind, ohne jemals die Grenzen dabei zu übersteigen, und sie nimmt keine Notiz davon, zu wissen, ob ihre verborgenen Gründe und ihre Verlaufsformen unseren menschlichen (Erkenntnis-)Vermögen zugänglich sind.«

Die Natur ist also in ihrer Ordnung nicht auf die ›capacità umana‹ eingestellt, sie ist nicht strukturiert gemäß dem menschlichen Erkenntnisvermögen, sondern besitzt eine eigene, eben autonome Legislatur, deren Verlaufsform und Gründe zu erforschen dem neugierigen Geist erst aufgegeben ist.
Galileis Stoßrichtung geht gegen eine allzu voreilige anthropomorphe Auslegung der Weltordnung bzw. des Weltgeschehens. Weder billigt er den aristotelischen Entwurf der Welt als eines großen ›Organismus‹, einer ›Weltseele‹, deren Teile alle untereinander zweckgerichtet zugeordnet sind, noch hält er es überhaupt für zulässig, den Weltzusammenhang vorab unter dem heuristischen Begriff des *Nutzens* zu verstehen. Hierzu eine aufschlußreiche Stelle aus dem *Dialogo*, 3. Tag[25]:

24 *Ed. Naz.*, Bd. V, S. 309–348; zit. nach *Galileo Galilée. Aspects . . .*, S. 336, Übersetzung von mir, W. K.
25 *Dialog*, a. a. O., S. 385.

Salv.: »... Wenn mir inzwischen gesagt wird, daß ein ungeheurer sternenleerer Raum zwischen den Planetenbahnen und der Sternensphäre unnütz und zwecklos sei und müßig, daß es überflüssig sei, eine unermeßliche, alle Fassungsgabe übersteigende Größe den Fixsternen als Behausung anzuweisen, so erwidere ich, daß es frevelhaft ist, unsere schwache Vernunft zum Richter zu setzen über die Werke Gottes, alles das im Weltall eitel oder überflüssig zu nennen, was nicht unseren Nutzen dient.«

Sagr.: »Sagt lieber: Alles das, dessen Nutzen für uns wir nicht begreifen, so werdet Ihr eher Recht haben. Ich halte es für die größte Anmaßung, ja Narrheit, die man begehen kann, wenn man sagt: Weil ich nicht weiß, wozu mir Jupiter oder Saturn nütze ist, darum sind sie überflüssig, ja gar nicht in der Natur vorhanden. Dabei weiß ich armer törichter Mensch noch nicht einmal, wozu mir Adern, Knorpel, Milz oder Galle dienen; ja, ich wüßte nicht einmal, daß ich Galle, Milz oder Nieren besitze, wenn sie mir nicht oft in aufgeschnittenen Leichnamen gezeigt worden wären. Dann erst könnte ich begreifen, welche Funktion in mir die Milz ausübt, wenn sie mir genommen würde. Um zu begreifen, welche Wirkung auf mich der oder jener Himmelskörper ausübt – da nun einmal all ihr Wirken sich auf uns beziehen soll – müßte man eine Zeitlang jenen Körper entfernen und die Wirkung, die ich nun an mir verschwinden merke, für von jenem Sterne ausgehend erklären.«

Galilei spricht sich hier nicht nur gegen die menschliche Anmaßung aus, nur diejenigen Dinge im Kosmos anzuerkennen, deren entelechetische Vorherbestimmung einsichtig ist – vor allem wendet er sich gegen die törichte und kurzsichtige Unterstellung eines ›Nutzens‹ oder ›Zu-menschlichem-Zwecke-nützlich-Seins‹. Der Mensch darf eben nicht immer schon vertraute und bekannte Wesenheiten oder auch nur Ordnungen in der Natur unterstellen, er muß darauf gefaßt sein, auf Unbekanntes, Sich-erst-Erschließendes zu stoßen.

Was wir nicht wissen, müssen wir ausprobieren, müssen wir experimentell erproben – und wenn es einen Eingriff in die geordnete Welt unseres Körpers bedeutet (›Galle, Milz oder Nieren herauszuschneiden‹).

Hier liegt auch der tiefere Sinn der Abwehr der Metapher des ›animal divinus‹ durch Kepler: Die Welt als göttliches Lebewesen zu interpretieren, hieße, ihr Strukturen von allseits bekannter Sinn- und Zweckhaftigkeit zu unterstellen; wogegen die

Kennzeichnung als ›horologium‹ ihr die Charakteristik eines technisch machbaren Gegenstandes beschert. Nutzen ist grundsätzlich in der Verfassung der Natur vorhanden, nur dürfen wir uns nicht anmaßen, ihn von vornherein unserer Sinnstiftung zu unterstellen, sondern müssen umgekehrt bereit sein, die Natur als Meer eines möglichen Nutzens überhaupt erst kennenzulernen und zu erschließen.

Dies ist die Essenz der Einstellung Galileis und der neuen Naturwissenschaft: Der Mensch ist nicht der erleuchtete Teilhaber einer statischen Seinsordnung, die ihm als Wissendem wesentlich erschlossen ist; er ist das Gegenüber, das ›subiectum‹ einer ihm prinzipiell unerschlossenen, aber aufklärbaren Welt, deren Gesetzgebung im Entwurf, auf Probe, ›per cimento‹ zu eruieren ist.

5.3 Leibfreiheit der Naturerkenntnis

Der thematische Begriff dieses Kapitels gibt einige Fragen auf: Leibfreiheit und Naturerkenntnis – was kann das heißen? Hat Naturerkenntnis überhaupt mit dem Leib zu tun? Wie sähe eine Erkenntnisweise der Natur aus, die sich explizit auf die Potenzen des Leibes stützte?

Diese Fragen machen es nötig, zunächst auf die Begriffe des ›Leibes‹ und der ›Leibfreiheit der Erkenntnis‹ einzugehen.

Versuchen wir zunächst, uns an die einführenden Bestimmungen dieses Abschnitts zu halten. Danach sind ›Leibfreiheit der Naturerkenntnis‹ und ›Desanthropomorphisierung der Natur‹ die verschiedenen Aspekte ein und desselben Trennungsaktes, eines Schnittes nämlich, der in der Neuzeit zwischen Mensch und Natur vorgenommen wird. Unter der Prämisse einer für sich seienden, autonomen Natur wird jede Verwandtschaft, Vertrautheit oder Ähnlichkeit zwischen Mensch und Natur in Abrede gestellt – die Natur gilt nicht länger als anthropomorph oder menschenähnlich, sie gilt als a-menschlich, un-menschlich oder außer-menschlich. Dieses ›Schisma‹ zeitigt wesentliche Konsequenzen für das Verständnis des Erkenntnisprozesses, den der Mensch dieser Natur gegenüber anstrengt, denn auch die Formen der Wahrnehmung und Perzeption werden von dieser Fremdheit nicht unberührt sein. Es ist zu erwarten, daß den vertrauten Formen der sinnlichen Wahrnehmung abgesprochen wird, in direkter und authentischer Weise dem Sein des Gegenstandes zu entsprechen, von dem sie Kunde geben; und mehr noch ist zu gewärtigen, daß der Mensch in seiner vermeintlich ›natürlichen‹ Leibes-Organisation für die Erkenntnis der Natur nicht länger geeignet erscheint.

a) Abdrängung des Leibes

Es wird also die Verläßlichkeit der menschlichen Natur innerhalb des Erkenntnisprozesses in Zweifel gezogen – sie gilt, was die unverbrüchliche Gewinnung von Erkenntnis anlangt, als nicht adäquat, nicht zuträglich oder nicht tauglich.

Descartes war, wie bereits erwähnt, einer der ersten, der diese Fragen stellte: wie verläßlich es nämlich sei, was die eigene Natur einen lehre, und was unter dieser ›eigenen Natur‹ überhaupt zu verstehen sei? Mehrfach betont er in seinen ›Meditationen‹, daß es eine ganze Menge sei, was die eigene Natur, unkritisch genommen, einen lehren könne – Empfindungen, Stimmungen, Vorstellungen, feste Gewohnheiten und selbstverständliche Bedürfnisse des Körpers. Aber es war ja gerade die so hingenommene ›Natur‹, die die vielen Irrtümer, Unklarheiten und Schimären produziert hatte, derer sich der zweifelnde Geist Descartes' so mühsam hatte entledigen müssen. Diese so verstandene Natur ist also nur annähernd wahr, sie ist durchschnittlich wahr oder wahrscheinlich, aber sie besitzt nicht den Status fester und unumstößlicher Einsicht. Infolgedessen plädiert Descartes für eine Klärung und Präzisierung dieses Begriffs der ›eigenen Natur‹:

»Damit ich aber in diesem Punkte alles genügend deutlich durchschaue, muß ich sorgfältiger definieren, was ich eigentlich meine, wenn ich sage, ›die Natur lehre mich etwas‹. Hier nehme ich nämlich die Natur in einem engeren Sinne als dem eines Inbegriffs alles dessen, was mir Gott verliehen hat. In diesem Inbegriff ist nämlich vieles enthalten, was allein dem Geiste zugehört, zum Beispiel, daß ich erkenne, daß Geschehenes nicht ungeschehen gemacht werden kann und alles übrige, was durch das natürliche Licht bekannt ist, wovon ich hier nicht rede – vieles auch, was sich allein auf den Körper bezieht, zum Beispiel, daß er abwärts strebt und ähnliches, worum es sich auch nicht handelt –, sondern ich rede allein von dem, was Gott mir verliehen hat als einem Ganzen aus Geist und Körper.«[26]

›Eigene Natur‹ tritt also in zweierlei Bedeutung auf, wie wir oben schon gesehen hatten; zum einen als eigener Körper, der wie alle anderen Körper auch zur ›res extensa‹ gehört und vom Verstand aufzuklären und zu erkennen ist (wobei man sich des ›natürlichen Lichts‹ und Gottes Hilfe[27] zu versichern hat), zum anderen aber als dieses rätselhafte ›Ganze‹, das Descartes nur als Vereinigung oder Vermischung von Geist und Körper sich denken kann, für das er aber immerhin zugesteht, daß er enger noch als ein ›Schiffer seinem Fahrzeug‹ ihm verbunden, nämlich gleichsam ›vermischt‹[28] sei.

Für die Führung der Tagesgeschäfte, für die Ausbildung von instinktiver Kenntnis, Gewohnheit und Lebenspraxis ist dieses ›Schiff‹ durchaus geeignet, wie Descartes im weiteren Verlauf der VI. Meditation einräumt, nicht aber für die Anleitung zur Erkenntnis der ›Wahrheit ... der äußeren Dinge‹: »Das geht, wie es scheint, nur den Geist an.«[29]

Was Descartes hier vornimmt, ist nichts anderes als ein Programm der *Leibfreiheit der Naturerkenntnis* zu formulieren. Zwar benutzt er nicht den Begriff des ›Leibes‹, spricht eher unklar von dem ›compositum‹, dem ›Ganzen aus Geist und Körper‹, ›was Gott mir verliehen hat‹, aber wenn er sich dagegen wehrt, sich von dieser so umfassend verstandenen Natur vorgängig belehren zu lassen, drückt er nur die Abwehr gegen eine fundamentale Basis von Erfahrung und Empfindung aus, die ihrerseits nicht mehr von Gnaden eines sie imaginierenden und instituierenden Verstandes wäre. Formuliert er die Abwehr gegen eine Erkenntnisquelle, die sich der Dichotomie von ›res cogitans‹ und ›res extensa‹ nicht fügen würde, insofern sie über den ideativen Geist hier und den operativen Körper dort glei-

---

26 *Meditationen*, VI, 15; a. a. O., S. 147 f.
27 Erst vermittels der Idee des ›vollkommenen Gottes‹ kann es zur sicheren Erkenntnis der Existenz der äußeren Gegenstände kommen; vgl. ebd., VI, 10.
28 Vgl. ebd., VI, 13; S. 145.
29 Vgl. ebd., VI, 15; S. 149.

chermaßen hinausgeht, eben der Erkenntnisquelle ›Leib‹, die sich dem rationalistischen Begriffsschema nicht fügt.[30] Des-

30 Es ist nicht verwunderlich, daß die Leib-Philosophie des 20. Jahrhunderts an genau dieser Schnittstelle ansetzt, an der innerhalb des cartesischen Ansatzes der ›Leib‹ abgedrängt wird. Sartre etwa leitet seine Erörterungen des Leibes unter dem Titel »Der Leib als Für-sich-Sein: Die Faktizität« innerhalb seines *Das Sein und das Nichts* mit einer expliziten Kritik an Descartes ein:
Wenn man wie Descartes, so führt Sartre aus, eine radikale Unterscheidung zwischen ›den der Reflexion zugänglichen Fakten des Denkens und den Tatsachen des Leibes‹ durchführt, wenn man nicht anerkennt, daß die Phänomene des Leibes ebensosehr auch ›reine Bewußtseinsfakten‹ sind, dann »hat man eben damit den Leib unwiderruflich aus dem Bewußtsein ausgeschlossen ...« und ihn zu einem ›Leib-für-Andere‹, zu einem Objekt, gemacht. Aber, heißt es dagegen bei Sartre:
»Man darf aber nicht von hier ausgehen, sondern von unserer ursprünglichen Beziehung zum An-sich: von unserem In-der-Welt-Sein. Es gibt das nicht: auf der einen Seite ein Für-sich, auf der anderen Seite eine Welt, sozusagen zwei geschlossene Ganze, für die man dann die Weise ihres Verbundenseins erst suchen müßte. Vielmehr ist das Für-sich an ihm selbst Beziehung zur Welt ...«, heißt es in *Das Sein und das Nichts*, a. a. O., S. 401.
Sartre ist nicht ausgesprochener Anti-Cartesianer; aber er legt den Punkt der Begründung der eigenen Existenz nicht in die Reflexionstätigkeit des eigenen Geistes, sondern in die Tätigkeit des Überschreitens der eigenen Gegebenheit, des Sich-in-Beziehung-Setzens-zur-Welt.
Auch bei Hermann Schmitz fungiert der Leib als ein Phänomen, das vor jeder Bewußtseinsbestimmung eines ›Ich‹ sich als Erfahrung eines selbstbezüglichen ›Spürens seiner selbst‹ einstellt. Der Leib bzw. die verschiedenen Dimensionen des Leib-Seins stellen nach Schmitz so etwas wie die phänomenale Basis der ›Gegenwart‹ des Menschen dar, die bei ihm fünffach gegliedert als ›Hier, Jetzt, Dieses, Dasein, Ich‹ bestimmt ist (§ 21 des *Systems der Philosophie*, a. a. O., S. 197). Das Leibliche ist innerhalb dieser Systematik (siehe §§ 43 und 45) bestimmt als »das, dessen Örtlichkeit absolut ist« bzw. »was unteilbar ausgedehnt und absolut ist«, also das Zentrum der Totalisierung des Daseins.
Der Leib ist in beiden hier wiedergegebenen Auffassungen Ort und Quelle einer prä-kognitiven Selbsterfahrung, oder, wie Sartre es nennt, das ›Für-sich, das an sich selbst Beziehung zur Welt ist‹. Im Modus des eigenleiblichen Spürens melden sich Phänomene als Erfahrungen leiblicher Art an, die jedem Erkenntnisakt mit seiner traditionellen Spaltung von ›Subjekt‹ und ›Objekt‹, Bewußtseinszentrum hier und Intelli-

cartes dagegen versucht in seiner ›Engerfassung‹ des Begriffs der ›eigenen Natur‹ von diesem Leibe abzusehen, zumindest, soweit er für die Frage, was die Natur den Menschen eigentlich lehren könne, von Belang sein könnte. Jede vorbewußte Erfahrung, jede prä-reflexive Erkenntnis aufgrund einer leiblichen Regung, einer ›inneren Stimme‹ ist bei ihm ausgeschlossen, Erkenntnis ist nur aufgrund klarer Distinktion und intellektueller Distanz zwischen der reflektierenden ›Substanz‹ des Subjekts und der intendierten ›Substanz‹ des Objekts möglich. Und das Mittel hierzu, die eigene ›Natur‹, kann nur das lehren, was der Geist vorher klar und deutlich hat einsehen und in Vorstellungen der geometrisch-kinematischen Verfaßtheit des Objekts hat zusammenstellen können.

Wir wissen, daß dies nicht nur die Position Descartes' war, sondern im Gegenteil geradezu die Essenz jedweder wissenschaftlichen Haltung okzidentell-neuzeitlicher Prägung ausmacht: Wissenschaftliche Erkenntnis formiert sich in kühler und leidenschaftsloser Abständigkeit, sie hat jede mögliche Bindung, insbesondere auch die ihrer brüderlichen Zugehörigkeit zur Natur, aufzugeben und abzulegen, hat die Fiktion ›reinen Denkens‹ zu behaupten. Die ›Natur des Naturwissenschaftlers‹, so ließe sich im Blick auf das Thema dieser Arbeit formulieren, kann nur die Bedeutung bloßer Korporalität besitzen, eben jener zufälligen und kontingenten Daseinsform, die der intelligible Geist des Wissenschaftlers ›nach einer Art Sonderbefugnis . . . die ihre nennen darf‹.[31]

So gesehen, ist eher die Frage nach dem Leib, genauer nach den Möglichkeiten des Leibes, zu einer ›Erkenntnis der Natur‹ bei-

gendum dort, vorausgehen. Es mögen Phänomene unmittelbarer Welterfahrung wie Schmerz, Angst oder Ekel sein, es mögen schlichte Daseinsempfindungen wie ›Leere, Weite, Enge, weg hier‹, oder Fluchtwunsch sein, in jedem Fall übersteigen sie die gewohnte Distanziertheit und Reserviertheit der reflektorischen Vernunft ihrem Gegenstand gegenüber. In allen Fällen handelt es sich um Weisen unmittelbarer Erfahrung oder Leibes-Erkenntnis, in der die traditionellen Gegensätze von Erkenntnis-Gegenstand, Erkenntnis-Urheber und Erkenntnis-Mittel aufgehoben und in der Selbstbezüglichkeit der Leib-Empfindung zusammengeflossen sind.

31 Frei nach *Meditationen*, VI, 6; a. a. O., S. 137.

zutragen, eine fast schon irreal und widersprüchlich anmutende Frage, die sich selbst zu widerlegen scheint: Wie soll es Erkenntnis der Natur geben in den Formen der leiblichen Aneignung, wenn, wie geschildert, diese Aneignung von einer totalisierenden Aufhebung aller Gegensätze, einer Verschmelzung von Subjekt und Objekt im leiblichen Ich, bestimmt ist? In der Tat fällt eine Antwort auf diese Frage schwer, steht sie doch der gesamten naturwissenschaftlichen Tradition und damit der gesamten historischen Faktizität entgegen.

Die Frage nach der Erheblichkeit des Leibes für die Naturerkenntnis ist die Frage nach einer möglichen *anderen*, historisch nicht realisierten Erkenntnisweise der Natur, einer Erkenntnisweise, die rudimentär möglicherweise noch existiert, historisch aber verschüttet und ins Abseits gedrängt worden ist. Es wäre eine Erkenntnisweise, die sich ihres eigenen leiblichen Daseins nicht nur nicht schämte, sondern sich seiner gar versicherte, eine Erkenntnisweise, die in dem partizipatorischen Moment der Leiblichkeit zugleich auch explizit *Seinsweise* wäre. Es sei hier kurz versucht, trotz der entgegenstehenden historischen Faktizität, einige Bestimmungen hinsichtlich der Möglichkeiten ›leiblicher Erkenntnis‹ zu geben.

Welche Potenzen des Leibes könnten für eine Erkenntnis der Natur von Belang sein?

Ich denke, hier sind solche Potenzen zu nennen, die mit dem Modus der Meldung des Leibes, dem ›unmittelbaren Sich-Aufdrängen‹ leiblicher Phänomene[32], zusammenhängen: Ich denke hier an die sinnlichen, libidinösen und imaginativen Vermögen, also Vorstellungs- und Einbildungskraft und das Begehrungsvermögen, ebenso aber die Vermögen der mimetischen An-Verwandlung und imaginären Einverleibung, lauter Fähigkeiten, die ich kurz die *empathischen Potenzen* der Erkenntnis nennen möchte. Es sind Potenzen, die es dem (derart) Erkennenden gestatten, sich in den Gegenstand seiner Suche einzubilden und ihn sich ›empathisch‹ anzuverwandeln oder ›einzuverleiben‹. Die Distanz zwischen Erkenntnisgegenstand und -subjekt ist in diesem Moment der Anverwandlung überwunden, ja ausgelöscht, nämlich an dem Ort dieser Mimesis zusammengeflossen.

32 Vgl. Schmitz, Bd. II/1, § 43, a. a. O., S. 11.

Damit sind die Weisen dieser ›empathischen‹ Erkenntnis allesamt durch das Merkmal der ›absoluten Örtlichkeit‹ bestimmt und insofern, denkt man an die Schmitzsche Definition des Leiblichen, Potenzen des Leibes. Sei es die Imagination oder das Begehrungsvermögen, seien es die Fähigkeiten der Mimesis oder der Einfühlung, sie sind alle durch den Akt der Verschmelzung von Erkennendem und in der Erkenntnis Gesuchtem am Ort des Leibes gekennzeichnet, so daß es gerechtfertigt erscheint, diese empathischen Potenzen als Formen leiblicher Erkenntnis zu bezeichnen.

Die Geschichte der Naturwissenschaft der Neuzeit ist von der radikalen Abdrängung dieser sinnlichen, imaginativen und mimetischen Momente, kurz, der empathischen Potenzen der leiblichen Erkenntnis gekennzeichnet. Diese Abdrängung setzte nicht erst mit der Neuzeit ein, sie steht im Kontext eines umfassenderen geschichtlichen Prozesses der Formierung einer *leibfreien* Naturerkenntnis, deren Konstitution schon in der griechischen Antike zu verzeichnen ist. Es kann hier dieser Prozeß nicht in seiner ganzen Allgemeinheit dargestellt und verfolgt werden; vielmehr soll sich die Untersuchung auf einen Teilausschnitt – den der Exklusion der sensitiven Momente der Sinneswahrnehmung aus dem Kanon der wissenschaftlich sanktionierten Erkenntnisformen – beschränken.

Wie ist die Wahrnehmung ohne innere Teilhabe und Verwandtschaft der Sinne an ihren Objekten möglich? Diese Frage steht als das exemplarische Problem leibfreier Naturerkenntnis im folgenden zur Debatte.

Damit komme ich zum zweiten Aspekt dieses Abschnitts ›Leibfreiheit der Naturerkenntnis‹, zum Thema der neuzeitlichen Wahrnehmungstheorien, die durch die Aufkündigung der traditionellen Vorstellung der Bildverknüpfung zwischen Wahrnehmung und vermeldetem Gegenstand geprägt sind.

b) Wahrnehmungstheorien im Umbruch

Die neuzeitliche Beschäftigung mit dem Thema Wahrnehmung bezeigt eine grundsätzliche Schwierigkeit der neuen Wissenschaft, mit dem Vorgang des Erkennens und Gewahr-Werdens eines äußeren Vorgangs in der Natur fertigzuwerden. Die mittelalterliche Theorie der ›species‹, die die Wahrnehmung ›intentional‹ zu bewerkstelligen hatten, war obsolet geworden, mehr noch aber war es die neuzeitliche Trennung von nicht-anthropomorpher Natur und nicht-naturhaftem menschlichem Wesen selbst, die den Gedanken einer ›Wahr-Nehmung‹ als einer verläßlichen Brücke zwischen Subjekt und Objekt unmöglich machte.

Die Neuzeit plagt die Befürchtung, daß es eine grundsätzliche Differenz zwischen Gegenstand und (mittels der Sinne vermeldeter) Wahrnehmung geben könne, ja, aller Voraussicht nach geben müsse. Zwar umfaßt die Empfindung oder ›Sensation‹, die wir von einem Gegenstand erfahren, immer mehr als sich selbst: Sie verweist auf etwas anderes, bezeugt einen realen äußeren Gegenstand, ein ›Original‹. Aber die Verläßlichkeit dieser Zeugenschaft ist nicht evident: Handelt es sich um unverfälschte, authentische Wiedergabe, vollkommene Ähnlichkeit des Vermeldenden mit dem Gemeldeten, oder ist es Anzeige, Darstellung in Stellvertretung eines ganz Anderen? Handelt es sich bei den ›Bildern‹ der Wahrnehmung um *Reproduktionen,* mehr oder minder vollkommen ähnlich, oder um bloße *Repräsentationen,* die den Gegenstand in notwendig schematischer und verkürzender Form darstellen?

Wie ist der Vorgang der Wahrnehmung zu begreifen? Wie ist er kausal zu beschreiben? Was ist es, was als Zeichen, Bild, Spezies oder Signal des eigentlichen Objekts zum wahrnehmenden Subjekt gelangt?

Diese Fragen bilden den Ausgangspunkt und Unruhepunkt aller Bemühungen um eine verläßliche, wissenschaftlich haltbare Theorie der Wahrnehmung, die in der Debatte um die ›primären und sekundären Qualitäten‹ der Dinge kulminieren.

»So wie das Auge geschaffen wurde, um Farben zu sehen, und das Ohr, um Töne zu hören«, schreibt J. Kepler[33] in einem Brief vom 9. 4. 1597, »so wurde der menschliche Geist geschaffen,

---

33 J. Kepler, *Opera omnia,* ed. Frisch, Bd. I, a. a. O., S. 31, Übersetzung von mir, W. K.

nicht, was immer beliebt, zu verstehen, sondern um Größe (ad quanta intelligenda) zu verstehen«. Dieser Satz drückt in nuce schon die Lehre der ›primären und sekundären Qualitäten‹ aus (die explizit erst viel später, nämlich von J. Locke 1690 im *Essay Concerning Human Understanding* formuliert wurde): Die Sinneserkenntnis gibt die Natur nicht so wieder, wie sie beschaffen ist; allein dem menschlichen Geist obliegt es, die Natur zu verstehen, wie sie wahrhaft ist, nämlich als eine aus *Größen*, den ›primaria accidentes substantiae‹, wie es bei Kepler[34] in den *De quantitatibus libelli* heißt, zusammengesetzte Substanz. Schon bei Bacon hatten wir gehört, daß die Natur gegenüber einer vorschnellen ›anticipatio mentis‹ in Schutz genommen werden müsse; der Mensch müsse sich ändern, nicht etwa die Natur. Die ›interpretatio naturae‹ ist nur durch ein umsichtiges, methodisch kontrolliertes Vorgehen zu erreichen. Die geläufigen Qualitäten, in denen der Mensch die Dinge wahrzunehmen gewohnt ist, die Qualitäten des Geruchs, Geschmacks oder Klanges, der Farbigkeit oder des Gefühls sind zunächst ›sekundäre‹, und das heißt, über die eigentliche Verfaßtheit der Dinge nichts aussagende Bestimmungen. In dieser Einschätzung stimmen die wesentlichen Vertreter der neuen Naturwissenschaft des 17. Jahrhunderts, angefangen bei Kepler und Galilei über Descartes bis zu Newton, überein. Zwar streitet man sich teilweise im einzelnen darüber, welcher Kategorie gewisse Bestimmungen oder ›Qualitäten‹ zuzuordnen sind (Galilei ordnet die ›Härte‹ den sekundären Qualitäten zu, Newton dagegen den primären[35], desungeachtet besteht aber allgemeine Übereinstimmung darin, daß die den Sinnen, und das heißt, der leiblichen Empfindungsfähigkeit des Menschen zugeordneten Qualitäten ein nur ungenaues und unzuverlässiges Bild von den Dingen erbringen, wogegen die eigentliche Struktur der Objekte in ihren metrischen und kinematischen Größen enthalten sei, die sie dem menschlichen Geist auf eine *unsinnliche* und *unaffektive*, eben leibfreie Weise offenbaren: Man

34 Vgl. ebd., Bd. VIII, S. 150.
35 Bezüglich einer umfassenden Darstellung der Debatte um die primären und sekundären Qualitäten im 17. Jahrhundert siehe E. A. Burtt: *The metaphysical foundations of modern physical science*, New York 1927, insbesondere S. 57 ff.

habe nur die ›Sprache der Natur‹ zu erlernen, um diese Größen von den anderen unterscheiden und zweifelsfrei in Erfahrung bringen zu können.

Aus der Fülle des Materials, das sich hier bietet, sollen im folgenden Galilei und Descartes, und damit ein rhetorischer und ein wissenschaftlicher Diskurs, zum Problem der Wahrnehmung und zur Priorität der ›primären‹ gegenüber den ›sekundären Qualitäten‹ dargestellt werden. Dazu bedarf es aber einer kurzen Vergewisserung über ihre historischen Voraussetzungen, einer Rekapitulation der sogenannten Spezies-Theorie der Scholastik.

1. Die Speziestheorie des Spätmittelalters
(Exkurs)

Im 13. und 14. Jahrhundert schon wurde die Frage der Wahrnehmung intensiv diskutiert. Generelles Problem war dabei, ob der Wahrnehmungsvorgang als ein Geschehen eigener Qualität mit eigener Kausalität zu behandeln sei oder aber als ein anderen physikalischen Prozessen prinzipiell gleichgestellter Vorgang zu begreifen sei. Wie Anneliese Maier in ihrem Aufsatz »Das Problem der Species Sensibiles in Medio und die neue Naturphilosophie des 14. Jahrhunderts«[36] feststellt, gab es hierzu verschiedene Antworten und Lösungen.

Grundsätzliche Übereinstimmung herrschte, bis auf den in diesem Punkt abweichenden Wilhelm von Ockham, in der Annahme einer Vermittlung der Wirkungen durch ›species‹: Danach sollten alle Prozesse innerhalb der Natur, noch ungeachtet der Spezifik der Wahrnehmungsprozesse, durch gewisse ›species‹ oder ›similitudines‹ vermittelt sein, die als Platzhalter oder Stellvertreter der ursprünglich wirksamen ›causa efficiens‹ die andauernde Präsenz der Wirkung darzustellen hätten. Diese Präsenz vermöchten sie, so bestand die Vorstellung, über sehr weite Entfernungen, durch die Medien des Wassers und der Luft, aber auch durch feste Substanzen hindurch aufrechtzuerhalten[37].

In der Frage der Einschätzung des Wahrnehmungsvorganges

---

36 Abgedruckt in: A. Maier, *Ausgehendes Mittelalter*, Bd. II, Rom 1967, S. 419–451.
37 Ebd., S. 420.

schieden sich die Geister: Ist dieser Vorgang von derselben Qualität, von *derselben Spezies* bestimmt wie die anderen Prozesse innerhalb der Natur? Oder ist die Kausalität des Wahrnehmungsprozesses eine andere als etwa diejenige, die für Prozesse der Reifung, des Entstehens und Vergehens, des Erwärmens und Schmelzens von Objekten der Natur verantwortlich war?

Hier lassen sich, so A. Maier, zwei große Schulen unterscheiden: Auf der einen Seite die Annahme einer generellen und umfassend gültigen einheitlichen Kausalität, und das heißt, einer einheitlich verantwortlichen ›species‹ – hierzu sind Roger Bacon und nach ihm Petrus Johannis Olivi zu zählen.

Auf der anderen Seite die Ansicht, daß die genannten Prozesse zu differenzieren seien; daß es zu unterscheiden gälte zwischen Vorgängen der Sinneswahrnehmung und solchen innerhalb der Natur. Dieser Ansicht neigen Albertus Magnus, Thomas und auch Aegidius Romanus zu.

Roger Bacon nahm im Anschluß an R. Grosseteste »eine völlige Identität des Wirkens in allen Kausalprozessen« an (mit Ausnahme der gewaltsam oder künstlich verursachten ›motus localis‹) und unterstellte »in allen Fällen eine durch Spezies vermittelte actio«, »auch dann, wenn agens und passum miteinander in Berührung sind.«[38]

Letztlich ist für Bacon jede Wirkung eine Wirkung in die Tiefe, reine Berührungen an der Oberfläche schließt er als mathematische Idealisierungen aus. Tiefenwirkung aber bedarf eines Repräsentanten der Kausalität, eben der ›species‹, die dafür zu sorgen haben, daß zwischen ›agens‹ und ›passum‹ völlige Gleichverteilung der Kausalität hergestellt ist. »Der Unterschied der Wirkungen«, so führt A. Maier[39] aus, »wird ausschließlich in das passum verlegt«; es hängt also, dieser Auffassung nach, nur vom betroffenen Gegenstand ab, ob es zur Wärmeempfindung, zur Schmelze oder eben zur Sinnesempfindung kommt.

Anders die Auffassung des Albertus Magnus und der Thomisten: Sie unterschieden schon von Anfang an in der Anlage der Wirkungen:

»Anstelle des einheitlichen modus causandi der Baconschen Richtung unterscheiden sie drei verschiedene Kausalitäten im Bereich des irdi-

---

38 Ebd.
39 Ebd.

schen Geschehens (wenn wir von den qualitates occultae absehen, zu denen in gewissem Sinn auch die magnetische Anziehung gerechnet wurde): die *mechanische Kausalität* der vires motrices, die *Assimilationskausalität* der aktiven Qualitäten Wärme und Kälte, Feuchtigkeit und Trockenheit, und schließlich die *intentionale Kausalität* der spezifischen Sinnesqualitäten, deren passa appropriata [zugeordnete Aufnahme-Partner der Wirkung, W. K.] die korrespondierenden Sinnesorgane und nur sie sind.«[40]

Die eigentliche Wirkweise, der ›modus‹ der Kausalität, ist mit diesem Erklärungsansatz natürlich noch nicht angegeben; aber immerhin sind gewisse Typen oder Muster der Erklärung mittels der hypostasierten ›species‹ angemeldet. Die allgemeine Vorstellung, die hinter diesen thomistischen Kausalitäten steht, ist die, daß gewisse Qualitäten des ›agens‹ die Fähigkeit hätten, sich zu vervielfältigen, d. h. eine andere, ihnen ähnliche Qualität im ›passum‹ zu erzeugen. Bezogen auf die Sinneswahrnehmung, um die es hier zu tun ist, heißt das, daß »die eigentlichen, unmittelbaren agentia ... hier nur die spezifischen Qualitäten (sind), die passa appropriata die entsprechenden Sinne: also Licht und Farben, Töne, Gerüche, Geschmäcke und die taktilen Qualitäten auf der einen Seite, visus, auditus, olfactus, gustus und tactus auf der andern.«[41]

Die ›spezifischen Qualitäten‹ vermochten sich also in ihnen entsprechende Sinnesqualitäten auf seiten des Wahrnehmenden umzuwandeln – und zu dieser Umwandlung bedurfte es der besonderen ›species intentionales‹ oder ›species sensibiles‹. Diese ganze Konstruktion war notwendig, da die ›allgemeinen Qualitäten‹ oder ›qualitates communes‹ nach Aristoteles selbst nicht direkt auf die Sinnesorgane zu wirken vermochten. Wollte man also Kausalität in diesem Prozeß denken, mußte diese Spezies ›*immaterieller, nicht wahrnehmbarer Träger*‹ imaginiert werden, »die vom agens ausgehen und auch über große Distanzen hinweg das passum zu erreichen und dem agens zu assimilieren vermögen.«[42]

Der Grund, weswegen derartige immaterielle Träger von ›species inten-

40 Ebd., S. 421; Hervorhebung von mir, W. K.
41 Ebd., S. 422.
42 Ebd., S. 422 f.

tionales‹ notwendig waren, ist nach A. Maier ein doppelter: Zum einen dienen sie der Überbrückung der Distanz von Subjekt und Objekt, die im Sinne einer Fernwirkungstheorie zu denken verboten war; zum anderen wahren sie das Prinzip der Scholastik, nach dem das agens eines Prozesses immer vornehmer, ›nobilius‹ zu sein hätte als das passum – was insbesondere verbietet, daß ein materielles agens (ein schlichtes Objekt) auf ein immaterielles Subjekt (die Seele) wirken könnte. Um diesem Prinzip also Genüge zu tun, muß ein immaterielles Etwas als das die Wahrnehmung verursachende Moment dazwischengeschaltet werden.

Der Grundgedanke dieser Wahrnehmungsvorstellungen des Thomas und des Aegidius Romanus ist, eng angelehnt an die Aristotelische Bewegungslehre, der, daß im Unterschied zu einer realen oder physikalischen Bewegung im Vorgang der Wahrnehmung nur die *Form* des ›agens‹ wirke, nicht aber das Zusammengesetzte aus Materie und Form. Das heißt, von den Sinnen würde nur die ›forma sine materia‹ aufgenommen, und damit hätte der Vorgang selbst nur intentionales, nicht aber reales Sein, diente nur dem immateriellen ›Bedeutungstransport‹, nicht aber einem materiellen Transfer, wie in den Fällen der anderen Kausalitätsmodelle.

Diese Bestimmungen, die für unsere heutigen Ohren schon merkwürdig genug klingen, machen die ›species sensibiles‹ natürlich reichlich schwierig zu fassen, um nicht zu sagen unfaßbar. Ihr rein intentionales, nicht ›reales‹ Sein, ihr Bestehen als ›forma sine materia‹ entzieht sie im selben Augenblick physikalischer Debatte und Erörterung, in dem sie zur Erfüllung physikalisch-kausalitätsorientierter Erwartungen gerade eingeführt werden. Wie man bei A. Maier aber erfährt, war[43] »ganz geklärt ... die Frage nach dem modus essendi der Spezies im Medium allerdings nie«.

Es können hier die weitergehenden Fragen nach der Diversität der verschiedenen Sinnesqualitäten und den Deutungen, die sie erfahren haben, nicht verfolgt werden; desgleichen nicht die Fragen der Unterscheidung der medialen von den nicht-medialen Wahrnehmungsvorgängen, die Diskussionen um die Materialität der Träger dieser Vorgänge usw. Diesbezüglich kann nur

43 Ebd., S. 423.

auf die sachkundigen und informativen Arbeiten A. Maiers, die uns hier in diesem kurzen Abriß auch als Gewährs-Instanz gedient haben, verwiesen werden.

2. Galilei

Galilei besitzt keine explizite Theorie der Wahrnehmung. Wie Cassirer schon feststellte[44], hat er keine »abgesonderte Theorie des Erkennens neben und außerhalb seiner wissenschaftlichen Leistungen entwickelt«, wohl aber gibt es mehrfach Stellen innerhalb seines umfangreichen Werkes, die sich detailliert mit dem Problem der Wahrnehmung auseinandersetzen. Die wohl berühmteste und wichtigste diesbezüglich ist in seiner Streitschrift *Il Saggiatore* von 1623 zu finden, die im folgenden deshalb ausführlich zur Darstellung gebracht werden soll.

Der *Saggiatore* (dt.: der Prüfer oder Wäger) verdankt sich einer längeren Kontroverse, die zwischen Galilei und den Jesuiten des Collegium Romanum, insbesondere deren Mitglied Pater Orazio Grassi, stattfand.

Ausgelöst durch das Erscheinen dreier Kometen 1618 und die dadurch heraufbeschworene Frage nach deren himmlischer oder sublunarer Zugehörigkeit, hatte Grassi 1619 eine Schrift mit dem Titel *De tribus Cometis anni MDCXVIII disputatio astronomica* veröffentlicht. Galilei meinte in Grassis Plädoyer für die ›Himmelszugehörigkeit‹ der Kometen eine Gefährdung der kopernikanischen Idee zu erkennen, scheute aber zu dieser Zeit eine öffentliche Stellungnahme und sprach deshalb (auch um sich die Sympathien des Collegium Romanum und der Jesuiten nicht zu verscherzen) durch den Mund seines Freundes und Schülers M. Guiducci, der 1619 vor der Florentiner Akademie einen Vortrag zu halten hatte. *Discorso dei Cometi* war die Rede benannt, in der die Eingeweihte die heimliche Federführung Galileis zu erkennen wußten.

Als Grassi dann allerdings im Oktober 1619 unter Pseudonym eine Antwort als *Libra Astronomica ac philosophica* qua Galilaei opiniones de Cometis a Mario Guiducio in Florentina Academia expositae atque in lucem nuper editae examinantur... publizierte, ließ Galilei sich nicht länger fesseln und antwortete mit dem *Saggiatore*. These für These und Paragraph für Paragraph geht Galilei die Argumente Grassis bzw. Sarsis durch, die sich meist einer Vermischung aristotelisch-scholastischer Dogmen mit dem Evidenzgehalt des empirischen Scheins

44 Cassirer, *Das Erkenntnisproblem*, Bd. I, a. a. O., S. 417.

verdankten. (Diese Schrift ist leider nicht ins Deutsche, wohl aber seit 1980 durch Christiane Chauviré ins Französische übersetzt.[45])

Ich beschränke mich im folgenden auf den Paragraphen 48, der wegen seiner allgemeineren wahrnehmungstheoretischen Ausführungen hier von Belang ist. Galilei spricht hier in aller Deutlichkeit von den originären Formen der Natur, die von den bloßen Abbildern oder Empfindungsformen, mittels derer der Mensch wahr-nimmt, streng zu unterscheiden seien:

»Wie ich Ihnen, Hoheit, weiter versprochen habe, bleibt mir jetzt, meine Meinung zu der Aussage zu äußern: ›Die Bewegung ist Ursache der Wärme‹, und zu zeigen, worin meiner Meinung sie wahr sein könnte. Aber ich halte es zunächst für nötig, einige Bemerkungen zu machen über das, was wir *warm* nennen, denn ich habe sehr deutlich den Eindruck, daß man sich davon allgemein ein sehr weit von der Wahrheit entferntes Bild formt, wenn man es für eine *wahre Akzidenz*, eine Affektion oder eine Qualität hält, die tatsächlich in der Materie ihren Sitz habe, an der wir eine Erwärmung feststellen.

Deshalb erkläre ich, daß ich notgedrungenerweise jedesmal, wenn ich eine Materie oder körperliche Substanz ins Auge fasse, diese zugleich als begrenzt und mit der oder jener Figur ausgestattet, als groß oder klein im Vergleich zu anderen, als diesen oder jenen Ort zu diesem oder jenem Zeitpunkt okkupierend, als in Bewegung oder unbeweglich, als in Kontakt mit einem anderen Körper oder nicht, als zusammengesetzt oder einfach denken muß, und daß ich sie durch keine Anstrengung der Einbildung [l'immaginazione] von diesen Bestimmungen lösen kann; aber daß sie weiß oder rot, bitter oder süß, stimmhaft oder stumm, von einem angenehmen oder unangenehmen Geruch sein müßte – dazu sehe ich nichts, was meinen Geist zwingen könnte, sie als notwendig von diesen Bestimmungen begleitet wahrzunehmen; und vielleicht, – wäre nicht die Unterstützung der Sinne – die Überlegung und auch die Einbildung würden es niemals entdecken. Ich denke daher, daß diese Geschmackseindrücke, Gerüche, Farben etc. im Vergleich zu dem Gegenstand, in dem sie uns zu residieren scheinen, nichts als bloße Namen seien und ihren Sitz allein in dem wahrneh-

45 Ch. Chauviré, *L'Essayeur de Galilée*, Paris 1980.

menden Körper [il corpo sensitivo] haben derart, daß, wenn einmal das lebendige Wesen ausgeschaltet wäre, alle diese Qualitäten zerstört und annulliert wären; da wir ihnen aber besondere, und von jenen tatsächlichen und ersten Qualitäten [primi e reali accidenti] verschiedene Namen gegeben haben, sind wir geneigt, zu glauben, daß sie davon wahrhaft und tatsächlich verschieden seien.«[46]

Es folgt als Konkretion das Beispiel der tastenden Hand, deren Wirkungen sich in einen objektiv-physikalischen Anteil und in einen subjektiv-sensitiven Anteil auftrennen lassen:

»Ich glaube, daß ich klarer mein Denken mit einem Beispiel erklären werde. Ich führe meine Hand über eine Marmorstatue, dann über einen lebenden Menschen. Die Wirkung meiner Hand, soweit es von ihr abhängt, ist dieselbe auf dem einen wie auf dem anderen Gegenstand [soggetto], begründet durch die primären Akzidentien der Bewegung und der Reibung, denen wir keine anderen Namen geben. Aber der lebende Körper, auf den sich diese Operationen auswirken, empfindet verschiedene Affektionen entsprechend der Partien, wo er berührt wird; unter der Fußsohle zum Beispiel, auf den Knien oder unter den Armen empfindet er, zusätzlich zum gewöhnlichen Berührt-Werden, eine andere Affektion, der wir einen besonderen Namen gegeben haben: *das Kitzeln* [solletico], eine Affektion, die gänzlich von uns stammt und keineswegs von der Hand abhängt; und es scheint mir, daß man sich schwer täuschen würde, wenn man behaupten würde, daß die Hand neben der Bewegung und dem Berühen noch eine weitere Eigenschaft an sich selbst besitzen würde, die Fähigkeit des Kitzelns/der Verlockung, als ob das Kitzeln [il sollecitare] eine Akzidenz wäre, die in ihr angesiedelt wäre. Ein wenig Papier oder eine Feder, die man leicht über eine beliebige Stelle des Körpers streifen ließe, rufen ihrerseits dieselben Wirkungen hervor, nämlich Bewegung und Berührung; aber angewendet auf die Augen, auf die Nase oder unter die Nasenflügel rufen sie ein nahezu unerträgliches Kitzeln hervor, während man sie an anderen Körperpartien nahezu kaum verspürt. Deshalb ist dieses Kitzeln

---

46 Galileo Galilei, *Il Saggiatore*, § 48; *Opere Ed. Naz.*, VI, S. 347 f.; Übersetzung und Hervorhebung von mir, W. K.

[quella titillazione] gänzlich unsererseits, nicht auf seiten der Feder, und sobald man den animierten und empfindsamen Körper unterdrückt, ist es nicht mehr als ein Name. Das ist meiner Meinung nach die einzig wahre Existenzweise vieler Qualitäten wie Geschmack, Gerüche, der Farben und anderer mehr, die man natürlichen Körpern zuspricht.«

Im folgenden handelt er auch die anderen Sinne wie Geruch, Geschmack und Gehör ab – was uns hier aber nicht interessieren soll –, um dann in einem allgemeinen Resümee fortzufahren: »Aber daß in den äußeren Körpern, um in uns die Geschmacksempfindungen, die Gerüche, die Töne zu erregen, anderes als Größen, Formen, Mengen und langsame oder schnelle Bewegungen nötig seien, das glaube ich nicht; und ich schätze, daß, wenn man die Ohren, die Zunge und die Nase ausschaltete, dennoch sehr wohl die Formen, die Anzahl und die Bewegungen bleiben würden, nicht mehr aber die Gerüche, noch die Geschmacksempfindungen noch die Töne, die außerhalb des Lebewesens [l'animal vivente], wie ich glaube, nichts anderes als Namen sind, genauso wie das Kitzeln und die Sollezitation [la titillazione e il solletico].

Kommen wir jetzt zu meiner ersten Ansicht zurück; wir haben bereits gesehen, daß viele Affektionen, von denen man meint, daß sie als Qualitäten in den äußeren Gegenständen residierten, tatsächlich keine Existenz außer in uns haben und außerhalb von uns nichts als Namen sind; ich neige sehr dazu, zu glauben, daß die Wärme von derselben Art ist, und daß jene Materie, die in uns das Warme hervorruft und es uns spüren läßt und die wir mit dem allgemeinen Namen des Feuers bezeichnen, sich zusammensetzt aus einer Vielzahl sehr kleiner Korpuskeln, die diese oder jene Form haben, diese oder jene Geschwindigkeit; indem sie unseren Körper treffen, durchdringen sie ihn dank ihrer extremen Leichtigkeit; und ich glaube weiterhin, daß ihre Berührung, die bei ihrem Durchgang durch unsere Stofflichkeit [la nostra sostanza] entsteht und von uns empfunden wird, diejenige Affektion sei, die wir *warm* nennen, angenehm oder unangenehm je nach der Anzahl und der großen oder kleinen Geschwindigkeit dieser winzigen Partikel, die bei uns auftreffen und uns durchdringen; und daß angenehm jene Durchdringung sei, die unsere notwendige und unmerkliche Atmung erleichtert, unangenehm aber jene, die eine zu große Trennung und Auflösung in unserer Stofflichkeit bewirkt.«[47]

Bewußt habe ich diesen längeren Textausschnitt aus dem *Saggiatore* gewählt, um in dieser anschaulichen Sprache von der Verabschiedung des ›belebten und empfindsamen Körpers‹ (des Leibes, wie wir an dieser Stelle sagen würden) zu hören. Es ist gerade das Beispiel der *tastenden Hand*, die über eine Marmorstatue, dann über einen lebendigen Menschen fährt, an dem sich der erstaunliche Wandel der Auffassungen bezüglich der Wahrnehmung, der Sinnesorgane und der von ihnen hervorgerufenen Bilder ablesen läßt:

Galilei spricht an keiner Stelle von der Wahrnehmung oder Empfindung dieser Hand selbst; sie dient ihm allein zur Ausübung einer Operation, ist Gerätschaft, Feder, die selbst keinerlei Gespür oder Gefühl rückmeldet. Der leibliche Aspekt der Empfindung ist vollkommen ausgeblendet.

Galilei spricht aber sehr wohl über Empfindungen. Nur sind diese völlig einseitig ausgelegt, nämlich nur als Erlebnis- oder Erleidensprozesse des berührten menschlichen Körpers, nicht aber als Prozesse aktivisch-passivischer Erregung und Stimulation. Eine wechselseitige Auslösung von Berührung und Empfindung in einem Akt kommt für ihn nicht in Betracht. ›Menschlicher Körper‹ und ›Marmorstatue‹ dienen ihm in ihrer Polarität dazu, ›menschliches Empfinden‹ hie und ›objektiven Kontakt‹ da zu repräsentieren, wobei diese Entgegensetzung noch mit einer starken Wertung verbunden ist: Die Empfindung des Berührt-Werdens könnte im extremen Fall völlige Täuschung sein, nämlich auf ›immaginazione‹, Einbildung, beruhen; der objektive Kontakt zweier Körper aber ist von keiner Instanz der Welt zu leugnen und durch keine ›Anstrengung der Einbildung‹ aufzulösen, besitzt also objektive Realität.

Und diesen objektiven, unleugbaren Gegebenheiten gilt es auf die Spur zu kommen, möglichst unbeeindruckt von den Empfindungen, die sich als Resultate der Sinneseindrücke einstellen: Es wäre sowohl ein Fehler, die Fähigkeit des Kitzelns bzw. der Verlockung (›sollicitare‹ deutet im Italienischen in beide Richtungen) als eine Eigenschaft, eine ›Akzi-

47 Ebd., S. 348–350, Übersetzung und Hervorhebung von mir, W. K.

denz‹ der Hand zu deuten, es wäre aber noch erheblicher ein Fehler, die von dem kitzelnden Gegenstand auf der Haut erzielten Wirkungen als Wirkungen des Instrumentes mißzuverstehen: »Deshalb ist dieses Kitzeln gänzlich unsererseits, nicht auf seiten der Feder, und sobald man den animierten und empfindsamen Körper unterdrückt, ist es nicht mehr als ein Name.«

Galilei bezweifelt nicht eigentlich die Unvoreingenommenheit und Objektivität der vom Menschen wahrgenommenen Eindrücke, nein, er versucht sie ihrerseits als die notwendig subjektiven Anteile der *Perzeption* zu begreifen. Durch eine subtile und möglichst stichhaltige Betrachtung der verschiedenen Formen der menschlichen Wahrnehmung, insbesondere des Tastvermögens, Geruchs, Geschmacks und Gehörs (die ich hier nicht alle zur Darstellung gebracht habe), auffälligerweise aber gerade nicht des Sehvermögens, entrückt und entheiligt Galilei den gewohnten menschlichen Zugang zur Natur, hält ihn sich ›vom Leibe‹ und macht ihn gerade dadurch einer objektivierenden Behandlung zugänglich.

Der menschliche Naturzugang wird also entmystifiziert, wird entzaubert (mit Ausnahme des Blicks, der für Galilei immer noch ein fast mystisches Gewicht besitzt). Er wird einer wissenschaftlichen Behandlung im Rahmen physiologischer Wahrnehmungstheorie zugeführt. Sicher sind hier Galileis Ansätze noch reichlich spekulativ, dennoch aber sind sie als Anfänge einer neuen, physikalischen Bemühung um die Aufklärung der Wahrnehmung zu verstehen.

c) Cartesische Wahrnehmungstheorie

Descartes steht in der Linie des Umbruchs, der von Kepler und Galilei eingeleitet wurde, aber er geht weit darüber hinaus. Descartes ist als der erste wahre Theoretiker der Wahrnehmung anzusehen.

Wenn schon Galilei von ›accidenti primi e reali‹ gesprochen hatte, die den Empfindungen der Farbe, des Geruchs, Gehörs bzw. aller Sinne insgesamt gegenüberzustellen wären, so nimmt Descartes das Thema der Sinnesempfindungen auf einer grundsätzlicheren Ebene wieder auf. Ihn beschäftigen nicht nur Fra-

gen ihrer erkenntnistheoretischen Bewandtnis oder Bewandt-
nislosigkeit, zuallererst widmet er sich der Frage ihrer physiologischen Beschaffenheit, ihrer inneren Objektivität und ihrer
Grenzen. Weit vor Lockes fundamentaler Unterscheidung von
›primären und sekundären Qualitäten‹ in *An Essay Concerning
Human Understanding* von 1690 befindet Descartes schon in
den frühen Jahrzehnten des 17. Jahrhunderts über das objektive
erkenntnistheoretische Primat der ersteren, denen gegenüber
die Bedeutung der letzteren, ungeachtet ihrer unausweichlichen
Gegebenheit in den Sinnen, zurücktreten muß. Wenn die Sinnesempfindungen zwar deutlich als von ›zweiter‹ Art, von
sekundärer oder abgeleiteter Natur, bestimmt werden, so ist es
aber auch Descartes, der das Zustandekommen dieser subjektiven Empfindungen selbst noch einmal naturwissenschaftlich
aufzuklären sucht. Seine (teilweise) spekulativen Ansätze zur
Erklärung des Sehens, seine maschinenanalogen Entwürfe vom
Zustandekommen des Geruchs, des Gehörs, Geschmacks und
der Tastempfindungen im *Traité de l'Homme* (1632), in den
Diskursen der *Dioptrique* und der *Météores* (1637) und in der
Description du corps humain (1648) stellen die ersten Anfänge
einer naturwissenschaftlich angeleiteten Physiologie und Psychologie der Erkenntnis dar.
Im folgenden werde ich mich mit diesen naturwissenschaftlichen Versuchen Descartes' nicht im einzelnen auseinandersetzen, sondern mich der allgemeinen Theorie der Wahrnehmung
widmen, die er im Vierten Diskurs der *Dioptrique*, »Des Sens
en Général« betitelt, anbietet. Dieser Diskurs enthält sowohl
Descartes' Theorie der Darstellung oder ›Repräsentation‹ als
auch implizit die Unterscheidung von ›sekundären‹ gegenüber
›primären Qualitäten‹. Diese Unterscheidung soll dann durch
einen Exkurs in den Sechsten Diskurs »De la Vision« noch
einmal exemplifiziert werden.

1. Des Sens en Général

Die Wahrnehmungstheorie des Descartes steht im Banne der
großen dichotomischen Scheidung, die er mittels der Generali-
sierung von ›res cogitans‹ und ›res extensa‹ in die Welt projeziert hatte. Erste fundamentale Konsequenz ist die, daß der
Mensch nicht körperlich, nicht mit den Sinnen – und schon gar

nicht leiblich –, sondern mit dem Kopf wahrnehme. Welche Sinnesorgane er auch immer im einzelnen zur Verfügung habe und welche Formen und Vorstellungsarten es auch seien, die diese Wahrnehmungsinstrumente ihm bescherten, die Empfindung des Menschen, ›la sensation‹ im französischen Text der *Dioptrique*[48], vollziehe sich in der Seele, nicht in der ›res extensa‹ des Körpers.

Gleich der erste große Satz des 4. Diskurses stellt dieses fest: *Es ist die Seele, die empfindet, nicht der Körper.* Es ist die Seele, bis zu der die einzelnen Reize der Sinne vordringen, um dort vorgestellt und eingesehen zu werden.[49]

Die Seele übt also diejenige Tätigkeit aus, die traditionellerweise schon dem ›sensus communis‹ überantwortet war: Sie koordiniert und lenkt die einzelnen Sinne, empfängt deren Signale, um sie verarbeiten und als Befehle an die einzelnen Organe wieder ausgeben zu können. Schon diese Feststellung erlaubt, einen ersten Unterschied zwischen primären und sekundären Qualitäten auszumachen: Während letztere von einem einzelnen Sinn spezifisch rezipiert werden, sozusagen sinnes-spezifisch sind, zeichnet die ersteren gerade aus, daß sie von mehreren, ja, streng genommen allen Sinnen empfangen und als Substrat dieser multiplen Rezeption an das Gehirn, den Sitz der Seele, wei-

---

48 Hier und im folgenden zitiere ich aus der *Dioptrique* nach der französischen Ausgabe: René Descartes, *Oeuvres et Lettres,* hg. von A. Bridoux, Paris 1953, S. 180–229 (im folgenden zitiert als *Dioptrique*; alle Übersetzungen im folgenden vom mir, W. K.).

49 Hier ist auf die eigenartige Stellung von *Empfindung, Vorstellung* und *Einbildung* – facultas sentiendi, ideae, imaginandi nach *Meditationes* VI, Art. 10 – innerhalb der cartesischen Dualität von ›res cogitans‹ und ›res extensa‹ hinzuweisen: Einerseits ist klar betont (VI, 10), daß sie in gewisser Weise zum Denkvermögen dazugehören; andererseits gelten sie aber auch wieder als »zum Wesen meines Geistes entbehrlich« (VI, 3). Sie sind Eigenschaften oder Bestimmungen der Seele, heißt es in einer aufschlußreichen Stelle des französischen Textes (abgedruckt in *Meditationen,* a. a. O., S. 142), »vergleichbar den Akzidenzien, die zu den Substanzen bestimmend, aber nicht wesensnotwendig hinzutreten«. Man erkennt an diesen Bemerkungen, die auch noch Zuflucht zu Termini der ›Schule‹ nehmen, eine gewisse Unsicherheit Descartes' über den Stellenwert von Empfindung, Vorstellung und Einbildungskraft.

tergegeben werden. Um dies näher zu verstehen, ist es notwendig, die cartesischen Vorstellungen von Reizleitung, Nerven und Gehirn sich zu vergegenwärtigen.

Sehen wir zunächst zu, wie der Vorgang der Leitung und Meldung eines Reizes im Gehirn beschrieben wird. Hier muß man sich zunächst eine Besonderheit der cartesischen Anthropologie, ihren physiologischen Pferdefuß, vergegenwärtigen. Daß es nämlich, ungeachtet der strengen Trennung von ›Körper‹ und ›Seele‹, eine Einbettung der letzteren in den Körper gibt! Die Seele besitzt nach Auffassung Descartes' eine körperliche Repräsentanz innerhalb des Gehirns, nämlich in Gestalt einer gewissen Drüse, ›une certaine petite glande‹, der sogenannten Zirbeldrüse.[50] Daß diese Lokalisierung der Seele, und mehr noch, ihre körperliche Repräsentanz, problematisch sind, liegt auf der Hand; aber zu dieser Aporie der cartesischen Philosophie will ich mich hier nicht äußern.

Wie wird des näheren nun der Vorgang der Wahrnehmung beschrieben?

Hier sind die *Nerven* entscheidend, die – ganz modern schon – für Descartes die Verbindung des Gehirns mit den einzelnen Sinnen gewährleisten. Nerven bestehen nach Descartes aus dreierlei Komponenten; erstens aus den Behältern, einer gewissen Haut (›peau‹, wie es bei ihm[51] heißt), die die eigentliche Nervenleitung wie ein Rohr oder Schlauch umhüllen (›tuyau‹), sie dabei flexibel halten und schützen; zweitens aus einer inneren Substanz (›substance intérieure‹), die man sich als eine Art Draht oder Leitung vorzustellen hat: Sie ziehen sich innerhalb der Röhren entlang und erstrecken sich feinstgliedrig überall hin; drittens aus dem lebendigen Hauch oder Wind (›esprit animal‹), dem eigentlichen *Signal* der Nervenleitung, das man sich als eine Art Fluidum oder Pneuma vorzustellen hat (modern sagt man heute Neuron): Es ergieße sich aus den Kammern und Löchern des Gehirns in die einzelnen Glieder, Organe und Sinne hinein, um diese zu Empfindung und Bewegung zu veranlassen.

Interessant scheint mir die Dreiteilung zu sein, die Descartes hier ein-

---

50 Vgl. Rothschuh, »Descartes' *Über den Menschen*«, a. a. O., S. 54.
51 *Dioptrique*, a. a. O., S. 202.

führt – und auf die er sehr stolz ist –, eine Dreiteilung zwischen Behältnis, mechanischer Leitung und Signal. Alle diese Begriffe und Konzepte sind bei Descartes nicht aus physiologischer Kenntnis entwickelt, sondern aus der Notwendigkeit der Funktion her postuliert. Insofern ist Descartes genauso spekulativ wie die geschmähten scholastischen Vorgänger. Aber das Paradigma, das er unterstellt, ist ein anderes, nämlich ein deutlich mechanistisches.

Was vermelden nun die Nerven? Was ist es, was der Seele als Mitteilung der Sinne zukommt?

Die Meldung der Sinnenreize (›la sensation‹ oder ›le sentiment‹) ist zunächst ein ganz mechanischer Vorgang: Der Reiz wird von den ›inneren Substanzen‹ in seiner je speziellen Bewegungsform an das Gehirn weitergegeben, etwa wie ein Seil, von irgendeinem Gewicht beansprucht und angezogen, diese Belastung momentan an seinen Aufhängepunkt (das Gehirn also) weitergeben würde.[52]

Es sind also nichts als Bewegungsformen, *Signale* mechanisch-kinematischer Art, die wir im Akt der Wahrnehmung empfangen – nicht aber irgendwelche Sinnesqualitäten, die wir mit dieser Wahrnehmung zu verbinden pflegen. Farbe, Ton, Geruch, Geschmack und Gefühl entstehen erst in uns, innerhalb des Aktes des Gewahr-Werdens und Bewußt-Machens, der sich im Gehirn abspielt. Zunächst dürfen als ihre Substrate nur gewisse spezifisch modifizierte Bewegungsformen angenommen werden, die sich über die Nervenreizleitung dem Gehirn mitteilen. (Diese Aussagen Descartes' sind, wenn auch detaillierter, noch in etwa deckungsgleich denjenigen, die im Galileischen *Saggiatore* zu finden waren.)

Zur näheren Illustration sei ein Beispiel gegeben, nämlich die Erklärung der Farbwahrnehmung durch Descartes im ersten Diskurs: Zunächst ist zu klären, was das Substrat dessen bildet, was wir als farbiges Licht und farbige Fläche wahrnehmen. Deshalb zuerst zum ›*farbigen Licht*‹:

Dieses ist nach Descartes' Erklärung aus dem ersten Diskurs nichts als eine spezifische Modifikation der Bewegungsform der sogenannten Lichtteilchen, derjenigen Teilchen, die den mate-

52 Vgl. ebd., S. 203.

riellen Träger des Lichts darstellen und insbesondere auch dessen Fortpflanzung gewährleisten. Farbigkeit des Lichts bestimmt er als zusätzliche Aufprägung eines gewissen Dralls oder Drehimpulses, der für die jeweilige ›Farbe‹, wie sie später in der Wahrnehmung erfahrbar ist, charakteristisch sein soll. Die Teilchen erhalten also nach dieser Vorstellung zusätzlich zu der ihnen innewohnenden Tendenz der linearen Fortbewegung noch eine farb-spezifische Rotation als Bewegung aufgeprägt. Durch wen?

Diese Frage beantwortet Descartes in der Behandlung der ›Farbigkeit von Gegenständen, Flächen etc.‹:

Vom Licht bestrahlte oder durchstrahlte Flächen erklärt er zu Auslösern der eben erwähnten spezifischen Bewegungsformen: Der Teilchenstrom des Lichts würde je nach der mechanischen Beschaffenheit der Oberfläche eines ihm im Wege stehenden Gegenstandes so oder so modifiziert, wie es durch die Gesetze des Stoßes und der Reflexion festgelegt ist. Hier kommt das mechanistische Paradigma Descartes' voll zum Vorschein: die Phänomene können nicht nur auf Druck und Stoß und Impulsaustausch zurückgeführt, sie können dadurch erst eigentlich wahrhaft *erklärt* werden.

Das *Sehen von Farben* erklärt Descartes nun zwanglos als einen ebenfalls physikalischen Vorgang rein mechanischer Qualität, nämlich derart, daß die komplizierten Rotations- und Translationsverhältnisse der Bewegung der Lichtteilchen von den empfindlichen optischen Nerven unserer Augenrückwand empfangen und als entsprechende Folge von Impulsen innerhalb der Nervenreizleitung an das Gehirn weitergegeben würden. Das Gehirn erst würde diese Folge von Impulsen, diese ›Signale‹, als eine Art Chiffre oder Schlüssel für ›Farbe‹ verstehen, nämlich derart lesen, daß die korrespondierende Farbempfindung in uns zustande käme.

Der gesamte Vorgang der Farbwahrnehmung, so wie Descartes ihn hier beschreibt, ist demnach mechanischer Natur und hat zunächst nichts‹ mit ›Farbempfindung‹, ›Farbgefühl‹ oder ›Gestimmtheit durch Farbe‹ zu tun: Die Dinge besitzen nicht eigentlich Farbe, sondern nur unsere Sinnesorganisation ist derart beschaffen, daß wir jene in der Erscheinung von Farben sehen. Auch wenn wir die Chiffre der Signale ›lesen‹, so tun wir dies auf eine rationale, mechanisch erklärbare Weise, eine Weise, die von Anfang an in uns so angelegt ist, die uns ›angeboren‹ ist.[53]

Diese Erklärung des Farben-Sehens durch Descartes wirkte weit in das 18. Jahrhundert hinein nach. Newton etwa und später noch Kant folgten in unterschiedlicher Weise den phänomenalitäts-destruierenden Vorgaben, die hier durch Descartes gemacht werden; für Newton wird dies an späterer Stelle noch gezeigt werden, bezüglich Kants kann hier nur auf A 29 der 1. Auflage der *Kritik der reinen Vernunft* verwiesen werden.

Auch die anderen Sinnesempfindungen versucht Descartes in der geschilderten Manier zu erklären: Im *Traité de l'Homme* von 1632 liefert er eine komplette Ableitung der Sinnesempfindungen sekundärer Art aus mechanisch-kinematischen Modifikationen der Größen primärer Art. Er gibt sowohl eine Erklärung vom Zusammenhang von ›Sinneswahrnehmung und Bewegung‹ als auch eine Theorie des ›Zustandekommens der Tastempfindungen der Haut‹, eine Theorie des Riechens, Schmeckens, Sehens und Hörens wie auch eine Erklärung des Entstehens von Hunger und Durst.[54]

Wenn auch diese ›Ableitungen‹ teilweise auf reiner Spekulation beruhen, so bezeigen sie dennoch die programmatische Absicht Descartes', die Sinnesempfindungen dem materialistischen Paradigma seiner Theorie der ›res extensa‹ zu subsumieren.

Kehren wir zu unserem vierten Diskurs »Über die Sinne allgemein« zurück. Descartes faßt nach seinen eher physiologischen und neuro-logischen Ausführungen (wenn man schon davon sprechen darf) über die Nervenreizleitung und die Entstehung der Empfindungen im Gehirn die ganze Analyse zusammen. Er kommt zu einer allgemeinen These über den Charakter der Wahrnehmung, die zwar im ›Sehen‹ ihr vornehmstes Paradigma besitzt, aber für alle Sinne gleich gültig ist:

53 Vgl. »Descartes' Bemerkungen zu dem Programm von Regius«, in: ders., *Prinzipien der Philosophie*, a. a. O., S. 275–303, insbesondere S. 294.
54 Vgl. die entsprechenden Themen in *Über den Menschen*, a. a. O., S. 68–96.

Es sind keine Bilder, keine ›species intentionales‹[55], *die von den Augen zum Gehirn weitergegeben würden* – genausowenig wie es Töne, Geschmäcke, Gerüche oder Farben sind –, *sondern es sind rein analytische Signalgrößen, die, differenziert nach Bewegungsform, Größe und Anzahl, sich unserer Seele mitteilen* und von ihr erst zu dem bildlich vorgestellten Gegenstand zusammengesetzt werden:

»Man muß sich im übrigen davor hüten anzunehmen, daß die Seele, um zu empfinden, gewisse Bilder (›images‹) nötig hätte, die von den Gegenständen bis in die Seele hinein gesandt wären – eine geläufige Annahme unserer Philosophen; mindestens muß man die Art dieser Bilder gänzlich anders voraussetzen, als sie es zu tun gewohnt sind. Denn solange sie sie nicht anders betrachten als unter der Prämisse, eine Ähnlichkeit mit den Gegenständen zu besitzen, die sie darzustellen haben, ist es ihnen unmöglich, uns nachzuweisen, wie sie (die Bilder, W. K.) auf jenen Objekten geformt sein, von den Organen der äußeren Sinne empfangen sein und von den Nerven bis zum Gehirn geleitet sein könnten.«[56]

Die alten Abbildtheoretiker, so Descartes, nehmen fälschlicherweise eine *Bildstruktur* unserer Wahrnehmung an; von Abbildern im strengen Sinne könne aber keine Rede sein. Wir nehmen sehr wohl – und hier wählt er einen auf den ersten Blick erstaunlichen Vergleich zur artifiziellen Ebene unserer Sprache und ihrer Zeichen –, wir nehmen sehr wohl auch andere Signale als Stimulus unserer Einbildung wahr, wie »zum Beispiel die Zeichen und die Worte, die in keiner Weise den Dingen ähneln, die sie bezeichnen«.[57]

Diese Worte, die sich schon wie die Ankündigung einer modernen Theorie des Zeichens lesen, gewinnen im folgenden zentrale Bedeutung.

Was heißt es, den Akt der Wahrnehmung mit dem Vorgang der Sprach- oder Zeichenerkennung und Zeichenlektüre zu vergleichen? Descartes zielt darauf ab, den Vorgang der Wahrnehmung seiner Unausweichlichkeit und Zwangsläufigkeit zu berauben: die Dinge sind nicht schon, so wie sie sind, in unserer Wahrnehmung gegeben, sie sind nur in uns ›repräsentiert‹, wie der von

55 Vgl. zu diesem Begriff speziell: *Dioptrique*, a. a. O., S. 183.
56 Ebd., S. 203; Übersetzung von mir, W.K.
57 Ebd., S. 204.

ihm bevorzugte Terminus lautet. Wir *müssen* die Welt nicht wahrnehmen so, wie sie ist, wir *können* sie lesen, dechiffrieren, verstehen, so wie sie sich in ihren Repräsentationen mitteilt. Die alten Theoretiker der Wahrnehmung – ohne Zweifel meint er hier die Scholastik[58] – hatten die *Ähnlichkeit,* weitestgehende und größtmögliche Ähnlichkeit, zum Kennzeichen jeder Wahrnehmung gemacht; dies kann aber nicht das adäquate Kriterium von Wahrnehmung sein, denn sonst ließe sich zwischen Abbild und Original, zwischen ›image et son objet‹, gar nicht unterscheiden. Statt dessen kann als notwendiges Kriterium nur die *Darstellung* oder ›représentation‹ gefordert werden, die gewisse charakteristische Züge des Gegenstandes in uns zur Darstellung bringt, um uns derart zu einem bewußtseinsaktiven Lesen und Verstehen des Gegenstandes zu veranlassen, statt uns das vermeintlich ähnliche Abbild der ›espèce intentionelle‹ des Objekts aufzunötigen.

Alle Gemälde, Kunstwerke, bildliche Darstellungen, die wir kennen, führt Descartes weiter aus, haben allenfalls eine gewisse ›ressemblance‹ mit ihren Urbildern; teilweise muß die Darstellung sogar, um gute Darstellung zu sein, auf weitestgehende Ähnlichkeit verzichten. Die Kupferstiche etwa, zweidimensionale Darstellungen von Objekten, vermöchten in uns die Gegenwart vielfältigster Eigenschaften und Eigenarten heraufzubeschwören, obwohl doch nur hinsichtlich einer einzigen Eigenschaft, der Gestalt, Ähnlichkeit besteht – und auch diese noch aufgrund ihrer perspektivisch-projektiven Darstellung schematisiert.

Um einen Gegenstand angemessen zu repräsentieren, ist es also paradoxerweise vonnöten, ihm nicht allzu ähnlich zu sein! Descartes bringt hier neben den erwähnten Kupferstichen das Beispiel bildlicher Schemata, Tableaus oder Skizzen, die in unserer Erinnerung den wahren Gegenstand in seiner Dreidimensionalität heraufzubeschwören vermögen. Auch die geometrischen Projektionen von Kreis und Quadrat auf eine Fläche, die eine Ellipse bzw. ein Rechteck ergeben, sind ein Beispiel solch einer gebrochenen Darstellung.

Bei all diesen Repräsentanten ist es keine Frage, daß sie ihrem Urbild nicht, oder zumindest nur sehr schwach *ähnlich* sind;

58 Descartes macht (ungerechterweise) zwischen der ›Spezies-Theorie‹ der Wahrnehmung und der speziellen ›Abbild-Theorie‹ der Optik im Gefolge Epikurs und Lukrez' keinen Unterschied.

wohl aber ist zu fragen, »wie sie überhaupt Veranlassung für die Seele bieten können, all die verschiedenen Qualitäten der Gegenstände wahrzunehmen, auf die sie sich beziehen«.[59]

Descartes erörtert diese Frage anhand des Beispiels der Gestaltwahrnehmung und ihres Vermögens der projektiven Übersetzung:

Eine zweidimensionale Zeichnung vermag in uns eine dreidimensionale Vorstellung wachzurufen und umgekehrt, angesichts eines dreidimensionalen Gegenstandes vermögen wir immer die Projektion auf die zweidimensionale Darstellung desselben vorzunehmen und diese Projektion immer mitzudenken – weshalb und inwiefern?

Descartes antwortet: Aufgrund eines angeborenen perspektivischen Vermögens, das uns im Verfahren der Gestaltwahrnehmung zur Verfügung stehe. In diesem Verfahren legen wir genau den Typus schematisierter, skizzenhafter Ähnlichkeit zugrunde, der zwischen einem zweidimensionalen Stich und der von ihm repräsentierten Realität schon besteht.

Es ist dieses perspektivische Vermögen, das es uns gestattet, die in der Vorstellung entstandenen Bilder mit den Urbildern der Realität zu koordinieren, das heißt jene rück-zu-übersetzen in die Sphäre, der sie selbst als Projektionen entnommen sind.[60]

Wenn dies für die *Gestalt-Wahrnehmung* der äußeren Gegenstände gilt, so muß ähnliches für die übrigen Eigenschaften der Gegenstände unserer Wahrnehmung gelten: es müssen gewisse angeborene innere Fähigkeiten in uns sein, die uns in die Lage

---

59 Ebd., S. 204.

60 Man darf nicht annehmen, daß die einzelnen Informationen, die unsere Zirbeldrüse via der Nervenbahn erreichen, selbst Bildcharakter hätten – es wird sich eher um impuls-ähnliche Signale einzelner Nervenstränge aus der Augenrückwand handeln –, aber die gestaltmäßigen Vorstellungen, die wir aufgrund dieser Informationen in uns zusammensetzen, besitzen einen Bildcharakter, der sich in der angegebenen Art mit dem Charakter einer zweidimensionalen Zeichnung vergleichen läßt. Zu dieser Deutung der cartesischen Auffassung von Gestaltwahrnehmung siehe auch N. L. Maull »Cartesian Optics and the Geometrization of Nature«, in: St. Gaukroger (Hg.), *Descartes. Philosophy, Mathematics and Physics*, Sussex 1980, S. 23–40.

versetzen, sie zu rekonstruieren, das heißt am Schema ihrer Repräsentanten auf sie zurückzuschließen.

Damit ist auch obige Frage vorläufig beantwortet: es ist unser eigenes Denk- und Urteilsvermögen, das es uns erlaubt, von gewissen, schematisch ähnlichen Empfindungen auf die Qualitäten der Dinge selbst zurückzuschließen.

Und damit ist eine erste Kennzeichnung der Qualitäten und Eigenschaften der Dinge erreicht: es gibt, so Descartes, gewisse Qualitäten, die uns nur als Eigenschaften der Dinge *erscheinen*, die aber ausschließlich auf die Eigenart unserer Sinnesorganisation zurückzuführen sind bzw. in ihrer Entstehung nur mittels einer äußerst komplizierten physiologisch-physikalischen Erklärung auf einen äußeren Reiz zurückgeführt werden können (Beispiel: Farbe); es gibt andere Qualitäten, die den Gegenstand selbst in uns zur Darstellung zu bringen vermögen aufgrund einer gewissen schematischen Ähnlichkeit, einer Entsprechung, die sie in dem von ihnen bezeugten Urbild besitzen (Beispiel: Gestalt). Diese letzteren sind gegenstandskonstitutiv, sie ermöglichen die kognitive Rekonstruktion des Gegenstandes, während die ersteren reine Epiphänomene oder Symptome darstellen, die über den angezeigten Gegenstand nichts aussagen.

Dieser Unterschied zwischen den ›Qualitäten‹[61] der Wahrnehmung soll im folgenden noch vertieft werden.

Grundsätzlich bleibt die Frage: Woher besitzen die ›primären Qualitäten‹ ihre Dignität, und worin besteht der eigentliche Zugang zu ihnen? In welcher Form erschließen sie sich uns? Auf diese Fragen gibt der sechste Diskurs »De la Vision« eine Antwort.

2. De la Vision

Dieser Diskurs liefert eine willkommene Präzisierung des Unterschieds von primären und sekundären Qualitäten; darüber hinaus expliziert er genauer die cartesischen Ansichten

61 Explizit wird diese Unterscheidung der primären und sekundären Qualitäten qua ihrer Entsprechung bzw. Nicht-Entsprechung mit dem Gegenstand von J. Locke geteilt; vgl. den *Essay Concerning Human Understanding*, Buch 2, Kap. 8, §§ 8–15; in: J. Locke, *Works*, Bd. 1 (1823), Aalen 1963, S. 119–122.

über das Zustandekommen der verschiedenen Potenzen des Sehens, insbesondere der Lage- und Distanzwahrnehmung. In einer programmatischen Erklärung zu Anfang der Erörterung kündigt Descartes an, daß er alle ›Eigenschaften, die wir an Objekten des Gesichtssinnes wahrzunehmen‹ in der Lage seien, als da sind ›das Licht, die Farbe, die Lage, die Distanz, die Größe, die Gestalt‹, zu behandeln gedächte. Hiervon erweisen sich im folgenden *Lage* und *Distanz* als grundlegend, daher wird sich die Darstellung auf deren Wiedergabe, möglichst nahe am Descartesschen Text[62], beschränken.

Bezüglich der *Lage eines Ortes* (›situation‹), das heißt bezüglich der räumlichen Orientierung und Lokalisation eines beliebigen Objektes in bezug auf unseren Körper ist laut Descartes zu sagen, daß wir sie mit Hilfe unserer Augen nicht anders wahrnehmen als mit Hilfe unserer Hände. Zur Verdeutlichung heißt es, daß

»... die Kenntnis der Lage in keiner Weise von einem Bild [!] oder einer Handlung, die von dem Objekt ausgingen, ab(hängt), sondern allein von der Lage der kleinen Teile des Gehirns, an denen die Nerven ihren Ausgang nehmen. Denn diese Lage, die sich mehr oder weniger zu ändern vermag, je nachdem, ob sich die Lage der Glieder ändert oder die Nerven betroffen sind, ist von der Natur derart eingerichtet, nicht nur die Seele wissen zu lassen, an welchem Ort jede Partie des sie ansprechenden Gegenstandes im Vergleich zu jeder anderen sich befindet, sondern auch dazu, von dort aus ihre Aufmerksamkeit auf alle Orte übertragen zu können, die auf denjenigen geraden Linien liegen, die man sich von den Kanten jeder Partie gezogen und ins Unendliche verlängert denken könnte.«[63]

Mittels der Ausgedehntheit unseres Körpers im Raume, so könnte man paraphrasieren, gelingt der Aufbau eines fiktiven geometrischen Raumes, innerhalb dessen wir uns zu orientieren und fremde Objekte einzuordnen und zu lokalisieren wissen. In der weiteren Beschreibung dieser Leistung bemüht Descartes wiederholt eine Analogie, die einige Beliebtheit bei ihm zu genießen scheint: die Analogie mit dem Blinden. Er vergleicht nämlich die Anstrengungen der optischen Raumorientierung und Lageerkundung mit den Operationen eines Blinden, der

---

62 *Dioptrique*, a. a. O., S. 217–229; alle Übersetzungen von mir, W. K.
63 Ebd., S. 220.

mit seinen natürlichen Werkzeugen, den Händen, arbeitet: wir orientieren uns, so Descartes, mit unseren Augen nicht anders. Mit Hilfe der das Auge treffenden Sehstrahlen stochern wir genau so, wie es der um sich herum tastende Blinde tut.
Descartes gibt diesen Zeichnungen im *L'Homme* folgende Erklärung bei, die für das Verständnis der Lage-Wahrnehmung aufschlußreich ist.

»Man muß ebenfalls beachten, daß die Seele, wenn die beiden Hände f und g jede einen Stab i und h halten, mit denen sie das Objekt K berühren, ohne die Länge dieser Stäbe zu erkennen, dennoch wie durch eine *natürliche Geometrie* erkennt, wo sich das Objekt K befindet, weil sie die Entfernung, die zwischen den beiden Punkten f und g besteht, und die Größe der Winkel fgh und gfi kennt. Und genauso vermitteln ihr die Länge der Linie LM und die Größe der beiden Winkel LMN und MLN die Kenntnis, wo sich der Punkt N befindet, wenn die beiden Augen L und M auf das Objekt N gerichtet sind.«[64]

Damit ist das Problem der Orientierung und Lageerkundung für Descartes gelöst: der Mensch baut, von seinem Körper als Ausgangs-Raum ausgehend, einen fiktiven geometrischen Raum auf, innerhalb dessen sich jeder sichtbare Gegenstand lokalisieren und in seiner Lage relativ zum Beobachter erfassen läßt. Die ›natürliche Geometrie‹, die dabei eine Rolle spielt, wird im folgenden Problem der Distanzwahrnehmung noch expliziert:
Die Wahrnehmung der *Distanz* hängt ebenso wie die der Lage nicht von irgendwelchen vom Objekt ausgehenden Bildern ab, sondern von folgenden menschlichen Vermögen, deren Descartes dreierlei unterscheidet:
Erstens von der Gestalt des Auges (modern gesprochen, von der Akkomodationsfähigkeit); denn je nach der Distanz eines Gegenstandes, ob nah oder fern, verändern wir, so sagt Descartes, die Gestalt unseres Auges, um es der Distanz entsprechend anzupassen; und dementsprechend verändert sich auch die Einstellung eines Teils unseres Gehirns derart, wie es von der Natur so eingerichtet ist, um unserer Seele die Wahrnehmung der Distanz zu ermöglichen. Wir nehmen dies geläufigerweise

---

64 *Über den Menschen*, a. a. O., S. 89 f.; Hervorhebung von mir, W. K.

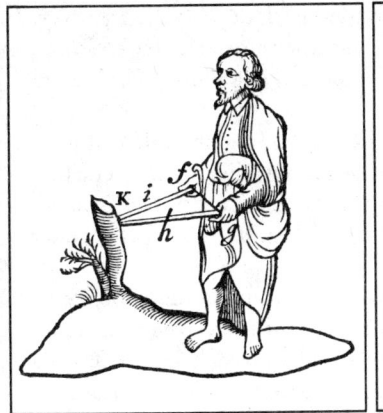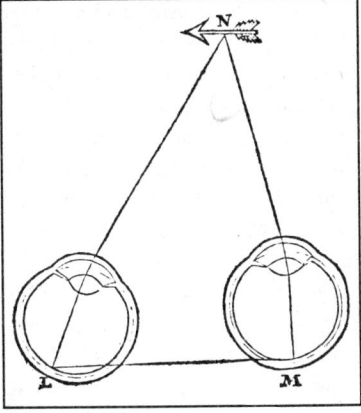

Abbildungen 13 und 14. Die Zeichnungen stammen nicht von Descartes' Hand, sondern wurden auf Clerseliers Veranlassung hin 1664 aus Holzschnittentwürfen L. de la Forges und G. Gutschovens ausgewählt; aus: Rothschuh (Hg.), Über den Menschen, a. a. O., Abb. 15 und 16

ohne alle Reflexion, ohne besondere Bewußtheit, wahr, so wie wir auch taktile Wahrnehmungen, ohne besonders daran zu denken, intuitiv aufzunehmen pflegen.

Zweitens vom Verhältnis der beiden Augen zueinander (modern sprechen wir heute von Triangulation). Hier argumentiert Descartes noch einmal mit dem Blinden und seinen beiden Stöcken: Wir erfassen mit unseren beiden Augen die Distanz eines entfernt von uns liegenden Gegenstandes so, wie ein Blinder mit Stöcken unbekannter Länge in seinen Händen diese benutzt, um die Distanz des Gegenstandes aus dem Abstand der beiden Stöcke zueinander und den von ihnen eingenommenen Winkeln, ›nach der Art einer natürlichen Geometrie‹, zu ermitteln.[65] Wir vermögen dies auch mit einem Auge allein zu bewerkstelligen, wenn wir nämlich die Lage dieses Auges entsprechend verändern und zum ersten eingenommenen Punkt in unserem Vorstellungsvermögen (›notre fantaisie‹) in Beziehung setzen. Bei diesem Akt handelt es sich um einen Akt des Denkens (›une action de la pensée‹), das als ganz einfache Vorstel-

---

65 *Dioptrique*, a. a. O., S. 222; alle folgenden französischen Termini: ebd.

lung (›une imagination toute simple‹) nach der Art der Landvermesser und Geometer verfährt, die einen unerreichbaren Punkt durch die Relationen zweier anderer, bekannter Punkte zu jenem bestimmen.

Drittens von der Klarheit oder Verschwommenheit des Objekts und seiner Konturen her, wie sie im jeweiligen Licht erscheinen. Hier spielt Descartes möglicherweise auf das Auflösungsvermögen der Augenlinse an – ein Effekt, der hier nicht weiter interessieren soll.

Des weiteren spielt bei der Distanzwahrnehmung noch eine Rolle, daß wir aus der bereits vorhandenen Kenntnis eines Gegenstandes die tatsächlich erscheinende scheinbare Größe desselben an einem Maßstab abmessen und vergleichen können, um derart seine Entfernung abschätzen oder ›imaginieren‹ zu können, wie Descartes sagt.

Alle weiteren Fähigkeiten des Blicks, insbesondere Größen- und Gestaltwahrnehmung, sind, so Descartes, nach diesen Verdeutlichungen auch erklärbar; denn mittels der Erfassung von Lage und Distanz und mittels des oben geschilderten perspektivischen Vermögens sind auch die anderen Gegenstandsqualitäten wahrnehmbar bzw. berechenbar.

Gegen Ende des Diskurses zählt Descartes noch eine Reihe von Gründen für das Zustandekommen von *Täuschungen* oder Irrtümern des Auges bzw. des Sehens auf; bei dieser Aufzählung fällt auf, daß es sich ausschließlich um Täuschungen und Irrtümer der kognitiven Verarbeitungen des Seh-Eindruckes, nicht aber um Irrtümer des Sehens selbst handelt; ich gebe die Liste der Irrtümer im folgenden als paraphrasierte wörtliche Rede Descartes' wieder:

Zu Täuschungen des Auges kommt es,
a) weil es die Seele ist, die sieht, nicht das Auge; und weil sie momentan, durch die Vermittlung des Auges wahrnimmt, das Gehirn aber auch autonom Bilder erzeugen kann: in Halluzinationen, im Schlaf oder im Tagtraum usw.;
b) weil die Eindrücke, die den sensus communis von außen durch die Sinne befallen, auch zu falschen Schlüssen verleiten können, etwa, weil sie zu stark oder zu schwach sind;
c) weil wir gewohnt sind, die Strahlen demjenigen Ort zuzuordnen, auf den unser Blick gerichtet ist, wohingegen sie von ganz anderen Orten

herrühren können; man denke an den Effekt von Spiegeln, an Effekte von Brechung und die Wirkung verdunkelter Zimmer usw.;

d) unser sensus communis ist nicht fähig, größere Entfernungen als solche, wie sie unserer Gewohnheit entsprechen, zu beurteilen; das Axiom der alten Optik, wonach die augenscheinliche Größe von Objekten dem Sehwinkel proportional sei, ist nicht immer wahr; Sterne am Zenit können uns möglicherweise näher sein als Sterne am Horizont, obwohl letztere uns gleich groß oder größer erscheinen mögen, wie die Astronomen mit ihren Instrumenten beweisen;

e) schließlich gibt es auch Täuschungen aufgrund farblicher Dominanz...[66]

3. Die Unterscheidung primärer und sekundärer Qualitäten

Nach diesen Erkundigungen im Diskurs ›Über das Sehen‹ sollte es möglich sein, zu einer Unterscheidung der primären und sekundären Qualitäten – bzw. derjenigen Größen, die bei Descartes diesen entsprechen – zu gelangen. Verdeutlichen läßt sich ihr Unterschied anhand der Gegenüberstellung jener beiden Wahrnehmungsformen, die bereits oben als typisch herausgestellt worden sind: der Gestaltwahrnehmung einerseits, der Farbwahrnehmung andererseits.

Farbe ähnelt, wie schon vorn gezeigt wurde, in keiner Weise irgendeiner Eigenschaft des Objekts selbst, sondern beruht nur auf der Spezifik der menschlichen Sinnesorganisation; die Oberflächenbeschaffenheit des Gegenstandes, der sie sich strenggenommen verdankt, bleibt uns verschlossen.

Gestalt, so wie wir sie projektiv und perspektivisch wahrnehmen, ähnelt dagegen unvollkommen dem, wofür sie steht (siehe oben); Gestalt vermag in annähernd ›ähnlicher‹ Weise die Ausgedehntheit des Objekts wiederzugeben.

Ein weiterer Unterschied besteht darin, daß die Gestaltwahrnehmung, ebenso wie die der Lage und der Distanz, auf einem Akt des Denkens, sei es der Projektion, der Berechnung oder des Vergleichs, beruht; wogegen die Farbwahrnehmung ein selbsttätiger und intuitiver Prozeß innerer Anlagen ist. Und: der Akt der Gestaltwahrnehmung befähigt uns dazu, das Resultat mit dem Gegenstand selbst zu vergleichen – wir gelangen zu

---

66 Vgl. *Dioptrique*, Sixième Discours, a. a. O., S. 217–229; der Text wurde unter Weglassung gewisser Partien paraphrasiert, W. K.

einem Urteil über die geometrische oder kinematische Verfaßtheit des Gegenstandes, wogegen die Farbwahrnehmung uns nur mit einer *vermeintlichen* Eigenschaft des Gegenstandes konfrontiert.

Wenn die Wahrnehmung der Gestalt (wie auch die der Distanz etc.) auf einer unabdingbaren inneren Leistung in uns selbst, einer Tätigkeit der besagten ›géométrie naturelle‹[67], beruht, die Farbwahrnehmung aber nicht, so ist damit eine deutliche Wertung beider Wahrnehmungsformen verbunden: Die sinnliche Wahrnehmung ist sozusagen animalisch konstituiert; wohingegen die Wahrnehmung kognitiver Art (wie ich sie einmal nennen will) fast wissenschaftliche Dignität besitzt, wie die Benennung des Vermögens als ›natürliche Geometrie‹ und vor allem der Vergleich mit den Landvermessern (›les arpenteurs‹) zeigen. Diese Wahrnehmungsform gestattet eben, sich mit dem Sein der Dinge selbst auseinanderzusetzen, mit einem Sein, das geometrisch-kinematisch verfaßt ist.

›*Auseinandersetzung*‹ mit dem Gegenstand ist hier ganz konkret gemeint. Man kann ihn *messen*. Und die eigenen Wahrnehmungen über die Lage des Gegenstandes einem Test unterziehen. Der eigene Wahrnehmungsinhalt, der aufgrund visueller oder taktiler Informationen und innerer geometrischer ›Kalkulation‹ sich gebildet hat, läßt sich mit dem Gegenstand selbst vergleichen, indem wir diesen messen auf genau diejenige Weise, auf die laut Descartes auch die kognitive Wahrnehmung zu Werke geht: nach der Art der Landvermesser, im Verfahren der Triangulation. Aufgrund dieser Messung sind wir zu einem

---

67 Der Terminus ›géométrie naturelle‹ taucht, soweit ich sehe, bei Descartes an zwei Stellen auf, zum einen an besagter Stelle in der *Dioptrique*, zum anderen im *Traité de l'Homme*, dt. Ausgabe, S. 89. Möglicherweise fühlt man sich bei diesem Ausdruck bereits an Kant erinnert (siehe etwa die Verbindung, die von N. L. Maull in »Cartesian Optics and the Geometrization of Nature«, a. a. O., S. 34 f., gezogen wird), insofern ein solches ›natürliches‹ Vermögen an Kants transzendentalphilosophisch konstruiertes Anschauungsvermögen erinnert. Allerdings ist Kants Begründung eine rein transzendentale, und insofern streng, während Descartes hier noch teilweise empirisch, auf der Ebene der Physiologie, teilweise spekulativ, auf der Ebene der Metaphysik, argumentiert.

Vergleich, eventuell zu einer Korrektur oder Revision unserer Wahrnehmung fähig.

Damit läßt sich der Unterschied kurz und bündig so formulieren:

In der Wahrnehmung sinnlicher[68] Qualitäten sind wir beschaffen wie andere Wesen der Schöpfung auch: animalische Wesen; in der Wahrnehmung primärer Qualitäten fungieren und prozedieren wir als Wissenschaftler.

Damit ist die Darstellung der cartesischen Wahrnehmungstheorie abgeschlossen. Folgende Punkte scheinen mir unter dem hier verfolgten Gesichtspunkt einer ›leibfreien Naturerkenntnis‹ von besonderem Interesse:

– Repräsentation versus Ähnlichkeit
– Der Relationscharakter der Wahrnehmung
– Die Digitalität der Daten
– Natürlichkeit der Wahrnehmungsakte und Autonomie der Denkakte
– Irrtum und Korrektur
– Arbitrarität der Sinne.

Sie sollen im folgenden kurz resümiert werden.

68 Diese Feststellung ist in einem Punkt nicht ganz korrekt, und es ist an der Zeit, sie an dieser Stelle zu korrigieren: es handelt sich nicht um einen Gegensatz *sinnlicher* und nicht-sinnlich *metrischer* Qualitäten, der in Gestalt der primären und sekundären Qualitäten vorliegen würde; vielmehr handelt es sich um einen Gegensatz innerhalb des Gesamtspektrums der Sinneswahrnehmung: auch die taktile Wahrnehmung und die geometrisch-optische Wahrnehmung gehören zu den Wahrnehmungsformen der Sinne.

Was Descartes allein macht – und damit den Anschein eines Gegensatzes sinnlicher und nicht-sinnlicher Qualitäten suggeriert –, ist die Auszeichnung der taktilen – und der ihr subsumierbaren geometrisch-optischen – Wahrnehmung gegenüber allen übrigen; eine Auszeichnung, die schlicht diejenigen Wahrnehmungsformen als ›sinnlich‹ ausschließt, die den Mangel besitzen, sich nicht auf das erwünschte Paradigma einer geometrisch-kinematisch strukturierten Welt reduzieren zu lassen.

Trotz dieser Einschränkung hat es seinen Sinn, von den ›ausgeschlossenen‹ Wahrnehmungsformen, als da sind Geschmack, Geruch, Farbempfindung und Gehör (und mit seinem subjektiven Anteil auch das Gefühl), als den eigentlichen *Sinnesqualitäten* zu sprechen, wie es auch hier weiterhin geschehen soll.

Repräsentation versus Ähnlichkeit

Descartes' zentraler Begriff in der Wahrnehmungstheorie ist der der *Repräsentation:* die Objekte der Außenwelt sind in uns in den Formen der sinnlichen Wahrnehmung repräsentiert, *sie kommen zur Darstellung,* aber sie sind nicht unbedingt dieser Darstellung ähnlich. Das heißt, die Signale, die von den Dingen Kunde geben (ich benutze hier bewußt einen Terminus aus der Sprache der modernen Physik, um nicht in den Assoziationskreis des eidetischen Vorurteils der Scholastik zu geraten), diese Signale besitzen nicht unbedingt die Form unserer Vorstellungen von den vermeldeten Dingen, sie lösen allenfalls diese Vorstellungen aus; und umgekehrt: die Vorstellungen und Bilder, die wir uns in der sinnlichen Wahrnehmung machen, dürfen apriori keine Ähnlichkeit mit den Dingen selbst beanspruchen. (Die Unterscheidung von Signalen und Vorstellungen, die vorzunehmen Descartes' Lehre aufnötigt, ist selbst noch einmal auf die grundsätzliche Prämisse seiner Ontologie zurückzuführen, die Welt in eine geometrisch-kinematisch verfaßte ›res extensa‹ und eine intelligibel verfaßte ›res cogitans‹ aufzuteilen.)

Innerhalb der Wahrnehmungsformen wird unterschieden zwischen Repräsentationen, die in keiner Weise entsprechende Eigenschaften des Objekts bezeugen – hierzu gehören die Empfindungen von Farbe, Ton, Wärme, Geruch und Geschmack –, und andererseits solchen Wahrnehmungen, die uns mehr oder weniger direkt vom Gegenstand selbst Zeugnis abzulegen vermögen. Hierunter sind die Wahrnehmungen geometrisch-kinematischer Größen wie Distanz, Lage, Bewegungsform und Gestalt zu verstehen – nicht zufällig lauter Größen, die taktil und mechanisch erfahren werden können.

Der Relationscharakter der Wahrnehmung

Die in der Wahrnehmung sich bietenden Aufschlüsse über das Objekt sind, mit Ausnahme der Anzahl, nicht Eigenschaften des Objekts an sich, sondern verdanken sich einer bestimmten Position bzw. eines bestimmten Zustands des Beobachters, sind also referentielle Größen. Dies gilt zumindest für die primären Qualitäten der Lage, Distanz, Gestalt und Bewegungsform.

Die Digitalität der Daten

Der Charakter der Größen, auf die Descartes mit den ›primären Qualitäten‹ abhebt, ist von mathematischer Art, es sind Größen geometrischer, algebraischer und teilweise rein numerischer Natur (Skalare). Damit scheint der Boden bereitet für eine Erklärung der Welt nach mathematischem Muster: die Dinge offenbaren sich wahrhaft nicht in den Formen der Anschauung, sondern in denen der Mathematik, modern gesprochen: in Form von Daten. Indem Descartes Wahrnehmung in den Formen der Abbildlichkeit oder Ähnlichkeit verwirft – und damit der Wahrnehmung ihre notwendig *analogische* Form abspricht –, macht er mit dem abstrakteren (aber elastischeren) Gedanken der Repräsentation den Weg für eine *digitale* Konzeption der Wahrnehmung frei.

Natürlichkeit der Wahrnehmungsakte
und Autonomie der Denkakte

Wenn Descartes immer wieder die ›Natürlichkeit‹, die Tatsache des ›être institué de la Nature‹, für den Vorgang der *sinnlichen* Wahrnehmung betont, so fällt andererseits auf, daß er für den Vorgang der Erfassung einer *primären* Größe wie etwa der Distanz einen Akt des Denkens, ›une action de la pensée‹, reklamiert. Dabei läßt er offen, wie weit es sich dabei um einen bewußten Akt der Reflexion oder eher um eine unbewußte kognitive Leistung des Denkvermögens handelt; in jedem Fall aber tritt zu der reinen *Empfindung* (›sensation‹) ein Urteil hinzu: der wahrnehmende Mensch greift auf ein eigenes Vermögen, eine Kompetenz an Kenntnis oder ›natürlicher Geometrie‹ zurück. Das heißt, die Größenwahrnehmung ist im Unterschied etwa zur Farbwahrnehmung kein rein mechanischer, passiv sich vollziehender Prozeß, sondern ist mit eigener Tätigkeit, mit Kenntnis und *Urteil*[69] verbunden.

Bezeichnenderweise sind es gerade die geometrisch-kinematischen Qualitäten, die dadurch ausgezeichnet sind, auf Urteilen

---

69 Selbstverständlich ist der Begriff des ›Urteils‹ hier kein cartesischer; denkt man aber an die ›facultas iudicandi‹ der *Meditationen* (siehe *Meditationes*, II, 13 und IV, 3), die dort als Urteilskraft des Verstandes in Ansehung sinnlicher Wahrnehmungen eingeführt wird, so erscheint die terminologische Wahl hier gerechtfertigt.

zu beruhen. Sie stellen sozusagen die Überwindung der Empfindung dar insofern, als der Mensch genötigt ist, bei ihr *nicht* stehenzubleiben, sondern rechnend und kalkulierend mit ihr umzugehen, um zu besagten Urteilen zu gelangen. Wohingegen die sekundären oder ›sinnlichen‹ Qualitäten den Charakter der ›Empfindung‹ nicht abzulegen vermögen und damit zu einer kognitiven Leistung nicht beitragen.

An dieser Stelle ist eine gewisse historische Relativierung Descartes' am Platze: Während die Sinnesqualitäten für ihn erst aufgrund einer unbewußten, aber angeborenen inneren Leistung der ›Übersetzung‹ im Menschen zustande kommen, meint er mit ›primären Qualitäten‹ sowohl die den Objekten selbst zukommenden Größen als auch die Rekonstruktionen, die der Mensch in einer gewissen kognitiven Anstrengung von ihnen erstellt.

Ich halte es für wichtig, diese doppelte Bedeutung von ›primären Qualitäten‹ hier herauszustreichen, weil sich die spätere Entwicklung nach Descartes auf einen dieser Aspekte versteift hat, nachdem ihr die Deckungsgleichheit beider nicht mehr selbstverständlich war.

Für Descartes war ›primäre Qualität‹ eines Objekts sowohl dessen eigenes, ihm wesentlich zukommendes Datum als auch reflexiv ihm zugesprochene Gedankenbestimmung. Wenn Descartes diese beiden Seiten noch (schlicht?) ontologisch identifizierte, so die Nachfolger und Kritiker nicht mehr. Bei Hobbes etwa sind die ›sekundären Qualitäten‹, die vermeintlichen Eigenschaften der Körper, wie wir sie aufgrund unserer Sinneswahrnehmungen verstehen, wieder in Rang und Würde eingesetzt, während die ›primären Qualitäten‹ nur noch den Stellenwert kognitiver Konzepte besitzen. Auf die historische Nachwirkung der cartesischen Theorie, von deren Resonanz noch der Husserlsche *Krisis*-Aufsatz des Jahres 1936 kündet[70], kann ich an dieser Stelle allerdings nicht näher eingehen.

70 Vgl. E. Husserl, *Die Krisis der europäischen Wissenschaften und die transzendentale Phänomenologie* (1936), Den Haag 1962; siehe insbesondere den § 9 ebd., in dem der Unterschied der primären und sekundären Qualitäten als Gegensatz von ›Gestaltqualitäten‹ und ›Füllequalitäten‹ gefaßt wird.

Irrtum und Korrektion

Alle kognitive oder intellektuelle Wahrnehmung ist *indirekt* und damit *irrtumsfähig*, was für den reinen Akt der Sinneswahrnehmung nicht gilt. Die kognitiv erfaßte Wahrnehmung der Distanz etwa oder der Gestalt kann falsch sein – aber sie kann auch korrigiert werden. Wir können uns auf eine bereits vorliegende Einschätzung dieser Größe beziehen und diese verbessern – im Gegensatz zur immediaten und unvergleichlichen, unwiederholbaren Sinneswahrnehmung.

Empfindungen sind für sich genommen für Descartes nicht irrtumsfähig: Farbillusionen kann es streng genommen für ihn nicht geben, da die Farbe selbst Illusion ist. Wohl aber irren wir, wenn wir fälschlicherweise eine so oder so empfundene Farbe dem Gegenstand selbst zusprechen, wenn wir also die reine Empfindung schon zur Grundlage eines Urteils machen.

Ähnliches gilt für Wahrnehmung vermittels von Instrumenten: Unser Urteil kann durch künstliche Apparaturen und Tricks wie Linsen usw., wie sie Descartes am Ende des VI. Diskurses erörtert, getäuscht werden. Aber es kann gleichzeitig auch erheblich verbessert und untermauert werden. Es gibt sehr wohl Beispiele für Verbesserungen der menschlichen Distanzwahrnehmung und Gestaltwahrnehmung, etwa das Mikroskop, das Teleskop, die Lupe usw., aber es gibt für Descartes kein Instrument, um etwa die Farbwahrnehmung zu verbessern oder zu verschärfen oder über die Grenzen des menschlichen Auges hinaus auszuweiten.

Arbitrarität der Sinne oder: Die systematische Blindheit des Menschen

In der Konsequenz führt die cartesische Analyse der Wahrnehmung zur Destruktion der Sinnenwelt: nicht dieser Baum ist grün, den ich vor mir sehe, nicht diese Luft stickig und schwül, die ich einatme, auch nicht ansprechend melodiös der Ruf des Vogels, der vor dem Fenster singt – dies alles sind menschliche Wahrnehmungsweisen, Auslegungen, Metaphern für nackt mechanische Maßverhältnisse. Die Sinne liefern Bilder, in welcher Form auch immer, und mögen diese Bilder auch schön sein, sie sind nicht authentisch, sondern arbiträr. Sie verraten an sich selbst noch nichts über eine Welt, die wir mit ihrer Hilfe zu erschließen vermeinen. Mehr noch, sie verstellen uns die Sicht der Welt, wie sie wirklich ist, sie führen in die Irre.

Ein immer wiederkehrendes Beispiel für die *Privation* des Menschen, die Descartes folgerichtig betreibt, ist der Blinde, dessen Wahrnehmung im Prinzip von der unsrigen gar nicht verschieden sei, nur mit dem Unterschied, daß sie auf diejenigen Grundlagen klarer verpflichtet sei, auf die es auch unsere Wahrnehmung zu reduzieren gelte.

Der Blinde, so argumentiert Descartes, nimmt keine ›Bilder‹ welcher Art auch immer wahr, sondern nur mechanische Signale nach der Art instantaner Druckstöße, die sich über seinen Stock mitteilen. Diese Druckstöße oder Impulse übermitteln ihm Informationen über Lage, Gestalt, Größe und Bewegungsverhältnisse der Dinge um ihn herum. Sie geben ihm Anlaß zur Wahrnehmung solch vielfältiger Nuancen, daß die übermittelten »Unterschiede ihm kaum geringer erscheinen dürften als uns die farblichen Differenzen von Rot, Gelb, Grün und allen anderen Farben«, so Descartes im 1. Diskurs der *Dioptrique*.[71]

Diese provokative Behauptung über die Erkenntnisquellen eines Blinden waren Anlaß für die Nachwelt, sie einer experimentellen Prüfung zu unterziehen: der *Molyneuxsche Versuch* nahm, wenn auch eher auf die kognitiven als auf die perzeptiven Erkenntnisleistungen eines Blinden anspielend, bei den hier wiedergegebenen cartesischen Thesen seinen Ausgangspunkt.

Der Molyneuxsche Versuch[72] bestand in der hypothetischen Erörterung der Frage, ob ein Blinder, der mit einer allein taktil erworbenen Kenntnis von geometrischen Gegenständen wie Würfeln, Tetraedern, Kugeln etc. begabt wäre, ob dieser Blinde, durch das Geschenk des Augenlichtes und der Sehkraft seiner einseitigen Wahrnehmungsweise enthoben, beim Anblick der ihm zu zeigenden geometrischen Gebilde diese sofort wiedererkennen, sprich identifizieren könne?

Diese Frage zielte auf die – von Descartes behauptete – Gleichwertigkeit von taktiler und visueller Wahrnehmung; sie stellte die Konkordanz einer (nur) haptisch erzielten inneren Anschauung eines Gegenstandes mit der eidetisch erworbenen äußeren Anschauung desselben in Frage: Vermöchte der Blinde bzw. gerade im Moment ›Ent-Blindete‹

71 *Dioptrique*, a. a. O., S. 182.
72 Vgl. E. Cassirer, *Die Philosophie der Aufklärung*, Tübingen 1932, insbesondere S. 144 ff.

wohl das Eidos des besagten geometrischen Körpers sofort zu identifizieren, indem er es auf das innerlich schon vorhandene, auf bloßer Ertastung beruhende Vorstellungsbild zurückführen würde?

Diese Frage des Juristen und Naturwissenschaftlers Molyneux, 1693 in einem Brief an Locke aufgeworfen, erregte die Gemüter seiner Zeit (unter anderem Leibnizens und Berkeleys) und wurde von einer ganzen Generation erregt diskutiert. In ihr spiegelte sich noch einmal die Erschütterung wider, die Descartes mit seinen provokanten Thesen der ›letztlich‹ mechanisch funktionierenden Wahrnehmung ausgelöst hatte; man wehrte sich, weil das Primat und die Superiorität der optisch-eidetischen Wahrnehmung in Frage gestellt war.

Für Descartes wäre die Frage klar entschieden gewesen: der Blinde hat denselben ›Begriff‹ (im doppelten Sinne) des Gegenstandes schon in sich, er hat es im Grunde nicht nötig, zu einem Sehenden erweckt oder geheilt zu werden.

Wie auch immer das Problem des ›Molyneuxschen Versuchs‹ zu beurteilen ist, die durch Descartes restaurierte mechanisch-taktile Wahrnehmung stellte sich *nicht* als historische Sackgasse heraus, wie man an den heutigen technischen Kommunikationsformen sehen kann.

Descartes ist also tatsächlich mutig genug zu behaupten, daß der Blinde, zumindest subjektiv, dieselbe Vielfalt von Eigenschaften an den Dingen wahrnehme wie wir als Sehende: daß er innerhalb seiner Wahrnehmungsweise derselben Nuancen gewahr werde, wie wir sie etwa im Reichtum der Farben und der Stufungen von Licht und Schatten vor uns haben.

Ja, mehr noch, wir sind im Grunde nichts anderes als ›Blinde‹, insofern wir gegenüber dem eigentlichen Sein der Gegenstände genauso ›blind‹ sind wie der Blinde gegenüber ihrem Äußeren; ob wir nun Sehende oder Blinde, Taube oder Hörende sind, die Dinge um uns und außer uns, unser Körper eingeschlossen, dürfen nicht aus der Spezifizität eines Sinnes, etwa aus einer (vermeintlichen) Bildlichkeit, erschlossen werden, sondern müssen aus ihren physikalischen Daten, den Qualitäten ihrer geometrischen und kinematischen Verfaßtheit, in Kenntnis gebracht werden.

Kann es eine deutlichere Absage an die *Leiblichkeit* des Menschen geben? Mit seinem Verdikt trifft Descartes nicht nur die Weisen äußerer Wirklichkeitserkenntnis, nicht nur Gegenstandsaufklärung und -objektivation, auch die Erschließung des eigenen In-der-Welt-Seins, das Spüren eigenleiblicher Präsenz, das, wie oben dargestellt, zum privilegierten Medium eigener Welterfahrung und eigener Weltlichkeit und Welterfahrung zu zählen ist: für Descartes sind dies alles Empfindungen, die ihn nicht mit der Welt verbinden, die ihn nicht die eigene ›absolute Örtlichkeit‹ innerhalb dieser Welt erfahren lassen, es sind Empfindungen, die ihm die Erkenntnis absoluter Einzigkeit und Einsamkeit, Singularität, bescheren.

Deshalb wird alle Wahrnehmung und Empfindung, die den übersetzenden Charakter ihrer eigenen Vorstellungen vergißt, von Descartes gescholten; der Vorwurf der *Unangemessenheit* und *Arbitrarität* kann ihr in seinen Augen nicht erspart werden. Bilder, Töne, Geschmack und Geruch, ebenso aber die Empfindungen von Hunger und Durst, von Schmerz und Kälte usw., die Empfindungen unserer Eigenleiblichkeit, besitzen alle den Mangel der Unangemessenheit und Beliebigkeit: es könnten, so Descartes, auch andere Formen der Sinnlichkeit sein, in denen wir die Dinge oder unsere eigene Natur uns heimisch werden ließen, in denen wir sie uns aneigneten. Einzig diejenige Wahrnehmungsform, die direkt dem Paradigma mechanischer Wirkungsübertragung Rechnung trägt, die taktile Wahrnehmung, bleibt von dieser Kritik verschont. Das Tasten erscheint vor den anderen Wahrnehmungsformen rehabilitiert, ja sogar ausgezeichnet, wie das mehrfach hervorgehobene Beispiel des Blinden zeigt.

Wenn das Auge sich gerade mit der Renaissance zu *dem* ausgezeichneten und präferierten Organ der Wahrnehmung in Kunst und Wissenschaft entwickelt hatte (wie in Teil I dieser Arbeit angedeutet), wenn es schon seit der Antike aufgrund seiner ›bildnerischen Fähigkeit‹ hoheitsvolle Distanz und intellektuelle Überlegenheit des Theoretikers gesichert hatte, dann erfuhr es durch Descartes in doppeltem Sinne eine Entthronung:

Er nahm dem Sehen das königliche Primat des Bilder-Machens, ein Primat, aufgrund dessen es als die unausgesprochene eidetische Grundlage aller Erkenntnis angesehen werden konnte, und er beraubte das Sehen seiner privilegierten Stellung innerhalb der Hierarchie der Sinne. Wenn es eine dominierende, beispielgebende Form der Wahrnehmung gäbe, dann wäre es die mechanisch-taktische oder taktile Wahrnehmung (selbstverständlich nicht das damit verbundene ›Gefühl‹). Auf den ›taktischen Sinn‹ reduziert Descartes ja noch das Sehen: nämlich genau der Anteil des Sehens, der wie das Tasten und Greifen Gestalten wahrnehmen und in ihrer Ausdehnung und Bewegungsform eruieren kann, wird ja von Descartes herausgehoben und präferiert – die optische Gestalt- und Distanzwahrnehmung; während der eigentlich imaginative Anteil, das farblich sehende bilderproduzierende phantastische Auge in den Bereich des Überflüssigen und Marginalen verwiesen wird – die Kraft der Einbildung »ist zum Wesen meiner selbst, das heißt meines Geistes, nicht erforderlich«, wie es in den »Meditationen« heißt.[73]

Die Kritik des eidetischen Primats des Sehens richtet sich gegen dessen Anspruch einer möglichen vollkommenen Ähnlichkeit des ›Eidos‹ mit dem Original, richtet sich gegen jeden Anspruch von ›Ähnlichkeit‹ oder ›Vertrautheit‹, den unsere Sinne uns suggerieren mögen. Wenn Descartes statt dessen die taktile Wahrnehmung (in der Figur des tastenden Blinden) präferiert, so ist dies auch als Absage an die ursprüngliche leibliche Anlage, an das ursprüngliche leibliche Geöffnet-Sein des Menschen zur Welt zu verstehen.

Dieser cartesische Bruch mit den vertrauten Wahrnehmungsformen stellt zunächst einmal eine große intellektuelle Leistung dar – wenn er auch den Abschied von den natürlichen leiblichen Erkenntnisweisen bedeutet. Mit Anstrengung reißt Descartes sich aus der Selbstverständlichkeit und Apriorität der leiblichen Erkenntnis heraus und entwickelt im Begriff der *Repräsentation* einen abstrakteren und durchlässigeren Begriff von Wahrnehmung, der es gestattet, anstelle des Ähnlichkeitsdogmas der Sinneswahrnehmungen auch künstliche Wahrnehmungsformen wie etwa die der Punkt-für-Punkt-Abtastung durch einen Stock zuzulassen. Die moderne, auf geometrisch-kinematische Daten bezogene Perzeption ist erst aufgrund dieses abstrakteren Begriffs der repräsentierenden Wahrnehmung möglich.

Überspitzt kann man sagen, daß Descartes mit Jahrhunderten der Vorherrschaft der leiblichen Wahrnehmungsweisen, insbesondere des Sehens, aufräumt, die durch nichts als durch Gewohnheit und vermeintlich ›natürliche‹ Disposition gerechtfertigt waren. Und dafür Raum schafft für Jahrhunderte neuer, artifizieller Wahrnehmungsformen, die am Modell des tasten-

---

73 *Meditationen* VI, 3; a. a. O., S. 131; vgl. auch Anmerkung 49, oben S. 226.

den Stocks des Blinden nur ihr Vorbild und Paradigma finden. Anstelle einer einzigen, ›natürlich‹ erscheinenden Wahrnehmungsform des Leibes werden technisch konzipierbare, operative Wahrnehmungsformen möglich: instrumentelles, und das heißt, *indifferentes* Wahrnehmen anstelle eines anthropologisch ursprünglichen Wahrnehmens.

4. Cartesische Anthropologie

Es hat sich eine Wende vollzogen. Wenn bis zu Descartes hin die wesentliche Tendenz der Naturphilosophie in der Herausdrängung des Menschen (Stichwort ›Desanthropomorphisierung‹) aus dem Natur-Verstehen bestand, so ist bei ihm diese Tendenz an ihrem Ende bereits angelangt und ein Umschlag dahingehend eingetreten, daß der Mensch zu einer aktivischen, aufdeckend-aufklärerischen Rolle in der Entschlüsselung und Erstellung der fernen und fremden Natur gedrängt wird.

Welcher Erkenntnis-Mittel, welcher Media und Instrumente er sich dabei bedient, steht der Zukunft der Technik offen: die Descartessche Wahrnehmungstheorie läßt hier einen völlig umgebauten, maschinisierten Menschen zu – ein Wesen mit Sensorfühlern, Infrarot-Suchern und Fernseh-Augen wäre ihm, bei aller Vorliebe für den stochernden alten Blinden, sicher willkommen gewesen.[74]

Es wird dem cartesischen Entwurf einer neuen Anthropologie,

74 Ein besonders schönes, aber auch abstruses Beispiel dieser ›Maschinisierung‹ gibt Descartes im besagten *Traité de l'Homme* gelegentlich einer Behandlung der ›Spiritus animales‹ der Affekte (vgl. *Über den Menschen*, S. 56 f.); hier läßt Descartes sich zu einer eigenartigen allegorischen Darstellung der mechanischen Organisation unseres Scham- und Zorngefühls verleiten.

Hiernach sind solche Regungen wie die der Scham, aber auch der Libido und des Begehrens, instinktive Regungen; sie unterliegen einer mechanischen Gesetzgebung im Inneren der Menschenmaschine. In uns selbst befindet sich danach die Anlage eines mechanisch-hydraulischen Gartens, in dem die Diana der Scham sich badet, um sich aber sofort hinter das Schilf zurückzuziehen und Neptun mit dem Dreizack hervorzuschicken, wenn unerbetene Gäste, Blicke fremder Besucher sich nähern ...

Man sieht, daß die mechanistische Reduktion des Leibes auf den Körper Descartes nicht daran hindert, poetische Phantasie auszubilden.

einer ›desanthropomorphen Anthropologie‹ allerdings nicht gerecht, in ihm nur die mögliche Reduktion, den möglichen Verlust zu sehen. Descartes verwirft die alte Idee der Verkettung des Menschen mit der Welt; er ermöglicht aber auch den Schritt zu einem neuen, intellektuell souveräneren Verhältnis dieser Welt gegenüber.

Das scholastische Prinzip der Ähnlichkeit war Ausdruck dieser Verkettung: Über die Ähnlichkeit der ›Bilder‹ der Sinne, über die »species sensibiles in medio«, waren der teilhabende Mensch und die sich mitteilende Welt in einem Zeichen aufeinander bezogen und auf eine gemeinsame Gestalt verpflichtet. Die Welt, so wie sie sich zeigte, war dem Menschen zugewandt; und der Mensch wiederum konnte nicht anders als in diesem Zeichen sie zu erkennen.

Descartes entsagt dieser Ähnlichkeit und redet sie uns aus: und indem er dies tut, verläßt er zugleich den kosmologischen Ort, der dem Menschen innerhalb des Systems der Ähnlichkeiten zukommt. Der Mikrokosmos des Menschen war hinfort keinem Makrokosmos mehr kongruent, das Band zwischen dem leiblichen Menschen und dem ›Körper‹ der Natur zerschnitten. Der Mensch, äußerlich die ›beste aller denkbaren Maschinen‹,[75] ist in seinem eigentlichen Wesen, seinem Denken, Vorstellen und Wollen, dieser Welt entfremdet. Und die Signale, Worte und Symbole, die ihm anstelle der ›Ähnlichkeit‹ der Dinge deren Anwesenheit nur noch ›repräsentieren‹, vermögen den Schnitt zwischen den Welten auch nicht mehr zu verkleben. Sie können ihn im Gegenteil nur verdoppeln, reduplizieren, in dem sie ihn selbst noch einmal zum Ausdruck bringen. Für den Menschen aber bedeutet dieser Schnitt Entlastung und Freiheit, zumindest aber Dispens von der immer schon gegebenen Bedeutung der Dinge. Er ermöglicht ihm die Indifferenz des reinen Bewußtseins, die Freiheit des Denkens bis hin zum eigenen Weltentwurf. Jede der Weisen, in der die Welt aktuell ihm ›präsent‹ ist, kann abgeschüttelt werden und ist bagatellisierbar, ersetzbar durch eine andere Repräsentation. Die Welt kann sich nicht mehr unabweisbar aufdrängen, sie

75 Vgl. R. Descartes, *Discours de la Méthode*, (1637), V, 9 in: *Oeuvres et Lettres*, a. a. O., S. 125–179, hier: S. 164.

besitzt eine mögliche, aber nicht mehr zwingend *eine* Bedeutung.

Der Mensch kann nach Descartes nicht nur die Objekt-Natur *nicht* direkt und unverstellt anschauen oder ›bildlich‹ erfahren, nein, er muß sie verstellt und verschlüsselt, eben in gewissen mehr oder weniger adäquaten Repräsentationsformen zur Kenntnis nehmen. Und gerade dieser Zwang verhilft ihm zu einer aktivischen und erfinderischen Erkenntnis, verhilft ihm zu einer *konstitutiven* Rolle im Umgang mit dieser Natur: Die Anstiftung zur mathematischen Naturerkenntnis ist für Descartes aus der Notwendigkeit geboren, die repräsentativen Formen der Wahrnehmung in Daten des Objekts selbst zu übersetzen. Diese Tätigkeit der Übersetzung und Verarbeitung, spiele sie sich nun präreflexiv als ›natürliche Geometrie‹ unseres Geistes ab oder sei sie bewußte wissenschaftliche Tätigkeit der Aufklärung der sinnlichen Wahrnehmung (Beispiel: Reduktion des Farben-Sehens auf seine geometrisch-kinematische Verfaßtheit), diese Tätigkeit führt überhaupt erst dazu, daß der Intellekt eingreifen kann, daß aus der natürlich-sinnlich organisierten Wahrnehmung intellektuelle Erkenntnis wird.

Aber dies ist nur die eine Seite der Konsequenzen für den Menschen: in ihm selbst verläuft der Schnitt, der ihn seiner ursprünglichen leiblichen Einheit beraubt: Der Mensch selbst wird unter den Prämissen der cartesischen Anthropologie aufgeteilt in denkendes Wesen und Ding-Wesen. Dieser »Körper, den ich nach einer Art Sonderbefugnis den meinen nannte«, wie Descartes in einer eigenartig distanzierten Bemerkung zu erkennen gibt[76], gleichzeitig ›nicht grundlos annehmend‹[77], »daß ... (er) mir enger angehörte als irgendein anderer«, dieser Körper *gehört dem Menschen* eben nur noch *an,* aber es ist nicht mehr der eigene Leib.

Es gibt keinen Begriff des ›Leibes‹ bei Descartes, und es kann ihn nicht geben. Qua ›res extensa‹ gehört der Mensch – gerade der sich seiner eigenen Natur vergewissernde Mensch, wie oben gezeigt wurde – der Ebene objektivierter Körperlichkeit an; qua ›res cogitans‹ aber gehört er rein zur Sphäre des Denkens oder Intellekts, und es gibt nichts dazwischen. Eine apriorisch gegebene Leiblichkeit, die sich auf die Erfahrung ursprünglichen In-der-Welt-Seins berufen würde, hat in diesem System keinen

76 *Meditationen,* VI, 6; a. a. O., S. 137.
77 Ebd.

Platz; sie wird durch die kritische Anstrengung des methodischen Zweifels, dem sie anfänglich als etwas ›Gegebenes‹ erscheint, zersetzt und nachgeordnet. Diese Destruktion der Leiblichkeit findet nicht nur statt in den cartesischen Bemühungen um eine ›Theorie‹ der Wahrnehmung – wie ich sie hier zu rekonstruieren versucht habe –, sondern läßt sich ebenfalls in seiner Lehre von den ›Leidenschaften der Seele‹, seiner Affektenlehre und Lehre von der Phantasie, Einbildungs- und Vorstellungskraft finden.

Alle diese Vermögen und Fähigkeiten der Seele werden von ihm auf die Dichotomie von ›res extensa‹ und ›res cogitans‹ zugetrieben: entweder nämlich sind sie produktive Agentien des freien Willens, dem Subjekt und nur diesem auf *vernünftige* Weise zu Diensten zu sein, oder aber sie sind heteronom, das heißt von äußeren Bestimmungen der Natur, der Sinnlichkeit oder des Körpers, abhängig. Eine eigene Gegebenheit für sich, eine eigene ›Substantialität‹, vermag er diesen psychischen und imaginativen Potenzen nicht zuzugestehen. Deshalb wirkt auch seine Behandlung etwa der ›Imaginationen‹, wie er sie in den ›Passions de l'Âme‹[78] gibt, reichlich hölzern und dogmatisch, um nicht zu sagen scholastisch. Aber, wie man weiß[79], hatte auch die spätere Philosophie ihre Schwierigkeiten mit der kategorialen Einordnung der Einbildungskraft.

Zwischenbemerkung. An dieser Stelle ist eine kurze Bemerkung über die Angemessenheit der Hervorhebung und Betonung der Rolle des Descartes statthaft. Es mag scheinen, daß ich die Bedeutung Descartes' im Gesamtkontext meiner Überlegungen zum Körper, und speziell zur Differenzierung von ›Körperlichkeit‹ und ›Leiblichkeit‹ in der Erfahrung des Naturwissenschaftlers, unangemessen herausstellte, ihm dadurch ein historisches Gewicht verleihen würde, das ihm in diesem Ausmaß nicht zukomme.
Es kann nicht darum gehen, den Verlauf der Geschichte von gewissen fundamentalen Persönlichkeiten der in Rede stehenden Epoche her abzuleiten – es kann nur darum gehen, das Thema des ›Körpers‹ aus seiner grundsätzlichen Verdecktheit, die in einer scheinbaren Selbstverständlichkeit begründet liegt, an die dokumentierbare Oberfläche der Geschichte zu holen.

78 Vgl. R. Descartes, *Passions de l'Âme* (1649), in: *Oeuvres et Lettres*, a. a. O., S. 695–795, insbesondere S. 705 f.
79 Vgl. G. Böhme/H. Böhme, *Das Andere der Vernunft*, Frankfurt/M. 1983, insbesondere Kap. IV und V.

Dieses Heraufholen auf die Ebene der Geschichtlichkeit kann zunächst einmal nur bedeuten, den ›Körper‹ als einen selbst geschichtlichen, im Wandel begriffenen darzustellen, einem Wandel, der sich auf Sichtweisen, auf Verständnisse, auf verschiedene Gebrauchsweisen, auch auf Vorgänge der Verdrängung, der Absage und der Verharmlosung beziehen muß.

Wenn ich hier, im Rahmen dieses Abschnitts und insbesondere dieses Kapitels, den Philosophen R. Descartes zu besonderer Bedeutung hervortreten lasse, so geschieht dies nicht, um ihm einen entsprechend schwergewichtigen Rang in der Beeinflussung der Geschichte zuzuschreiben, sondern eher, um durch ihn die genannten Vorgänge der Absage, der Abdrängung oder auch nur der Bagatellisierung sprachlich transparent werden zu lassen.

Der Philosoph Descartes erscheint hier also nicht derart hervorgehoben, weil mit ihm und seinem geistesgeschichtlichen Einfluß eine tatsächliche Wende im Verlauf der Geschichte des Körpers behauptet werden sollte, sondern weil er geeignet erscheint, der eher erst erahnten als bereits dokumentierten Geschichte einen sprachlichen, offenkundigen Ausdruck zu geben. Descartes ist eher als Symptom denn als Beweger von Geschichte zu verstehen.

Die Rechtfertigung, ihn derart herauszustellen, wie es hier geschehen ist und noch geschieht, kann nur darin bestehen, ihn der geschichtlichen Folgezeit auszusetzen, das heißt Phänomene kulturgeschichtlicher, wissenschaftsgeschichtlicher und ideengeschichtlicher Art in seinem Lichte als ›Folgerungen‹ zu deuten, ihn also als interpretativen Schlüssel für die Phänomene der nachfolgenden Geschichte zu verwenden. Unternehmen wir also diesen Versuch und wenden wir uns dieser Geschichte wieder zu.

Wenn der menschliche Körper mit Descartes unter der Prämisse des Wahrnehmungsautomaten verstanden wird, so sind davon nicht nur die Weisen der sinnlichen Wahrnehmung betroffen – die zu Formen instrumenteller, technisch vermittelter Wahrnehmung werden –, dann ist insgesamt die Daseinsweise des Forschers aus seiner Leiblichkeit in die Körperlichkeit verschoben. Seit Descartes gibt es für die leibliche Erfahrung in der Wissenschaft keinen Platz mehr – leibliche Erfahrung, dies wäre die Möglichkeit der Erfahrung eigenen Leidens und eigener Bedürftigkeit, die Möglichkeit des Erspürens eigener Kreatürlichkeit, eigener Vitalität und eigenen Temperaments.

Mit der Entthronung der Sinne, der Des-Anthropomorphisierung der Natur und nicht zuletzt der Versagung der Verstehensbeziehungen in der sympathetischen sinnlichen Wahrnehmung ist der selbstverständliche Bezug des Forschers zur Naturhaftigkeit seiner selbst – wie auch zur Naturhaftigkeit seines Gegenstandes – gebrochen.

Der Leib ist kritisch überwunden durch die Anstrengung, ihn als brauchbares und nützliches Instrumentarium der Erkenntnisgewinnung zu rekonstruieren. Leibfreie Naturerkenntnis ist möglich geworden – in Gestalt instrumenteller Messung und Experimentation.

Mit diesem Resümee ist der Übergang geschaffen zum letzten Kapitel dieses Zweiten Teils, zum Thema der Selbstauslegung der Natur.

6 Selbstauslegung oder:
Instrumentelle Naturerkenntnis

Mit dem Thema der ›Selbstauslegung‹ nehme ich den ursprünglichen thematischen Faden, wie er in der Einführung durch die Exposition des Dürer-Bildes schon ausgelegt wurde, wieder auf. Es geht um die Bedingungen der körperlich-leiblichen Existenz des Subjekts im wissenschaftlichen Prozeß der Erkenntnisgewinnung an Natur, bereichert nunmehr und zugespitzt durch die cartesischen Einsichten vom grundsätzlich nicht-anthropomorphen Charakter der Wahrnehmung. Mit Descartes und nach Descartes ist Wahrnehmung auf beliebige, subjektunabhängige Weise möglich, nämlich als Ermittlung von Daten auf instrumenteller Basis. Die sinnlich-sympathetische Präsenz des Forschers ist mehr und mehr entbehrlich, die Natur scheint sich – in den geordneten Bahnen von Observation und Experiment – selbst auslegen zu können.

Damit scheint die Ausgangslage, wie ich sie vorn anhand des Dürerschen Bildes analysiert hatte, in einer entscheidenden Nuance verändert. Der Doppelcharakter des Körpers/Leibes, der sich auf diesem Bild – in bereits auseinandertretenden Momenten – auffinden ließ, scheint durch die sich dazwischenschiebende Ebene der Instrumentalität zum Verschwinden gebracht zu werden. Im Bild »Der Zeichner des liegenden Weibes« sind ›Leib‹ und ›Körper‹ in der Konfrontation von Zeichner und Modell noch aufeinander bezogen, wenn auch schon durch das als Zeichengerät fungierende Gitter neutralisiert. Immerhin aber *sahen* sie sich noch, immerhin ist die Möglichkeit einer sinnlichen Beziehung von Angesicht zu Angesicht noch angedeutet, wenn auch in Form einer nur untergründigen, latent gehaltenen Spannung.

Mit der neuen Form der Wissenschaftlichkeit, der *Selbstauslegung der Natur im Experiment,* scheint die Möglichkeit dieser Konfrontation vorbei zu sein. Die neuen Formen der instrumentalisierten Wahrnehmung und der methodisch objektivierten Befragung der Natur leiten eine Entwicklung ein, die jeden sinnlichen Kontakt des Menschen (des Forschers) zum Gegenstand seines Interesses zu unterbinden und durch einen instrumentellen ›Kontakt‹ zu substituieren scheint.

Eine Begegnung von › Subjekt‹ und ›Objekt‹, von ›Körper‹ und ›Leib‹, findet unter diesen Umständen nicht mehr statt. Der Erforscher der Natur ist dieser selbst nicht länger ausgesetzt, sondern nur noch ihren Objektivationen, den Niederschlägen meßtechnischer Art, die sie in den jeweiligen Apparaturen des Experiments hinterlassen hat. Sinnliche oder leibliche Erfahrung, Lust an der Wahrnehmung kann sich auf diese Weise nicht mehr entzünden.

Womöglich waren diese Feststellungen übereilt; ist es denn ausgemacht, daß der *leibliche* Bezug des Forschers zum Gegenstand und Fixpunkt seines Interesses wirklich ausgelöscht und verdorrt ist? Sind eo ipso der instrumentelle und apparative Umgang mit Natur, das experimentelle Verfahren generell schon Beleg für die Verdrängung des leibesunmittelbaren Zugangs zur Natur?

Ist nicht der Wissenschaftler, trotz der inzwischen üblich gewordenen totalen Apparatur, immer noch der ›leiblich‹ sehende, riechende und vernehmende, dergestalt, daß umgekehrt die Instrumente ihm zur Hand gehen und als verlängerte Potenzen seiner Leiblichkeit anzusehen sind?

Und noch konkreter gefaßt: Sprechen nicht gerade das hier zitierte Vordringen des Instruments und das Modisch-Werden der ›experimentellen Methode‹ für eine zunehmende körperliche Involvierung des Naturwissenschaftlers und -forschers? Steht nicht gerade die erkenntnisfreudige, auf ›Kuriositäten‹ versessene Wissenschaft des Barock für eine zunehmende Aktivität des Forschers, ein zunehmendes Engagement unter Einschluß aller körperlichen Risiken und Wagnisse ein?

Muß man nicht viel eher von einem verstärkten und intensiveren statt von einem abgeschwächten oder gar verdrängten leiblichen Engagement[1] im Geschehen des Experiments ausgehen?

1 Wie es etwa K. O. Apel unterstellt: »Alle Erfahrung – auch und gerade die theoretisch angeleitete, experimentelle Erfahrung der Naturwissenschaft – ist primär Erkenntnis durch Leibengagement«, heißt es apodiktisch in seinem »Entwurf einer Wissenschaftslehre in erkenntnisanthropologischer Sicht«, in: ders., *Transformation der Philosophie*, Bd. 2, Frankfurt/M. 1976, S. 99; Apel versteht unter diesem ›Leibenga-

Unter diesen Fragestellungen sollen zunächst die experimentellen Verfahren und Umgangsweisen, die Verhaltensmodi und der Habitus der Wissenschaftler des ›experimentellen Zeitalters‹ untersucht werden, bevor auf die Materialisierungen dieser neuen Verfahren, die Instrumente, im einzelnen eingegangen wird.

In einer Analyse des Experiment-Begriffes und der Vorführung von drei als typisch zu erachtenden Experimenten der frühen Neuzeit möchte ich zeigen, daß zumindest im klassischen ›Beobachtungs-Experiment‹ der Naturwissenschaften (nicht so sehr im ›Wagnis-Experiment‹ der sogenannten baconischen Wissenschaften) alle Anteile künstlerisch-magischer oder sinnlich-sympathetischer Art, die dem traditionellen Experiment von Magie und Alchemie noch eigen waren, eliminiert werden, um das so ›gereinigte‹ Experiment als eine lautere Bekundung der Natur selbst hinstellen zu können. Eine physische Interaktion mit der vergegenständlichten Natur ist nicht mehr vonnöten, deshalb verdünnt sich der ›Konsensus‹ mit ihr auf die rein ideelle Teilhabe in Gedankenspiel und Imagination.

Diese Herausdrängung des Körpers aus dem Akt des Experiments spiegelt sich auch auf der Ebene der Instrumente wider: Die Instrumente, Mittel zur Inquisition oder Befragung der Natur, werden zwar zunächst dem Vorbild des menschlichen Experimentators abgewonnen, aber, wie eine genauere Untersuchung der Entwicklung dreier Instrumente bzw. Instrumental-Verfahren zeigen kann, kommt es auch hier zu einer Abwälzung der ursprünglich anthropomorphen Vorgaben. Nicht mehr die Instrumente werden am Vorbild des Körpers entwickelt, sondern dieser wird unter den paradigmatischen Erklärungsanspruch der Instrumente subsumiert, von ihnen neu beschrieben und definiert. In einem letzten Stadium der Untersuchung gehe ich auf die Tendenz zur ›Selbstauslegung des Körpers‹ ein, worunter der eben genannte Vorgang zu verstehen ist: der menschliche Körper gerät unter die Paradigmen einer autonom verstandenen Natur und wird seinerseits objektiviert, das heißt den wechselnden Themen der Naturbeschreibung gemäß verschieden ›beschriftet‹.

gement‹ den »materiell-technischen Eingriff« des Experimentators, der der zu befragenden Natur eine instrumentelle Natur an die Seite stellt (ebd.).

6.1 Experiment und experimentelle Verrichtung

Vom heutigen Verständnis her gesehen ist die experimentelle Methode aus den Naturwissenschaften nicht wegzudenken. Wir sind es gewohnt, die Naturwissenschaften der Neuzeit schlechthin mit dieser ›experimentellen Methode‹ zu identifizieren.

Bei näherem Hinsehen allerdings erweisen sich die Verhältnisse als gar nicht mehr so einfach: die Naturwissenschaften der frühen Neuzeit, zumindest die klassischen Beobachtungsdisziplinen, waren gar nicht in dem Ausmaß und mit der Emphase experimentell verfaßt, wie wir es heute glauben mögen. Im Gegenteil hatte es die experimentelle, erfahrungsuchende Methode in der Naturphilosophie des 16. und 17. Jahrhunderts ausgesprochen schwer, sich einen anerkannten Status in der Wertschätzung der klassischen Wissenschaften zu verschaffen.

Wenn ich hier und im folgenden von ›klassischen‹ Wissenschaften spreche, so sind damit zunächst die aus den Fächern des Quadriviums entwickelten scholastischen Disziplinen der Astronomie (einschließlich Optik und Kinematik), der Arithmetik, Algebra, Geometrie und Harmonik gemeint. Ihnen gegenüberzustellen sind die vielen ›neuen‹ Wissensgebiete, die sich in der damaligen Zeit aus der Verpuppung anderer Wissens- und Kultformen erst zu lösen begannen und deren Erfahrungs- und Erkenntnisgewinnung noch stark von persönlichem Einsatz, Wagemut und Risikobereitschaft der Entdecker abhing – ich meine die (von Th. Kuhn so genannten[2]) ›baconischen Wissenschaften‹, zu denen man die Lehre vom Magnetismus und den Elektrizitätserscheinungen ebenso zählt wie die ersten Versuche einer Systematisierung der Wärme- und Kältephänomene (einschließlich des Feuers), aber auch die Chemie, die Wetterkunde, die Hydrographie usw.

Eine wissenschaftstheoretische Unterscheidung der beiden genannten Wissenschaftsformen will ich mir hier ersparen – es dürfte einsichtig sein, sich stärker auf die klassisch genannten mathematischen (oder

2 Vgl. Th. Kuhn, *Die Entstehung des Neuen*, Frankfurt/M. 1978, S. 92 ff.; ich übernehme hier diesen Begriff, obwohl gleichzeitig vor ihm gewarnt werden muß: Die Kennzeichnung einer Wissenschaft als ›baconisch‹ taugt sehr gut für die Indizierung ihres Gegenstandsbereiches (als eines im Baconschen Sinne aufzuklärenden), bietet aber nicht unbedingt Gewähr für die Gegebenheit einer ihm verpflichteten wissenschaftlichen Methode.

zumindest mathematisierbaren) Wissenschaften zu konzentrieren als etwa auf die baconischen Erfahrungs- und Wagnis-Wissenschaften: denn letztere nehmen keine andere Entwicklung, als sich nach einem Stadium der Exploration und Erkundung auf eine Theoretisierung und Systematisierung zuzubewegen, die Th. Kuhn als ›die Etablierung einer paradigmatischen Phase‹ charakterisierte.

Das ›Experiment mit der Natur‹ stand zunächst völlig im Schatten der magischen und alchemischen Tradition, wie etwa der Titel des einschlägigen Thorndykeschen Werkes – *A History of Magic and Experimental Science* – anzeigt.

Das Experiment galt als Werkzeug in der Hand der Praktiker und Magier, sich die Natur in geeigneter subjektiver Weise anzueignen, sie sich gefügig zu machen: »Ein jegklich Experiment«, schreibt Paracelsus[3], »ist gleich einem Waffen, das nach art seiner Krafft muß gebraucht werden: Als ein Spieß zum Stich, ein Kolben zum Schlahen, ... Experimenten brauchen will ein Erfarnen Mann haben, der der Stich und Streich gewiss seye: das ist das ers brauchen und gewaltigen möge, darzu dann sein Art ist...« Hier spricht noch die alte Feindschaft von Mensch und Natur: der kundige und erfahrene Mann, so Paracelsus, muß seine Waffen kennen, muß die Mittel dosieren und kunstvoll einsetzen können, um derart auch die Natur ›gewaltigen‹ zu können. Umgehen mit der Natur hieß ›Mimesis der Gewalt der Natur‹[4] mittels eigener körperlicher Gewalt, hieß aber auch Kunstfertigkeit, List und Einfühlungsvermögen.

Wogegen die Maxime der neuen Wissenschaft im galileischen Sinne gerade darin bestand, Distanz gegen sich selbst einzunehmen und die vorurteilslose ›interpretatio naturae‹[5] , die Selbstauslegung der Natur, zu organisieren.

Hier tat sich ein Konflikt auf, der für die neue erfahrungsuchende Wissenschaft nicht einfach zu lösen war: wie war dieses ›Erbe‹ von Magie und Alchemie, das Experiment, mit den

3 Paracelsus, *Chirurgische Schriften und Bücher,* hg. von J. Huser, Basel 1618, S. 300f.; zit. nach Fr. Strunz, *Theophrastus Paracelsus, sein Leben und seine Persönlichkeit,* Leipzig 1903, S. 20f.
4 Vgl. oben, Kap. 3.2.
5 Vgl. die Deutung, die diesem Begriff in der Einleitung von Teil II, oben, S. 136 ff., gegeben worden ist.

eigenen methodischen Forderungen des ».. . so zu verfahren wie die Natur selbst« zu vereinbaren? Unbedingt mußte die neue Wissenschaft, gleich, ob sie sich stärker apriorisch und erfahrungskonstitutiv oder eher empirisch und theorienkonstitutiv verstand, dem ›Herumexperimentieren‹ oder ›Manipulieren‹ an der Natur entsagen und ihr Heil und ihre Richtschnur in dem Vorgehen der Natur selbst suchen. Willkür, Zwanghaftigkeit und freche Absicht durften ihr gegenüber nicht zum Zuge kommen, wollte man nicht in die Praktiken der geschmähten magischen und hermetischen Künste zurückfallen.

Gerade Bacon und die an ihn anknüpfende englische Tradition des Empirismus (stärker etwa als die kontinentale rationalistische Tradition im Gefolge Galileis, Keplers und Descartes') haben das stärkste Interesse daran, dem Vorwurf des Tricks oder der Manipulation im Experiment zu entgehen und statt dessen den ›reinen‹, unverfälschten Zugang zur Natur offenzuhalten. Denn gerade dem Baconschen Empirismus wird seine ›Experimentiererei‹, seine willkürliche Veränderung und Verunstaltung von Natur zur Last gelegt.

Nicht ganz von ungefähr, wenn man sich Bacon selbst anschaut. Bacon steckt in einem gewissen Dilemma: er schwört, wie das *Neue Organon* zeigt, der Willkürlichkeit und ›Emsigkeit‹ des ›bunten Experimentierens wie die Mechaniker‹ zwar ab[6], ist aber andererseits der Artifizialität und der Kunstfertigkeit, die deren Verfahren eignet, doch nicht ganz abhold.[7]

Bacon, der große Künder des ›induktiven Empirismus‹, des voraussetzungslosen methodischen Arbeitens in der Naturwissenschaft, hat durchaus ein Gefallen daran, dieser Natur gewisse ›Bedingungen‹, gewissen ›Zwang‹ aufzuerlegen, einfach, um sie zu einem noch deutlicheren und unverhohleneren Geständnis ihrer Wahrheiten zu zwingen, als sie im unbelasteten Zustand preisgeben würde. Nach Bacons Vorstellungen soll Natur mit Natur selbst, mit einer ›künstlichen Natur‹, gequält und geschunden und zu höherer Leistung angehalten werden:

»Wie aber im gemeinen Leben die Denkungsart und Gemüthsbeschaffenheit eines Menschen leichter sich verräth, wenn er in Leidenschaften

6 Vgl. F. Bacon, *Neues Organon*, I, § 73; a. a. O., S. 54.
7 Vgl. ebd., § 98; S. 76 f.

geraten ist, so enthüllen sich auch die Verborgenheiten der Natur besser unter den Eingriffen der Kunst, als wenn man sie in ihrem Gange ungestört läßt.«[8]

Wie sind diese Bekundungen miteinander zu vereinbaren? Bacons Lösung liegt erstens in einer strengen Methodologie (deren theoretisches Gerüst er in Gestalt des »Novum Organon«, deren praktische Durchführbarkeit er im Studium der Wärmephänomene präsentiert, von denen er im II. Teil des *N. O.* wiederum Zeugnis ablegt); zweitens aber in der Verpflichtung des Naturforschers auf unbedingte Enthaltsamkeit irgendwelchen Interessen, Ambitionen oder versteckten Absichten gegenüber.

Nur wer davon absieht, was ›seinen Entwürfen dienlich ist‹, nur wer dem Gedanken des ›unmittelbaren Nutzens‹ abschwört, kann Fortschritte für die Wissenschaft erwarten:

»Man könnte diese Art Untersuchungen *lichtbringende* zum Unterschied von jenen *fruchtbringenden* benennen. Diese haben die schöne Eigenschaft, daß sie nicht blenden und bethören. Weil sie nämlich nicht auf irgend einen praktischen Zweck abgesehen sind, so sind sie, wie sie auch ausfallen mögen, gleich willkommen, da sie ja unsre Fragen beantworten.«[9]

Fragt man sich also absichtslos und rein der Wahrheit zuliebe, so ist der Maxime, nur nach der Art der Natur selbst zu verfahren, durchaus Genüge getan, und dennoch kann die ursprünglich ruhige und entspannte Natur zu höherer Leistung und Leidenschaft gesteigert werden.

Mit diesem dialektischen Kunstgriff kann Bacon sowohl den Vorwurf der Willkür und dämonischen Scharlatanerie abwehren – indem er auf den systematischen Charakter auch der künstlichen Natur verweist – als auch den induktiv-empirischen Charakter seines ›methodus‹ zur Erforschung der Natur rühmen – indem er nämlich auf die völlige Abwesenheit menschlicher Zwecksetzung und menschlichen Vorteils verweist.

So kann es nicht überraschen, wenn gerade der von Bacon inspirierte, streng erfahrungsorientierte Zweig der neuen Wissenschaft keine Schwierigkeiten hat, sich von den spekulativen Praktiken der Naturbeeinflussung und -stimulation, wie sie in der Magie üblich waren, loszusagen und abzugrenzen. Es sind gerade Bacon und die englischen Empiristen unter den Natur-

8 Ebd., S. 77.
9 Ebd., § 99, S. 77.

wissenschaftlern des 17. Jahrhunderts – und hierzu ist auch noch Newton zu zählen –, die den nicht-manipulativen und nicht-offensiven Charakter des eigenen Experimentierens mit der Natur unterstreichen – und dies ungeachtet der tatsächlich vorhandenen artifiziellen Bedingungen, der künstlich gesetzten Rahmenbedingungen, mit deren Hilfe bestimmte Fragen als Entscheidungsalternativen beantwortbar werden.

Es fällt also das umstrittene und vorbelastete Wort von der ›Experimentation‹ zwar schon (und im Laufe des 17. Jahrhunderts zunehmend[10]), aber immer muß der objektive, streng methodische und von jedermann reproduzierbare Charakter der Experimente gewährleistet sein[11], um das *gesetzeshafte* Verfahren der Natur, nicht etwa die Produktionen eines vorausgreifenden Geistes, zu offenbaren.

Noch in der »Enzyklopädie« des aufklärungsfreudigen 18. Jahrhunderts, in der *Encyclopédie ou Dictionnaire des Arts et Métiers* von Diderot und d'Alembert von 1765[12], findet sich unter dem Stichwort ›Observateur‹ eine Bestimmung der Physik und der experimentellen Methode, die strengste Maßstäbe an die Selbstlosigkeit und Enthaltsamkeit des Beobachters anlegt:

»... Beobachter heißen im allgemeinen alle diejenigen«, heißt es dort unter ›Beobachter (Phys. u. Astr.)‹,[13] »welche die Naturerscheinungen beobachten; mehr noch heißen insbesondere Astronomen so oder *Beobachter* der Bewegungen der Gestirne.«

Und in diesem Zusammenhang werden eine Reihe bedeutender Beob-

---

10 Vgl. etwa den Boyleschen Essay *Some Considerations Touching the Usefulnesse of Experimental Naturall Philosophy*, Erstveröffentlichung Oxford 1663, in: *The Works of Robert Boyle*, Hildesheim 1965.

11 R. Hooke, langjähriger Sekretär der ›Royal Society‹, gibt in »Dr. Hooke's Method of Making Experiments« detaillierte Anweisungen, wie die Anforderungen der Öffentlichkeit, der allgemeinen Nachprüfbarkeit und Intersubjektivität des experimentellen Verfahrens zu gewährleisten seien; vgl. *Philosophical Experiments and Observations of R. Hooke,* hg. von Derham (1726), London 1967, insbesondere S. 26 f.

12 Im folgenden zitiert nach der Neuausgabe Stuttgart 1966.

13 *Enzyklopädie*, Stuttgart 1966, Bd. XI, S. 310, Hervorhebung im Text; alle Übersetzungen im folgenden von mir, W. K.

achter aus der Geschichte der Astronomie erwähnt. Dann aber wird dieser Titel ausgeweitet und zu einer näheren Bestimmung des methodischen Handwerks des Physikers allgemein, des rechtverstandenen Physikers im Sinne der *Encyclopédie,* verwendet:

»Man hat den Namen *Beobachter* dem Physiker gegeben, welcher sich bescheidet, die Phänomene zu untersuchen, so wie sie ihm die Natur zeigt [présente]; er unterscheidet sich vom *experimentellen* Physiker, welcher sich selbst einbindet [se combine lui-même] und welcher nur das Resultat seiner eigenen Kombinationen erblickt; dieser sieht die Natur niemals so, wie sie tatsächlich [en effet] ist, er ist bestrebt, sie durch seine Arbeit stärker bloß zu legen [la rendre plus sensible]...«[14]

Auch hier noch, in diesem Jahrhundert der ›Curiosité‹ und der erlebnishungrigen Salonwissenschaften, wird die seriöse und wahre Wissenschaft durch *Beobachtung* ausgezeichnet, durch das Ausfindig-Machen und Aufspüren der Natur, wie sie an sich selbst sei. Auch hier dominiert also das eher defensive Ideal, es der Natur nach- oder gleich zu machen statt sie, wie kurze Zeit später im Text heißt, ›zu verunstalten‹ oder ›zu entstellen‹.

Es folgen Bemerkungen über die grundverschiedene Einstellung beider Wissenschaftler-Typen, die sich in ihren Absichten, Motivationen und Handlungen äußert:

Während der Beobachter sich nur seiner Augen bedient und zu bedienen braucht, weil »die Natur für den, der die Augen hat, entschleiert und nackt« ist »bzw. nur von einem schleierartigen leichten Gewebe bedeckt (ist), durch welche das Auge und die Reflexion mühelos hindurchdringen«, hat der Gegenpart das Bestreben, der Natur »die Maske abzuziehen, die sie unseren Augen verhüllt«, wohingegen diese »vorgebliche Maske ... nur in der Vorstellung, einer für gewöhnlich hinlänglich beschränkten Vorstellung des Experimentators, (besteht)«.[15]

Der wahre Physiker dagegen hegt keine Vorurteile und Vorerwartungen, »er erwartet nichts von den Resultaten«, heißt es, kennt nur die Ergebnisse der Vorgänger und besitzt Talent: »er geht Schritt um Schritt hinter der Natur her [!], entschleiert die geheimsten Mysterien«, und »alles setzt ihn in Erstaunen, alles instruiert ihn« und »alle Resultate sind für ihn gleich, *weil er nichts von ihnen erwartet*« (Hervorhebung von mir, W. K.); »die Natur ist für ihn ein großes Buch, welches

14 Ebd., S. 310.
15 Ebd.

er nur aufzuschlagen und zu Rate zu ziehen hat; aber um in diesem unermeßlichen Buche zu lesen, bedarf es des Genies und des Scharfsinns; es bedarf vieler Aufklärung [lumières]; um Experimente zu machen, bedarf es nichts als Geschicklichkeit: alle großen Physiker sind *Beobachter* gewesen.«[16]

Wie Bacon zu Anfang des 17. Jahrhunderts, so setzen die Enzyklopädisten Mitte des 18. Jahrhunderts auf die Haltung der Selbstlosigkeit und Absichtslosigkeit, die den *reinen* Charakter der Experimente, ihren rein ›lichtbringenden‹ Charakter garantieren sollen.

Ob dies in der *Praxis* der Versuche und Beobachtungen immer der Fall war, einmal dahingestellt (hierauf werde ich anhand gewisser Beispiele noch zu sprechen kommen), in der *Theorie* des Experiments, in seinem wissenschaftstheoretischen Anspruch mußte die neue Wissenschaft bzw. der einzelne moderne Naturphilosoph es sich angelegen sein lassen, hinter dem Diktum der Natur völlig zurückzutreten. Ob es die eher argumentativen Bestätigungs- oder Rechtfertigungsexperimente der mathematischen Wissenschaften oder die induktiven Systematisierungs- und Sammlungsexperimente der empirischen Wissenschaften waren, in jedem Fall wurde das Experiment als ein *selbstläufiger, autonomer Prozeß der Natur* begriffen, der einer Intervention, einer Zwecksetzung, einer wie auch immer gearteten menschlichen ›Einbindung‹ nicht bedurfte.

a) Drei exemplarische Experimente

Bisher ist nur von dem *Anspruch* auf ›Selbstauslegung der Natur‹, nicht aber von konkreten Fällen des Experiments die Rede gewesen. Eine detaillierte Untersuchung des neuzeitlichen Experiments in seinen verschiedenen Formen, Funktionen und Verlaufsformen ist mir hier nicht möglich – diesbezüglich muß ich auf die umfangreiche Literatur verweisen.[17] Hier sollen nur

16 Ebd.; alle Übersetzungen von mir, W. K.; Hervorhebungen im Text.
17 Ich möchte hier nur folgende drei Werke nennen:
L. Thorndyke, *A History of Magic and Experimental Science*, 8 Bde., New York 1923–1958. F. Dannemann, *Die Naturwissenschaften in*

einige wenige, exemplarisch erscheinende Beispiele vorgestellt werden. Allerdings bereitet die Auswahl gewisse Schwierigkeiten; schon die Bestimmung und Klassifizierung gibt Probleme auf.[18] Ich denke, daß sich drei große Klassen von Experimenten unterscheiden lassen:

- das argumentative Bestätigungs-Experiment,
- das systematisch induktive Beobachtungs-Experiment,
- das innovative Entdeckungs- oder Wagnis-Experiment.

Jede dieser drei Klassen – deren Unterschiede im folgenden noch erhellt werden sollen – steht für eine gewisse szientifische Tradition, die ich zunächst einmal summarisch durch konstruktiven Rationalismus, induktiven Empirismus und entdeckungsfreudigen Experimentalismus kennzeichnen möchte. Die erstgenannten Positionen gelten als die eigentlich wissenschaftlichen, seriösen Traditionen, während der letztgenannten zunächst nur die Funktion der Vorklärung oder ›Exploration‹ zugebilligt wird. Tatsächlich streben die meisten der experimentierfreudigen Baconischen Wissenschaften der dritten Klasse in ihrer weiteren Entwicklung und Ausbildung dem Standard der erstgenannten zu[19]; dies wird vielleicht an einem Beispiel noch deutlicher werden.

Im folgenden möchte ich drei exemplarische Experimente vorstellen, die sich in etwa den genannten wissenschaftlichen Traditionen zuordnen lassen; die Auswahl war sowohl von der dokumentarischen Basis als auch von den Möglichkeiten der Veranschaulichung der Versuche bestimmt:

1. Galileis Untersuchungen zum freien Fall
2. Newtons optische Untersuchungen am Prisma
3. Musschenbroek's Entladungsexperimente mit der Leidener Flasche

Meine Darstellung kann Umfassenheit und Vollständigkeit nicht beanspruchen; sie zielt weniger auf die Kennzeichnung der wissenschaftstheoretischen Unterschiede zwischen den verschiedenen Experimenttypen als vielmehr auf die kritische Prüfung folgender zweier Fragen:

ihrer Entwicklung und in ihrem Zusammenhange, 2. Bd., Leipzig 1921.
F. Fraunberger / J. Teichmann, *Das Experiment in der Physik*, Braunschweig 1984.
18 Vgl. die ›Einleitung‹ bei Fraunberger/Teichmann, a. a. O., S. 1–6.
19 Vgl. Th. Kuhn, a. a. O., S. 99 f.

Zum einen, wie steht es mit der körperlichen Verwicklung des Experimentators und Subjekts des Versuchs? Inwieweit ist er tatsächlich vom ›Naturgeschehen‹ freigestellt, inwieweit ist er dennoch in das Geschehen des Experiments involviert?

Und zum zweiten: inwieweit läßt sich von diesen Versuchen sagen, ›Natur lege sich hier selbst aus‹? Inwieweit kommen sie dem Anspruch auf Objektivität und Enthaltsamkeit des menschlichen Beobachters nahe?

Beide Fragen führen auf gewisse Standards der experimentellen Interaktion, auf die ich anschließend unter dem Thema ›Arbeit und Konsensus‹ eingehen werde.

1. Galileis Untersuchungen zum freien Fall

Galileis Untersuchungen zum freien Fall der Körper bezogen sich auf die begriffliche Klärung dieses Phänomens als eines Beschleunigungs-Phänomens, auf die Konzipierung eines entsprechenden idealtypischen Prozesses (›freier Fall der Körper im leeren Raum‹) und auf die Erarbeitung einer quantitativen Beziehung zur Beschreibung dieses freien Falls in den kinematischen Termini von Weg und Zeit. Auf die letztgenannte dieser Fragen, auf die Erarbeitung des sogenannten ›Weg-Zeit-Gesetzes‹ der Beschleunigung, will ich mich hier beziehen, und wiederum auch nur auf diejenigen Versuche, die Galilei diesbezüglich in seinen berühmten *Discorsi* von 1638 dem wissenschaftlich gebildeten Publikum Europas präsentierte.[20]

Man weiß heute, daß Galilei lange Jahre seines Lebens an der Frage des ›richtigen‹ Beschleunigungsgesetzes gearbeitet, daß er zunächst eine andere Fassung verfolgt hat[21] und erst in späteren Jahren sich von der Abhängigkeit der Geschwindigkeit von der Fallzeit, nicht etwa des Fallweges, überzeugt hat.

Vorweg sei gesagt, daß das Studium des freien Falls ihn vor die

20 Vgl. G. Galilei, *Discorsi e dimostrazioni mathematiche intorno a due nuove scienze*, Leyden 1638; in: *Op. Ed. Naz.*, VIII, S. 39–312; deutsche Übersetzung durch A. v. Oettingen: Galileo Galilei, *Unterredungen und mathematische Demonstrationen*, Leipzig 1890–1904, Nachdruck Darmstadt 1973 (zit. als *Unterredungen*).

21 Vgl. J. Mittelstraß, *Neuzeit und Aufklärung*, a. a. O., S. 215 f.

schwierige Aufgabe der exakten Messung von Zeiten, auch extrem kurzen Zeiten, stellte; für den ungehinderten freien Fall war es mit den Mitteln der damaligen Zeit nahezu unmöglich, die Größe der Beschleunigung exakt zu ermitteln.

Galilei sann auf folgende Weise auf Abhilfe: er studierte statt des freien Falls einen *Abrollvorgang* an der schiefen Ebene, gestaltete aber die Versuchsbedingungen derart variabel, daß er von der beliebig zu wählenden Neigung der schiefen Ebene auch zur Vertikalen würde übergehen oder extrapolieren können.

Zunächst zur Präparation des Experiments, wie Galilei sie laut dem Zeugnis der *Unterredungen* vorgenommen hat:

»Auf einem Lineale, oder sagen wir auf einem Holzbrette von 12 Ellen Länge, bei einer halben Elle Breite und drei Zoll Dicke, war auf dieser letzten schmalen Seite eine Rinne von etwas mehr als einem Zoll Breite eingegraben. Dieselbe war sehr gerade gezogen, und um die Fläche recht glatt zu haben, war inwendig ein sehr glattes und reines Pergament aufgeklebt; in dieser Rinne ließ man eine sehr harte, völlig runde und glattpolierte Messingkugel laufen.«[22]

Ich gebe diese Vorbereitungs- und Herstellungsberichte derart ausführlich wieder, weil sie verdeutlichen können, was Galilei mit ihnen unterstreichen wollte: die Glaubwürdigkeit, mehr noch, die Machbarkeit seines Experiments. Jedermann sollte, würde er sich nur an die angegebenen Anweisungen halten, die Erfahrungen und Ergebnisse Galileis reproduzieren können. Es folgt die Schilderung des eigentlichen Experimentverlaufs:

»Nach Aufstellung des Brettes wurde dasselbe einerseits gehoben, bald eine, bald zwei Ellen hoch; dann ließ man die Kugel durch den Kanal fallen und verzeichnete in sogleich zu beschreibender Weise die Fallzeit für die ganze Strecke; häufig wiederholten wir den einzelnen Versuch, zur genaueren Ermittlung der Zeit, und fanden gar keine Unterschiede, auch nicht einmal von einem Zehntel eines Pulsschlages. Darauf ließen wir die Kugel nur durch ein Viertel der Strecke laufen, und fanden stets genau die halbe Fallzeit gegen früher. Dann wählte wir andere Strecken, und verglichen die gemessene Fallzeit mit der zuletzt erhaltenen und mit denen von ⅓ oder ¼ oder irgend ande-

22 *Unterredungen*, a. a. O., S. 162.

ren Bruchtheilen; bei wohl hundertfacher Wiederholung fanden wir stets, daß die Strecken sich verhielten wie die Quadrate der Zeiten: und dieses zwar für jedwede Neigung der Ebene, d. h. des Kanales, in dem die Kugel lief.«[23]

Galilei erweist sich als ein sehr sorgfältiger und systematischer Experimentator (bzw. suggeriert, dieser zu sein): Er wiederholt alle Versuche mehrfach, bis zu ›hundertfach‹, er variiert die Bedingungen, befreit sich von zufällig gewählten Anfangswerten. Auch hier die Absicht zu systematisieren, zu verallgemeinern, sich von jeder zufällig bestehenden Vorgabe und Voreingenommenheit zu befreien.

Es ist strittig, ob Galilei *tatsächlich* dieses Experiment angestellt und in der angegebenen Akkuratesse durchgeführt hat.[24] Worauf es mir hier aber ankommt, ist gerade, den vorgeblichen experimentellen Standard, also die Kriterien an methodischer Sauberkeit, Stichhaltigkeit und Nachprüfbarkeit, denen Galilei sich verpflichtet sah, mit der experimentellen Wirklichkeit zu konfrontieren. Hier sind die körperlichen Verrichtungen und Involvierungen des Experimentators von besonderem Interesse.

Die Aufgabe des Beobachters bestand zunächst im Initiieren der Vorgänge; er mußte das Loslassen der Kugeln koordinieren mit dem Auslösen der Zeitmessung, er mußte ›synchronisieren‹. Die Zeitmessung selbst war höchst schwierig und problematisch. Eine Messung in ›Zehnteln eines Pulsschlages‹, von der Galilei kursorisch spricht, reichte sicher nicht aus. Aus diesem Grunde ist im weiteren Verlauf von einer objektiveren, nämlich nicht mehr auf den menschlichen Körper zurückgreifenden Meßmethode die Rede:

»Zur Ausmessung der Zeit stellten wir einen Eimer voll Wasser auf, in dessen Boden ein enger Kanal angebracht war, durch den ein feiner Wasserstrahl sich ergoß, der mit einem kleinen Becher aufgefangen wurde, während einer jeden beobachteten Fallzeit: das dieser Art aufgesammelte Wasser wurde auf einer sehr genauen Waage gewogen; aus den Differenzen der Wägungen erhielten wir die Verhältnisse der Gewichte und die Verhältnisse der Zeiten, und zwar mit solcher

23 Ebd., S. 162 f.
24 Vgl. K. E. Middleton, *The Experimenters*, London 1971, S. 3 f.; ebenfalls Heidelberger, a. a. O., S. 157.

Genauigkeit, daß die zahlreichen Beobachtungen niemals merklich [di un notabile momento] von einander abwichen.«[25]

Auch bei dieser Meßmethode gehen immer noch Leistungen des Beobachter-Subjektes ein – neben dem erwähnten Loslassen der Kugeln die Aufgabe der Synchronisation von Vorgang und Zeitmessung (Wasserausfluß); deshalb mögen auch hier Zweifel an der behaupteten Genauigkeit der Versuche erlaubt sein. Dennoch scheint mir die von Galilei angegebene objektivere Zeitmeßmethode von Belang zu sein: Galilei hält es für nötig, sie anzugeben, um sich von dem Vorwurf der ›subjektiven‹ Meßmethode mittels des eigenen Pulsschlages – einer ansonsten damals gebräuchlichen Methode – freizuhalten. Zeitmessung mittels der Ausflußmethode stellte ein körperunabhängiges, allgemeingültiges Meßverfahren dar, dem auf jeden Fall der Vorzug zu geben war.

Der geschilderte Versuch bzw. die geschilderte Versuchsanordnung weist dennoch gewisse Schönheitsfehler auf. Insbesondere sind es die noch verbleibenden Anteile subjektiven Zutuns, die vom methodischen Gesichtspunkt her störend wirken. Deshalb kann es nicht überraschen, wenn, wie mittlerweile bekannt geworden ist, Galilei noch auf einem ganz anderen Wege – einem Wege, der Zeitmessung überhaupt überflüssig macht – zur Darstellung und Überprüfung seines Weg-Zeit-Gesetzes kam: dem der Untersuchung des freien Falles in einem Abrollvorgang auf der ›*Sprungschanze*‹.

In diesem Fall ließ Galilei[26] Kugeln auf dem Gefälle einer Sprungschanze abrollen, um sie am Ende dieser Rollbahn mit Hilfe eines Schanzentisches zu einem freien Flug in Gestalt einer Wurfparabel zu veranlassen. Die Neigung der Schanze war fest gewählt, die Höhe des Ablaufpunktes aber variierbar, so daß die Flugweite D in Abhängigkeit von der Laufhöhe H

25 *Unterredungen*, a. a. O., S. 163; der Terminus ›momento‹ ist in diesem Kontext der galileische Ausdruck für Gewicht, wie auch Dannemann, *Die Naturwissenschaften*, a. a. O., S. 51 in Anmerkung 2 bestätigt.
26 Entdeckt und publiziert wurden die diesbezüglichen Manuskripte Galileis (etwa von 1604–1609) durch St. Drake 1973 in: *Isis* 64, S. 291–305; vgl. hierzu die kritische Darstellung und Auswertung bei J. Teichmann/F. Fraunberger, a. a. O., S. 21–30, insbesondere S. 24 ff.

gemessen werden konnte. Aus Zeichnungen, die sich bei den galileischen Manuskripten fanden, ließ sich zweifelsfrei rekonstruieren, daß Galilei selbst durch eine Reihe von Tests mit variierten Ablaufbedingungen auf die Relation $D^2 \sim H$ stieß.

Das Intelligente dieser Versuchsanlage, unterstellt man einmal, daß sie für eine *Bestätigung* des Fallgesetzes ersonnen wurde[27], liegt gerade darin, daß eine direkte Messung der Zeit gar nicht vonnöten ist! Galileis sinnreiche Idee ist in diesem Fall die, daß er den Abrollvorgang auf der Schanze ermitteln und ermessen kann an den Wirkungen, die dieser Fallvorgang mittels der dabei erzielten Endgeschwindigkeit v zeitigt. Indem er nämlich jede der die schiefe Ebene durchfallenden Kugeln über eine Schanze schickt und sie zu einem Flug nach Art einer Wurfparabel veranlaßt, kann er die in diesem Flug erzielte Flugweite D als ein direktes Maß für die Endgeschwindigkeit v nehmen. (In den *Discorsi* von 1638 hatte er seine berühmte Erkenntnis mitgeteilt, daß alle Körper, den Widerstand der Luft vernachlässigt, gleich schnell fallen; dies bedeutete im vorliegenden Fall, daß alle Flugbahnen gleiche Zeit beanspruchen und deshalb $D \sim v$ gesetzt werden kann.)

Aus $D^2 \sim H$ kann $v^2 \sim H$ geschlossen werden, d. h. die Endgeschwindigkeit nach dem Durchfallen der Schanze ist im Quadrat der durchfallenen Höhe proportional. Dieses Ergebnis ist aber nur verträglich mit der Feststellung $t^2 \sim H$, wonach die Fallzeit selbst im Quadrat der Laufhöhe H proportional ist.

Übernimmt man einmal diese Deutung des Galileischen Manuskripts (es gibt auch Überlegungen, dies merkt Teichmann korrekt an[28], wonach Galilei gar nicht das Fallgesetz, sondern etwa das Superpositionsprinzip von Bewegungen oder die Geschwindigkeitserhaltung der horizontalen Geschwindigkeit testen wollte), so erhellt gerade dieser Versuch die Charakteristika der galileischen Bestätigungsexperimente: 1. für sich allein genommen, besagen die empirischen Beziehungen $D^2 \sim H$ noch gar nichts; man muß sehr genau wissen, was man erfragen will, um mit diesem Resultat zu schlüssigen Ergebnissen zu gelangen; 2. es muß genügend Vorwissen theoretischer Art schon

27 Vgl. Teichmann/Fraunberger, a. a. O., S. 24.
28 Ebd.

vorhanden sein, um die Ergebnisse interpretieren zu können, und 3. der Experimentator muß die Fragen so formulieren, daß er sie technisch zu realisieren bzw. die schwierigsten Messungen (wie etwa hier der Zeit) zu umgehen vermag.

Hier läßt sich ein gewisses Resümee bezüglich der galileischen Methode insgesamt ziehen:

Galilei strebt weitgehend subjektunabhängige, nachprüfbare und reproduzierbare Versuchsbedingungen an, mit einem Wort, er strebt die *Intersubjektivität* dieser Bedingungen an.

In der Frage der körperlichen Involvierung des Beobachters gelingt es ihm nicht, alle Unwägbarkeiten subjektiven Zutuns auszuschalten; immerhin gibt er aber hier mit dem Verfahren der objektivierten Zeitmessung (Ausflußmethode) bzw. der völligen Vermeidung dieser Zeitmessung mögliche Ausweich-Methoden an, die sich von dem Verfahren der sinnlichen Zeitmessung mittels des Pulses erheblich unterscheiden.

Bezüglich der zweiten Frage, inwieweit der galileische Versuch dem Kriterium der ›Selbstauslegung‹ standhalte, erscheint die Antwort schwierig.

Das galileische Experiment beansprucht gar nicht im empiristischen Baconschen Sinne, ›Selbstauslegung‹ der Natur zu sein. Nach Galileis Verständnis müssen die Fragen von uns, den Menschen, an die Natur gerichtet werden; die Natur gibt nicht von selbst ihre Wahrheit preis, sie konfirmiert oder bestätigt sie nur dem, der sie schon weiß: »Ich sage Euch«, läßt er im *Dialog*[29] aus dem Munde Sagredos verlauten, »wenn jemand die Wahrheit nicht aus sich heraus erkennt, so ist es unmöglich, daß ein anderer sie ihn erkennen läßt.«

Natur legt sich für Galilei nicht einfach aus, sie ist nicht evident und springt nicht ins Auge. Vielmehr bedarf es genau entwickelter Fragestellungen, genau konstruierter Randbedingungen und genau angebbarer Prämissen, um die ›Natur‹ der gleichförmig geradlinigen Beschleunigung sich auslegen zu lassen. Der mögliche Typus des Bewegungsvorganges, die mögliche quantitative Fassung des Bewegungsgesetzes und die möglicherweise zu vernachlässigenden Randstörungen der Reibung sind von vornherein in Anschlag zu bringen, bevor

29 *Dialog*, a. a. O., S. 165.

eine Antwort der Natur auf die ihr aufgegebenen Fragen zu erwarten ist.[30]

Deshalb ist der ›Mangel‹ an Selbstauslegung, der den galileischen Experimenten vorgeworfen werden könnte, für Galilei kein Mangel und kein Defizit, sondern nur Ausdruck der unverzichtbaren Notwendigkeit, der Natur gegenüber als der wissend Fragende (und um eine bloße Bestätigung dieses Wissens Nachsuchende) aufzutreten. Für ihn hatten Experimente niemals den Stellenwert von Innovation und Erfindung, sie dienten seiner Meinung nach der Argumentation, der propädeutischen Veranschaulichung und der Bestätigung; sie hatten bereits bestehende (und für ihn meist unanfechtbare) Positionen zu ›konfirmieren‹: »Io senza esperienza son sicuro che l'effetto seguirà come vi dico«, läßt dieser stolze Galilei als Salviati im *Dialog*[31] sich vernehmen, »perche cosi è necessario, che segua« – Ich bin ohne Versuche gewiß, daß das Ergebnis so ausfällt, wie ich es Euch sage, denn es muß so ausfallen.

2. Newtons optische Untersuchungen am Prisma

Newtons Experimente bezüglich der Brechung und Dispersion des Lichts an Medien wurden, wie er selbst in seinen *Lectures of Optics* 1669 freimütig bekundet, durch die lästigen Bildunschärfen des teleskopischen Sehens veranlaßt: die Linsen waren nicht nur mit der ›sphärischen‹, sondern ärger noch mit der ›chromatischen Aberration‹ behaftet; aus diesem Grunde machte sich Newton schon zu Beginn seiner Untersuchungen an einen doppelgleisigen Weg: er sann auf eine linsenfreie Form des Teleskops in Gestalt des Spiegelfernrohrs, und er untersuchte systematisch den Vorgang der Lichtbrechung, insbesondere der spektral differenzierten Lichtbrechung, einen Vorgang, der heute ›Dispersion‹ genannt wird. Aus diesen Untersuchungen ist die folgende Versuchsbeschreibung entnommen, in der

---

30 Vgl. Kants berühmte Würdigung Galileis in der ›Vorrede zur zweiten Auflage‹ der *Kritik der reinen Vernunft*, B XIII.

31 *Dialog, Ed. Naz.*, VII, S. 170; Übersetzung nach Strauss, *Dialog*, a. a. O., S. 152; Vgl. auch die aufschlußreiche Stelle kurz darauf, wo Galilei den Salviati sagen läßt: »Ich könnte Euch tausend derlei Versuche anführen, aber wem ein einziger nicht schon ausreicht, an dem wäre alle Mühe verschwendet.« Ebd., S. 160.

Newton eine detaillierte Anweisung über die in seinem Sinne vorzunehmende *Präparation* des Experiments (und nahezu aller Experimente) gibt; ich zitiere aus Theorem II, Prop. II, Exp. 3 des I. Buches:

»In einem ganz dunklen Zimmer stellte ich ein Glasprisma vor eine runde, etwa ⅓ Zoll breite Öffnung, die ich in den Fensterladen gemacht hatte, damit die in diese Öffnung gelangenden Sonnenstrahlen aufwärts nach der gegenüberliegenden Wand gebrochen würden und dort ein farbiges Bild der Sonne entstünde. In diesem wie bei den folgenden Versuchen war die Achse des Prismas (d. h. die durch die Mitte desselben von einem Ende zum anderen parallel der Kante des brechenden Winkels gehende Linie) senkrecht zu den einfallenden Strahlen. Um diese Achse drehte ich das Prisma langsam und sah dabei das gebrochene Bild an der Wand, also das farbige Sonnenbild, auf- und absteigen. Wenn das Bild zwischen Auf- und Absteigen stillzustehen schien, hielt ich an und befestigte das Prisma in dieser Stellung so, daß es sich nicht weiter bewegen konnte. Denn in dieser Stellung waren die Brechungen des Lichts zu beiden Seiten des brechenden Winkels, d. h. beim Eintritt und Austritt der Strahlen aus dem Prisma, einander gleich . . .«[32]

Mit dieser Versuchsanordnung nach Art einer überdimensionalen ›Camera obscura‹ gelingt Newton die Erstellung eines Abbildes der Sonne, dessen Konstitution er durch eine geschickte Modulation der Randbedingungen (das heißt eine intelligente Schaltung von Prismen) selbst zu bestimmen vermag. Das Licht erweist sich hiernach als ›zusammengesetzt‹, nämlich aus Bestandteilen verschiedener Brechbarkeit oder ›Refrangibilität‹, wie Newton es nennt, bestehend. Das ganze erste Buch der »Opticks« ist dem weiteren systematischen Studium dieser refrangiblen oder Farbanteile homogenen Lichts gewidmet:
Erstens werden die verschiedenen Farbanteile des Spektrums ermittelt, zweitens die Frage der sukzessiven Zerlegbarkeit geprüft und negativ beschieden (die Anteile lassen sich nicht weiter zerlegen), drittens die Resynthetisierbarkeit des

32 I. Newton, *Opticks,* London ⁴1730, Nachdruck New York 1952, S. 26; Übersetzung W. Abendroth: *Sir Isaac Newtons Optik oder Abhandlung über Spiegelungen, Brechungen, Beugungen und Farben des Lichts* (1704), I. Buch, Leipzig 1898, S 19 f.

ursprünglichen Sonnenlichts aus den genannten Refraktionsbestandteilen nachgewiesen.[33]

Die Anlage der newtonschen Versuche, die ich hier nicht im einzelnen referiere, gibt in ihrer Aneinanderreihung ein klassisches Beispiel eines absolut systematischen forschungslogischen Gedankenganges wieder. Der innere Faden, der die Abfolge dieses Gedankenganges bestimmt, ist in der fortschreitenden *Ent-Subjektivierung* und *Ent-Sinnlichung* der Phänomene zu sehen, die Newton anstrebt. Damit ist zweierlei gemeint: Zum einen handelt es sich darum, alle Anteile subjektiven Sehens und subjektiver Bildererzeugung durch objektiv dokumentierbare und ausmeßbare Bilder zu ersetzen. Das heißt, immer dann, wenn eine bestimmte Farbzerlegung, ein bestimmtes prismatisches Bild nur durch aktives Schauen des Beobachters erfahrbar wird, ist Newton bestrebt, dieses ›subjektive Bild‹ durch eine geeignete Schaltung im optischen Weg in ein ›objektives Bild‹, das heißt in ein auf einem Schirm auffangbares und ausmeßbares Bild zu verwandeln. Zum zweiten aber handelt es sich bei der ›Ent-Subjektivierung‹ um einen wissenschaftstheoretischen Weg, nämlich den der fortschreitenden Ersetzung der anfänglich die Erfahrung begründenden Phänomene durch Resultate der Theorie. Alle Phänomene, mit deren Studium Newton in der geschilderten Weise im I. Buch der ›Opticks‹ anhebt, lassen sich im Laufe der späteren Entwicklung sowohl theoretisch erklären als auch instrumentell reproduzieren, nämlich mittels genau angebbarer apparativer Versuchsbedingungen re-synthetisieren.[34]

Newton zeigt im Laufe seiner Versuchsreihe nicht nur, daß die prismatisch erzeugten Farbanteile homogenen Lichts, die Anteile von verschiedener ›Refrangibilität‹, *elementaren* Charakter tragen und zu mathematisieren sind, er zeigt nicht nur, daß sie unzerlegbar sind, sondern vor allem beweist er, daß mit ihnen als Grundbestandteilen das ursprüngliche Phänomen wiederzugewinnen ist.

Newton gelingt es damit, das Begründungsverhältnis von Phänomen und mathematisch-theoretischem Konstrukt umzukeh-

---

33 Hierauf war ich in Kap. 4.2 schon zu sprechen gekommen.
34 Vgl. Prop. XI, die letzte Aussage des I. Buches der *Opticks*, I. Newton, *Opticks*, a. a. O., S. 186 ff.

ren. War es am Anfang das phänomenal gegebene (›subjektive‹) Faktum der farbigen Bilder im Prisma (bzw. Teleskop!), das Newton zu einer Vermutung über einen je nach Farbanteil verschiedenen undulatorischen oder korpuskularen Grundanteil des Lichts spekulieren ließ, so steht am Ende die komponentenspezifische Refrangibilität unverrückbar fest, um die farbige Aufsplitterung, das Dispergieren des Lichts beim Durchgang durch Medien als *Phänomen* ableiten zu können.

Wenn es mit der Installierung der Newtonschen Versuchsanlage noch so aussehen mag, daß hier ›offensiv‹, zwanghaft und willkürlich mit Natur verfahren werde, daß nämlich das Licht einer Reihe höchst artifizieller und arbiträrer Zwangsbedingungen ausgesetzt werde (so der Goethesche Vorwurf Newton gegenüber), so vermag Newton auf einer sophistizierteren Stufe der Theorie diese Zwangsbedingungen zu rechtfertigen: er vermag sie als diejenigen notwendigen Bedingungen zu deklarieren, die die dem Licht eigenen phänomenalen Strukturen erst zu offenbaren vermögen. Das Licht vermag sich wahrhaft zu manifestieren erst anhand derjenigen materiellen Untersuchungsmethode, die ihm von Newton in den Weg gestellt wurde.

Die Frage der ›Selbstauslegung‹ findet hier also ihre Beantwortung: die instrumentellen Mittel der Untersuchung, die Newtonsche Untersuchungskammer, ist unverzichtbar; ohne sie ist die Natur des Lichts nicht konstituierbar und nicht veranschaulichbar.

Auch die zweite Frage nach der ›körperlichen Involvierung‹ findet mit dem Hinweis auf die Newtonsche Methode ihre Beantwortung: Newton hält sich strikt an die Gebote der *Intersubjektivität;* alles, was er in seinen Untersuchungen zu sehen vorgibt, ist derart genau präpariert und derart zwingend angelegt, daß es jedermann nachvollziehen kann und jedermann so sehen muß, der es zu überprüfen wünscht.[35] Mehr noch aber macht er im forschungslogischen Gang seiner Untersuchung eine ›körperliche Involvierung‹ zunehmend überflüssig: *EntSubjektivierung* der Phänomene heißt für Newton sukzessive Abschüttelung aller Voraussetzungen subjektiven Schauens, auf

---

35 Vgl. Newtons methodisches ›Scholium‹ nach Prop. I, Theor. I in der *Opticks*, a. a. O., S. 25.

die anfänglich, in der Induktion der Experimente, noch rekurriert werden muß. Alle Erfahrungen und Ergebnisse dieser subjektiven Art können im Laufe der weiteren Entwicklung der Theorie als Epiphänomene des mathematischen Gegenstandes Licht abgeleitet und begründet werden.

Man weiß heute, daß Newton einer Reihe von Vorurteilen und falschen Prämissen aufgesessen ist (so war er von einem spektral unspezifischen Dispersionsgesetz[36] – und damit der Unvermeidbarkeit der chromatischen Aberration bei Linsen – überzeugt), aber die grundsätzliche, hier angedeutete Untersuchungsstrategie der ›Ent-Sinnlichung der Phänomene‹ ist wegweisend für die gesamte Optik, ja für die gesamte spätere Naturwissenschaft geworden.

3. Das Musschenbroeksche Entladungsexperiment mit der Leidener Flasche

Mit diesem Experiment überschreite ich in mehrfacher Hinsicht den in dieser Arbeit gesteckten Rahmen; zum einen handelt es sich um eine Versuchserfahrung einer typisch ›baconischen Wissenschaft‹, nämlich der Elektrizitätslehre, die ihre Entwicklung zur reifen Wissenschaft noch vor sich hatte; zum anderen handelt es sich um das 18. Jahrhundert, also streng genommen nicht mehr um den Zeitraum dieser Arbeit. Letzteres mag mit der Schwierigkeit der Fall-Suche, insbesondere unter dem Gesichtspunkt der Dokumentarizität der Fälle, entschuldigt werden.

Wir befinden uns also im 18. Jahrhundert. Die Phänomene der Elektrizität waren das große Thema der auf Neugier und Spektakel erpichten Salons. Man beschäftigte sich mit der Elektrizitätserzeugung durch Reibung, mit ihrer Speicherung in Kondensatoren und ›Leidener Flaschen‹ und mit ihrer Entladung in Funkenbögen und Gasentzündungen. Eines Tages gab es eine ›Riesenentdeckung‹[37]:

»Im Januar 1746 schrieb der holländische Physiker und Professor Pie-

---

36 Vgl. I. Wawilow, *Isaac Newton*, Berlin 1951, insbesondere S. 48 ff.
37 Im folgenden beziehe ich mich auf die Darstellung des Experiments bei Teichmann in: Fraunberger/Teichmann, a. a. O., S. 64–77; hier insbesondere S. 65.

ter van Musschenbroek aus Leiden an den französischen Physiker Réaumur . . .: ›Ich will Ihnen eine neue, aber schreckliche Erfahrung mitteilen und dabei raten, sie nicht selbst zu versuchen. Ich stellte einige Versuche über die Stärke der Elektrizität an und hatte zu diesem Zweck an zwei blauseidenen Fäden eine eiserne Röhre AB aufgehängt, welche die Elektrizität von einer Glaskugel erhielt, die schnell um ihre Achse gedreht wurde, während sie mit den dagegen gedrückten Händen gerieben wurde. Am anderen Ende B hing frei ein messingner Draht, dessen Ende in ein gläsernes Gefäß D, das zum Teil mit Wasser angefüllt war, tauchte. Dieses hielt ich in der rechten Hand F und mit der anderen E versuchte ich aus der eisernen elektrisierten Röhre Funken herauszulocken. Auf einmal wurde meine rechte Hand heftig erschüttert, so daß mein ganzer Körper wie von einem Blitzschlag getroffen war . . . mit einem Wort, ich dachte, es wäre aus mit mir.‹«[38]

Was war geschehen? Musschenbroek hatte, ohne es genau zu wissen, einen Kondensator sich entladen lassen, der sich zwischen ›Innen‹ und ›Außen‹ der Glasflasche gebildet hatte: In ihrem Innern hatte sich der eine Pol gebildet – und wurde durch die fortlaufende Reibung auch noch immer weiter aufgeladen –, während die Außenfläche der Flasche, von der Hand des Experimentators umschlossen und über dessen Körper mit der Erde verbunden, den zweiten Pol bildete. Teichmann erklärt das Geschehen so[39]:

»Die Wasserbenetzung an der Innenwand des Gefäßes bildete die eine Belegung eines Zylinderkondensators. Das Glas war ein Isolator. Die Handinnenfläche des Experimentators stellte die andere Belegung dar. Wegen der hohen Spannung der Reibungselektrizität war die ›Hand‹belegung praktisch durch den Körper über die Ledersohlen und den Holzfußboden mit dem einen (geerdeten) Pol der Elektrisiermaschine – hier Glaskugel – verbunden, das Wasser im Innern des Gefäßes über den Draht mit dem zweiten (geladenen) Pol. Das ergab den Stromkreis für die Aufladung. Die zweite Hand, die an die ›eiserne Röhre‹, das heißt den Konduktor, gehalten wurde, bewirkte nun die Entladung.«

Durch die Berührung der anderen Hand an der leitenden eisernen Stange kam es – durch den Körper des Wissenschaftlers hindurch

---

38 Ebd., S. 65; das Musschenbroek-Zitat entstammt in Übersetzung aus Jean Antoine Nollets »Observations sur quelques nouveaux phénomènes d'électricité«, in: *Mémoires de mathématiques et de physique . . . de l' Académie Royale des Sciences* von 1746, S. 1–33, hier S. 2.
39 Ebd., S. 66 f.

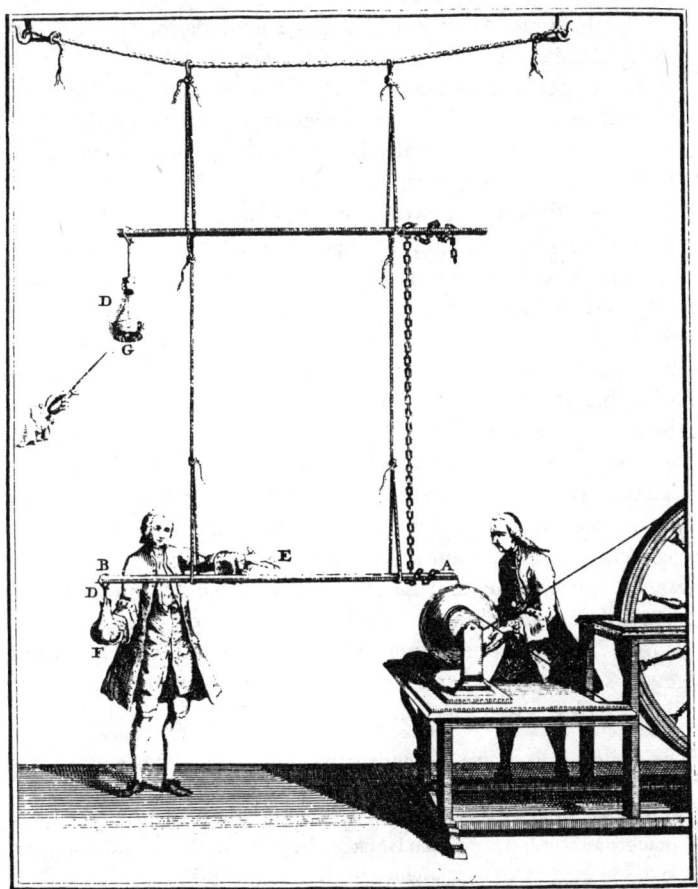

Abbildung 15. Entladungsexperiment mit der Leidener Flasche; die in
der rechten Hand gehaltene Flasche mit Wasser fungiert als Kondensator, der über den Körper des Experimenters entladen wird; aus:
Teichmann, a. a. O., S. 66 (Originalzeichnung Paris 1746).

zur Entladung: welch ein Schock, zumal dann, wenn es ein unvorhergesehener und unvorhersehbarer war!

Dieses ›Experiment‹ ist in der Tat mit den geschilderten Newtonschen oder Galileischen Untersuchungen nicht vergleichbar. Weder handelt es sich um eine systematisch und planvoll angelegte Unternehmung induktiver Erfahrungssammlung – das Phänomen war durchaus ungewollt, ein Zufallsfund –, noch handelt es sich gar um ein Bestätigungs-Experiment, das eine bereits bestehende theoretische Vermutung zu erhärten oder zu widerlegen hätte. Vielmehr handelt es sich um ein typisches Wagnis-Experiment, wie ich die entsprechende Klasse vorn genannt habe, in dem der Experimentator in singulärer Weise selbst an der Erfahrungssuche beteiligt, ja im wörtlichsten Sinne betroffen ist.

In diesem Zusammenhang ist zu erwähnen, daß es zunächst *Laien und Amateure* waren, die auf die geschilderte Entladungsmöglichkeit stießen. Musschenbroek, dessen Zeugnis hier zu Wort kam, war keineswegs der erste, der die angegebene Erfahrung gemacht hat, er war nur derjenige Großexperimentator, der die zuerst von Cuneus und Kleist 1745 (unabhängig voneinander) vermeldete Entdeckung wiederholen wollte. »Man mußte . . .«, schreibt Teichmann in seiner Analyse[40], »bewußt oder unbewußt gegen scheinbar sicheres traditionelles Wissen verstoßen, um diesen Effekt zu entdecken.«

Die traditionelle Regel bestand darin, durch eine gute Isolation des Speichers, hier also der Flasche, eine möglichst lange Konstanz der Aufladung in derselben zu garantieren. Zu diesem Zweck bettete man den Speicher auf einer Art zweiten Isolator, der gegen die Erde, und damit den einen Pol der Elektrisiermaschine noch einmal abgeschirmt war. Gerade gegen diese Gewohnheit aber hatten die Amateure, der Nicht-Fachmann Cuneus aus dem Umkreis des Musschenbroekschen Laboratoriums, und der Jurist und Edelmann Ewald Jürgen von Kleist 1745 verstoßen.

Folgende Umstände dieses Versuchs scheinen mir auffällig und bemerkenswert zu sein:

1. Es ist das Beispiel eines Versuchs, in dem der Mensch mit seinem Körper an zentraler, ja geradezu essentieller Stelle beteiligt ist: sein eigener Körper stellt die letztendliche Leitung, die physikalische Brücke, her, die notwendig ist, um zu einer Ent-

40 Ebd., S. 68 f.

ladung des dabei aufgebauten Kondensators zu kommen. Der menschliche Körper ist also nicht nur in einem begleitenden Sinne *Teilnehmer,* er ist integraler Bestandteil des physikalischen ›Körpers‹, an dem der Versuch ausgeführt wird.

2. Es waren, wie geschildert, Laien, Amateure und Außenseiter, die die erforderliche In-Orthodoxie, und mehr noch, die erforderliche Risikobereitschaft und Unbekümmertheit aufbrachten. Wissenschaftler hätten, so kann man annehmen, nicht nur der geschilderten Regelwidrigkeit wegen, sondern auch der unerquicklichen persönlichen Verwicklung wegen den Versuch nicht in dieser Weise ausgeführt.

Man kann vermuten, daß es der Außenseiter Kleist und Cuneus geradezu bedurft hat, um überhaupt das Tabu der persönlichen Verwicklung in das physikalische Geschehen zu durchbrechen. Hierfür spricht, daß man in der Folge solche Versuche in der Wissenschaft nicht selbst durchführte, sondern mit dazu kommandiertem oder anderweitig engagiertem ›Personal‹.

So wird vom Abbé Nollet – aus dessen Feder der oben verhandelte Bericht über das Musschenbroeksche Experiment stammt – berichtet, er habe als Physiklehrer und Experimentator am Hofe Ludwig XV. gleich eine ganze, einhundertachtzig Mann starke Kompanie der königlichen Garde antreten lassen und Hand in Hand verbunden den Entladungskreis einer stark aufgeladenen Leidener Flasche bilden lassen: »Zum größten Vergnügen der Zuschauer (sprangen) alle fast gleichzeitig in die Luft. Bald wiederholte er diesen Versuch mit der ganzen Belegschaft eines Kartäuser-Klosters (700 Mönche).«[41]

3. Es ist der Fall einer unverhohlen offensiven, engagierten Experimentierweise, in der von einer ›Selbstauslegung der Natur‹ nicht gesprochen werden kann. Allerdings kann man am weiteren Verlauf der Stilisierung und Popularisierung des Versuchs sehen, wie auch hier diejenigen Standards sich geltend machen, die für das ›klassische Experiment‹ schon konstatiert worden waren: die der Inter-Subjektivierung der Versuchsbedingungen. Im Gefolge dessen mischte sich der Experimentator, der Veranstalter und ›Drahtzieher‹ des Experiments, nicht mehr selbst ein, sondern präsentierte den Vorgang als Geschehen innerhalb der Natur, ein Geschehen, in dem Natur auf Natur wirkte. Hierzu veranlaßten ihn sicherlich nicht Regun-

41 Ebd., S. 69.

gen der Feigheit (oder die Absicht, die ›contenance‹ zu wahren), sondern innerwissenschaftliche Gründe: er hatte zu zeigen, daß das behauptete Phänomen an jedermann, an jeder animalischen Kreatur durchführbar wäre; er hatte die Objektivität des Verfahrens sicherzustellen.

Wenn die Physis des menschlichen Körpers für das Experiment unverzichtbar war – wie beim geschilderten Versuch der Fall –, dann sollte hierzu durchaus ein anderer Körper als der des Forschers zur Verfügung stehen; aus methodischen Gründen war es wünschenswert, hier auf einen Allerweltsmann, Assistenten oder eben eine Kloster-Besatzung zurückzugreifen.

Die aus der Wissenschaftsgeschichte bekannte Tatsache, daß die großen Experimentatoren sich gewisser Diener oder Assistenten bedienen (Hooke ist hier selbst ein Beispiel; Newton erwähnt in den *Opticks*[42] ebenfalls einen ›assistant‹; ganz zu schweigen von den Fällen ehelichen ›Beistandes‹, wo die Frau des Wissenschaftlers zu langen, oft lebenslänglichen Handreichungen und Diensten verpflichtet war – siehe den Fall des Astronomen-Ehepaares Hevelius aus Danzig[43] oder die Wetter- und Klimabeobachter Kirch aus Berlin), findet hier eine gewisse Aufklärung und Rechtfertigung: Die Versuche der Naturwissenschaften haben unter Absehung und Abstraktion vom eigenen Körper stattzufinden. Die unverzichtbaren körperlichen Funktionen im Experiment können an einen Assistenten, Diener oder andere Hilfskräfte delegiert werden. Oder aber – und dies ist die andere Strategie-Variante – der eigene Körper muß derart diszipliniert und abgehärtet werden, daß er wie ein fremder Körper, wie ein indifferentes, sachlich neutrales Probe-Instrument reagiert und arbeitet.

Tatsächlich geht ja von allen experimentellen und apparativen Einrichtungen der Wissenschaft eine gewisse mediatisierende und dissoziierende Wirkung aus, ein Abhärtungs- und Entfremdungseffekt, der im Interesse des wissenschaftlichen Erkenntnisprozesses auch durchaus erwünscht ist.[44]

b) Arbeit und Konsensus

Nach der Vergegenwärtigung dieser drei, mir wesentlich erscheinenden Experimente der Wissenschaft der Neuzeit soll

42 Vgl. I. Newton, *Opticks*, a. a. O., S. 126.
43 Vgl. J. Teichmann, *Wandel des Weltbildes*, Darmstadt 1983, S. 180.
44 Vgl. oben, 5.2, S. 202.

die zu Beginn schon gestellte Frage nach der körperlichen Involviertheit des Wissenschaftlers noch einmal aufgenommen werden. Insbesondere soll der Charakter der Arbeit, die der Forscher und Experimentator zu leisten hat, näher bestimmt werden.

Hier fällt wohl als erstes Merkmal der geschilderten Versuche auf, daß nur in einem Fall der Körper des Experimentators physisch von Belang ist: im Fall des Elektrisier-Experiments mit Hilfe der geladenen ›Leidener Flasche‹. In den anderen Fällen ist die körperliche Qualität, ja überhaupt die körperliche Anwesenheit für das unmittelbare Geschehen des Experiments nicht unbedingt erfordert: Rollbewegung und freier Fall, Lichtbrechung im Übergang zweier Medien bzw. Farb-Dispersion am Prisma sind Vorgänge, die selbstläufig und autonom, ohne das Zutun und den Beistand der Physis des Menschen ablaufen können, wenn sie nur geeignet eingefädelt und arrangiert worden sind. Die Anwesenheit des Forschers beschränkt sich in diesen Fällen auf das Initiieren und Ingangsetzen der Prozesse – und im übrigen auf die gedankliche (und affektive) Begleitung, auf Mitdenken, Antizipieren, Beobachten; eine Intervention ist nicht nur nicht erforderlich, sie wäre im Gegenteil sogar störend, würde als Mißgriff und Fehler empfunden.

Anders im Fall des Elektrisier-Experiments: hier und in anderen, vergleichbaren Fällen ›baconischen Experimentierens‹ (zu denen etwa der Bereich der medizinischen Selbstversuche[45] zu zählen ist) ist ein ›hautnaher‹ direkter Kontakt zwischen Gegenstands-Natur und Beobachter-Natur gegeben und sogar notwendig, denn hier handelt es sich um eine wechselseitige Kooperation zwischen Mensch und Natur, die auf ihrer *Gleichursprünglichkeit* als Natur fußt. Ein Konsens zwischen Objekt-Natur und menschlicher Natur ist in diesem Fall notwendige und unvermeidbare Bedingung zum Auffinden des ›Effekts‹, wogegen ein ebensolcher ›Konsensus‹ im Fall der selbstläufigen Experimente der ›exakten Beobachtungswissenschaften‹ nur störend und hinderlich sein kann, und wenn überhaupt, dann nur zufällig und unsystematisch vorkommt.

45 Vgl. etwa B. Karger-Deckert, *Ärzte im Selbstversuch. Ein Kapitel heroischer Medizin*, Leipzig 1967.

Nun kann man daraus nicht den Schluß ziehen, der Forscher und Experimentator der ›exakten Wissenschaften‹ sei körperlich nicht beansprucht oder engagiert – das Gegenteil ist der Fall, wie man am Beispiel vieler großer ›Beobachter‹ sehen kann. Aber der Charakter der Tätigkeit hat sich doch ganz eigenartig entfernt von der unmittelbaren Konfrontation mit der Natur, von der im ›konsensualen‹ baconischen Experiment noch so viel zu spüren ist: Während seines Experiments ist der neuzeitliche Forscher nur noch ›dabei‹, und dazu noch mit angehaltenem Atem. Er hat seine eigene Präsenz, seine eigene physische Wirksamkeit möglichstgehend zu unterdrücken, um den Lauf der Selbsttätigkeit des Experiments nicht zu stören. Was er allerdings tut, ist das Ablesen von Ergebnissen, das Ausmessen von Winkeln oder Flugweiten, das exakte Beobachten und Notieren von spektralen Verteilungen oder Höhenständen einer Flüssigkeitssäule im Glasrohr, mit einem Wort, die unauffällige, diskrete Begleitung und Beobachtung des Experiment-Ablaufs.

Der Charakter der *Arbeit*, die sich aus diesen Methoden für den Wissenschaftler ergibt, ist ein verschobener: verschoben sowohl im Sinne der Stellvertretung seiner Präsenz durch exakt messende und fühlende Instrumente, als auch im Sinne der zeitlichen Verschiebung seines Tuns auf die vorgängige Arbeit der Einrichtung und Präparation der Experimente. Während er im Geschehen des Experiments nur noch die Funktion eines stummen, para-existenten Begleiters hat, hat er in der Vorbereitung desselben ›alle Hände voll‹ zu tun. Er hat das Instrument bzw. die Instrumente einzurichten, er hat den Experiment-Ablauf zu testen, hat störende Randbedingungen der Witterung, des Ortes und der singulären Zeit auszuschalten usw.

Das unmittelbare Agieren, der physische ›Aufeinanderprall‹ von Beobachter- und Beobachtungs-Natur (wie er im baconischen Experiment statthat), ist einem planvollen vorwegnehmenden Arbeiten gewichen, einem Arbeiten, das in der Tat diesen Titel erst verdient, nachdem es zu systematischer und periodisch wiederkehrender Tätigkeit geworden ist. Während umgekehrt die ›Tätigkeit‹ des baconischen Forschers und Entdeckers aus singulären Erfahrungen, Erlebnissen, Entdeckungen besteht, Geschehnissen, die ihn eher überraschen, als daß sie planvoll und systematisch hervorgebracht wären.

An dieser Stelle kann noch einmal die Verschiedenheit der Wissenschaftsformen bzw. ihrer Erkenntnisziele beleuchtet werden, die vorn als ›baconische‹ bzw. ›exakte‹ Wissenschaften unterschieden wurden: Die baconischen Wissenschaften, so meine ich, streben in erster Linie den Effekt überhaupt an – so etwa den ›Schlag‹, den der Experimentator an der ›Leidener Flasche‹ erhält, oder das Ansteigen einer Wassersäule im primitiven Thermoskop, dem man mit der Körperwärme der eigenen Hände Wärme zugeführt hat; oder man denke an die Unzerreißbarkeit der Halbkugeln, die Otto Guericke in seinen berühmten ›Magdeburger Versuchen‹ von riesigen Gespannen wollte auseinanderreißen lassen. Es geht ihnen um die Hervorbringung, das Hervorlocken eines Effekts als solchem, nicht etwa um die exakte Messung desselben. Dieser Effekt wird hervorgelockt vordringlich durch eine Konfrontation von ›toter‹ und ›lebendiger‹ (menschlicher oder animalischer) Natur, also durchaus auch unter Einsatz des eigenen Körpers und der in ihm schlummernden physischen Potenzen.

Dies gilt für die Experimente der ›exakten Wissenschaften‹ nicht. Ihnen kommt es nicht auf den Effekt an sich, sondern auf dessen spezifische Aussagekraft im Kontext konkurrierendèr Hypothesen an. Sie sind an einer möglichst präzisen Produktion von Daten interessiert, die in einem bereits bestehenden Theorienwettstreit zu einer Entscheidung führen könnten. So führt Newton die Experimente mit dem Prisma mit der deutlichen Absicht durch, die Unvermeidbarkeit der chromatischen Aberration bei Linsen zu beweisen, und Torricelli und Pascal bemühen sich, die Unmöglichkeit einer Hypothese eines ›horror vacui‹ durch konkrete, positive Wirkungen gegenüber diesem Vakuum zu demonstrieren, und ähnlich kann bei Galilei das Motiv der Verifizierung des Weg-Zeit-Gesetzes der Beschleunigung vermutet werden, auf das er nach der kurzfristigen Beglaubigung anderer Gesetzesformen verfallen war.

Für den Wissenschaftler der exakten Beobachtungen und Messungen besteht damit ein relativ klares Bild: ihm ist die Aufgabe gestellt, die intendierten Naturprozesse vorweg zu planen und zu antizipieren. Und gerade diese ›Arbeit‹ des Planens und Arrangierens der Selbstläufigkeit des Naturgeschehens läßt ihm weder für die eigene Begegnung mit der Natur noch für die Verarbeitung der dadurch ermöglichten Erfahrungen Raum: Rezeptivität, Sinnlichkeit und Affekt gelten ihm als irrelevant, nachdem alle Erwartungen in den Dienst des Funktionierens der Apparate und Instrumentaltechniken gesteckt worden sind. »Tous les résultats lui sont égaux parce qu'il n'en attend point«, wie es in den Worten der Enzyklopädie heißt[46]; der Wissenschaftler hat sich jeden Beeinflussungsversuchs, überhaupt jeder inneren Regung, jeden Wunsches und jeder Empfindung zu enthalten, um sich ganz dem Diktum der Lehrmeisterin Natur anzuvertrauen.

Sicher sind dies Anforderungen und Maximen eher des ›Sollens‹ als der Wirklichkeit; auch der ›unbeteiligteste‹ Forscher oder Experimentator wird innerlich Anteil am Fortgang seines Experiments, das heißt seiner Arbeit und seiner Ideationen nehmen. Dies ist aber eine Anteilnahme, die sich ganz hinter die verordnete Reglosigkeit und Unvoreingenommenheit zurückzunehmen hat und deshalb nur noch in der sublimierten Form des Gedankens, der spielerischen Begleitung und der unermüdlichen Antizipation zugelassen ist. Es ist eine Form der Anteilnahme oder des ›Engagements‹[47], die sich ganz in den Raum des Kryptischen, jederzeit Dementierbaren zurückgezogen hat und gerade deshalb, als nur *imaginäre* Anteilnahme, kaum ins Gewicht fallen dürfte bzw. kaum positivierbar und faßbar erscheint.[48]

Bisher ist nur von den exakten Wissenschaften die Rede gewesen. Wie aber steht es innerhalb der experimentierfreudigen und dem Wagnis so aufgeschlossenen baconischen Wissenschaften mit dem körperlichen Engagement des Forschers?

Hier ist ein Begriff von Interesse, den ich in unbefangener Redeweise häufiger schon verwendet habe, der Begriff des ›Konsensus‹ zwischen der menschlichen und der Objekt-Natur, der explizit von F. Bacon eingeführt wurde.

Bacon entwickelt diesen Begriff in der bereits erwähnten ›Instanzen-Lehre‹ des II. Teils des *Neuen Organon*. Der Begriff des ›Konsensus‹ oder der ›Ähnlichkeit‹ liefert ihm eine regulative Idee, wie die Gestalt- oder Funktionsähnlichkeit gewisser Teile der Natur heuristisch und erkenntnisleitend interpretiert werden könnte:

46 Vgl. *Encyclopédie* ..., a. a. O., S. 310.
47 In diesem und nur in diesem Sinne würde ich der zitierten Apelschen Aussage zustimmen, daß alle Erfahrung der Naturwissenschaft auf einem leiblichen ›Engagement‹ beruhe; wie man hat sehen können, unterscheiden sich die Formen dieses Engagements in den einzelnen Wissenschaftstraditionen gewaltig (vgl. Kap. 6, Anm. 1).
48 Ich werde in Teil III auf dieses Phänomen der Sublimation unter dem Stichwort ›De-Realisierung der eigenen Existenz‹ zurückkommen.

»... die gleichförmigen oder ähnlichen Eigenschaften ... sind solche, welche die Ähnlichkeiten und den Zusammenhang der Dinge nicht in einzelnen Theilen (...), sondern im ganzen Umfange nachweisen. So sind sie die untersten Stufen, die *Einheit in der Natur* darzutun. Zwar stellen sie nicht von vornherein irgendein Axiom fest; sondern deuten nur beobachtend einen gewissen Consens unter den Körpern an; und wenn sie auf solche Weise wenig zur Auffindung der Formen beitragen, so enthüllen sie doch vortheilhaft den Bau der Theile des Universums gleichsam anatomisch.«[49]

Konsens unter den Körpern der unbelebten und belebten, speziell der menschlichen Natur bedeutet also zweierlei: zum einen ihre systematisch gleiche Abkunft, ihre grundsätzliche Gleichförmigkeit oder Gleichursprünglichkeit, und darauf aufbauend ihre Ähnlichkeit dem Form- und Funktionsprinzip nach. Hierfür gibt Bacon gleich anschließend einige Beispiele:

»Ein Beispiel von gleichförmigen Gegenständen ist das Auge und der Spiegel; desgleichen sind ähnlich konstruiert das Ohr und Gegenstände, welche ein Echo geben. Aus dieser Ähnlichkeit ... folgt das bedeutende Axiom: daß die Sinnesorgane und die Körper, welche auf diese einwirken, gleicher Natur sind.«[50]

Dieses ›Axiom‹ ist von fundamentaler Bedeutung, wie im folgenden Kapitel ›Instrumente‹ noch ersichtlich werden wird: Die Gleichursprünglichkeit und Funktionsähnlichkeit von menschlicher und außermenschlicher Natur erlaubt es nämlich erst, menschliche und artifizielle Natur aufeinander wirken zu lassen. Mithilfe des ›gewissen Consens‹ unter den Körpern ist es gestattet, den menschlichen Körper als ein Instrument unter anderen in den Naturprozeß einzuführen; wird es aber genauso gestattet sein (hierin über Bacon hinausgehend), diesen menschlichen Körper aus der Natur herauszukomplimentieren, indem man ihm ein gleichwertiges Modell seiner selbst an die Seite stellt.

Was bedeutet dies für das ›baconische‹ Experiment? Der Experimentator, der an sich selbst Forschungen treibt, der Arzt im Selbstversuch, der Galvaniker auf der Suche nach der ›animali-

49 F. Bacon *N. O.* II, § 27; a. a. O., S. 146, Hervorhebung von mir, W. K.
50 Ebd., S. 147.

schen Elektrizität‹, der Physiologe auf der Suche nach den Gesetzen des Riechens und Schmeckens, sie alle sind mit dem Baconschen Axiom dazu legitimiert, ihr eigenes, leiblich zugehöriges Organ als ein Funktionsmodell der Natur überhaupt, als ein instrumentelles Modell, zu betrachten und zu handhaben. Der ›Consens unter den Körpern‹ befreit also nicht, wie man vielleicht auf den ersten Blick denken könnte, zum ›Mitgefühl‹, zum sympathetischen ›Miterleben‹ oder ›Mitleiden‹, sondern berechtigt umgekehrt dazu, das jeweilige eigene Organ oder auch den ganzen Körper in den Funktionszusammenhang der Natur zu stellen, den Körper in seiner ›Physikalität‹ in den ›Stromkreis‹ der zur Untersuchung anstehenden ›Physis‹ einzubringen. Damit ist klar, daß auch Bacon nicht so sehr die originär menschlichen Qualitäten des Mitgefühls und der affektiven Betroffenheit, sondern gerade die physische Qualität des Körpers, und das heißt, seine Funktionalität und Anwendbarkeit im Experiment vor Augen gehabt hat.

Hier schließt sich der Bogen zum Beobachtungsexperiment der exakten Wissenschaften: Wenn in den baconischen Wissenschaften der Konsensus von Körper und Instrument noch als praktische ›Union‹ beider zur Geltung kommt, so ist das Beobachtungsexperiment nur noch eine Stufe weiter, insofern es diese Union durch eine völlige Vergegenständlichung des darin enthaltenen Funktionszusammenhanges ersetzt:

Auch der menschlich-organische Teil des Funktionszusammenhangs Instrument-Körper wird noch instrumentell realisiert durch dasjenige artifizielle Instrument, das ihm nach dem Konsensus-Axiom ähnlich, wenn nicht gleichförmig sein soll. Insofern stellt das Beobachtungs-Experiment in seiner rein ›naturalen‹ Ausstattung nicht etwa einen Gegenpol, sondern eher die Weiterentwicklung des baconischen Experimentierens auf der Basis eines Zusammenschlusses Körper und Instrument dar.

Deshalb tritt diese Form des Experiments auch immer nur in Ausnahmefällen, in Extremsituationen und singulären Erfahrungsprozessen auf: in Situationen einer ersten Entdeckung, in waghalsigen Entdeckungs- und Erkundungsreisen (hier kann man durchaus noch die heutige Raumfahrt mit einschließen), in Experimenten der Selbsterfahrungsmedizin und ähnlichem. Sobald aber ein Wissenszweig sich weiterentwickelt, sobald eine

Wissenschaft sich methodische und apparative Standards gibt, sobald sie – mit Kuhn gesprochen – aus der ›baconischen‹ vorparadigmatischen Phase sich zur paradigma-beherrschten Reifungsphase mausert, ist es mit diesem Doppelspiel des menschlichen Experimentators vorbei, und dies aus einem einleuchtenden Grund:

Auf die Dauer ist die Vermischung der beiden Ebenen – hier intelligente Herrschaftsausübung ›supra naturam‹, dort dienstbare Funktionalität ›intra naturam‹ – nicht durchzuhalten und methodisch weder befriedigend noch überhaupt tolerabel. Die ›Gefahr‹, daß der der Natur exponierte Mensch doch gefühlsmäßig mit der Natur ›sympathisieren‹, daß er im Affekt emotional reagieren oder sich seiner zugewiesenen Funktion entziehen könnte, macht ihn zu einem unzuverlässigen Glied in der Kette der auf Reproduzierbarkeit und Konstanz hin angelegten Standards des Experiments.

Es ist daher nicht überraschend, daß für nahezu alle ›baconischen‹ Wissenschaften die Trennung und Differenzierung der beiden Funktionen ›supra‹ und ›intra naturam‹ und ihre Überantwortung an verschiedene Personen zu beobachten ist; daß zweitens die schrittweise Entpersonalisierung der zuletztgenannten ›konsensuellen‹ Funktion zu konstatieren und drittens damit die Metamorphose der ursprünglich baconischen Kunst in eine systematische und methodologisch ›saubere‹ Wissenschaft zu verzeichnen ist.

Eine wesentliche Rolle in diesem Prozeß spielt das Instrument. Mit Hilfe des Instruments wird der physisch-leibliche Anteil des Konsensus des Menschen schrittweise ersetzt und abgeschüttelt, und zwar sowohl in einem materiellen als auch in einem übertragenen Sinne: praktisch und materiell wird der ursprünglich leibliche Anteil des Konsensus durch das Instrument übernommen und substituiert; ideell wird die mit dem Konsensus verbundene paradigmatische Erklärungskraft des Körpers abgelöst und von der des wissenschaftlichen Instruments verdrängt. Der menschliche Körper erfährt eine Wandlung vom erklärenden Modell zum interpretationsbedürftigen Explanandum.

6.2 Instrumente

Ich habe bereits in vielfacher Weise dem Thema der Instrumente vorgegriffen, so daß es an dieser Stelle angebracht erscheint, den realen geschichtlichen Hintergrund des Aufkommens und der Ausbreitung von Instrumenten in der wissenschaftlichen Praxis des 17. Jahrhunderts zu beleuchten.

Es mag zunächst erstaunen, daß gerade mit diesem Jahrhundert eine solche Häufung und Konzentration in der Instrumentenentwicklung assoziiert wird: Gab es nicht schon vorher, von alters her, Instrumente innerhalb der wissenschaftlichen Praxis? Worin sollte das spezifisch Neue der in der ›Neuzeit‹ verwendeten Instrumente bestehen?

Mit Rohde und Daumas[51] kann man zunächst innerhalb der Naturwissenschaften die ›mathematischen‹ von den ›physikalischen Instrumenten‹ unterscheiden. Unter die *mathematischen* Instrumente fallen diejenigen der Meßkunst von Raum und Zeit, die Instrumente der Geometrie und Chronometrie also; desweiteren aber auch die astrologisch-astronomischen Instrumente, soweit sie der Stern- und Kometenbeobachtung mit ›unbewaffnetem Auge‹ dienen, also Winkelmesser, Quadranten, Astrolabien usw.

Unter die *physikalischen* Instrumente werden Anzeiger wie das Thermometer, Barometer, Hygrometer, das Pyrometer, Elektroskop und Magnetoskop usw. gerechnet; insgesamt sind sie dadurch gekennzeichnet, daß sie die möglichen Wirkungen physikalischer Phänomene linear zu verstärken und wiederzugeben suchen. Sie beziehen sich dabei auf das ganze Spektrum sinnlich erfahrbarer physikalischer Wirkungen – seien sie optischer, akustischer, chemischer, elektrischer oder sonstiger Art – und machen diese mit Hilfe eines hinreichend sensibel reagierenden physikalischen Effekts metrisch erfaßbar.

---

51 Vgl. A. Rohde, *Die Geschichte der wissenschaftlichen Instrumente vom Beginn der Renaissance bis zum 18. Jahrhundert,* Leipzig 1923; M. Daumas, *Scientific Instruments of the 17th and 18th Centuries and their Makers,* London 1972; beide nehmen die genannte Unterscheidung schon in ihrer inhaltlichen Gliederung vor. Daumas rechnet im Unterschied zu Rohde die optisch-astronomischen Instrumente (also insbesondere das Teleskop) zu den mathematischen Instrumenten.

Instrumente der erstgenannten Klasse hat es schon ›immer‹, seit den Verfahren der Ägypter und Babylonier zur Feldmessung, Zeitbestimmung und astronomischen Berechnung, gegeben.[52] Die Instrumente der zweiten Klasse dagegen (eingeschlossen diejenigen der Optik) sind weitgehend erst mit dem 17. Jahrhundert aufgekommen und in das methodische Arsenal der Wissenschaften aufgenommen worden. Für dieses Auftauchen am Horizont der Wissenschaft gibt es sicher mehrere Gründe und Erklärungen, denen ich hier nicht umfassend nachgehen kann. Es seien aber einige grundlegende Motive, soweit sie die Veränderungen der wissenschaftlichen *Praxis* des Naturforschers betreffen, hier aufgeführt:

– *methodische Motive:* Die Naturwissenschaft der Neuzeit verfährt natursimulativ und desanthropomorph. Sie ist bestrebt, den Einfluß des menschlichen Beobachters durch den Einsatz von Instrumenten der Wahrnehmungssubstitution auf ein Minimum zu reduzieren. Diese Instrumente setzen allgemeine, intersubjektiv gültige und nachprüfbare Bedingungen der Erfahrungsgewinnung. Sie egalisieren die Einflußnahme verschiedener Beobachter und bilden häufig den Kern der wissenschaftlichen Methode.

– *wahrnehmungstheoretische Gründe:* Die Spezifität und Differenziertheit der menschlichen Sinnesorganisation macht es unmöglich, die Urteile der einzelnen Sinne gegeneinander abzuwägen, ja überhaupt miteinander zu vergleichen. Insbesondere scheint eine Komparation auf quantitativer Basis nicht möglich zu sein, denn die Urteile der einzelnen Sinnesorgane lassen sich nicht auf mathematisch-numerische Werte zurückführen, sie lassen sich nicht *messen.* Hier ist die Umsetzung oder Transformation in metrische Größen notwendig. Genau dieses leisten die genannten ›physikalischen Instrumente‹: sie stellen die *Übersetzung* der Phänomene der sinnlichen Wahrnehmung, der ›sekundären Qualitäten‹, in numerisch erfaßbare ›primäre Qualitäten‹ her.

– *soziologisch-kulturgeschichtliche Gründe:* Die Naturwissen-

---

52 Vgl. H. Pohl, *Wenn Dein Schatten sechzehn Fuß mißt,* Berenike, München 1955, insbesondere S. 7–72.

schaft der Neuzeit ist, wie bei Edgar Zilsel[53] gezeigt wird, soziologisch aus einer Synthese der scholastisch-akademischen und der handwerklich-praktischen Intelligenz hervorgegangen; es verschmelzen, so Zilsel, der Typus des literarisch gebildeten Gelehrten (Humanisten) und des technisch begabten Handwerkers und Künstlers zum ›Ingenieur-Künstler‹ der Renaissance und ›Ingenieur-Wissenschaftler‹ des 17. Jahrhunderts. Dieser Typus ist eher an einer spielerisch-ingeniösen Verbesserung des technischen Apparats als an der Bestätigung apriorisch unverrückbarer Weltordnungen interessiert. Technisches Interesse und ›Handeln auf Probe‹ dominieren über ein diskursives Interesse an der Rechtfertigung der Orthodoxie.

Hinzu tritt das Motiv der herrschaftlichen Unterhaltung: Die ›Experimental Philosophy‹ der Neuzeit diente in starkem Maße auch der Unterhaltung und Beschäftigung der Herrschaft, also der Vornehmen und Adligen; der Renaissance- und Barock-Wissenschaftler (man denke an Kepler oder Galilei) war häufig ›engagiert‹, in Dienst genommen durch einen Herrn und Auftraggeber, den er nicht nur bei Laune zu halten und zu amüsieren, sondern eventuell zu ähnlicher Beschäftigung anzuhalten suchte. Die Idee der wissenschaftlichen Betätigung um der Muße, der Bildung oder auch nur des Plaisirs willen bildete sich aus, und viele Angehörige des Adels und des Klerus fühlten sich ihr verpflichtet.[54] Wissenschaft wurde Zeitvertreib.

Im Zuge dieses neuen Stiles hatte auch das Instrument eine wesentliche Funktion: es signalisierte die Entlastung des Menschen, seine Befreiung von den Zwängen der Arbeit und der körperlichen Mühsal, Befreiung zu neuen Dimensionen der Wahrnehmung, die an die leiblichen Grenzen des Menschen nicht mehr gebunden wäre.

53 Vgl. E. Zilsel, *Die sozialen Ursprünge der neuzeitlichen Wissenschaft* (1939), Frankfurt/M. 1976, insbesondere S. 49–65; siehe auch B. Gille, *Les ingénieurs de la Renaissance,* Paris 1964.
54 Man denke an die Bildung der vielen wissenschaftlichen Vereinigungen und Akademien des 17. Jahrhunderts, die häufig von Fürsten initiiert und geleitet wurden wie den Medici mitsamt ihrer ›Accademia del Cimento‹.

Auf dem Hintergrund dieser Zeitströmungen und -motive kann es nicht überraschen, wenn die Instrumente, insbesondere der physikalischen Art, mit der Neuzeit sich durchsetzten; erst die Neuzeit macht es sich zur Aufgabe, den menschlichen Beobachter in seiner sinnlichen Empfänglichkeit und Rezeptivität überflüssig, ihn insgesamt ersetzbar zu machen.

In der Tat ist mit der Wissenschaft des 17. Jahrhunderts eine gewaltige ›Konjunktur‹ in der Entdeckung, Erfindung und Entwicklung von Instrumenten, und zwar insbesondere von ›physikalischen Instrumenten‹ zu verzeichnen. Für nahezu alle menschlichen Sinne und Empfindungsfähigkeiten werden Substitute ersonnen; sei es auf dem Gebiet des Sehens die Linse, Lupe oder Brille, das Fernrohr oder das Mikroskop; sei es auf akustischem Gebiet das Hörrohr oder Lauscher-Ohr (beides Entwicklungen A. Kirchers (1650), die in die Wissenschaft weniger Eingang fanden); seien es auf dem Feld der taktilen und thermischen Wahrnehmungsfähigkeiten das Thermometer, Barometer, Hygrometer usw.; einzig die chemischen Sinne sind von dieser stürmischen Entwicklung noch ausgenommen. Nicht nur in das Spektrum der menschlichen Empfindungsfähigkeit, weit darüber hinaus gehen die ingeniösen Anstrengungen der Erfinder: Magnetismus und Elektrizität werden durch Gilbert und Guericke, Pyrometrie und Photometrie durch Lambert untersucht und meßtechnisch erschlossen; und auch bezüglich der traditionell schon gegebenen ›mathematischen Instrumente‹ der Winkel-, Abstands-, Längen- und Zeitmessung machen die Erfindungen nicht halt, denkt man nur an die Pendeluhr oder den Kompaß.

Sicher sind in allen Fällen schon vereinzelte Vorläufer oder Antizipatoren zu verzeichnen – etwa in Gestalt von R. Bacon, Leonardo oder G. Cardano –, aber der systematische und mit wissenschaftlicher Praxis vertraute Erfindergeist setzte erst mit dem 17. Jahrhundert ein.

Ist so der allgemeine historische Rahmen des Durchbruchs der Instrumente und instrumentellen Verfahrensweisen in der Wissenschaft skizziert, so soll im folgenden der nähere Modus der Entwicklung, das genealogische Gesetz der Instrumentenentwicklung, untersucht werden.

Genealogie der Instrumentenentwicklung

Die neuen Instrumente waren zunächst als Erleichterungen, als Hilfsmittel oder Verstärker der menschlichen Sinne und Organe gedacht[55]; ihre Gestaltung und innere Ausbildung orientierte sich am Vorbild des Körperorgans oder der Körperfunktion, die es zu substituieren bzw. zu vervollkommnen galt. Das menschliche Organ wurde mimetisch nachgebildet und kopiert, ganz im Sinne des Baconschen ›Konsensus‹ zwischen leiblicher Natur und Ding-Natur: wenn die »Sinnesorgane und die Körper, welche auf diese einwirken, gleicher Natur sind«, wie es bei Bacon hieß[56], dann würde die Instrumentenentwicklung sich diese ›Gleichheit‹ mit dem menschlichen Vorbild morphogenetisch zunutze machen können.

Offensichtlich liegt hier eine klare anthropozentrische Ausrichtung der Instrumentenentwicklung vor, eine Ausrichtung, wie sie auf begrifflich-epistemischer Ebene schon in den Animismen und Anthropomorphismen des mittelalterlichen Weltbildes vorgelegen hatte. Ob diese Ausrichtung auf ›anthropoide‹ Vorgaben zu einem Wesenszug der Technikentwicklung gehört, wie es die Theorien der ›Organ-Projektion‹ bzw. des ›Organ-Mangels‹ behaupten[57], erscheint noch nicht ausgemacht; ich werde hierauf an späterer Stelle eingehen.

In einem weiteren Stadium erfolgt ein erstaunlicher Umschlag: die Instrumente schmiegen sich nicht länger menschlichem Maß und menschlicher Sinnhaftigkeit an, sondern nehmen eine autonome, ›naturgesetzliche‹ Entwicklungsrichtung an, die ihrerseits dem Benutzer Sinn und Zweck des Verfahrens mit ihnen vorschreibt. Die Instrumente bestimmen von diesem Punkt an

55 Vgl. oben, S. 176 ff.: »Rinforzare l'occhio e l'orecchio – oder: Das Für und Wider von Instrumenten am Beispiel des Teleskops«.
56 F. Bacon, *N.O.*, II, § 27; a. a. O., S. 147.
57 Vgl. E. Kapp, *Grundlinien einer Philosophie der Technik*, Berlin 1877, insbesondere S. 22 f., als Vertreter derjenigen Technik-Historiker, die die These der ›Organ-Projektion‹, der Entwicklung von Werkzeugen und Instrumenten aus den morphologischen Vorgaben des Menschen, favorisieren; desgleichen M. Scheler, *Die Stellung des Menschen im Kosmos*, München 1947, insbesondere S. 54 f., als Vertreter der anthropologischen These des ›Organmangels‹, wonach sich die Technik wesentlich in ›Überkompensation konstitutioneller Organminderwertigkeit der Menschenart‹ entwickelt habe.

nicht nur *praktisch* die Formen des Umgangs, der Bedienung und Messung, sondern werden auch in einem *theoretischen* Sinn Richtschnur und Paradigma für das überwundene menschliche ›Urmodell‹. Sie werden zum Funktionsmodell und Erklärungsmaßstab desjenigen Organs oder derjenigen Körperfunktion, der sie zunächst nachempfunden waren. Bezogen auf die Versuche, die vorn als exemplarische Experimente der frühneuzeitlichen Naturwissenschaften herausgestellt wurden: das Auge dient nicht länger zum Studium optischer Erscheinungen des Lichts und der Farbe, sondern wird seinerseits an den Gesetzen instrumentell simulierbarer Spiegelung und Refraktion erklärbar; der Pulsschlag dient nicht länger der Erfassung von Zeitdauern, sondern wird seinerseits von einem instrumentell erzeugten physikalischen Zeitmaß reguliert; die elektrische Sensibilität des Menschen wird nicht länger als Indikator von Galvanismus oder ›animalischer Elektrizität‹ benutzt, sondern ihrerseits am Vorbild eines selbsttätig erzeugbaren elektrischen Stromes aufgeklärt.

Es findet, so kann man es allgemein sagen, eine *Inversion von Explanans und Explanandum* zwischen Körper und instrumentellem Modell statt; wenn der Körper oder eines seiner Organe anfangs noch als erklärendes und motivierendes Paradigma der Instrumentenentwicklung fungierte, so dreht diese Beziehung binnen kurzem sich um derart, daß das Instrument zum Modell des menschlichen Körpers wird.[58]

Diese Inversion soll im folgenden an drei Beispielen demonstriert werden; ich habe sie unter einer größeren Anzahl in Frage kommender Fälle ausgewählt, weil sie den vorn behan-

---

58 Theoretisch läßt sich dieser Übergang an der Entwicklung von Bacon zu Descartes hin verdeutlichen: während der erstere in seinem Gedanken des ›Konsensus‹ alle mögliche Instrumentalität der Natur auf eine mögliche Grundübereinstimmung oder Gleichursprünglichkeit mit dem Menschen verpflichtete, geht Descartes von vornherein von der Mechanizität des Maschinenwesens Mensch aus; er anempfiehlt nicht mehr das Modell des Menschen zur Erhellung technischer Zusammenhänge, sondern umgekehrt (schon im *L'Homme* von 1632) ein Maschinenmodell für den Menschen; vgl. seine Frage, »wie eine Maschine gestaltet sein müßte, die unserem Körper ähnlich ist« (*Über den Menschen*, a. a. O., S. 43).

delten Experimenten zugehörig sind bzw. eine für diese Arbeit erhebliche Signifikanz besitzen:

a) das Pulsilogium Galileis und die Messung der Zeit
b) die Camera obscura und das Auge
c) das Gitter.

In allen drei Fällen – und es wären noch andere hinzuzufügen, etwa das Mikroskop, das Hygrometer oder die Federwaage[59] – wird dem beobachtenden menschlichen Subjekt der sinnlich-naturale Kontakt oder ›Konsensus‹ mit der Natur abgenommen mit der Folge, daß es entlastet und befreit, möglicherweise aber auch verarmt, einer ›fernen Natur‹ gegenübersteht.[60]

Zu den behandelten Fällen im einzelnen:

Das erstgenannte Instrument ist den galileischen Versuchen zur Bestätigung des Fallgesetzes zuzuordnen; wie man vorn gesehen hat, liegt die entscheidende Schwierigkeit dieser Versuche in einer exakten Bestimmung der Fallzeiten (oder einer geschickten Vermeidung von Zeitmessungen überhaupt).

Das Auge und die Camera obscura bilden ein Geschwisterpaar, an deren Verhältnis Vorgänge gegenseitiger Typisierung und Befruchtung studiert werden können. Es wird sich erweisen, daß das Auge sowohl als eine ›Camera obscura‹ gedeutet und theoretisch verstanden werden, daß aber auch umgekehrt die ›dunkle Kammer‹ als ein überdimensionales und verallgemeinertes Auge interpretiert werden kann. Die Erörterung dieses Instruments ist mit den Newtonschen Experimenten zur Brechung und Dispersion am Prisma verknüpft.

Das Gitter mag in diesem Zusammenhang überraschen: es läßt sich keinem der besprochenen Experimente zuordnen, allenfalls

---

59 Ähnliche Überlegungen lassen sich für das Thermometer (bzw. Thermoskop) und die menschliche Wärme-Empfindung, für das optische System Brille/Fernrohr und die menschliche ›Optik des Auges‹ anstellen; die hier vorgeführten Untersuchungen besitzen nur prototypischen Charakter.

60 Die Erfahrung von Entlastung und Befreiung ist es erst, die den Schmerz und die Sehnsucht nach der verlorenen Naturbeziehung wieder hervorbringt. Diese Dialektik scheint den neuzeitlichen Emanzipationsprozeß allgemein zu begleiten; vgl. P. Schmid, *Zeit des Lesens, Zeit des Fühlens. Deutsches Bildungsbürgertum zwischen 1750 und 1830*, Berlin 1985, insbesondere Kap. 4 und 5.

dem eingangs besprochenen Verfahren der ›perspektivischen Zeichenkunst‹; allerdings ist dies nicht die einzige Verwendungsweise, wie ich im folgenden Exkurs noch zeigen werde. Das Gitter dringt vielmehr als ›optisches Gitter‹ immer tiefer in die Physik und darüber hinaus in die Konstitution von Naturerkenntnis ein. Es stellt den besonders interessanten Fall nicht einer ›Organ-Projektion‹ (das heißt der Projektion einer ursprünglich beim Menschen vorhandenen Organausstattung in die Natur), sondern einer epistemischen Projektion, einer Projektion von Wissensstrukturen in die Gegenständlichkeit einer naturalisierten Technik dar.

Vermissen mag man ein Instrument, das dem Entladungs-Experiment mit der Leidener Flasche korrespondieren würde. Hier wäre an moderne Mikro-Strommeßgeräte wie Galvanometer o. ä. zu denken, die für die Erfassung spezieller Körperströme geeignet sind und damit auch die Inversion von Funktion und Paradigma deutlich machen könnten. Ich verzichte hier auf eine Erörterung, da die Behandlung zu sehr in Spezialfragen abgleiten und zudem weit über den gesetzten zeitlichen Rahmen hinaus führen würde.[61]

Zunächst sollen also die ganz direkten, hautnahen Beziehungen zwischen Instrument und Körper interessieren: In welcher Form hat sich das Instrument vom Vorbild des Körpers gelöst, inwiefern aber ist es diesem Vorbild dennoch treu geblieben? Läßt sich das behauptete genealogische Gesetz von der Inversion von Urbild und Abbild aufrechterhalten?

a) Das Pulsilogium Galileis
und die Messung der Zeit

Die Geschichte der Zeitmessung und der dabei verwendeten Instrumente und Verfahren ist umfangreich und kaum zu rekapitulieren. Schon in der Antike spielten Verfahren der Zeitmessung und Zeiteinteilung sowohl in ökonomischer wie in kultureller und öffentlich-politischer Hinsicht eine Rolle. Helga Pohl hat in ihrem Buch *Wenn Dein Schatten sechzehn Fuß mißt*,

---

61 Vgl. hierzu die Untersuchungen bei Fraunberger/Teichmann: *Das Experiment in der Physik*, a. a. O., S. 78–112.

Berenike (München 1955) einen sehr anschaulichen Einblick in die Verflechtung von wissenschaftlicher (priesterlicher) Macht über die Zeitdefinition und öffentlichem Leben gegeben. Worauf es hier allein ankommen soll, ist, den Vorgang einer gewissen Wende in der Bestimmung und Darstellung von ›Zeit‹ zu charakterisieren, den man als Umschlag von einer lebensweltlichen Zeit zu einer abstrakt konventionalen Zeit bezeichnen könnte, ein Umschlag, der sich gerade in der hier interessierenden Zeit der Renaissance und des 17. Jahrhunderts ergeben hat. Zeit wurde traditionell anhand vorgegebener, der irdischen Verfügung entzogener Zyklen gemessen: man bezog sich auf den Umlauf der Sonne, den Rhythmus des Tages und der Nacht, auf die Wiederkehr der Jahreszeiten, auf die periodische Wiederkehr des Sonnenstandes (oder auch der Fixstern-Konstellation) im Laufe eines Jahres, und man bezog sich gleichermaßen auf ›Zeichen der Zeit‹, das heißt Umschläge des Wetters, Klimaschwankungen, Merkmale des Bodens und der Landschaft. Auch biologische Vorgänge, Lebenszeiten von Tieren, periodisch wiederkehrende Entwicklungsvorgänge des Reifens, Blühens und Vergehens in der Botanik, dienten der Bemessung von Zeit und der Orientierung des Menschen. Das intuitive ›körperliche‹ Zeitempfinden des Menschen, eine ›innere Uhr‹, wie wir sagen, war (und ist weitgehend noch) an die Internalisierung dieser Vorgänge geknüpft, indem es ein Bewußtsein von Zeit und ›Zeit-Haben‹ daraus erst schöpft.

Bis zur Erfindung des abstrakten Gleichmaßes der periodischen Vorgänge der theoretischen Physik gaben die genannten biologischen und astronomisch-kosmischen Prozesse das Vorbild verschiedenster Zeitordnungen ab. Sie dienten als Normalmaß oder Modell für die Bemessung rein konventionaler, nämlich auf ökonomischer, kultischer oder wissenschaftlicher Praxis beruhender Vorgänge; und häufig dienten sie sogar als Mittel der *Erklärung* der ihnen subsumierten Erscheinungen: Die biologischen Phänomene des Lebens werden den physikalischen Erscheinungen unterlegt, wie Gaston Bachelard schreibt: »... diese Erklärung ist durchaus keine Bezugnahme auf die dunkle Anschauung des Lebens, auf das Gefühl vitaler Befriedigung, sie ist eine ... Entwicklung, die die physikalischen Erscheinungen den biologischen anheimgibt. Mehr als die objektive Mechanik dient hier die Mechanik des Körpers als Vorbild.«[62]

Die Modellhaftigkeit des Körpers und der Naturprozesse sollte sich umkehren: es würden wissenschaftliche, gesetzeshaft instituierte Zeitmaße sein, die alle ›natürlichen‹ Vorgänge des Lebens, Himmels oder Todes erfassen und rhythmisieren würden. Technisch definierte und rechtlich kodifizierte Zeitmaße würden den vormals ehernen kosmischen Vorgängen unterlegt werden.

Im folgenden soll die Geschichte des ›Pulsilogiums‹ in seinem Umschlag von einem Verfahren der Zeitmessung mit Hilfe des Pulsschlages zu einem Verfahren der Pulsmessung mit Hilfe eines physikalisch realisierten Zeitmaßes rekonstruiert werden. Der Schlag des Pulses wurde vor Galilei noch als hinlänglich verläßliches, konstantes Maß der Zeit angesehen. Präzise Chronometer wie die Pendeluhren waren noch nicht bekannt. F. Klemm zeigt in seinem Aufsatz »Galilei und die Technik«,[63] wie ›primitiv‹ und ›dürftig‹ nach heutigen Maßstäben und Standards die technischen Mittel und Methoden Galileis und seiner Zeitgenossen waren.

Galilei selbst hat verschiedentlich den Puls als natürliches Zeitmaß in Anspruch genommen.[64] Zwar benutzte er auch andere Verfahren, um die Zeit zu messen – erinnert sei[65] an seine Zeitmessung mit Auslaufgefäßen, bei denen unter Zugrundelegung einer konstanten Ausströmgeschwindigkeit des Wassers die Höhe des Wasserpegels ein direkt ablesbares Maß für die ›ver-

---

62 G. Bachelard, *Die Bildung des wissenschaftlichen Geistes,* Frankfurt/M. 1978, S. 242; die Übersetzung von M. Bischoff ist an einer Stelle nicht ganz korrekt, wie ein Vergleich mit dem französischen Original ergibt: es kann nicht heißen, eine »Entwicklung, die die physikalischen auf die biologischen Erscheinungen anwendet«, sondern – wie oben – eine »Entwicklung, die die physikalischen Erscheinungen den biologischen anheimgibt«.

63 Erschienen in: *Technikgeschichte* 37 (1970), S. 13–26.

64 Vgl. M. D. Grmek, »La personnalité de Galilée et l'influence de son oeuvre sur les sciences de la vie«, in: *Galilée. Aspects de sa vie et de son oeuvre,* a. a. O., S. 48–73, hier insbesondere S. 69.

65 Vgl. oben die Ausführungen zu Galileis Versuchen zum ›freien Fall‹.

flossene‹ Zeit bieten konnte –, aber der Puls bot sich immer wieder als schnell handhabbares und stets verfügbares Meßverfahren an. (Noch heute sprechen wir wissenschaftlich vom ›Puls‹ eines Signalgebers, eines elektrisch hochfrequenten Stromes, eines Schwingkreises.)

In einem berühmt gewordenen Versuch, dessen Faktizität allerdings des öfteren in Zweifel gezogen worden ist, hat Galilei (ausweislich des Zeugnisses seines Biographen und Schülers Viviani) den eigenen Pulsschlag zur Ermessung des Verlaufs von Pendelschwingungen benutzt. Enthusiastisch heißt es in diesem durch Antonio Favaro rekapitulierten Bericht:

»Ein erstes Beispiel dieses seines äußerst geschärften Erkenntnisvermögens ist uns in der originären und berühmten Beobachtung bezüglich des Isochronismus von Schwingungen einer Lampe gegeben, die im Gewölbe des Doms zu Pisa aufgehängt war«.[66]

Der ›Clou‹ dieser Entdeckung bestand in der Feststellung, daß die Schwingungsdauer eines Pendels, gleich, ob es weit oder nur kurz ausschwinge, immer von gleichem Wert sei! Das legte eine direkte Verwendung als Simulator eines gewissen konstanten Zeitmaßes nahe.

Zwar ist diese Erkenntnis später noch zu präzisieren, und das heißt einzuschränken gewesen auf das sogenannte Zykloidal-Pendel, das erst von Huygens vorgeschlagen und für die Uhr verwirklicht wurde (beim Zykloidal-Pendel bildet der Faden des Pendels während der Schwingung nicht eine starre gerade Linie, sondern rollt auf einer Bahnkurve nach Art der mathematischen Zykloide ab); auch ließe sich an Galilei Kritik üben insofern, als er die Abweichung des Gesetzes bei größeren Ausschlägen des Pendels nicht erwähnt. Dennoch war die Entdeckung der *Isochronie* der Pendelschwingungen, wie das Phänomen wissenschaftlich benannt ist, eine Entdeckung mit weitreichenden Folgen, nicht nur für die Entwicklung von Uhren, sondern ebenfalls für die theoretische Analyse von Schwingungsvorgängen. Offensichtlich spielte – innerhalb gewisser Grenzen zumindest – die Amplitude des Ausschlags des Pendels für dessen Zeitdauer keine Rolle. Dieser ›Isochronismus‹ der Pendelbewegung ließ

66 A. Favaro, *Galileo Galilei e lo Studio di Padova*, Firenze 1883, Bd. I, S. 13; alle Übersetzungen hieraus von mir, W. K.

auf ein beständiges Wechselspiel, auf eine beständige Konversion von Trägheits- und Beschleunigungsbewegungen schließen. Auf die weitere theoretische Ausbeute will ich hier aber nicht eingehen.

Favaro fährt mit seinem Bericht in den Fußstapfen Vivianis fort:

»Nachdem er [sc. Galilei] sich von diesem Faktum – so versichert es Viviani – mit größtmöglicher Genauigkeit der Erfahrungen überzeugt hatte, kam ihm, der damals noch mit mehr oder minder großer Begeisterung dem Studium der Medizin nachging (die Episode soll sich 1582 in Pisa zugetragen haben), die plötzliche Eingebung, daß er mittels dieser so gefundenen Eigenschaft eine nützliche Anwendung gefunden hätte, um die Frequenz des Pulses zu messen, desselben, dessen er sich, wie berichtet wird, zur Feststellung des Isochronismus bedient hätte.«[67]

Dessen noch nicht genug, wird Galilei im folgenden auch noch zugesprochen, daß er »angesichts der ihm eingegebenen Geschicklichkeit« im Entwerfen und Ausführen mechanischer Geräte auch den Pulsmesser für die medizinische Praxis entwickelt habe, »der mit großer Gunst von den Praktikern aufgenommen und noch in der zweiten Hälfte des 17. Jahrhunderts (als Verfahren) praktiziert wurde.«[68]

Was die tatsächliche Priorität dieser Entdeckung anlangt, so bestehen hier einige Zweifel[69]; neben Galilei reklamierten auch seine Bekannten Santorio Santorio und Fra Paoli Sarpi die Entdeckung des Pendels, zumindest was dessen Applikabilität für Pulsmessungen in der Medizin anlangt.

Wie auch immer es um die persönliche Urheberschaft und Authentizität Galileis bestellt ist, es ist unzweideutig, daß zu seiner Zeit bzw. von seiner Nachwelt das »*Pulsilogium*« als reproduzierbares Verfahren der Pulsmessung auf der Basis des isochron schwingenden Pendels entwickelt wurde.

Derjenige eigenleibliche Prozeß also, den Galilei zur ersten näherungsweisen Überprüfung seiner Vermutung eines Isochronismus benutzt hatte, der eigene lebendige Pulsschlag, wurde zum *Anwendungsfall* der neuen Entdeckung: der Puls-

67 Ebd.
68 Beide Zitate ebd.
69 Vgl. Grmek, a. a. O., S. 69.

schlag wurde seinerseits dem abstrakten physikalischen Zeitmaß des Pendels unterworfen, um an diesem gemessen zu werden. Die ›Mechanik des Körpers‹, aus der heraus erst die ›Mechanik der Objekte‹, die physikalische Mechanik, entwikkelbar ist, wird unter die Maße und Formprinzipien der letzteren gestellt.

Hier liegt, denke ich, ein Beispiel in voller Klarheit vor, an dem die Inversion von ›Explanans und Explanandum‹ dargestellt werden kann: Der anfänglich Maß und Anhaltspunkt bietende Körper wird seinerseits zum Erklärungsbedürftigen, zum Explanandum. Der Rhythmus seiner Atmung und seines Pulsschlages gerät unter die abstrakten Bestimmungen einer physikalischen Zeit, nach denen er gemessen und geregelt wird. Die Schere von ›objektiver‹ und ›subjektiver‹ Zeit tut sich auf: Das leibliche Geschehen des Körpers wird zur subjektiv schwankenden, von Fall zu Fall der Regulierung bedürftigen Erlebnis-Zeit; ihr gegenüber etabliert sich eine abstrakt physikalische Normal-Zeit, die jegliche Bindung an das Maß einer den Dingen inhärierenden substantialen Zeitlichkeit abgelegt hat.

Die ›Entsubstantialisierung‹ des Zeitmaßes ist definitiv besiegelt mit dem Moment der Ablösung der Zeit von jedwedem anthropomorphen oder kosmomorphen periodischen Vorgang, wie sie von Newton vollzogen wird. Newton entwirft im ›Scholium‹ seiner ›Definitiones‹, dem Ort der Offenbarung seiner kosmologischen Apriori, den Begriff einer ›absoluten, wahren und mathematischen Zeit‹, die möglicherweise keinerlei ›Vorbild‹, keinerlei Realisierung im kosmischen Geschehen besitze:

»Es ist möglich«, sagt Newton hier[70], »daß keine gleichförmige Bewegung existiere [ut nullus sit motus aequabilis], durch welche die Zeit gemessen werden kann. Alle Bewegungen können beschleunigt oder verzögert werden; allein der Verlauf der absoluten Zeit kann nicht verändert werden.«

Hiermit ist eine ›Zeit‹ entworfen, die möglicherweise an keinem der biologischen oder physikalischen Vorgänge, die uns als ewig gleichbleibend und gleichförmig erscheinen, ihr Vorbild besitzt,

70 *Principia*, a. a. O., S. 48; Übersetzung von mir, W. K.

nicht einmal an dem kosmischen Geschehen der Periodizität des Sonnensystems. Es ist die Konzeption einer Zeit, die nach der Art einer ›petitio principii‹ zu nichts anderem dient, als das Prinzip absoluter Gleichmäßigkeit zu realisieren, eine wahrhaft abstrakte Fundamentalzeit. Sie regierte zwei Jahrhunderte lang das System der Newtonschen Mechanik, bis die Physik des 20. Jahrhunderts durch verschiedene Erwägungen der Relativitätstheorie (Berücksichtigung der realen Bedingungen der Realisierung eines Zeitmaßes), der Quantentheorie (Unschärferelationen von Energie und Zeit) und der allgemeinen Kosmologie (Endlichkeit des Alters des Weltalls, Veränderlichkeit der Gravitationskonstante) zu einer Berücksichtigung der Referentialität des Zeitmaßes wieder gezwungen wurde.

b) Camera obscura und das Auge, oder:
Oculus, hoc est fundamentum opticum

Die Geschichte der Camera obscura, der heutigen Lochblendenkamera, ist von der Instrumentengeschichte der Naturwissenschaften her von keinem großen Interesse; sie stellt ein sehr einfaches und kaum mehr entwicklungsfähiges Instrument dar. Wohl aber scheint sie mir aufschlußreich für eine Verdeutlichung der Wechselbeziehungen, die sich in der Geschichte der Wissenschaften zwischen menschlichem Sinnesorgan und technischem Instrument ergeben haben.
Die ersten Erklärungen der Camera obscura anhand der Analogie zum Auge wurden durch Alhazen (965–1039) und nachfolgend Roger Bacon (ca. 1214–1292) geliefert.[71] Alhazen war der erste, der eine Erklärung des ›Camera-obscura-Effektes‹, das heißt der Abbildbarkeit eines Gegenstandes in einer mit einer Lochblende versehenen abgedunkelten Kammer, zu liefern vermochte. Das Auge – das er allerdings noch nicht vollständig kennt, sondern sich nur aus Pupille und Linse zusammengesetzt

71 Im folgenden beziehe ich mich auf die optik-geschichtlichen Untersuchungen bei Vasco Ronchi, *Histoire de la Lumière*, Paris 1956, und ebenfalls bei K. F. Weinmann, *Die Natur des Lichts*, Darmstadt 1980, und F. Dannemann, *Die Naturwissenschaften ...*, a. a. O.

denkt[72] – dieses Auge dient ihm als Modell und Erklärungsmaßstab der Camera: alle Lichtstrahlen, die von allen möglichen
Punkten des Gegenstandes ausgehen, denkt er sich zu einem
Kegel gebündelt, der an der Pupille gefiltert und rektifiziert (das
heißt von allen nicht senkrecht auftreffenden Strahlen befreit)
wird, um in einer punktförmigen Spitze, dem Bildpunkt des
Gegenstandes, auf der Linse zusammenzulaufen. Nach eben
dieser elementarisch-geometrischen Art sollte auch das Bild in
der Camera obscura entstehen. Diese Konzeption war für seine
Zeit revolutionär – aber sie wurde auch weitgehend nicht rezipiert, geschweige denn verstanden. R. Bacon etwa, zwei Jahrhunderte später, kann die ›Camera‹ nicht erklären, benutzt sie
aber ausgiebig als Gerät zur leichteren Beobachtung von Son-
nenfinsternissen.

In der Renaissance gehen Leonardo, Maurolyco, Cardano und
G. B. della Porta auf die Camera obscura ein – teilweise, um die
Funktionsweise des nunmehr interessant gewordenen Auges zu
studieren und zu demonstrieren, teilweise, um die Wirkung der
neu erfundenen Linsen zu untersuchen.

In einem *Leonardo*schen Manuskript[73] (Datierung nicht
bekannt) wird deutlich die Analogie zum Auge hervorgehoben:

»Die Erfahrung, die beweist, daß die Gegenstände ihre ›species‹ oder
›imagines‹ entsenden, um das Auge in der ›schleimigen Feuchtigkeit‹
[humor aqueus] zu treffen, läßt sich an folgender Verrichtung demonstrieren: wenn nämlich die Spezies der erleuchteten Gegenstände durch
ein rundes Loch in eine stark dunkle Kammer eindringen. Dann wirst
Du solcher Spezies auf einem weißen Papier, das in das Innere einer
solchen Kammer in der Nähe der Öffnung aufgestellt ist, gewahr werden, und wirst alle genannten Gegenstände auf diesem Papier sehen in
ihrer wirklichen Gestalt und in ihrer Farbe, aber sie werden klein sein
und umgedreht erscheinen. Und dieselbe Sache geschieht im Innern der
Pupille.«

Porta ist eher an den technischen Wunderdingen seiner Zeit, den Linsen, interessiert. Er versucht, eine Theorie der Linsen aufzustellen, um
der Erklärung der *Brille* auf die Spur zu kommen.

72 Vgl. Weinmann, a. a. O., S. 68 f.
73 Manuskript D des ›Institut de France‹, zit. nach Ronchi, a. a. O.,
S. 54; Übersetzung von mir, W. K., Zusatz in Klammern ebenfalls von
mir, W. K.

Porta verfolgt den Lichtweg durch Linsen hindurch, ohne daß ihm die Bestimmung einer Brennweite schon gelingen würde. In der ›Magia Naturalis‹ von 1589 erörtert er eine Verbesserung der Camera obscura durch Anbringung einer Linse im Loch der ›Camera‹. Diese verbesserte Camera obscura vergleicht er dann mit dem Auge, wobei er allerdings die mit der Linse bewehrte Öffnung mit der Augenpupille und den Schirm mit der Augenlinse gleichsetzt, ähnlich wie schon Alhazens Irrtum gelagert war.

Der erste, der tatsächlich Linse mit ›Linse‹ vergleicht, der also der menschlichen Augenlinse zu ihrem instrumentellen Vorbild verhilft, ist *Maurolyco* (1494–1575). Seine Schriften werden aber erst posthum 1611, nach Keplers »Paralipomena«, veröffentlicht; sie enthalten in etwa deren Erkenntnisse, allerdings als Spekulationen und Vermutungen geäußert. Insbesondere kommt es bei ihm zu einer Erklärung der Augenfehler der Weit- und Kurzsichtigkeit, die er auf eine zu schwache bzw. zu starke Krümmung der Augenlinse zurückführt; zur Kompensation dieser ›Defekte‹ schlägt er entsprechend korrigierende Linsen vor. Das Instrument verhilft dem Auge zu besserem Sehen.

Mit *Kepler* (1571–1630) tritt die große theoretische Autorität der neuzeitlichen Optik auf den Plan; durch ihn wird die Erklärung der Funktionen des Auges und der Möglichkeit des Sehens auf eine wissenschaftliche Grundlage, die der ›geometrischen Optik‹, gestellt. Kepler liefert mit seinen beiden optischen Schriften »Ad Vitellionem Paralipomena« (1604) und »Dioptricé« (1611) eine komplette Theorie des Auges, der Augenfehler und zu seiner Zeit relevanten optischen Instrumente (insbesondere des Fernrohres). Kepler erklärt die Akkomodationsfähigkeit des Auges, entwirft die Möglichkeit der Kompensation von Augenfehlern, entwickelt die zentralen Sätze der Abbildungstheorie der geometrischen Optik, erweist damit die theoretische Möglichkeit des galileischen und des nach ihm benannten ›keplerschen‹ oder ›astronomischen Fernrohres‹ – aber in der praktischen Durchführung, in der tatsächlichen technischen Entwicklung und Realisation zeigt er eine eigenartige Zurückhaltung.[74]

Nach Keplers Entwürfen und Konzeptionen wurden von *Scheiner* entsprechende Versuche und Entwicklungen durchgeführt. Scheiner (1575–1650) war Jesuit, der sich aber sein Leben lang hauptsächlich mit Fragen der Mathematik, Optik und Astronomie beschäftigte. Nach seinen Anweisungen, nicht nach Keplers, wurde das genannte astronomische Fernrohr entwickelt, und er selbst war es, der das sogenannte terrestrische Fernrohr,

74 Bezüglich der Leistungen Keplers vgl. Ronchi, a. a. O., S. 73–90.

versehen mit einer dritten Konvexlinse zur Bildaufrichtung, anfertigte.[75]

Die hier interessierenden Versuche Scheiners betreffen das Auge. In seiner Schrift »Oculus, hoc est fundamentum opticum« (1619) ging er von der natürlichen ontologischen Vorrangstellung des Auges für jede Wissenschaft vom Licht aus. Das Auge sollte das grundlegende optische Modell, sozusagen das Paradigma der Optik sein.[76] Dementsprechend lag es in seinem besonderen Interesse, die Ähnlichkeit der ›Camera obscura‹ mit der Anlage des Auges nachzuweisen.

Scheiner experimentierte zunächst am tierischen Auge; er entfernte zu diesem Zweck an der hinteren Wand eines Ochsenauges die Häute bis auf die Netzhaut und brachte in einiger Entfernung dieses Auges eine Kerze an: In der Tat konnte das umgekehrte Bild der Kerzenflamme von einem hinter dem Auge befindlichen Beobachter aus auf der Netzhaut desselben wie auf einem Schirm wahrgenommen werden, wie Dannemann berichtet.[77]

Später soll Scheiner entsprechende Versuche mit dem selben Ergebnis am menschlichen Auge vollführt haben – wobei man sich nur fragt, wer ihm hier als ›Ochse‹ gedient haben mag.

Scheiners Untersuchungen zur Optik, insbesondere zur Erklärung des Sehens, gehen von der ›auctoritas‹ des Auges für alle übrige optische Kunst und Gerätschaft aus. Dennoch kann er nicht umhin, dieses Auge immer wieder anhand dinglicher Modelle und künstlicher Verfertigungen zu überprüfen und zu examinieren. Er vermag zu zeigen, daß das Brechungsvermögen der wäßrigen Flüssigkeit des Auges (des bei Leonardo schon angesprochenen ›humor aqueus‹) nahezu mit dem des Wassers übereinstimmt, und ebenfalls gelingt es ihm zu zeigen, daß das Brechungsverhalten der (Augen-)Linse mit dem einer Glaslinse verglichen werden kann.

Die Maßstäbe und Vergleichs-Parameter zur physiologischen Untersuchung des Auges liegen schon außerhalb desselben, liegen in dinglichen Rekonstruktionen oder Modell-Präparaten wie dem Ochsenauge. Trotz der von Scheiner herausgestellten Vorgängigkeit des Auges ist es im Grunde schon das isolierbare abstrakte Modell, das zum Erklärungsmaßstab geworden ist.

75 Vgl. Dannemann, a. a. O., S. 15.
76 Ebd., S. 18.
77 Vgl. ebd., S. 18.

Das Explanans ›Auge‹ ist unter der Hand zum Explanandum geworden. Die weitere Entwicklung ist von der Entdeckung und Formulierung des Brechungsgesetzes, um das Kepler sich vergeblich bemüht hatte, durch Harriott, Snellius, Fermat und Descartes etwa in den zwanziger Jahren des 17. Jahrhunderts gekennzeichnet. Mit dem Brechungsgesetz scheint der entscheidende Modus für das Zustandekommen des Sehens im Auge gefunden. Nicht nur kann der Strahlengang durch das Auge experimentell – wie bei Scheiner –, sondern auch theoretisch an einem beliebigen Medium erklärt werden.

Wiederum ist *Descartes* einer der entscheidenden Vorreiter; im fünften Diskurs der vorn bereits ausgiebig erwähnten *Dioptrique* geht er der grundsätzlichen Frage nach[78], ob die mit einer Linse bewehrte ›Camera obscura‹ als ein Modell oder ›Repräsentant‹[79] des Auges verstanden werden könne, und kommt nach einer ausführlichen Prüfung der verschiedenen Vorgänge der Brechung, Abbildung und Bildumkehr zu dem Schluß: »man kann nicht länger zweifeln, daß die Bilder, die man auf einem weißen Blatt in einer Camera obscura erscheinen läßt, sich auf keine andere Weise und aus keinem anderen Grund formieren als auf dem Augenhintergrund«.[80] Die Homologie von Auge und optischem Instrument ist vollständig gemacht. Das Modell der Optik ist dem Auge gesetzmäßig gleich – das heißt in seinem Funktionieren, in seinem strukturellen Grund dem Auge homolog; also ist auch dieses Auge durch sein Modell repräsentierbar. Es ist hinfort am Vorbild der ›Camera‹ studierbar, nachdem alle seine Einzelteile, die Hornhaut, die Pupille, die wäßrige Augenflüssigkeit, die Linse und die Netzhaut *physikalisch* geworden und durch entsprechende Teile beschreibbar, aber auch ersetzbar geworden sind.

In der Optik *Newtons* ist dieser rückläufige Erklärungsgang auf seinem Höhepunkt. Newton befaßt sich selbst mit den Problemen des Auges und des Sehens überhaupt nicht mehr. Im Gegenteil stellt er seine Theorie des Lichts und der Farben auf eine entphänomenalisierte mathematisch-physikalische Grund-

---

78 Vgl. *Dioptrique*, a. a. O., S. 205 ff.
79 Vgl. ebd., S. 205: »Car il disent que cette chambre représente l'oeil«.
80 Ebd., S. 214; Übersetzung von mir, W. K.

lage, insofern die relevanten Effekte des Lichts selbsttätig, nämlich durch Reflexion und Brechung an Medien wie dem Prisma, erzeugt und auch erklärt werden können (siehe die entsprechende Darlegung oben in 6.1). Nur noch historisch, in der Aufzählung der ihm zur Verfügung stehenden Lehrsätze, Erkenntnisse und Weisheiten der Alten ist ihm die Erklärung des Auges und der Sehfähigkeit der Erwähnung wert.[81] In der Theorie selbst aber hebt er auf die vollkommene Überflüssigkeit des Sehens durch das menschliche Auge ab: Er unterstreicht die vollkommene Irrelevanz des vom Auge Gesehenen, das heißt der Farbe und der Farbempfindung, um statt dessen die ›farbauslösende‹ mathematische Disposition homogenen Lichts zu betonen[82], und insistiert auf einer grundsätzlich dinglichen Präparation der Phänomene des Lichts, die so eines ›Erschaut-Werdens‹ durch das Auge entbehren können.

So ist es nur folgerichtig, wenn bei Newton das Thema der Homologie von ›Camera obscura‹ und Auge gar nicht mehr auftaucht.

Dies ist aber nur in einem oberflächlichen Sinne richtig. Auf erstaunliche Weise kehrt dieses Thema am Ende eines erfolgreichen Verwissenschaftlichungsganges wieder; Newton verwendet nämlich, in einem ihm selbst sicher unbewußten Sinne, zum Studium der gesamten Brechungs- und Dispersions-Phänomene eine experimentelle Anlage von der Art der Augenhöhle! Wenn man sich diese Anlage verdeutlicht, die vorn in der Erörterung der Newtonschen Versuche ausführlich besprochen wurde[83] – eine Anlage, deren Aufbau er selbst nicht sonderlich gut begründen kann und die daher auch der Kritik[84] angesichts ihrer ungerechtfertigten Beliebigkeit verfällt –, dann fällt auf,

---

81 Vgl. I. Newton, *Opticks*, Axiom VII, a. a. O., S. 14 ff.

82 Vgl. *Opticks*, ›Definition of Rays‹ nach Prop. II, Theor. II, a. a. O., S. 124 f.

83 Vgl. die auf S. 274 zitierte detaillierte Beschreibung.

84 Vgl. etwa Goethes Kritik an Newton, vorgetragen im ›Polemischen Teil‹ der *Farbenlehre;* Goethe bemängelt hier, daß Newton seinen eigenen Versuchsbedingungen ›Wert und Würde‹ nicht beigemessen habe, das heißt ihren Einfluß zur Hervorbringung der Farbphänomene nicht berücksichtigt habe; siehe J. W. Goethe, *Farbenlehre* (1810), Bd. 3, hg. von Ott und Proskauer, Stuttgart 1979, S. 20.

daß sie dem Muster der Camera obscura genau entspricht: Ein zu untersuchender Strahl (des Sonnenlichts) wird durch eine kleine Öffnung in ein verdunkeltes Zimmer eingelassen, durch eine geeignete Prismen- und Linsen-Schaltung geschickt und auf einem der Öffnung gegenüberliegenden Schirm aufgefangen. Diese Anlage kann man sowohl instrumentell als auch organologisch deuten als Kopie des Weges, den das Licht im Auge, von der Pupille ausgehend über die Linse bis zur Netzhaut zu nehmen hat.

Indem Newton diesen Weg unbewußt kopiert und zur Grundlage seiner experimentellen Anordnung macht, zeigt er sich doch weit mehr dem anthropologischen ›Sehen‹ verpflichtet, als er es selbst je zugegeben hätte, und der Satz ›Oculus, hoc est fundamentum opticum‹ hätte, in seiner Bedeutung gewendet, auf überraschende Weise eine Bestätigung erfahren.

Wenn es am Ende dieser historischen Revue schien, daß das Thema des Auges wie der Camera unwichtig für die Optik geworden wäre, so erwies sich dies nur in einem oberflächlichen Sinn als richtig: das Auge wurde, so konnte hier gezeigt werden, in der materialen Gestalt der newtonischen Dunkel-Kammer, zum bestimmenden Modus der Untersuchung des Lichts in entsubjektivierter und entsinnlichter Form. Auch die spätere Perfektionierung der Camera obscura zum fotografischen Aufnahmeapparat hat den originalen Entwurf des Auges nicht verschmäht; der Bauplan des fotografischen Objektivs ist bemüht, möglichst viele Fähigkeiten des menschlichen Sehens zu übernehmen und zu kopieren. Wo das Objektiv an seine Grenzen stößt, springt das Auge noch helfend ein: im Akt des Fotografierens korrigiert es den Bildausschnitt, die Schärfe (Akkomodation) und die richtige Blendenwahl (Adaptation) und dient so der Optimierung der Aufnahme. Daß das apparativ gewonnene Bild, in die Würden des authentischen Dokuments eingesetzt, dem Auge sodann als Beweismittel gegen etwaige eigene Trugbilder vorgehalten wird, schließt den Kreis; die Umwertung im Verhältnis von Sinnesorgan und Instrument hat sich endgültig vollzogen.

c) Das Gitter oder:
Was ist Projektion von Episteme?

Der folgende Exkurs zur erkenntnistheoretischen bzw. erkenntnisgeschichtlichen Bedeutung des Gitters durchbricht den empirischen, instrumentengeschichtlichen Rahmen dieses Kapitels in mehrfacher Hinsicht, sowohl zeitlich als auch thematisch. Ich möchte anhand des Gitters zeigen, wie ein ursprünglich rein deskriptives mathematisches Instrument, vermittelt über mehrere Bedeutungs- und Funktionswandel, zu einem ›Institut‹ der Natur selbst wird, das an erkenntnistheoretisch entscheidender Stelle zur ›Selbstauslegung der Natur‹, nämlich zur Offenbarung ›ontologischer Strukturen‹ beiträgt.

Ich verfolge die Geschichte dieses Instruments aus zwei Gründen: zum einen liegt hier ein deutliches Beispiel für die Tendenz zur Enthistorisierung und Verdinglichung der pragmatischen Bezüge des Menschen zur Natur vor – das Gitter hat diese Bezüge gleichsam in sich aufgesogen und den ursprünglichen Entstehungszusammenhang zum Verschwinden gebracht; zum anderen vermag die weitere ›Karriere‹ dieses Instruments innerhalb der Physikgeschichte zu zeigen, wie es – verbunden mit der besagten Ontologisierung der technischen Effekte – zu einer ›Naturalisierung‹ der diese Effekte erzeugenden instrumentellen Strukturen kommen kann. Es handelt sich also nicht nur um einen instrumentengeschichtlichen, sondern parallel um einen erkenntnisgeschichtlichen Prozeß der Aufprägung oder *›Implantation‹ von epistemischen Strukturen,* wie ich es nennen will.

Beide Vorgänge, die Verdinglichung ursprünglich interaktiver Verhaltensweisen und die Ontologisierung ursprünglich äußerlicher, instrumentell erzwungener Phänomene zu epistemischen Strukturen der Sache selbst, bieten mir den Ansatz für eine neue ›archäologische‹ Kritik der Naturwissenschaften.

Das Gitter, dies ist der oben angestellten Analyse des Dürer-Bildes zu entnehmen, ist in einer gewissen Funktion zunächst ganz wörtlich zu nehmen, als Gatter, Hindernis oder Barriere nämlich, um ein Objekt in seiner Studierwürdigkeit zu umgrenzen, es in gebührender Entfernung zu halten oder in seiner herausfordernden Wirkungsweise zu neutralisieren. Auch der zunächst unverdächtige Dürersche Zeichenrahmen markierte eine Scheidung zwischen ›Subjekt‹ und ›Objekt‹. Das Gitter definierte den metrischen Charakter des zu erfassenden Gegenstandes, es ›objektivierte‹ ihn zum ›Modell des liegenden Weibes‹. Und zwang dem so definierten Modell Reglosigkeit, Stummheit und Äternität auf.

Hier schon könnte von ›Projektion‹ gesprochen werden, Projektion von gewissen Zuschreibungen oder Dispositionen, mit denen das Objekt versehen sein soll: Und da wäre nicht nur die metrische Beschreibung des weiblichen Wesens als eines anthropologischen Modells, sondern eher noch seine ikonographische Auszeichnung zu nennen.

In ähnlicher ›kartographischer‹ Funktion taucht das Gitter im Entstehungszusammenhang des Teleskops und der teleskopischen Beobachtungstechnik auf: in der Praxis der Fernrohr-Beobachtung wie auch der mikroskopischen Beobachtung erweist sich ein ›Gitter‹, genauer, ein Fadenkreuz[85] als hilfreich, das, in den Strahlengang der Optik eingeführt, zu einer Fixierung und Ausmessung von schwierig erkennbaren Gegenständen verhilft. Adrien Azout ist 1667 der erste, der dieses Fadenkreuz benutzt, um mit seiner Hilfe das Objektfeld ausmessen und evaluieren zu können, als sei es mit einer metrischen Karte, einem Netz von Längen- und Breitengraden überzogen. Das Fadenkreuz stellt den einen Pol der Visiereinrichtung dar – den anderen liefert eine feste Markierung der Augenposition am Okular. Damit sind ›Kimme‹ und ›Korn‹ des teleskopischen Visiers, wie im Dürerschen Fall Peilstab und Gitter, realisiert und die Bedingungen für reproduzible Messungen und Vergleiche gewährleistet.

85 Man kann hier einwenden, daß von einem ›Gitter‹ im Sinne einer Barriere oder Umzäunung im Falle des Fadenkreuzes nicht gesprochen werden kann. Es muß sich aber nicht immer um die Vergitterung eines Objekts handeln. Das Gitter kann genausogut darin gesehen werden, daß das messende Subjekt, der Beobachter, dazu angehalten wird, so und nicht anders, nämlich unter fest fixierter Augenposition, fest definierter Beobachtungslinie und festgelegter Beobachtungshaltung, zu Werke zu gehen. Wird er nicht immerhin ›vergattert‹ dazu, in dieser und keiner anderen Weise sein Objekt zu betrachten, es sich in dieser und keiner anderen Weise quantitativ metrisierend anzueignen?

Nicht nur als kartographische Orientierungshilfe des *subjektiven* Blicks spielte das Gitter eine Rolle, sondern auch als Analysator und Manipulator des *objektiven* Lichtstrahls, womit sich gewisse besondere Effekte der Beugung, ›Diffraktion‹ oder ›inflexion‹ (Newtons englischer Ausdruck) erzeugen ließen. Man kannte die Lochblende, man hatte die ›Camera obscura‹ entwickelt und man hatte erste Erscheinungen der Beugung am Spalt, an Kanten und Lochblenden studiert (Grimaldi und nach ihm Newton schon im 17. Jahrhundert). Aber erst J. Fraunhofer (1787–1826) kam auf die Idee, die simple Form des Spalts in Gestalt eines subtilen äquidistanten *Gitters* zu vervielfachen, das er dem Licht als Hindernis entgegenstellen wollte. Fraunhofers Frage war die, welche Phänomene das Licht unter Vorhalt dieses Gitters würde hervorbringen müssen? Oder in seinen Worten, welche »gegenseitige Einwirkung einer großen Zahl gebeugter Strahlen« zu beobachten sein würde?[86]

Zu diesem Zweck formte er zunächst selbst ein Gitter aus feinsten metallischen Fäden, die er in möglichst gleichem Abstand zueinander anordnete, um sie von einem konstant bereit gehaltenen Sonnenstrahl durchscheinen zu lassen. Dieses Kunstgitter ersetzte er später durch eine geschwärzte, aber in definierten Abständen durchlässig geritzte Glasplatte, die ihm ein Gitter von unvorstellbarer Feinheit bescherte: Es gelang ihm, mit Hilfe eines Diamanten in eine Glasfläche von 12 mm Länge Ritzungen von bis zu 300 Rillen pro mm mit einem Teilungsfehler von weniger als 1 % anzubringen.[87]

Mit Hilfe dieses Gitters konnte Fraunhofer erstmalig 1821 ein hervorragend scharfes Spektrum des Sonnenlichts, ähnlich dem von Newton im Prismenversuch erzeugten Spektrum, herstellen. Die einzelnen Farbanteile waren völlig rein voneinander getrennt und jeweils einzeln bei einem charakteristischen Ablenkungs- oder Beugungswinkel beobachtbar. (Auf die hier feststellbare gesetzesmäßige Beziehung von Beugungswinkel, Wellenlänge des Spektralanteils und Spaltbreite will ich hier nicht eingehen.)

86 Zitiert nach: F. Fraunberger/J. Teichmann, *Das Experiment in der Physik*, a. a. O., S. 169 ff.; hier ist auch eine detaillierte Beschreibung der Vorgehensweise und der Motive Fraunhofers zu finden.
87 Zahlenangaben nach K. F. Weinmann, a. a. O., S. 131.

Weshalb kann auch hier von einem ›Gitter‹ in des Wortes umgangssprachlicher Bedeutung die Rede sein? Ein Gitter sichert immer in einem doppelten Sinne; es schirmt nicht nur das sich seiner bedienende Subjekt ab, sondern macht gleichzeitig den durch das Gitter präsentierten Gegenstand in zugespitzter Bedeutung sichtbar. Es verhilft dazu, sich gewisser Potenzen oder Merkmale des Objekts erst versichern zu können.

Das Fraunhofersche Beugungsgitter tut genau dieses: es bringt durch seine metrische Struktur hindurch gewisse Phänomene des Lichts zum ›Vorschein‹, macht sie sichtbar, die sonst unsichtbar und unvermutbar wären – und hält sie gleichzeitig in kritischer, studierwürdiger Distanz. Das Gitter, so kann man sagen, ›produziert‹ gewisse Strukturen des Lichts, die ohne diese Mitwirkung des ›Metrisators‹ Gitter nicht beobachtbar sein würden: die räumlich periodischen Strukturen der Welle. Das Gitter liefert nicht nur Anhaltspunkte für den (zu Beginn des 19. Jahrhunderts vehement postulierten) ›Wellencharakter‹ des Lichts, es gestattet sogar, die jeweiligen Wellenlängen der am Beugungsbild beteiligten Lichtanteile zu berechnen.

Das Gitter à la Fraunhofer oder ›optische Gitter‹ (wie es bald genannt wurde) bringt also Phänomene am Licht hervor, die ohne sein Zutun dem Licht nicht unbedingt hätten zugeschrieben werden können (weshalb der ›an sich existente Charakter‹ dieser Phänomene auch mit Recht bestritten werden kann, ähnlich den von Newton am Prisma hervorgebrachten Charakteren homogenen Lichts, deren Realität Goethe so beharrlich in Frage stellte). ›Wert und Würde‹ auch dieser Experimentalanordnung sind also genau im Auge zu behalten.

Verglichen mit dem Dürerschen Zeichengitter geht das Beugungsgitter weit über dessen Bedeutung hinaus. Es macht die Visibilität und damit die Meßbarkeit gewisser objektiver Strukturen des Lichts möglich (Wellenlänge, spektrale Verteilung) und unterlegt insofern dem Licht eine gewisse metrische Struktur, die ohne seine Hilfe schwer zu offenbaren sein dürfte. Hierin könnte eine Nähe zum Dürer-Gitter gesehen werden: es handelt sich in beiden Fällen um eine Auf-Oktroyierung von metrischen Strukturen.

Aber damit endet auch schon die Gemeinsamkeit: denn das Fraunhofer-Gitter metrisiert nicht den subjektiven Blick, sondern es verhilft dazu, die Objekthaftigkeit des Lichts physikalisch herzustellen. Das Beugungsbild entsteht als das Resultat einer raum-zeitlich beschreibbaren Wechselwirkung von Licht und Gitter, es ist im wahrsten Sinne ein physikalisches Produkt beider. ›Gegenstand‹ und ›Methode‹, die sich im Dürer-Fall klar auseinanderhalten ließen, verschmelzen hier, die metrische Struktur wird nicht nur auf-projiziert, sondern geradezu hineingetragen, *implantiert.*

Das Gitter konstituiert die spektral-dispersive Zusammengesetztheit des Lichts, oder, um den obigen Terminus zu verwenden, es ›implantiert‹ dem Licht einen gewissen epistemischen Charakter, der durch ›Wellenlänge‹, ›Interferenz‹ und den allgemeinen wellentheoretischen Bezugsrahmen gegeben ist. (Der Vorgang der spektralen Verteilung am Beugungsgitter läßt sich korpuskulartheoretisch nicht erklären.)

Damit ist klar, daß das Fraunhofer-Gitter nicht nur die Projektion einer gewissen deskriptiven Struktur, auch nicht allein die Produktion einer gewissen physikalischen Phänomenalität beinhaltet (wie bei Newton der Fall), sondern eine dezidierte epistemische Struktur am Licht erzwingt, die von der Metrik des in den Lichtweg eingebrachten Gitters präjudiziert wird. Der Begriff der Selbstauslegung der Natur findet hier, wenn auch fiktional, seine Rechtfertigung: der Wellen-Charakter des Lichts erweist sich nämlich an den mit Hilfe des Gitters erzeugten Fraunhoferschen Interferenzbildern als scheinbar selbsttätig erzeugt und reell, als scheinhafte Selbstobjektivation.

Was zunächst, im Moment der Entdeckung durch Fraunhofer 1821, als produzierter Effekt galt, wandelte sich im Laufe der Zeit zu *dem* wesentlichen Merkmal des Lichts überhaupt: der undulatorische Charakter des Lichts, seine streng räumliche Periodizität und seine nach ›Wellenlängen‹ zu klassifizierende spektrale (farbliche) Verteilung waren hinfort ›bewiesen‹ und bildeten einen gesicherten Bestandteil einer ›Ontologie‹ des Lichts (wie sie dann das ganze 19. Jahrhundert über vorherrschte). Die korpuskulare Deutung desselben, die wesentlich auf Newton und seine *Opticks* (1704) zurückging, war endgültig aus dem Felde geschlagen und widerlegt.

Die weitere physikgeschichtliche Entwicklung schließt sich hier zwanglos an.

Zum einen ist an die ›Naturalisierung‹ des Gitters in Gestalt der von Laueschen Atom- und Molekülgitter zu denken. Von Laue hatte 1912, angeregt von der Regelmäßigkeit des atomaren Baus, den Metalle und andere Festkörper aufwiesen, deren Grundstruktur selbst zu einem ›Gitter‹ erklärt, dem sogenannten Metall- oder Atomgitter. Er postulierte, daß an diesem ›naturalen‹ Gitter ebenfalls Interferenzen von Strahlung (Neutronen-, Röntgen- oder Molekularstrahlung) beobachtbar sein müßten, die dann tatsächlich in den berühmten Röntgenstrahlinterferenzversuchen realisiert und bestätigt wurden.[88]

Zum anderen ist an die ›Ontologisierung‹ von Gitter- oder Spalt-Effekten zu denken, wie sie in der quantenmechanischen Debatte um die Realität der komplementären Aspekte der am Zwei-Spalt-Gitter produzierbaren physikalischen Phänomene ihren Ausdruck fand. Die oft diskutierten Elektronenstrahlinterferenzversuche[89] haben berechtigterweise eine gewisse Berühmtheit erlangt, da sie den komplementären Grundzug quantenmechanischer Objekte am deutlichsten und schlagendsten zu offenbaren vermögen: je nachdem, welche Kanal-Struktur das Lokalisationsgerät Spalt aufweist, ob Ein-Spalt- oder Zwei-Spalt-Gitter, lassen sich komplementäre epistemische Aspekte des quantenmechanischen Objekts Elektron realisieren. Es zeigen sich entweder wellentheoretisch zu deutende Interferenzbilder oder korpuskulartheoretisch zu erfassende Häufigkeitsverteilungen. Ohne diese Versuche am Doppelspalt weiter auszubreiten, kann auch hier auf die Tendenz zur Ontologisierung in der Interpretation hingewiesen werden. Denn es ist kennzeichnend für nahezu die gesamte erkenntnistheoretische Debatte, daß der Status der Produziertheit der komplementären Aspekte weitgehend unterschlagen wird und statt dessen um die ontologische ›Realität‹ der beiden Aspekte im Objekt allein gerungen wird.[90] Die vom Einfach-Spalt wie vom Doppel-Spalt hervorgebrachten Phänomene werden versuchsweise immer wieder mit einer bereits

88 Hierzu detailliert: M. Born, *Optik. Ein Lehrbuch der elektromagnetischen Lichttheorie*, Berlin ³1972, S. 170 f.
89 Erstmalig 1927 durch Davisson und Germer.
90 W. Kutschmann, »Zur Interpretation der Quantenmechanik«, *Philosophia Naturalis* 19 (1982), S. 547–582.

vorhandenen Struktur des Objekts zusammengebracht, eben seinem angeblich korpuskularen bzw. undulatorischen Charakter.

Wie auch immer man die Komplementarität in der Quantentheorie deuten mag, in jedem Fall kann auch hier, wie schon im Fall des Fraunhoferschen Beugungsgitters, von einer *Implantierung von Episteme* gesprochen werden. Das jeweilige epistemische Konzept, nämlich dieser oder jener Komplementaritätsaspekt, wird nicht nur äußerlich dem Objekt aufgezwungen oder zugeschrieben, sondern real an ihm hervor- und zur Darstellung gebracht.

Ähnlich beim Kristall-Gitter: die Zufälligkeit der Objektivierung, die im Dürerschen Fall in der willkürlichen Wahl eines rechtwinkligen Zeichengitters noch bestanden hatte, ist in der späteren molekularen Form des Kristallgitters aufgehoben. Das ›Gitter‹ ist naturale Form geworden. Die Materie selbst erweist sich in ihrer inneren Struktur als so beschaffen, daß sie als ein ›Gitter‹ wirken und als ein solches interpretiert werden kann. Ein materielles ›Oktroi‹ ist nun nicht mehr notwendig, nachdem das Licht auf ein der Natur innewohnendes Gitter trifft.

Diese ›Karriere‹ des Gitters setzt sich in der modernen Halbleiter- und Festkörperelektronik fort, in der ganze logische Strukturen in die Materie des Festkörpers implantiert werden: auch hier ist es die Funktion solcher aufgedampften ›logischen Strukturen‹, gewisse Züge des derart manipulierten Objekts zu Tage treten zu lassen, die sonst nicht manifestierbar wären.

Damit hat der Schein der Objektivierung seinen Höhepunkt erreicht. Objektivierung besteht nun nicht mehr in dem willkürlichen und gewaltsamen Akt der Metrisierung, sondern im Vorgang der Selbstaufklärung und Selbstoffenbarung der Natur: das Licht, so scheint es, offenbart sich selbst an der atomaren Natur der Materie. Allerdings geht mit diesem Verständnis auch das Bewußtsein der Intentionalität des menschlichen Eingriffs, der etwa Röntgenlicht und atomare Struktur der Materie miteinander verknüpft, verloren. Und damit auch das Bewußtsein für den *historischen* Charakter des menschlichen Wissens von der Natur.

Es ist dann nicht mehr der zweckgerichtet handelnde Mensch, der wie der perspektivische Zeichner seinen Naturgegenstand mit einem ihm äußerlichen Netz metrischer Kartographie überzieht, es ist die (intelligent eingerichtete) Natur selbst, die an der zur Untersuchung vorliegenden Gegenstandsnatur gewisse Phänomene, epistemische Aspekte oder logische Funktionen erzwingt. Dies ist zumindest der *Schein* der Selbstoffenbarung, der gerade den heutigen, zur Technologie gewordenen Naturwissenschaften anhaftet.

Ich habe mit dieser stark ausholenden Interpretation des ›Gitters‹ noch ein weiteres anzeigen wollen. Ich denke, daß es für die Geschichtsschreibung und Theorie der Naturwissenschaften lohnend sein könnte, in der Absicht, die Höhenflüge des wissenschaftlichen Progresses einzuholen und innerer Kontrolle zu unterwerfen, auf die *archetypischen Praxis-Formen* der Naturaneignung abzuheben. Damit meine ich ›Umgangsformen‹ elementaren Charakters wie etwa Hemmen, Spalten, Beschießen, Vergittern usw. Mit dem Gitter meine ich, die geronnene Gestalt einer solchen Umgangsform präsentiert und ihre mögliche Kritik angedeutet zu haben.

Deshalb auch die Ausführlichkeit der Erörterung: es kam mir darauf an, von diesem ›Gitter‹ und seinen wechselnden Funktionen immer wieder auf die ihnen entsprechenden menschlichen Verhaltensweisen zurückzuschließen. Diese Praxis-Formen sind, wie man gesehen hat, verdeckt, sie sind verdinglicht, in instrumenteller Gestalt zusammengeflossen, enthistorisiert. Es kommt darauf an, in diesen mittlerweile naturalisierten Formen die Projektionen menschlicher Praxis wiederzuerkennen, die ihnen historisch erst ihre Gestalt gegeben hat. Der Zusammenhang, der hier vermutet werden muß, wäre als einer der ›epistemischen Projektion‹[91] zu bezeichnen, einer Projektion von originär menschlichen Ordnungs- und Systematisierungsprinzipien.

Eine *archäologische Kritik* der Naturwissenschaften, wie ich sie hier vorschlagen möchte, hätte also zweierlei zu leisten – sie hätte die materiellen Gestalten und Formen instrumentellen

91 Dieser Terminus in Absetzung von dem erwähnten Begriff der ›Organ-Projektion‹ gewählt.

Handelns in der Naturwissenschaft zu kritisieren (auf ihre Ursprünge zurückzuverfolgen), und sie hätte die Formen und Begriffe ihrer Episteme zu de-ontologisieren und zu de-naturalisieren, das heißt sie in den Kontext ihres historisch-pragmatischen Entstehungszusammenhanges aus einer Geschichte des Menschen *mit* der Natur zurückzustellen.

Die hier vorgelegten Fälle der Instrumentengeschichte zeichnet ein gemeinsames ›genealogisches‹ Merkmal aus, das sich als Abwälzung und Marginalisierung der anthropogenen Entstehungsbedingungen oder als ›De-Korporalisierung‹ fassen läßt. Wie man an allen drei Fällen sehen kann, ist die Entstehungsphase dieser Instrumente von einer Anlehnung und Adaptation gewisser gestaltmäßiger Vorgaben des menschlichen Körpers, sei es seiner Organe und Funktionen, sei es der ihm eigenen Dimensionen des Handlungsvollzugs, gekennzeichnet; im Lauf der weiteren Entwicklung und Ausreifung des Instruments aber kommt es zu einer Ablösung dieser morphologischen Vorgaben, indem das Instrument eine gewisse methodische und disziplinäre Autonomie zu erobern beginnt: Wichtige Effekte lassen sich nur mit Hilfe dieses Instruments produzieren; dies aber verlangt eine saubere methodische Klärung, eine quasi naturgesetzliche Bestimmung der Bedingungen der Möglichkeit dieser Effekte – und damit die Grundlegung einer neuen Disziplin, die sich um die Systematisierung und Objektivierung der ursprünglichen Phänomene schart.

Handelt es sich hierbei um ein allgemeines Gesetz der Instrumenten-Entwicklung? Ist diese Entwicklung überhaupt einer inneren Logik zuzuschreiben? Diese Frage rührt an grundsätzliche Probleme der seit Jahrzehnten virulenten Technik-Debatte[92] um die anthropologische ›Heimat‹ der Technik: hat die Technik ihren Ursprung in der anthropologischen, genauer organologischen bzw. organ-defizitären Ausstattung des Menschen? Ist demgemäß auch ihre Weiter-Entwicklung als eine Ausdifferenzierung der ursprünglichen Anlagen des Homini-

92 Bezüglich einer Darstellung dieser Debatte siehe H. D. Bahr, *Zur Kritik der ›Politischen Technologie‹*, Frankfurt/M. 1970; und jüngst ders. *Experimentum Machinarum. Über den Umgang mit Maschinen*, Tübingen 1983.

den Mensch[93] zu verstehen? – Fragen, die hier nicht im einzelnen beantwortet werden können. Allerdings scheint mir die genannte De-Korporalisierung, das heißt die Abkoppelung der Entstehungsbedingungen der Technik vom Vorbild des Körpers, von wesentlicher Bedeutung zu sein: möglicherweise ist gerade mit dieser De-Korporalisierung unter der Ägide der Wissenschaft die Scheide gegeben, die die Theoreme der anthropologischen Derivation und der soziologischen Derivation der Technik in ihrer Gültigkeit voneinander teilt und abgrenzt. Die ›Gründerjahre‹ der Instrumenten-Entwicklung (wie sie hier in Gestalt dreier Instrumente bzw. Instrumental-Techniken vorgestellt worden sind) belegen eine Modell-Funktion des menschlichen Körpers für den Prozeß der Erfindung und Entdeckung; sie geben damit auch der These der Derivation der Technik von den anthropologischen Vorgaben des Menschen her ein gewisses Recht. Mit der zunehmenden Etablierung methodischer Objektivitätskriterien innerhalb der Wissenschaft hat der Körper in der vorbild-gebenden Rolle allerdings ausgespielt, die Wissenschaft stößt alle nicht-immanenten, nur genealogisch bedingten Gestaltvorbilder und Anschauungsmodelle ab. Mit diesem Stadium der eigentlichen ›Wissenschafts-Dynamik‹ tritt dann die Phase der ›Sozio-Logik‹ der Instrumente ein, eine Phase, innerhalb derer Instrumente und Techniken wesentlich aus innerwissenschaftlichen Fragestellungen erzeugt und auf innerwissenschaftlicher Definitionsmacht gegründet werden.

Der Vorgang der De-Korporalisierung der Apparate und Instrumente der Wissenschaft weist in dieselbe Richtung wie die oben untersuchte Tendenz der ›Implantierung von Episteme‹, weist in dieselbe Richtung wie die Tendenzen der ›Desanthropomorphisierung und Leibfreiheit‹: Naturwissenschaft, wie wir sie kennen, entledigt sich aller Voraussetzungen, verwischt alle Spuren, die auf die historische Genese dieses Unternehmens hinweisen würden, tilgt alle Bedingungen, die sich der (vermeintlich kontingenten) inneren Natur des Menschen ver-

93 Zur Theorie des ›Organmangels‹, dem sich die Technik verdanke, siehe neben Max Scheler, *Die Stellung des Menschen im Kosmos*, a. a. O., vor allem A. Gehlen, *Die Seele im technischen Zeitalter*, Hamburg 1957, hier insbesondere S. 17 und S. 109–123.

danken. Sie produziert das *reine* Subjekt, das sich durch einen in-aktiven Körper und einen a-pathischen Geist auszeichnet, wie ich es vorn genannt habe.

›Ἀπαϑὴς νοῦς‹ heißt damit unter Bedingungen der entfalteten Naturwissenschaft der Neuzeit nicht mehr nur, eine stoisch entrückte, über den Händeln der Welt stehende Vernunft-Seele auszubilden; es heißt vielmehr, die Bedingungen des ›*Pathos*‹, dem der eigene Körper als Objekt unter Natur-Objekten billigerweise auszusetzen ist, selbst zu organisieren und zu produzieren. Heißt, den eigenen Körper am Vorbild der bereits explizierten Natur der Objekte auszulegen. ». . . wie ›heimisch‹ wird das ›Wesen‹ der Maschine, wo sie wie eine Fortsetzung unseres Leibes erscheint«, schreibt H. D. Bahr[94] über die Phantasie des *L' Homme Machine*, aber: »Wie unheimlich wird der Leib dort, wo er noch als Maschine verständlich wird.«

6.3 Selbstauslegung des Körpers – Beschriftung

Die zurückliegenden Kapitel haben von der Herausdrängung des Körpers aus dem Prozeß der instrumentellen Naturerkenntnis gehandelt. Aus diesem Verfahren objektiver Erfahrungsgewinnung herauszufallen, hieß nicht nur, als Medium oder Organon der Naturerkenntnis abgelöst zu werden, es bedeutete, als Quelle des ursprünglichen In-Seins und Mit-Seins mit der Natur abgelöst, als Quelle und Maßstab ihrer Interpretation verabschiedet und ersetzt zu werden. ›Verleugnung der inneren Natur‹, wie ich es vorn genannt habe, hieß für die Naturwissenschaft vor allen Dingen, sich der kontingenten Bedingungen des eigenen Daseins, das heißt der Bedingungen des eigenleiblichen In-der-Welt-Seins, zu entledigen.

Was ursprünglich der Deutung der Natur als Maß und Korrelat unterlegt wurde – der Körper als ›Explanans‹ –, wird nun zum erklärungsbedürftigen Objekt, zum ›Explanandum‹. Der ursprünglich weltkonstituierende Bezugsrahmen ›Körper‹ (der in der scholastischen Lehre der Entsprechungen in einer grandiosen Kette von Analogien und Korrespondenzen mit dem

---

94 H. D. Bahr, *Experimentum Machinarum*, a. a. O., S. 113.

gesamten Makrokosmos zu gegenseitiger Bedeutungsgebung verknüpft war) wird nun ausschließlich von außen, von einer autonom verwissenschaftlichten Natur her begriffen und neu ›beschriftet‹.

Hier geht ein Inversionsprozeß vonstatten, der den menschlichen Körper nicht mehr länger das selbstverständliche epistemische Bindeglied in der Kette der Korrespondenzen des Kosmos sein läßt, sondern ihn als Leerstück und Fremdkörper behandelt, der der Explikation durch eine bereits erschlossene Dingwelt bedarf.

Dieser Umschlagsprozeß hat weitreichende Bedeutung für das Zustandekommen eines neuen Verständnisses vom Menschen im Kontext einer wissenschafts-derivierten Anthropologie. Er leitet die Phase einer Rekomposition des Körperbildes aus den epistemischen Mustern einer bereits verwissenschaftlichten Natur ein.

Das Auge dient nicht mehr länger als Analogon und Deutungsmaßstab einer illustren Erfindung, der ›Camera obscura‹, sondern figuriert als besondere Spezifikation oder Anwendung der Gesetze der ›Dunkelkammer mit Linse‹.

Der menschliche Blick findet nicht mehr (wie noch bei Dürer) seine Fortsetzung in Gestalt eines den perspektivischen Kegel fixierenden Gitters; vielmehr werden mit Hilfe eines vorgeblich in der Natur vorfindlichen Gitters allgemeine Strukturen von Licht und Materie realisiert, deren ontologische Tragweite derart allgemein ist, daß sie selbst noch auf die Beschaffenheit des menschlichen Körpers Anwendung finden.

Diese Liste ließe sich fortsetzen und übertragen auf die übrigen Sinne, die in ihrer ursprünglich begründenden ›ästhetischen‹ Kompetenz gebrochen werden: »Vom Standpunkt der künstlichen Chemie«, führt Gaston Bachelard aus[95], »das heißt aus der Sicht der wissenschaftlichen Chemie müßte man sagen, Minze rieche nach Menthol und nicht umgekehrt, Menthol rieche nach Minze.«

Entsprechend der menschliche Körper: er dient uns nicht länger in den (zweifelhaft gewordenen) Maßen ursprünglicher Sinn-

95 G. Bachelard, *Die Bildung des wissenschaftlichen Geistes*, a. a. O., S. 182.

haftigkeit, er ist uns nicht mehr auf schlichte, unreflektierte Weise ›zuhanden‹, wie mit Heidegger zu formulieren wäre, sondern erweist sich als höchst komplexer Anwendungsfall einer (immer subtiler und undurchschaubarer werdenden) biochemischen Theorie lebendiger Organismen.

Im Rahmen dieser Inversion erfährt der Körper auf der einen Seite eine *Entleerung* oder Entlastung von erkenntnisleitender gestaltgeberischer Funktion, während ihm auf der anderen Seite eine immer hektischer sich gebärdende *Aufladung* mit wissenschaftlicher Beschreibung zuteil wird:

Hier wird der Körper nämlich seinerseits mit äußerlichen Deutungen, Erklärungsmustern und Signaturen überzogen, die ihm insofern auch immer äußerlich bleiben, als sie als nur ›mögliche‹ (aber nicht mehr ›notwendige‹) Beschreibungsweisen ihm angepaßt, aber auch wieder entzogen werden können. Verschiedene epistemische Beschreibungen werden dem Körper wie die Kleider einer Mode aufprojiziert, ohne wirklich an ihm haften zu können. Ich denke hier an die mannigfachen Beschreibungen des Körpers als mechanisches Gerüst, die in der Medizin, der Physiologie und der Anthropologie der materialistischen Aufklärer (etwa La Mettries) zirkulierten; ebenso an Beschreibungen des Körpers als ›chemisches Laboratorium‹, ›thermodynamischer Kreisprozeß‹ oder ›Modell energetischer Fluktuationen‹ nach der Art des psychophysischen Parallelismus (Ostwald, Helmholtz, Freud), und es wäre durchaus auch an modernere, zeitgenössische Paradigmata wie ›kybernetisch-informationelles Regelsystem‹ in der Synergetik, ›libidinöse Wunschmaschine‹ (Deleuze/Guattari), ›sexuelles Signifikantensystem‹ (Baudrillard) anzuknüpfen.

Ich will die Geschichte dieser epistemischen Überschreibungen des Körpers hier nicht verfolgen, nachdem dies an anderer Stelle sehr eindrucksvoll und systematisch bereits geschehen ist.[96] Ich möchte nur auf einen Aspekt der epistemischen *Entleerung* des menschlichen Körpers und seiner Vermögen hinweisen, der mir allerdings grundlegend zu sein scheint: den der Verabschiedung der Sprache, genauer, der natürlichen Sprache des Menschen.

96 Vgl. S. Moscovici, *Versuch über die menschliche Geschichte der Natur*, Frankfurt/M. 1982, bzw. H. D. Bahr, *Experimentum Machinarum*, a. a. O., insbesondere Teil I, Kap. 4 und 5.

Die Sprache ist zwar kein direkter *Teil,* wohl aber der existentielle Ausdruck des Menschen; sie spiegelt, gerade in ihrem pragmatischen, lebensweltlichen Kern, Orientierung und Dimensionierung der Welt wider, so wie der Körper sie wahrnimmt. Sie ist, unbeschadet aller kulturellen und historischen Prozesse, in ihrem Kern originär anthropomorph, nämlich auf die Sichtweise und Situierung des Menschen angelegt.

Diese herkömmliche anthropomorphe Sprache des Menschen reicht aber nicht mehr aus, um die neuen Beschreibungs- und Erklärungsgelüste überhaupt auszudrücken. Es bedarf einer neuen, unvoreigenommenen Zeichen-Sprache, um die neuen ›Kleider‹ zu repräsentieren. Nicht die ihrer menschlichen Nähe wegen verdächtige Sprache soll die Struktur der Dinge präjudizieren, sondern umgekehrt soll es die Objektivität ›in den Dingen selbst‹ sein, die die adäquaten Bezeichnungen der neuen Sprache vorgibt.

Es wäre falsch, in dieser Verabschiedung der anthropomorphen Sprache nur einen marginalen, das Medium betreffenden Vorgang zu sehen. Vielmehr liegt gerade darin eine Absage an die natürliche menschliche Kompetenz von Anschauung und Erkenntnis, von evidenter Sinnerfassung, wie sie deutlicher nicht ausfallen könnte. Durch die Diskreditierung der anschauungsgebundenen sinnlichen Sprache erfährt der Mensch der modernen Zivilisation erst endgültig, wie sehr, wie weitgehend die eigene, ursprüngliche Natur ihren Charakter des Maßstabs und Maßes verloren hat und wie weitgehend umgekehrt eine immer wieder neu formulierte ›zweite Natur‹, eine technisch konzeptualisierte Natur, zum Schlüssel der revolutionären Semantik geworden ist bzw. wird. Die neuen Konzeptualisierungen der Dinge, ihre wissenschaftliche Konstitution, schlagen sich eben auch auf der Ebene der Zeichen, auf der Ebene allgemeiner Sprache nieder und gewinnen einen Raum aufgeregter, modisch aktueller Signifikanz, der weit über die ursprünglich konzipierte technische Schöpfung hinaus in die Dimensionen des sozialen Wettbewerbs ausstrahlt. Die Signifikanten der modernen Sprachen und Zeichensysteme, sowohl der Naturwissenschaften als auch vermehrt der Technik und der artifiziellen Gebrauchswerte, entwickeln eine Ausstrahlungskraft und Attraktivität, die die sprachliche Restaurierung auch noch der

marginal und mickrig erscheinenden menschlichen Natur nahelegen: hier ist der Ursprung für viele sprachliche Adaptationen
aus dem Umkreis von Wissenschaft, Technik und Warenkultur
zu suchen.

Diese Bemerkungen sind im Rahmen dieser Arbeit notgedrungen sehr allgemein geblieben. Sie hätten eine Ausweitung zu
erfahren durch die Entwicklung einer kritischen Semiologie des
wissenschaftlichen und technischen Zeichens, für die das Beispiel der Analysen Roland Barthes' zur Sprache der Mode und
der Mythen des Alltags[97] einen Anstoß geben könnte.

97 Vgl. R. Barthes, *Mythen des Alltags*, Frankfurt/M. 1976; und ders.,
Die Sprache der Mode, Frankfurt/M. 1985.

Dritter Teil
Der Körper im Schatten

Der bisherige Gang der Überlegungen bietet Anlaß zu Rückblick und Reflexion. ›Der Wissenschaftler und sein Körper‹ – dieses Thema ist im bisherigen Gang ausschließlich unter dem Aspekt der Objektivität des wissenschaftlichen Subjekts, seiner wahrnehmungstheoretischen und methodologischen Rolle, untersucht worden. Es ging um die Bestimmungen und Objektivationen, die dem Körper als einem instrumentellen Hilfsmittel des Experiments zuteil wurden. Nicht aber ging es um das spezifische eigenleibliche Verhältnis des einzelnen Wissenschaftlers zu *seinem* Körper – ein Thema, um das es letztendlich gehen muß, wenn die Summe der Problematik ausgeschöpft werden soll.

Die bisherigen Darlegungen haben den ›Körper‹ nur behandelt, insoweit er in irgendeiner Weise *Objekt* des wissenschaftlichen Bewußtseins bzw. der wissenschaftlichen Praxis war: Sei es, daß der Körper als Repräsentant menschlicher Naturhaftigkeit inmitten der Natur ausgemacht und unter entsprechende methodologische Kuratel gestellt wurde (die ›Kritik‹ des Körpers), sei es, daß er als voreingenommenes anthropozentrisches Organ von Natur-Anschauung und -Erkenntnis kritisiert (›Desanthropomorphisierung und Leibfreiheit‹) und Strategien zu seiner Ablösung durch Instrumente ersonnen wurden (›Selbstauslegung der Natur‹). Beide Vorgänge führten zu dem Ergebnis, die Bedeutung des Körpers innerhalb der Praxis der experimentellen Erfahrungsgewinnung herabzusetzen, ihn in seinen sinnlichen und sympathetischen Fähigkeiten stillzustellen und auf eine nur noch hypothetische Anwesenheit, eine Art ›Para-Präsenz‹, zu beschränken. Die Befindlichkeit dieses Körpers innerhalb des wissenschaftlichen Forschungsprozesses, sein *Dasein im Schatten*, ist damit noch nicht zur Sprache gekommen.

Das heißt nicht, die vorausgegangenen Untersuchungen zu Umständlichkeiten oder Überflüssigkeiten zu erklären. Vielmehr läßt sich die eigentümliche *Abwesenheit*, die der körperlich-leiblichen Gegebenheit des Naturwissenschaftlers eignet, nur erklären aus der tatsächlichen Praxis der Wissenschaften diesem Körper gegenüber. Erst dadurch, daß das Menetekel des Körpers, das dieser im Akt der Naturerkenntnis darstellt, enthüllt wird, läßt sich die eigentümliche Verfassung desselben begreifen.

Versuchen wir kurz, das Ergebnis der bisher gefundenen Bestimmungen des Körpers zu resümieren. In vierfacher Weise ist der Körper unter das Diktat der sich selbst reinigenden methodischen Wissenschaft geraten:

1 als operativer physikalischer Gegenstand, Exekutivorgan
2. als ästhetisches Rezeptionsorgan, Sitz der fünf Sinne
3. als Quelle von Empfindung und Leidenschaft, Vorstellung und Begehren
4. als leiblicher Träger von Erkenntnis und Reflexion.

ad 1: Der Naturwissenschaftler der Neuzeit ist, im Idealfall zumindest, nicht mehr physikalisch-körperlich in den Prozeß der Naturaufklärung involviert. Er erfährt und notiert die Natur vielmehr aus einer Distanz heraus, die ihn weder physiologisch noch psychologisch betroffen sein läßt. Alle Verrichtungen mechanischer Art, alle operative Arbeit kann im Prinzip zumindest auch von funktionsgerechten Instrumenten und Maschinen getätigt werden.

ad 2: Das spezifische Vermögen der menschlichen Sinne zur ›sinnlichen‹ Erschließung und Deutung der Welt wird von der Wissenschaft ignoriert und entbehrlich gemacht. Die fünf Sinne spielen in ihrer spezifischen Ausformung und Qualität für den wissenschaftlichen Erkenntnisprozeß keine Rolle. Einzig der Gesichtssinn wird aufgrund seiner Fähigkeit zur distanten und indifferenten Wahrnehmung von der Wissenschaft akzeptiert und in intensivem Ausmaß in Dienst genommen. Aber auch hier wird das Moment des intuitiv-eidetischen Anschauens und Erkennens zurückgedrängt zugunsten einer rein funktionalen Registratur von Gestalten, Größen und Daten.

ad 3: Die leiblichen Fähigkeiten der sympathetischen Teilhabe, Quellen der mimetischen Erkenntnis, werden suspendiert; für sie besteht innerhalb des wissenschaftlichen Erfahrungsprozesses keine Verwendung. Wohl aber werden diese Fähigkeiten, soweit sie rein ideelle Begleiter dieses Erfahrungsprozesses bleiben, als *Einbildungskraft* beansprucht: die Einbildungskraft ist als kreative und ideative Potenz des Erkenntnisprozesses unverzichtbar. Allerdings erscheint ihre Abgrenzung und Domestizierung gegenüber den ungezügelten Kräften der Phantasie, des Willens und Begehrens um so schwieriger.

ad 4: Bezüglich *einer* Voraussetzung wird der Körper rückhaltlos akzeptiert und in Dienst genommen, obwohl er unmittelbar mit ihr nichts zu tun zu haben scheint: bezüglich der Gewährleistung der ›cogitatio‹ des Wahrnehmens, Erkennens, Denkens. Aber gerade hierin, in der physischen Ermöglichung und Gewährleistung freier Denktätigkeit, besteht eine der größten Aufgaben des Körpers unter der Regie der Wissenschaft. Der Körper soll störungsfrei, gleichläufig und gleichmütig Denktätigkeit ermöglichen. Soll materieller Träger oder ›Basis‹ dieser Tätigkeit sein, ohne daß Beeinträchtigungen oder Verzerrungen von seiner Seite zu gewärtigen seien.

Der Körper tritt also nicht ab, er tritt nur zurück.

Er tritt zurück, insofern er seine Bedeutung als originärer Bezugspunkt der Anschauung, Erkenntnis und Deutung der Welt verliert. Er tritt zurück, insofern er angehalten wird, seine physische Präsenz aus dem Geschehen des Experiments, aus der ›Physikalität‹, herauszuhalten. Und er tritt zurück, insofern ihm zugemutet wird, die Empfindungen der sympathetischen Teilnahme, der Mit-Empfindung an Natur, zu unterdrücken oder zumindest doch auf die stille und unmerkliche antizipatorische Begleitung der Naturvorgänge zu reduzieren. Der Körper tritt zurück – das heißt, er verleugnet seine physische Präsenz, verdünnt sich auf eine bloß noch hypothetische, imaginative Präsenz: aber er ist damit nicht verschwunden. Wie man im folgenden sehen wird, ist der Körper unterhalb einer Schwelle der Bewußtheit, unterhalb der Schwelle seiner Korporalität sehr wohl vorhanden. Er regt sich unmerklich, insgeheim und auf eigenen Pfaden, er entwickelt seine eigene Charakteristik und seine eigene innere Balance – im Schatten.

Von dieser seiner Befindlichkeit her – nicht von den Bestimmungen der Wissenschaft aus – soll der Körper im folgenden thematisiert werden.

Inwiefern kann sein Dasein als ein ›Dasein im Schatten‹ bezeichnet werden?

Ich meine, daß hierin das entscheidende und wesentliche Merkmal der Konditionierung des Körpers in der Wissenschaft besteht, nicht etwa in seiner Unterdrückung oder Gängelung oder Repression. Es entspricht weit verbreiteter Ansicht, von

›Unterdrückung‹ oder ›Vergewaltigung‹ des Körpers (und zwar insbesondere seiner Leiblichkeit) im Prozeß der wissenschaftlichen Erfahrungsgewinnung zu reden. Ich denke, daß diese Rede den Kern der Sache nicht trifft, daß sie nicht richtig ist, insofern sie nicht präzise genug ist. Die Unterdrückung des Körpers – wenn man schon davon reden will – liegt *nicht* in der gewaltsamen Knechtung, *nicht* in vergewaltigendem Mißbrauch, der diesem angetan würde, sie liegt in dem Akt der Suspendierung und Freistellung einer leiblichen Existenzweise, der absolute Reglosigkeit und Passivität abverlangt werden. Dies ist ein Akt, der dem Leib die Verleugnung des eigenen Da-Seins zumutet und von ihm das Kunststück der Verpuppung in die sublime Form des ›Als-ob-nicht-vorhanden-Seins‹ verlangt.

Gehen wir also davon aus, der Körper[1] befinde sich ›im Schatten‹ des physikalischen Geschehens, nicht aber unter seinem Diktat. Danach ist die angemessenste Weise der Leiblichkeit diejenige, nicht aufzufallen, nicht störend ins Gewicht zu fallen. Diese Forderung ist nicht in erster Linie die einer physischen Unterdrückung, es ist die einer Subtilisierung und Sublimierung.

Es kann daher in den nun folgenden Untersuchungen über den ›Körper im Schatten‹ nicht überraschen, wenn der auffälligste Befund in der Diagnose desselben nicht den unterdrückten und malträtierten *Körper,* sondern den neurotisierten, hypochondrischen *Leib* in den Vordergrund stellt.

›Der Körper existiert unterhalb einer Schwelle der Vernehmlichkeit, der Abschattung‹ war formuliert worden – aber wie nun existiert er da? Wie äußert er sich da, ungeachtet seiner ›Latenz‹? Welches sind seine Reaktionsweisen, wie arrangiert er sich unter diesen derart beschneidenden Bedingungen? Wie begleitet der Körper den dramatischen Weg der Erkenntnisgewinnung, welches »Schicksal« erleiden die »Erkenntnistriebe«,

---

1 Terminologische Anmerkung: Der Begriff ›Körper‹ nimmt hier eine weitere Bedeutung an; Körper umfaßt hier als Oberbegriff sowohl den Aspekt der leiblichen (unvermeidlich selbstbezüglichen) als auch der körperlichen (objekthaft gegenständlichen) Bezugnahme zur menschlichen Physis.

wie es Negt/Kluge in *Öffentlichkeit und Erfahrung*[2] formulieren? Welche Entwicklung nehmen die verschiedenen sinnlichen (ästhetischen), libidinösen und imaginativen Potenzen des Körpers, und welche Gewichtungen, welche Konstellationen stellen sich unter ihnen ein? Wie entwickelt sich, unter Bedingungen wissenschaftlicher Sozialisation, das Leib-Bewußtsein des Forschers, wenn er ›Leib‹ immer nur unter den Vorzeichen scheinbaren Nicht-Vorhandenseins sein darf?

Wie, am Ende, kommt der Körper doch zur Sprache, wie rächt er sich (falls davon gesprochen werden kann) für die Subordination des ›Schattendaseins‹? Und worin besteht sein Widerstand gegen eine umstandslose Funktionalisierung, welche Auswege und Schlupfmöglichkeiten findet er?

Es geht um die Erstellung eines Porträts, das den Typus des wissenschaftlichen Arbeiters einzufangen vermöchte, der sich im Laufe der wissenschaftsgeschichtlichen Entwicklung vom 15. bis zum 17. Jahrhundert herausgebildet hat. Eine ›Theorie der Naturwissenschaftsentwicklung aus der Sicht des Körpers‹, deren Ansatz hier versucht wird, muß sich auch auf die historische Genesis des ›wissenschaftlichen Arbeitsvermögens‹[3] beziehen, das zum gesellschaftlichen Träger dieser Naturwissenschaftsentwicklung geworden ist.

2 O. Negt/A. Kluge, *Öffentlichkeit und Erfahrung*, Frankfurt/M. 1972, S. 50.
3 Ein Begriff in Anlehnung an die von Negt und Kluge rekonstruierte ›geschichtliche Organisation des Arbeitsvermögens‹ innerhalb der Politischen Ökonomie; siehe hierzu O. Negt/A. Kluge, *Geschichte und Eigensinn*, Frankfurt/M. 1981, S. 87 ff.

7 Drei exemplarische Biographien

In der bisherigen Untersuchung, so war resümiert worden, war ausschließlich von der intentionalen Behandlung des Körpers durch das wissenschaftliche Bewußtsein die Rede, jetzt aber soll es darum gehen, die pure Anwesenheit dieses Körpers, seine unaufdringliche, aber nicht hintergehbare Vorhandenheit jenseits aller Setzung und Objektivation in den Blick zu bekommen.

Wie gelangen wir, Aufklärer und Erforscher der Körperlichkeit, in den Schatten derselben?

Wie tritt man ›in den Schatten‹? Was wissen wir von den Wissenschaftlern, Forschern, Gelehrten selbst über ihr körperliches Befinden? Über ihr körperliches Wohl und Wehe im Prozeß der wissenschaftlichen Erkenntnisbildung?

Es wird nicht überraschen, wenn die Antwort hierauf negativ, zumindest bescheiden ausfällt: der Forscher und Naturwissenschaftler der Neuzeit pflegt nicht sich selbst zu thematisieren. Im Gegenteil fühlt er sich dazu angehalten, sich herauszuhalten, seinen körperlich-leiblichen Beitrag zu bagatellisieren, ihn vernachlässigbar zu machen. Insofern kann es nicht überraschen, wenn auch die Bekundungen und Zeugnisse der Gelehrten, sich selbst betreffend, außerordentlich spärlich ausfallen.

Von den zentralen Gestalten der hier in Rede stehenden Epoche des 16. und 17. Jahrhunderts, nämlich F. Bacon, Cardano, Descartes, Galilei, Huygens, Kepler und Newton – um nur die wichtigsten Namen zu nennen –, hat überhaupt nur einer sich in einer autobiographischen Schrift selbst zum Thema gemacht, haben einige immerhin in Briefen, Tagebuchaufzeichnungen oder Selbstporträts sich Luft gemacht, hat aber die Mehrzahl sich in deutliches Schweigen gehüllt, und insofern mit der methodischen Maxime der neuzeitlichen Wissenschaft nur Ernst gemacht, sich selbst für den Erkenntnisprozeß der Wissenschaft entbehrlich zu machen.

Auffälligerweise unterliegt dieser Befund selbst noch einer zeitlichen Reihenfolge: die frühen, hier untersuchten Personen der Wissenschaftsgeschichte sprechen und schreiben über sich, die späteren nicht mehr. Der einzige, der autobiographisch von sich selbst Rechenschaft ablegt, ist der Italiener Cardano, ein typischer Universalgelehrter des 16. Jahrhunderts. Andere, vor allem Kepler, Galilei und Descartes, haben immerhin in Briefen, privaten Aufzeichnungen und halböffentlichen Selbstdarstellungen Zeugnis von sich gegeben; je weiter man aber voranschreitet, über Descartes hinaus etwa zu Huygens und Newton, desto spärlicher werden die Selbstzeugnisse, und es muß nach anderen Quellen oder Dokumenten der Zeit gesucht werden, um ein Bild der betreffenden Persönlichkeit zu skizzieren. Dafür setzt allerdings bei den späteren Vertretern der hier angedeuteten Reihe am nachdrücklichsten und erfolgreichsten ein Prozeß der Apologetisierung und Popularisierung ein: das Leben des betreffenden Forschers wird als ein exemplarisches und modellhaftes Leben im Sinne der Wissenschaft vorgestellt. Galilei etwa wird gleich nach seinem Tode von Viviani, seinem Schüler, in besagter apologetischer Manier porträtiert (*Racconto istorico della vita di Galileo*, Florenz 1654 bzw. 1717), und Descartes erfährt eine ähnliche Würdigung durch A. Baillet (*La vie de M. Descartes*, Paris 1691). Im Falle Newtons sind gleich mehrere Popularisatoren zu nennen, Cotes, Fontenelle und Voltaire, die – mit unterschiedlichen Absichten und Interessen – dieses Leben noch zu seinen eigenen Lebzeiten als Leben im Dienst der Wissenschaft anpreisen.

Allen diesen Biographien ist gemeinsam der glättende, rektifikatorische Charakter des Vorhabens: Galilei, Descartes, Newton sollen als vorbildliche und wegweisende Forscherpersönlichkeiten dargestellt werden. Die Nachwelt, die bisher feindseligen Bildungsschichten oder die vornehmen Herren anderer Länder sollen sich an dem selbstlosen Dasein dieser Männer für die Wissenschaft ein Beispiel nehmen.

Ich will hier nicht Klage ob dieser harmonisierenden Apoloetik führen. Es geht nicht darum, dieser Gattung von wissenschaftlicher Biographie ihre offenkundige Blindheit und Einseitigkeit vorzuwerfen – diese Mängel können heute, angesichts eines weltweiten ›booms‹ der Wissenschaftsgeschichtsschreibung, mehr als ausgeglichen erscheinen. Gerade die sogenannten ›Heroen‹ der Wissenschaftsgeschichte wie Galilei und Newton haben inzwischen eine intensive persönliche ›Durchleuchtung‹ in jeder Hinsicht erfahren; ob es ihre Krankheitsgeschichte oder

›Pathographie‹ ist[1], ob es die Bedingungen ihrer Sozialisation, ihr Sozialverhalten und ihre charakterliche Ausprägung betrifft oder ob es ihre genialische Geistesverfassung anlangt.[2]
Vielmehr geht es darum, diesen frühen biographischen Vorlagen ihr relatives Recht zu bescheinigen, ein Recht, das m. E. darin zu sehen ist, daß die behandelten Personen selbst schon jenen Prozeß der Auslese und Stilisierung, ja sogar der Verdrängung leiblicher und körperlicher Aspekte vormachen, den jene Biographen dann nur noch verschärft zum ›Modell‹ ausgestalten. Konkret gesagt, daß es Forscher wie Galilei und Newton selbst schon sind, die ihren ›Abseitigkeiten‹, Schwächen und pathologischen Formen die Kennzeichnung des Marginalen und Vernachlässigbaren verleihen, woraufhin es ihren Biographen um so leichter fällt, es ihnen darin gleich zu tun. Die Tabuisierungen, Ausblendungen und Verdrängungen, denen die Größen der Wissenschaft im Lichte ihrer Biographen ausgesetzt sind, haben ihren Ursprung in der exkludierenden Wissenschaftspraxis selbst. Ich werde hierauf zurückkommen.

Ich werde mich im folgenden mit dem Leben dreier Figuren der Wissenschaftsgeschichte näher befassen, deren Entwicklung mir für den Prozeß der Ausbildung der wissenschaftlichen Persönlichkeit repräsentativ erscheint: an erster Stelle *Cardano* (1501–1576), der, wie schon erwähnt, eine Selbstdarstellung seines Lebens abgegeben hat; zweitens *Kepler* (1571–1630), der die Dramatik der Erkenntnissuche inmitten einer chaotischen Zeit durch eine Fülle von Bemerkungen und Selbstreflexionen innerhalb seines Werkes selbst noch wiedergibt, und zum dritten *Newton* (1643–1727), dessen Leben und wissenschaftliche Karriere sich eher durch die genannten ›Hierographien‹ und konterkarierende heutige Forschung als durch eigene Zeugnisse rekonstruieren läßt.
Die Auswahl dieser drei Personen scheint mir aus mehreren Gründen gerechtfertigt bzw. geeignet zu sein:
1. Sie bilden eine historische Sequenz, indem sie in ihren

1 Ad Galileum: M. D. Grmek, »La personnalité de Galilée...«, in: *Galilée. Aspects de sa vie et de son oeuvre*, a. a. O., S. 48–73; ad Newtonem: F. Manuel, »The Lad from Lincolnshire«, in: *Texas Quarterly* 10 (Herbst 1967) 3, S. 10–29.
2 Siehe die Galilei-Biographien von A. Koestler, L. Geymonat, St. Drake, R. Taton; entsprechend die Biographien Newtons von I. B. Cohen, R. S. Westfall, A. Koyré und J. M. Keynes.

Lebensdaten nahezu fugenlos aneinander anschließen und damit die Wandlungen des 16. und 17. Jahrhunderts bis ins 18. Jahrhundert hinein anzuzeigen vermögen.

2. Sie können jeweils für eine spezifische Epoche der neuzeitlichen Wissenschaft als typisch gelten: Cardano für die Naturphilosophie der ausgehenden Renaissance im italienischen ›Cinquecento‹,

Kepler als deutscher Humanist und Naturforscher in der Umbruchsphase von spekulativer Naturphilosophie und mathematisch-analytischer Wissenschaft,

Newton als paradigmatische Figur der mit ihm anhebenden ›klassischen Naturwissenschaft‹, die bereits durch Institutionalisierungs- und Professionalisierungsprozesse gekennzeichnet ist.

3. Sie bilden einen annähernd kohärenten wissenschaftsgeschichtlichen Strang insofern, als sie thematisch-konzeptuell aufeinander bezogen sind und damit auch entwicklungslogisch eine Sequenz bilden, die über den ›Formationsprozeß des wissenschaftlichen Geistes‹ Auskunft geben kann.

Insbesondere kann an dieser Sequenz die psychodynamische Entwicklung der Wissenschaftler-Persönlichkeit im Sinne einer Verfestigung und Modellierung der Erkenntnistriebe und zugehörigen Affekte studiert werden.

Schwerlich läßt sich eine derartige Auswahl vollständig rechtfertigen. Jede Auswahl schließt eine gewisse Willkür und Einseitigkeit ein, es sei denn, die Grundmenge, hier die Gesamtzahl der in Frage kommenden Forscher und Gelehrten der Zeit, wäre selbst schon erfaßt und ausgewertet. So ist es nicht schon im vorhinein möglich, zu begründen, ›wofür‹ und ›inwiefern‹ die gewählten Vertreter für die Gesamtheit ›repräsentativ‹ seien. Ich will dieser methodischen Aporie aber insofern abhelfen, als ich mich bei der Auswertung und Zusammenfassung der einzelnen Ergebnisse immer auch des Zusammenhanges mit anderen, vergleichbaren Fällen versichern will.

Im übrigen kann die hier vorgelegte ›Sequenz‹ nur ein allererster induktiver Wurf, eine allererste Auswahl sein, der sich weitere verdichtende Untersuchungen anzuschließen hätten.

Wenn ich von einer Verfestigung (und Vereinseitigung) der Erkenntnistriebe und -affekte im Zuge der Sequenz sprach, so kann hiervon bei Cardano noch überhaupt keine Rede sein, wie man gleich sehen wird. Was bei den späteren Repräsentanten der Wissenschaftsgeschichte als Bagatelle und Tabu, als auszumerzender Makel oder irritierende Nebensächlichkeit unter den Tisch fällt, spielt bei ihm auffälligerweise geradezu eine Hauptrolle: seine körperliche Verfassung und Bedürftigkeit, sein leibliches Wohlergehen, seine Triebhaftigkeit. Er ist die, wie mir scheint, singuläre Erscheinung in der Wissenschaftsgeschichte, die in erstaunlicher Offenheit mit ihren eigenen Fehlern und Lastern, mit den ganzen Abgründen der eigenen Persönlichkeit spielt, um sie im Konstitutionsprozeß der Persönlichkeit in die Waagschale zu werfen. Sehen wir näher zu.

7.1 Girolamo Cardano

Omnia numero constare[3]

Hieronymus Cardanus oder *Girolamo Cardano* (1501–1576) stellt eine der prominentesten, aber auch schillerndsten Figuren der Renaissance des italienischen ›cinquecento‹ (16. Jahrhundert) dar. Uns Heutigen noch durch das nach ihm benannte ›Kardan-Gelenk‹ bekannt, ist er der typische Vertreter des Polyhistor und Universalgelehrten seiner Zeit: Von seiner beruflichen Bildung her Mediziner – und zwar sowohl praktizierend als auch als akademischer Lehrer tätig –, ist er genausogut als Erfinder und Entdecker, wissenschaftlicher Autor und Forscher anzusprechen. Die Liste seiner Publikationen, die insgesamt mehr als 130 Titel umfaßt, schließt nahezu alle Wissensgebiete seiner Zeit ein (mit der auffälligen Ausnahme der eigentlichen humanistischen Disziplinen wie Rhetorik, Jurisprudenz und Geschichtsschreibung). Der »Brockhaus« verzeichnet von ihm nicht nur das schon genannte Kreuz-Gelenk (das im Schiffskompaß und in nahezu jedem Auto zu finden ist), sondern auch eine algebraische Formel, die die Auflösung von Gleichungen dritten Grades gestattet. Damit ist aber die Spann-

---

3 »Omnia numero constare« – in diesem Zitat sieht L. Olschki das universale Interesse des Forschers G. Cardano formuliert; siehe ders.: *Geschichte der neusprachlichen wissenschaftlichen Literatur* (1922), Bd. II, Vaduz 1965, S. 17.

weite seiner Interessen und Tätigkeitsgebiete auch nicht annähernd erfaßt: Cardano befaßte sich neben der Medizin und
den obligaten ›Sieben freien Künsten‹ mit praktischen Fragen
der Ökonomie und Haushaltung, mit Mechanik, Hydraulik
und Fortifikation; dann aber wiederum mit Theologie, Philosophie und Ethik – es ist kaum wiederzugeben und in keinem
heutigen Wissensbegriff überhaupt abzubilden, was die Summe
und den Inbegriff seines Denkens ausmachte. Wenn ein Großteil seiner Werke, vor allem diejenigen, die sich auf Alchemie,
Metallurgie, Astrologie und die ›okkulten‹ Künste beziehen,
heute auch unverständlich und phantastisch erscheint, so
erhöht dies doch eher noch das Staunen darüber, was sich
inmitten dieses wunderlichen Werkes an Noch-immer-Gültigem gehalten hat.

Cardano war Humanist und als solcher mit vielen Gelehrten
und Edlen seiner Zeit bekannt, unter anderem mit dem Theoretiker der Physiologie Vesalius. Er schrieb Latein und nicht
etwa volkssprachlich, weil er von dem erzieherischen Wert der
Sprache und Bildung überzeugt war. Politisch war er durchaus
konservativ eingestellt (wenn dieser Begriff hier überhaupt
angemessen ist): er plädierte für den starken Staat, der den einzelnen in seinem Stand fordern und verpflichten sollte.

Unter der Unmenge der Bücher, die Cardano zu seinen Lebzeiten verfaßt hat, fällt ein Werk völlig aus dem Rahmen,
sowohl was die Zugänglichkeit des Textes als auch was den
immer noch ungebrochenen Wert seiner Aktualität angeht: die
gegen Ende seines Lebens, unter düstersten Umständen verfaßte Lebensbeschreibung *De vita propria* von 1575, die erste
und einzige Autobiographie eines Forschers und Wissenschaftlers der frühen Neuzeit. (Sie liegt seit 1914 in deutscher Übersetzung durch H. Hefele vor.[4])

Was diese Autobiographie so einzigartig und so herausragend
sein läßt, ist aber nicht ihr Charakter als Selbstzeugnis. Selbstzeugnisse waren für die Renaissance an sich nichts Ungewöhnliches, wie man oben schon anhand der zunehmenden Bedeutung des Selbstporträts in der Malerei der Zeit hat sehen kön-

4 Vgl. *Des Girolamo Cardano von Mailand eigene Lebensbeschreibung* (1914), Nachdruck München 1969.

Abbildung 16. Girolamo Cardano; Stich unbekannter Herkunft. Frontispiz aus: Des Girolamo Cardano von Mailand eigene Lebensbeschreibung (1575)

nen. Die Autobiographie, dies deutet auch Hefele in seinem Nachwort mit dem Hinweis auf Cellini an[5], war ein gesuchtes und probates Mittel zur Darstellung des eigenen Charakters, ein Spiegel des Egozentrikers, der sich in eigenwilligen Konturen und Posen darzustellen wünschte.

Was bei Cardano vielmehr so ins Auge sticht und solche Verwunderung erregt, ist die Eigenart der Anlage seines Buches – und damit verbunden die eigenartige Sicht seines Lebens, die er hierin vermittelt. Sein *De vita propria* entspricht in keiner Weise unseren Vorstellungen von einer Lebensbeschreibung in der Art einer chronologischen Schilderung oder Reportage der Stationen eines Lebens. An keiner Stelle seines Buches ist von einem ›Werdegang‹, von einer ›Entwicklung‹ oder ›Reifung‹ die Rede. Cardano geht es nicht um ›Persönlichkeit‹ im Sinne heutiger Entwicklungspsychologie. Im Gegenteil macht er den Versuch, in äußerst sachlicher Weise, sich selbst unter den verschiedensten Gesichtspunkten zu *beschreiben*: Angefangen bei seinem Aussehen, seiner Gestalt und körperlichen Konstitution und seinem gesundheitlichen Wohlergehen streift er verschiedene Gewohnheiten wie ›Leibesübungen‹, ›Leidenschaft fürs Spiel‹, ›Tageslauf‹; versucht sich in Charaktermerkmalen wie Streit- und Disputierlust, Standfestigkeit, aber auch in Schwächen und Fehlern zu beschreiben, zählt seine Freunde und Feinde, seine Fehden und Prozesse, Glücksmomente und Unglücksfälle, Widerfährnisse und sonderbaren Begebenheiten auf, schildert seine Kleidung und ›meine Art zu gehen‹, gibt Gewohnheiten und Süchte, Geschmacksausprägungen und Liebhabereien, Begierden und sonstige Genüsse wieder usw. usw.; 36 Kapitel sind mit diesen nüchternen, nichtsdestoweniger aber leidenschaftlich-stolzen Manifestationen exzessiver Selbstbeobachtung gefüllt. Um nur einen ungefähren Einblick zu geben, sei hier aus dem achten Kapitel: ›Lebensweise‹ zitiert:

»Ich pflege zehn Stunden im Bett zuzubringen, und von diesen, wenn ich gesund und ohne Störung bin, acht, wenn ich mich weniger wohl befinde, vier oder fünf zu schlafen. In der zweiten Stunde nach Sonnenaufgang stehe ich auf. Quält mich nachts Schlaflosigkeit, so stehe ich

---

5 Ebd., S. 246.

auf, spaziere um mein Bett und zähle in Gedanken bis auf Tausend;
...Vormittags pflege ich stets weniger Speisen zu mir zu nehmen als am
Abend bei der Hauptmahlzeit. Nach meinem 50. Lebensjahre begnügte
ich mich morgens mit einer Brotsuppe; früher bestand mein Frühstück
sogar nur aus Brot, in Wasser getunkt, und großen kretischen Trauben,
sogenannten Zibeben. Später wünschte ich mehr Abwechslung und
verlangte zum Frühstück mindestens einen Eidotter und zwei oder
wenig mehr Unzen Brot, manchmal ohne, manchmal mit einem
bescheidenem Quantum reinen Weines. ... Zum Abendessen nehme
ich gern einen Gang Gemüse, am liebsten Mangold, mitunter auch Reis
oder Endiviensalat, aber noch lieber esse ich das breite Blatt der stachli-
gen Gänsedistel und die weiße Wurzel der Endivie. Fische esse ich
lieber als Fleisch, doch müssen sie gut und frisch sein. Vom Fleisch esse
ich die kräftigen Stücke – so namentlich Kalbs- und Schweinsbrust –
geschmort und mit sehr scharfen und zwar heißen Messern fein zerrie-
ben. Zur Mahlzeit lasse ich mir süßen, auch neuen Wein schmecken, im
Maß von ungefähr einem halben Pfund, dazu das Doppelte, oder auch
mehr, an Wasser. Ganz besonders liebe ich die Flügel von ganz jungen
Hühnchen, die Leber und alle anderen blutreichen inneren Teile von
Hühnern und Turteltauben. Auch Flußkrebse esse ich gern – wohl
deshalb, weil meine Mutter, da sie mich im Leibe trug, solche mit
besonderer Lust gegessen hatte –, desgleichen auch Gienmuscheln und
Austern ... Fische, die ich gern esse, sind der Zungenfisch, der Stachel-
flunder, die Steinbutte, der Gründling, die Landschildkröte, die Plötze,
besonders aber der Rotbart oder die Meerbarbe, ferner die Steinbarbe
und das Rotauge, der Seebrassen und der Kabeljau, ein ganz leckerer
Fisch, auch der Seebarsch, die gewöhnlichen Arten der Weißfische, die
große und die kleine Äsche; von den Süßwasserfischen sind es vor
allem der Hecht, der Karpfen, der Barsch, beide Arten von Rotflossen
oder Brachsen, außerdem der Schmerling, der Drachenkopf, die verschiedenen Arten der Thunfische, ... Ich bin ein großer Freund von
Süßigkeiten; besonders liebe ich den Honig, Zucker, frische, reife Trauben, Melonen, nachdem ich einmal ihre heilsame Wirkung verspürt
habe, Feigen, Kirschen, Pfirsiche, eingekochten Most, ... Öl liebe ich
über die Maßen, rein oder auch mit Salz und weichen Oliven. Auch die
Zwiebel bekommt mir gut, und die Raute habe ich, für mich wenigstens, in meiner Jugend wie im Alter, als Gegengift, nicht nur als
Vorbeugungsmittel, ... erprobt.
Den geschlechtlichen Genüssen habe ich mich immer mit Maß hingege-
ben und habe auch nie mit den Wirkungen eines übermäßigen Genusses
viel zu tun gehabt. Jetzt freilich beginnt offensichtlich mein Magen
darunter zu leiden. Das weiße Fleisch von kleinen, am Rost gebratenen

Fischen, wenn sie nur frisch und weich sind, schmeckt und bekommt mir vortrefflich ...«[6]

Die ganze Lebensbeschreibung, die man sich in diesem Stil fortgesetzt denken muß, ist modern gesprochen, ein Versuch der psychographischen Selbsterfassung und -dokumentation, ein Versuch, mit den verschiedensten ›Objektiven‹ der Selbst-Beschau habituelle Analyse und buchhalterisches Protokoll in einem zu betreiben. Cardano, so schreibt Hefele in seinem Herausgeber-Kommentar zu Recht, »zerbricht den geschlossenen Gang der Erzählung [sc. einer Biographie], scheidet und trennt nach stofflichen Gesichtspunkten, analysiert das Ganze und sucht das Einzelne zu fassen, ... seziert wie ein Anatom, berechnet wie ein Mathematiker. Was er uns zu sagen hat, ist weder schön noch erheiternd, häufig häßlich und abstoßend, aber immer fesselnd und immer unerbittlich wahr.«[7]

In der Tat, ›weder schön noch erheiternd, ... aber immer fesselnd und immer unerbittlich wahr‹! Liest man die Cardanosche Selbstdarstellung, so tritt ein Leben in einer Rauhheit, Rissigkeit und Härte vor Augen, wie es heute kaum noch vorstellbar erscheint.

Schon die Umstände der Geburt sind widrig, Cardano ist ein ungewolltes und ungeliebtes Kind – dies bekommt er die ganze Kindheit über zu spüren. Zunächst gibt man ihn zu einer Amme (die ihn nicht gut behandelt), dann nehmen ihn die Eltern wieder auf; aber grundlos wird das Kind geschlagen und geprügelt. »Als ich dann endlich 7 Jahre alt geworden war«, heißt es im 4. Kapitel, »– Vater und Mutter wohnten damals getrennt – und in das Alter kam, da ich Prügel hätte verdienen können, beschlossen sie, mich künftighin nicht mehr zu schlagen. Aber mein böser Stern verließ mich nicht«, fährt er fort, »er änderte nur meine traurige Lage, hob sie nicht auf.«[8]

Dies läßt sich für das ganze weitere Leben sagen: unvermutete Willkürakte, himmelschreiendes Unrecht, Grausamkeit und Härte stoßen ihm immer dann zu, wenn er es am wenigsten erwartet hätte. Auseinandersetzungen mit dem Vater bestim-

6 De vita propria, in der Übersetzung Hefele, S. 31–34.
7 Ebd., S. 246.
8 Ebd., S. 16 f.

men zunächst die weitere Jugend, bis in den Streit um die richtige Ausbildung hinein. Gegen den Willen des Vaters wird er Mediziner, bewirbt sich um eine Bestallung an der Universität zu Pavia, seiner Heimatstadt, wird aber eines um das andere Mal abgewiesen. Ähnlich geht es ihm mit seinen Versuchen, in das Kollegium der praktizierenden Ärzte aufgenommen zu werden – immer wieder wird er abgewiesen, die Gewährleistung eines Lebensunterhaltes wird zu einem Glücksspiel. Als er 1532 heiratet, kann er die Familie, die er mit der Lucia Bandarini bald darauf begründet, kaum ernähren. Zwischendurch liegen Perioden völligen Verfalls, wo Cardano sich gänzlich seiner Spielleidenschaft hingibt, alles versetzt – und buchstäblich in der Gosse wieder aufgelesen werden muß. Dann aber wieder folgen Zeiten höchster Anspannung, höchster Produktivität, die ihn irgendeinen seiner Gedanken und Einfälle verfolgen oder Pamphlete, Streitschriften, Visionen verfassen lassen. Ein großer Teil seiner Werke ist in fiebriger Verzückung mit der Emphase der Leidenschaft geschrieben, die sie uns heute, unabhängig von ihrem phantastisch-spekulativen Gehalt, so schwer verständlich und unzugänglich machen.

Wenn Cardano Wissenschaft treibt, einer Entdeckung nachgeht oder literarisch einem Gedanken Gestalt verleiht, so tut er dies mit derselben feurigen Leidenschaft, mit der er auch anderen Launen und Neigungen nachgeht; meist sind es Eingebungen und Träume, die ihn veranlassen, sich jetzt ganz auf die eine obsessive Idee einzulassen, alles andere aber zu verwerfen. Im 45. Kapitel: »Die Bücher, die ich verfaßt habe. Wann und warum ich sie schrieb, und was sich dabei ereignet hat«, heißt es:

»Ich tat dies [sc. das Schreiben so vieler Bücher], weil mir die Bücher gefielen, und vernichtete die anderen, weil sie mir mißfielen, und der Erfolg hat mir in beiden Fällen recht gegeben.«[9]

Und an anderer Stelle resümiert er:

»Wie ich dazu kam, Bücher zu schreiben, das hast du [sc. verehrter Leser], glaube ich, oben schon erfahren. Ich tat es, weil ich ein-, zwei-, drei- und viermal und noch öfter im Traume dazu ermuntert wurde,

9 Ebd., S. 189.

wie ich an anderer Stelle erzählt habe, aber auch aus dem Verlangen heraus, meinen Namen zu verewigen.«[10]

Er ist ein Vielschreiber und produktiver Arbeiter, aber in einer völlig chaotischen und hektischen Manier. Ideen, Eingebungen und Gesichte vermögen ihn ebenso zu bestimmen wie Launen des Tages, zufällige Abhaltungen, Unlust oder Mißmut. Rachegelüste, vorlaute Art und Unbesonnenheit sieht er selbst als seine schwerwiegendsten Mängel und Schwächen an; immer, »wenn es zu überlegen (gilt), bin ich allzu rasch und hastig, weshalb meine Pläne zumeist überstürzt und voreilig sind«, sagt er von sich selbstkritisch.[11] Andererseits lobt er seine ›Wahrheitsliebe‹ und seine ›Mißachtung aller Dinge von mittelmäßigem Wert‹, wogegen ›bei den wissenschaftlichen Arbeiten ... ihn größere Beharrlichkeit‹ auszeichne.[12]

»In widrigen Lebenslagen freilich erwies sich mein Charakter als nicht ganz so fest und standhaft. Hatte ich doch auch Dinge zu ertragen, die in keinem Verhältnis zu meinen Kräften standen. In solchen Fällen habe ich mit äußeren Mitteln meine Natur bezwungen. Ich habe nämlich mitten unter den ärgsten Seelenqualen *mit einer Rute meine Beine gepeitscht,* habe mich stark in den linken Arm gebissen, habe gefastet und durch reichliche Tränen mein Herz erleichtert, wenn es mir gelang zu weinen, was freilich nur selten der Fall war. Auch habe ich dann mit Vernunftgründen gegen meine seelischen Schmerzen angekämpft, habe mir selbst versichert: ›Es ist ja gar nichts Neues geschehen, die Zeit nur hat sich geändert, rascher freilich, als ich dachte. Aber hätte ich denn für ewige Zeiten von dieser Stunde und ihrer Qual verschont bleiben können?‹«[13]

Neben einem extremen Auf und Ab angespannter Arbeit und tiefster Niedergeschlagenheit begleiten ihn Unglücksfälle aller Art, vor allem Krankheiten zuhauf: Seuchen, Epidemien und Geschwüre, Würmer, Fieber und Ausschläge suchen ihn immer wieder heim, temporäre Entzündungen ebenso wie lebenslänglich verbleibende krankhafte Veränderungen; die Kette dieser Heimsuchungen, über die er getreulich und eher unbeeindruckt

10 Ebd., S. 188.
11 Ebd., S. 53.
12 Ebd., S. 57.
13 Ebd., S. 56f.; Herborhebung von mir, W. K.

berichtet, reißt nicht ab, erweist sich als unablässige Geschichte des Leidens. Und noch ganz andere Dinge stoßen ihm zu – buchstäblich fallen ihm Steine auf den Kopf, werden Mordpläne gegen ihn ausgeheckt, brennt sein Haus ab, wollen ihm Feinde und Widersacher an den Kragen. Das ganze Leben eine einzige Kette von Unglück, Elend und Harm.

Zwar gibt es ab und zu auch Lichtblicke – 1539 etwa wird er wider Erwarten in das Kollegium der mailändischen Ärzte doch aufgenommen, und kurze Zeit später, ab 1543, darf er dort Medizin auch lehren – »aber schon im folgenden Jahr bin ich, als mein Haus in Mailand einstürzte, nach Pavia gezogen und habe dort Heilkunde doziert; einen Konkurrenten im Lehramt hatte ich zwar nicht, doch wurde mir auch mein Gehalt nicht ausbezahlt«.[14]

Immer wieder wird er aus der Sicherheit vermeintlichen Ruhms oder vermeintlichen Glücks herausgeschüttelt, immer wieder muß er den Ort seines augenblicklichen Wirkens verlassen, anderswo, mit neuen Herren und neuen Gesichtern es versuchen. Ehrungen, Würden und Erfolge, die in seiner zweiten Lebenshälfte in der Tat nicht ausbleiben, werden schnellstens wieder von Hiobsbotschaften abgelöst – sei es, daß er seine Frau verliert (schon 1546), daß er all sein Hab und Gut durch Brand, Pfändung, Krieg verliert, sei es, daß sein Sohn unter Mordanklage gestellt und wegen Gattenmordes auch tatsächlich hingerichtet wird: Immer wieder fällt Cardano in seinem Leben, und zwar tief, so bodenlos tief, wie er sich vorher unendlich hoch begnadet und erhaben fühlte. Aber alles teilt er uns in *De vita propria* in einem erstaunlich sachlichen, undramatischen, ja fast nüchternen Stil mit, gänzlich frei von Wehleidigkeit und Hysterie, so als sei er der unbeteiligte Zeuge seiner selbst, Beobachter eines Geschehens, das eher mit ihm sein Spiel treibe, als daß er es in der Hand halte.

Im hohen Alter, als er schon bekannt und berühmt genannt werden kann und den Fürsten und Vornehmen Europas als Gesprächspartner willkommen ist und die Universität Bologna ihn durch eine Professur der Medizin geehrt hat (1562), widerfährt ihm dies, ein Blitz aus heiterem Himmel:

14 Ebd., S. 22.

Über Nacht wird er verhaftet, von der päpstlichen Justiz unter Anklage gestellt und nach einem schnellen Prozeß für immer zum Schweigen gebracht; man zwingt ihn, auf alle öffentlichen Auftritte, Publikationen und andere Wirkungsmöglichkeiten zu verzichten und sich ins Exil nach Rom zu bequemen. Cardano selbst berichtet darüber ganz lapidar:

»Am 6. Oktober dieses Jahres [1570; W. K.] bin ich eingekerkert worden; man behandelte mich dabei in allem, abgesehen vom Verlust meiner Freiheit, durchaus milde. Am 22. Dezember 1570, am gleichen Wochentag und zur gleichen Tagesstunde, als ich eingekerkert worden war, ließ man mich frei, an einem Freitag, in der abendlichen Dämmerung. Ich bezog wieder mein Haus, wurde aber dort zunächst unter Hausarrest gehalten. So daß ich, da die Kerkerhaft siebenundsiebzig und der Hausarrest sechsundachzig Tage währte, im ganzen einhundertdreiundsechzig Tage in Haft war. Ich blieb noch das Jahr 1571, bis in die letzten Tage des September, in Bologna und habe dort mein 70. Lebensjahr beendet. Dann zog ich nach Rom und kam dort an am 6. Oktober, eben als man den Sieg gegen die Türken feierte. Und heute ist seit meinem Einzug in Rom das vierte, seit meiner Verhaftung das fünfte Jahr verstrichen. Ich lebe seither hier als Privatmann; doch hat mich am 13. September dieses Jahres das Kollegium der römischen Ärzte in seine Reihen aufgenommen, und der Papst zahlt mir eine Pension.«[15]

Mit diesen dürren und eher beiläufigen Worten erledigt Cardano – der im Moment der Abfassung der *De vita propria* ja selbst noch unter der kirchlichen Aufsicht stand – das Thema; weitere Details gibt er nicht preis und kann er nicht preisgeben. Bei Hefele ist zu erfahren[16], daß weder der Anklagepunkt noch der Gang des Verfahrens bekannt sind, vermutet wird aber eine Beschuldigung wegen Häresie und Gotteslästerung – unter anderem hatte Cardano es gewagt, Christus das Horoskop auszustellen.[17]

---

15 Ebd., S. 23 f.
16 Vgl. ebd., S. 259.
17 L. Thorndyke erwähnt in diesem Zusammenhang Cardanos *De rerum varietate,* das den Zorn der Hl. Kongregation so sehr erregt habe, daß sie auf vollständiger Rücknahme durch Cardano bestanden habe: Vgl. L. Thorndyke, *History of Magic & Experimental Science,* Bd. 4, New York/London 1941, S. 152 f.

Wie wird dieser Mensch mit diesem Ende, mit diesem Leben überhaupt fertig?

Hier muß man zunächst einmal berücksichtigen, daß der Renaissancemensch Cardano nicht mit seinem Schicksal hadert. Er steht nicht im Kampf mit den äußeren Bedingungen seines Lebens, denen gegenüber er sich durchzusetzen und zu profilieren hätte. Im Gegenteil sieht er sich in der Hand gewaltiger schicksalsbestimmender Mächte, deren Einfluß ihm übermächtig sowohl in ihrer Willkür wie auch in ihrer Wundertätigkeit erscheint. Hierzu zählen die vielen auf ihn einströmenden Schicksalszeichen, die Einbrüche, Schnittstellen und Katastrophen seines Lebens; ebenso aber auch die eigenen Abgründe, die Launen, Leidenschaften und Exzentrizitäten, die er an sich erfährt. Ja, selbst seine simplen Gewohnheiten, gerne Fisch zu essen, im Waffenrock spazierenzugehen oder mindestens zehn Stunden im Bett zu verbringen, auch diesen ›faibles‹ steht er gelassen, fast ungerührt gegenüber, er nimmt sie wie selbstverständliche Seiten seiner selbst: sie durchziehen ihn wie Sedimente, die die Schichtungen seines Seins ausmachen, sind aber nicht durch ihn ›gemacht‹.

Daher auch die eigenartige Komposition seiner Autobiographie: sie ist nicht mit dem Gestus der letztendlichen Erfüllung, nicht in dem selbstzufriedenen Rückblick des mittlerweile Gereiften geschrieben. Sie ist eher das ungeschminkte (insgeheim immer noch staunende) Verzeichnis all der Züge, Anlagen und Konstituenten, die er in sich hat antreffen können, seinen Charakter, seinen Habitus und seine Konstitution nachträglich zu fassen zu kriegen.

Dazu kommt ein zweites: Cardano ist nicht die ›humanistische Seele‹, wie man sie sich vielleicht vorstellen mag, er ist nicht der innerlich und äußerlich gefestigte und gereifte Mensch, der zu werden das humanistische Ideal verlangte – er ist eher ein unberechenbarer räudiger Wolf, ein »kaltes Herz und ein heißer Kopf«, wie er von sich selbst sagt.[18] Zeit seines Lebens wird er von seinen Temperamenten und Leidenschaften regiert, die er nicht zu knapp besessen haben dürfte; als jähzornig, rachsüchtig, feige und boshaft beschreibt er sich selbst, und ähnlich

18 Ebd., S. 50.

fallen auch die Charakterisierungen von anderer Seite aus.[19] Die Unstetigkeit seines Charakters steht der Launenhaftigkeit der äußeren Umstände in nichts nach.

Dieser Mensch ist in der Tat eher sich auf der Spur, auf der *Suche* nach sich, als daß er sich seiner schon gewiß wäre. Das ganze Buch ist voll der Kunde von Rätseln, die ihm gestellt werden, Gesichten, die sich ihm offenbaren, Träumen, die sich als Boten eines neuen Geschicks zeigen. Immer wieder kündigen sich Wendungen und Brüche an, die er nicht schon abzuleiten, die er allenfalls zu deuten und vorsichtig auf sich zu beziehen weiß:

»Eines Tages ging ich in der Frühe zur Vorlesung, es war Schnee gefallen, und ich pißte bei einer baufälligen Mauer an der rechten Seite der Universität; dann ging ich auf dem tiefer gelegenen Teile des Weges weiter, gerade in dem Augenblick, als ein Ziegelstein von der Mauer, in der Richtung auf mich zu, herunterfiel. Ich wäre zweifellos getroffen worden, wenn ich auf dem höher gelegenen Teil des Weges gegangen wäre; dies konnte ich aber nicht, des Schnees wegen, obwohl mich mein Begleiter nach dieser Seite drängte.«[20]

Wundersame Geschehnisse dieser Art durchziehen das ganze Buch – Cardano liest sie als Zeichen und Botschaften der Selbsterkenntnis. Er lernt aus ihnen, nimmt sie begierig auf, hadert nie mit ihnen. Selbstzweifel, Krisen des Ich, Persönlichkeitsschwächen scheint er nicht zu kennen, im Gegenteil gewinnt man bei zunehmender Bekanntschaft mit ihm den Eindruck, daß dieser sanguinische Fuchs durch die Fülle der Begebenheiten sich überhaupt erst konstituiert. Die vielen Brüche und Singularitäten seines Lebens werfen ihn nicht aus der Bahn, sondern scheinen ihn eher auf eine solche erst hinzuführen. Zumindest wirken diese Brüche nicht als krankhafte Störungen oder pathologische Traumata, wie man neuzeitlich-modern unterstellen könnte. Spätestens hier wird sichtbar, daß uns in Cardano nicht schon das neuzeitliche ›Subjekt‹ in seiner geschlossenen und souveränen Selbst-Beherrschung gegenübersteht; Cardano scheint eher gerade dem späten Mittelalter entsprungen zu sein, indem er die urtümlichen, unabänderlich erscheinenden

19 Siehe hierzu Hefele, ebd., S. 262.
20 Ebd., S. 89.

Gewalten des Schicksals mit seiner eigenen Dramatik zu verflechten und in ein Spiel der Stilisierung einzubinden beginnt. Was in ihm und um ihn herum wirkt, darüber kann er – anders als das neuzeitliche Subjekt, das sich zum Herrn seiner selbst und seiner Umwelt berufen sieht – nicht verfügen, aber er müht sich, es immerhin erlebbar und begreifbar zu machen, es zu ›vermeinigen‹: Deshalb findet er zu allen großen Geschehnissen seines Lebens innere Entsprechungen, Ankündigungen von Träumen oder Abzeichnungen auf seinem Körper. Gesichte zeigen ihm das Herannahen großer Ereignisse an, Geschwüre oder Ausschläge des Körpers sprechen ihm Warnungen oder Mahnungen aus, und scheinbar unbedeutende Begebenheiten seines Umfelds erweisen sich als Boten des Schicksals, Agentien im Kraftfeld des Unabwendbaren.

Wenn Cardano derart das Geschehen dramatisiert, dann, um mit dessen Wucht und Ungestüm überhaupt fertig zu werden: wenn man es schon nicht ausschalten oder von sich fernhalten kann, kann man es immerhin auf sich beziehen und ihm eine definierende Bedeutung für sich selbst verleihen. Er geht sogar noch einen Schritt weiter in dieser Strategie der Inszenierung: er nimmt das Geschehen nicht nur auf sich, sondern versucht, es in sich nachzubilden und nachzuerleben. Versucht sogar, es autonom, aus eigenem Antrieb in sich zu erzeugen oder zu simulieren – eine Annäherung an den Schrecken durch dessen fortgesetzte Imitation. Ein Beispiel hierfür findet sich in seiner Umgangsweise mit dem Schmerz:

»Ich hatte die Gepflogenheit – worüber manche Leute sich wunderten –, daß ich, sobald ich keine Schmerzen hatte, mir solche selbst zu bereiten suchte, wie ich oben vom Podagra gesagt habe. Auf diese Weise ging ich häufig der Gefahr einer Krankheit entgegen, um nur, so gut es irgend ging, der Schlaflosigkeit entgehen zu können. Ich bin nämlich der Ansicht, *die Lust bestehe wesentlich in dem Stillen eines gehabten Schmerzes,* und wenn ein Schmerz freiwillig verursacht ist, so kann er ja leicht gestillt werden. Und nun weiß ich aus Erfahrung, daß ich nie ganz ohne Schmerzen sein kann; denn ist dies einmal der Fall, so befällt mich eine so widerwärtige Stimmung, daß ich nicht wüßte, was schwerer zu ertragen ist. Ein viel geringeres Übel ist mir dann der Schmerz oder dessen Ursache, die weder mit einer entstellenden Verletzung noch mit irgendwelcher Lebensgefahr verbunden zu sein braucht.

So habe ich mir zu diesem Zwecke Schmerzen ausgedacht, die mir Tränen erpressen können: ein Beißen in die Lippen, ein Verrenken der Finger, ein Quetschen der Haut oder einer zarten Muskel des linken Armes. Und mit Hilfe solcher Vorbeugungsmittel lebe ich noch heute ohne jede Schädigung.«[21]

Der Schmerz wird angeeignet und vermeinigt, sein Schrecken genommen dadurch, daß er selbst erzeugt und als ›Empfindung‹ nachgespielt wird.[22] Der Leidende beginnt sich zu befreien dadurch, daß er sich zum Herrn des Geschehens macht – und sei es zunächst nur in der Einbildung. Der Heteronomie der äußeren Umstände setzt er die Autonomie ihrer fiktiven Nachbildung, ihrer Imitation entgegen. Hier, wenn überhaupt, beginnt sich das *Subjekt* Cardano zu regen. Mit List und Zähigkeit hat er einem Leben widerstanden, das nicht das ›seine‹, nicht das ›gemachte Leben‹ war: er hat es nachgespielt und nachempfunden, indem er sich in seinen Schrecken eingeübt hat. Noch den schlimmsten aller Fälle, seine Auslöschung als öffentliche Figur, hat er mittels der Autobiographie bezwungen: der Gewalt der kirchlichen Machthaber, die ihn als Schriftsteller und Autoren zum Schweigen brachten, trotzt er mit der Idee der Erinnerung, durch die er den Schrecken der Macht zu einem Wort verringern und neutralisieren kann: »Ich weiß wohl«, schreibt er unauffällig inmitten eines kurzen Lebensrückblicks,[23] »daß dies alles Kleinigkeiten sind, aber ich berichte sie genau, wie sie stattgefunden haben, weil ich meinen Spaß daran haben will, wenn ich es wieder lese (für mich allein nämlich, nicht für andere, mache ich diese Aufzeichnungen).«

7.2 Johannes Kepler

Johannes Kepler (1571–1630) gehört zu den bedeutendsten deutschen Naturforschern und -philosophen der späten Renaissance. Wenn sein Name heute – ungeachtet der historischen Fürsprache sowohl Goethes (*Farbenlehre*, Historischer Teil) als

21 Ebd., S. 29. Hervorhebung von mir, W. K.
22 Siehe auch das oben zitierte Beispiel von der Selbst-Peitschung.
23 Ebd., S. 19f.

auch Hegels (*Enzyklopädie* II) – dennoch den Klang eines Galilei oder Newton nicht besitzt, so ist das zu einem Gutteil, neben der barocken Fülle und mystischen Unzugänglichkeit seines Werks, auch der Schwere und Schwergängigkeit seines Charakters zuzuschreiben. Wo andere, ich denke an Bacon, Galilei und Descartes, der neuen Zeit heroldhaft voranschritten (und deshalb schnell zu ihren Lieblingen avancierten), war Kepler der dumpfe, selbstquälerische Geist, der ein Leben dazu brauchte, sich vom phantastischen Erbe seiner Zeit zu lösen.

Kepler stammte aus Schwaben, aus Weil der Stadt, einem kleinen protestantischen Städtchen südlich von Stuttgart, das immerhin bis 1803 seinen Status als Freie Reichsstadt behauptet hat. Er wurde in eine äußerst wechselvolle, bittere Zeit hineingeboren, die bis in die kleinen Landstädte des damaligen Deutschland Aufruhr, Zersplitterung und Tyrannei der Gesinnung brachte: Reformation und Gegenreformation, fremde Heere und Herren ließen das Land dauernd sein Gesicht ändern. Keplers Lebensweg ist von dieser Zerrissenheit und Heimatlosigkeit gekennzeichnet: im Laufe seines knapp sechzigjährigen Lebens wechselt er nicht weniger als sechs Mal den Wohnsitz, die Obrigkeit und damit auch das konfessionelle Regiment: Von Weil der Stadt ins steiermärkische, katholische Graz, von dort von 1601 bis 1612 ins kaiserliche Prag, nach dem Tod Rudolfs II. nach Linz (1612–1625), wo ihn aber die Exkommunikation aus der eigenen lutherischen Kirche, der Hexenprozeß gegen seine Mutter und schließlich der Ausbruch des 30jährigen Krieges überraschen; aus Linz flüchtet er sich 1626 bei Belagerung der Stadt und Zerstörung seiner Druckerpresse in die Arme Wallensteins, der ihm das Gut Sagan in Schlesien und ein Auskommen als Astrolog anbietet; nach Verabschiedung des Feldherrn durch den Kaiser 1630 sieht Kepler auch hier sein Ende gekommen und zieht nach Regensburg, wo er am 15. November stirbt.

Dieser Lebensweg, dieses wirre, quecksilbrige Herumirren entsprach genau dem Vorbild seiner Vorfahren, die es ihm nicht anders vorgemacht hatten. Wir wissen sehr detailliert über Keplers Familie Bescheid, weil er selbst es war, der in einem Horoskop des Jahres 1597 alle Mitglieder seiner Familie, einschließlich seiner selbst, porträtiert hat: sie waren, gleich ob väterli-

Abbildung 17. Johannes Kepler, Ölgemälde im Thomasstift zu Straß-burg; aus: M. Caspar, a. a. O., S. 304

cher- oder mütterlicherseits, Herumtreiber, Abenteurer, Söldner, in jedem Fall Außenseiter der Gesellschaft, deren Stellung innerlich wie äußerlich nicht sonderlich gefestigt gewesen sein kann.

Schon was wir aus Keplers Mund über seinen Vater erfahren, deutet – wenig herzlich zudem – in diese Richtung:

»*Mein Vater Heinrich* wurde geboren am 19. Januar 1547. Saturn im Trigon zu Mars, im 7. Hause stehend, das heißt am Ende des 7. Hauses (...) hat alles zugrunde gerichtet, hat einen Menschen hervorgebracht, der auf Untaten bedacht war, sich schroff und händelsüchtig zeigte und schließlich eines elenden Todes starb. Venus und Merkur haben das Böse in ihm noch vermehrt ... Saturn im 7. Haus bewirkte Liebe zum Söldnerleben, bescherte ihm viele Feinde und eine streitvolle Ehe. Jupiter und Sonne, schlecht gestellt, verleiteten ihn zu einer falschen und nutzlosen Wertschätzung äußerer Ehren, enttäuschten seine hierauf gerichteten Hoffnungen und machten ihn zu einem unsteten Menschen ...«[24]
Was bei diesem Porträt schon auffallen mag – Keplers selbstverständliches Umgehen mit astrologischen Kategorien und Erklärungsansätzen –, war gang und gäbe zu damaliger Zeit; und Keplers Haltung hierzu war nicht allein von Pragmatismus und Gefälligkeitsdenken dem Zeitgeist gegenüber bestimmt. Im Gegenteil hatte er Zeit seines Lebens die Idee, aus der Astrologie eine »richtige empirische Wissenschaft« zu machen, wie A. Koestler in seiner Astronomie-Geschichte *Die Nachtwandler*[25] von Kepler berichtet.

Auch über die Mutter sagt Kepler nichts Gutes. Wir erfahren, daß sie »klein, mager, (von) schwärzlich-brauner Gesichtsfarbe, klatschsüchtig und zänkisch, von schlechter Veranlagung« gewesen sei.[26] Diese seine Mutter war von einer Tante erzogen worden, die später als Hexe verbrannt worden war – kein gutes Omen, auch für die Nachfahrin nicht; fast wäre dieses Schicksal auch der Katharina Kepler, bei der Kepler neben sechs jüngeren Geschwistern aufwuchs, beschieden gewesen – das protestantische Württemberg um Leonberg und Stuttgart hat sich in der Verfolgung der Hexen besonders hervorgetan.

24 Aus »Keplers horoskopischen Familienaufzeichnungen« in: H. A. Strauss/S. Strauss-Kloebe, *Die Astrologie des Johannes Kepler*, München und Berlin 1926, S. 171.
25 A. Koestler, *Die Nachtwandler*, Frankfurt/M. 1980, S. 243.
26 Ebd., S. 229 f.

Keplers Jugend war, nach allem, was bei seinen Biographen zu erfahren ist (ich beziehe mich im folgenden hauptsächlich auf die Biographie von Max Caspar[27] und W. Gerlach/M. List[28] und auf die erwähnte Arbeit von Arthur Koestler, deren vierter Teil ausschließlich dem Leben Keplers gewidmet ist), fürchterlich; es müssen Jahre der Entbehrung und des Jammers gewesen sein. Schwere körperliche Arbeit (auf dem Felde), Krankheiten in unaufhörlicher Kette, Streit und Zwist im Elternhaus – Koestler beschreibt das Dasein des jungen Kepler als das eines ›Hiob‹, der durch eine quälende Folge von Prüfungen und Zumutungen geschickt wird; seine Schilderung dieser Jugend liest sich so:

»Johannes war ein schwächliches Kind mit dünnen Armen und Beinen und einem großen, blassen Gesicht, das schwarze, gelockte Haare umrahmten. Er kam bereits mit schlechten Augen – Kurzsichtigkeit und Mehrfachsehen – zur Welt. Sein Magen und seine Gallenblase bereiteten ihm immer wieder Beschwerden; er litt an Furunkeln, Hautausschlägen und wohl auch Hämorrhoiden, denn er erzählte, daß er nie längere Zeit still sitzen konnte.

In dem Giebelhaus am Marktplatz in Weil, mit seinen krummen Balken und Spielzeugfenstern, muß es wie in einem Tollhaus zugegangen sein. Das tyrannische Gehabe des alten Sebald [Keplers Großvater von des Vaters Seite her, W. K.], das schrille Gezänke von Mutter und Großmutter Katharina, die Roheit des schwachköpfigen, prahlerischen Vaters, die epileptischen Anfälle von Bruder Heinrich ...«[29]

Von Krankheiten blieb Kepler sein Leben lang nicht verschont; was wir schon bei G. Cardano vernommen hatten, gilt auch für Kepler: Die Krankheit in jedweder Form, ob Seuche, Unglücksfall, Epilepsie oder Wahn, beschäftigte die Menschen der Renaissance ein Leben lang. Dazu kommt bei Kepler eine sehr anfällige Konstitution, eine leichte Neigung zum Kränkeln und zur Hypochondrie, die aber weniger mit Wehleidigkeit und Selbstmitleid als mit einer übertriebenen Sucht der Selbstbeobachtung und Selbst-Infragestellung zusammenhängt. Hiervon wird noch die Rede sein.

Keplers Ausbildung vollzog sich zunächst nur zögerlich. Er

27 M. Caspar, *Johannes Kepler*, Stuttgart 1948.
28 W. Gerlach/M. List, *Johannes Kepler*, München 1980.
29 A. Koestler, a. a. O., S. 230 f.

wurde im elterlichen (oder genauer: mütterlichen) Haushalt hart beansprucht, obwohl er schwächlich und zu körperlicher Arbeit nicht sonderlich geeignet war. Zur Schule wird er nur sporadisch geschickt, so daß er doppelt so lange wie die Mitschüler für die Lateinschule benötigt, bis er im Alter von dreizehn Jahren auf das theologische Seminar nach Adelberg und Maulbronn geschickt wird.

Aus dieser Zeit stammen eine Reihe von Selbstzeugnissen Keplers, die – allesamt nicht zur Veröffentlichung bestimmt – von einer hoffnungslos isolierten Lage des Zöglings im Kreis seiner Kameraden Rechenschaft geben; bittere Selbstanklagen, Skrupel und Ängste geben den Ton an und lassen an einen Vorläufer des Musilschen ›Zöglings Törless‹ denken. Sicher sind Kümmernis und Wehklage in keinem Tagebuch eines Jugendlichen dieses Alters eine Besonderheit, aber es überrascht doch der melancholische Ton bei Kepler. Aus der Fülle der bei Koestler referierten Eintragungen seien die folgenden, den Fünfzehn- bis Zwanzigjährigen betreffend, herausgegriffen:

»... 1585 bis 1586. Während der beiden Jahre litt ich ständig an Hautkrankheiten, häufig an schlimmen Geschwüren, häufig an dem Schorf chronisch faulender Wunden an den Füßen, die schlecht heilten und immer wieder aufbrachen. An dem Mittelfinger der rechten Hand hatte ich einen Wurm, an der linken ein sehr großes Geschwür ...
1587. Am 4. April befiel mich ein Fieber ...
1589. Ich begann schrecklich an Kopfschmerzen und Behinderung meiner Glieder zu leiden. Die Räude befiel mich ... Dann gab es eine trockene Krankheit ...
1591. Die Kälte hatte eine Verlängerung der Räude zur Folge. Körperliche und geistige Störungen traten auf infolge der Aufregungen durch das Fastnachtsstück, in dem ich die Marianne spielte ...
1592. Ich ging nach Weil und verlor einen Viertelgulden beim Spiel ...
Bei Cupinga bot man mir eine Jungfrau an; am Vorabend von Neujahr vollbrachte ich es mit denkbar größter Schwierigkeit, wobei ich heftige Blasenschmerzen hatte ...«[30]

»Zweifellos«, so meint Koestler in einem Kommentar hierzu, »existierten manche der Nöte und Kümmernisse nur in seiner Phantasie, während andere wiederum – alle diese Geschwüre, Fingerwürmer, Schorfe und Räuden – gleichsam Stigmata des

30 Ebd., S. 231 f.

Abscheus vor dem eigenen Ich« gewesen seien[31]; in der Tat war bei Kepler die Einbildung gleichermaßen entwickelt wie die Empfindsamkeit, beide lagen (und liegen) sehr nahe beieinander und sind entsprechend subtil ausgebildet bei einem Geist, dessen großes, lebenslanges Thema im Begreifen des eigenen Ichs besteht:

In allen seinen Werken hat Kepler immer auch sich thematisiert, gleich, ob er sich darin direkt anspricht oder nur vom Leidens- und Irrweg seiner Erkenntnis Zeugnis ablegt. Sein ganzes Leben lang hat er sich selbst beobachtet, spioniert, auf der Lauer gelegen. Aber dies nicht mit der Selbstgefälligkeit des narzißtischen Charakters, sondern eher mit einer unstillbaren Obsession, einer Sucht, über dieses Wesen etwas herauszubringen.

»Dieser Mensch«, beginnt eine »Selbstcharakteristik« von 1597[32], »ist unter diesem Fatum geboren, seine Zeit meist mit schwierigen Dingen zu verbringen, vor denen andere zurückschrecken. Schon als Knabe machte er sich vor der Zeit an die Lehre von den Versmaßen. Er versuchte Komödien zu schreiben, wählte die allerlängsten Psalmen aus, um sie dem Gedächtnis einzuprägen. ...
Auch nur ein wenig Zeit ungenützt verstreichen zu lassen war ihm unerträglich; entgegen einem starken Verlangen nach menschlicher Gesellschaft hielt er sich fern davon. In Geldsachen allzu zäh, im Wirtschaften hart, Kleinigkeiten kritisch nachgehend, alles Dinge, mit denen Zeit vergeudet wird. Arbeit ist ihm indes ganz und gar zuwider, so sehr, daß allein die Wißbegier ihn dabei hält. Und doch sind es alles schöne Dinge, die er erstrebt hat, und in den meisten Fällen hat er die Wahrheit erfaßt. ...
Diese beiden Dinge liegen in dem Menschen im Widerstreit: immerfort über verlorene Zeit Reue zu empfinden und sie doch immer willentlich zu verlieren. Merkur macht nämlich zu Scherz und Spiel geneigt und zu Ergötzungen des Geistes in leichteren Dingen. ... Da aber das zähe Festhalten des Geldes vom Spiel abschreckt, spielt er oft mit sich allein.«

An diesen Zeilen – die in ihrer Gänze zu lesen sich lohnt –

31 Ebd., S. 232.
32 J. Kepler, »Selbstcharakteristik«, übersetzt von Esther Hammer, in: Johannes Kepler, *Selbstzeugnisse*, Stuttgart 1971, S. 16–30, hier S. 16–18.

fällt, abgesehen von der radikalen Offenheit, die wir Heutigen gern als moderne Errungenschaft beanspruchen, eine fast abgeklärt wirkende Gelassenheit sich selbst gegenüber auf, eine Gabe, die nur auf der Erfahrung größter Leiden und größter Selbstüberwindung gewachsen sein kann. Trotz aller Schärfe in der Kennzeichnung seiner selbst liegt auch hierin immer noch der Beiton einer Sympathie und eines Wohlwollens, der sich selber Mut zuspricht. Wie man sehen wird, hat Kepler sich nicht schlecht getroffen in diesem ›Selbstbildnis‹.

Doch zunächst zurück zu seinem Werdegang. Nach der Lateinschule und dem theologischen Seminar schien der junge Kepler für das Theologie-Studium prädestiniert; er erlangte mit zwanzig in Tübingen den Grad eines Magisters und begann daraufhin an der dortigen Universität Theologie zu studieren, fast vier Jahre lang. Theologe aber, Pfarrer, wurde er nicht, denn überraschenderweise wurde ihm 1593 der Posten eines Lehrers der Mathematik und Astronomie an der evangelischen Stiftsschule zu Graz in der Steiermark angeboten – und Kepler nahm an.

Als gerade 23jähriger ging er daraufhin nach Graz, als steirischer Lehrer und Landschaftsmathematiker. In Tübingen, wo man sich mit seinen angeblich calvinistischen Neigungen, seinem ›protestantischen‹ Bekennermut und seiner Parteinahme unter anderem für den Kopernikanismus nicht gut abfinden mochte, ließ man ihn gerne ziehen.

In Graz entwickeln sich die Dinge zunächst nicht sehr gut; als Lehrer ist er nicht sehr erfolgreich, im ersten Jahr hat er immerhin noch eine Handvoll Schüler, im zweiten Jahr keine mehr. Kepler fürchtet den Zorn der Obrigkeit (völlig unbegründet, wie sich herausstellt, aber er fürchtet sie dennoch): Vorstellungen von Straffälligkeit und Sünde, von persönlichem Versagen stellen sich ein. In Wahrheit ist man mit ihm zufrieden, denn er macht seine Sache gut – als Verfasser und Autor der Horoskope, Wettervorhersagen und Kalender, die er jährlich einmal zu erstellen hat. Aber auch in dieser Angelegenheit ist er nicht mit sich zufrieden: zwar lehnt er, wie bereits erwähnt, die Astrologie nicht rundheraus ab, spricht ihr sogar ernsthaft die Möglichkeit einer Wirkung auf Affekte und Charakter zu[33], sich selbst aber verachtet er, daß er sich an solchem Unfug beteilige und zu solchem ›Aberglauben‹ zu haben sei.

Hier schon wie dann auch später in der Phase der Abfassung seiner großen Werke immer dasselbe Bild: der strebsame und gründliche Kepler, findig wie ein Luchs, genial in der Anlage seiner Methode, kommt immer zum Ziel, erreicht die gesteckte Aufgabe, und weit mehr als das – und ist doch nicht mit sich zufrieden. Immer schon sind sein Spott, seine Selbstkritik und seine Skepsis über ihn hinaus, stellen schon wieder in Frage, wo er eben noch Positionen markiert und festgesteckt hatte.

»Worauf es mir ankommt«, erklärt Kepler in der Inhaltsdarstellung[34] seiner 1609 erschienenen *Astronomia Nova*, »ist nicht allein dem Leser mitzuteilen, was ich zu sagen habe, sondern vor allem, ihm die Überlegungen, Ausflüchte und glücklichen Zufälle zu zeigen, die mich zu meinen Entdeckungen führten. Wenn Christoph Kolumbus, Magalhaes und die Portugiesen berichten, wie sie auf ihren Reisen in die Irre gingen, vergeben wir ihnen nicht bloß, sondern würden die Erzählung mit Bedauern missen, da das ganze großartige Schauspiel ohne sie verloren wäre. Daher wird man es mir nicht verargen, wenn ich, getrieben von gleicher Liebe zum Leser, das gleiche Verfahren einschlage.«

Kepler genießt offensichtlich selbst das ›großartige Schauspiel‹, den dramatischen Kampf der Ideen, in einem Meer von Irrtümern die Wahrheit anzusteuern. Wie kein anderer Autor nach ihm hat Kepler die Höhen und Tiefen des wissenschaftlichen Ringens durchlebt und durchlitten – und ihnen dabei noch offen und ehrlich öffentlichen Ausdruck gegeben! Vor allem in

33 Von Interesse ist in diesem Zusammenhang seine Schrift »De fundamentis Astrologiae certioribus« – Von den gesicherten Grundlagen der Astrologie (1602), zum Teil übersetzt bei H. A. Strauss/S. Strauss-Kloebe, a. a. O., S. 90–93; hier entwickelt Kepler Vorstellungen, wie die Wirkungen der astrologischen Aspekte auf den Menschen zu erklären seien: Es gibt eine ›animalische Fähigkeit‹ des Mitfühlens, der synharmonischen Empathie beim Menschen, die zur Erkenntnis besonderer kosmischer Konstellationen befähigt; siehe ebd., S. 91.

34 J. Kepler, *Gesammelte Werke* (abgekürzt: *KGW*), Bd. 3: *Astronomia Nova*, München 1937, S. 36; hier zit. nach der Übersetzung durch Koestler, a. a. O., S. 316 f.

seinen großen astronomischen Werken, dem *Mysterium Cosmographicum*, der *Astronomia Nova*, den *Epitome Astronomiae Copernicanae* bis zu den *Harmonice Mundi Libri Quinque* erleben wir einen enthusiastischen, schwelgenden, ja, man kann ohne Übertreibung sagen, glückseligen Kepler, um aber gleich darauf seinen Sturz ins Bodenlose, völliges Scheitern und die Bitternis des Neuanfangs aus dem Nichts zu gewärtigen. Kepler liebt diese Dramatik, er liebt die jubilierende Vereinigung mit dem höchsten harmonischen Klang der Schöpfung, aber ebenso den tiefen Fall in die Illusionslosigkeit, die ihn dazu zwingt, seine endlichen Erkenntnismöglichkeiten anzuerkennen. Als ob er ein Bedürfnis des inneren Nachspiels, des insgeheimen sympathetischen Zusammenklangs mit dem dramatischen Ringen um die wahre Theorie hätte, legt er immer wieder – geständnishaft – Zeugnis ab von der eigenen Verblendung, der eigenen Voreingenommenheit und Voreiligkeit; nicht ohne aber zu erkennen zu geben, daß ihm gerade um die Erlösung davon, um die Wohltat der Errettung durch Büßertum und Katharsis der Kritik, zu tun ist.

Ein Beispiel hierfür – ich kann mich hier nur auf einige wenige Fälle bei Kepler beziehen – bietet Keplers erste tiefgehende kosmologische Idee, die Idee des harmonikalen Aufbaus des Planetensystems mit Hilfe der fünf regelmäßigen ›platonischen Körper‹. Kepler war schon in den frühen Grazer Jahren von der Frage besessen, *warum* es gerade sechs Planeten in der himmlischen Ordnung gebe (wovon man zu seiner Zeit, von alters her, überzeugt war) und *warum* die Daten und Verhältnisse der Umlaufzeiten und (mittleren) Radien der Planeten gerade so ausfielen, wie sie ausfielen. Abgesehen davon, daß diese Fragen von unerhörter Kühnheit waren (die erstere nach der Anzahl der Planeten läßt sich noch heute nicht apriorisch beantworten), waren es Fragen von völlig neuer Qualität insofern, als Kepler nach dem Grund, nach der Verursachung der Ordnung des Kosmos fragte. Dies war eine Frage, die jahrhundertelang aus der Astronomie ausgeschlossen, die geradezu tabu war, und die andererseits die Zusammenführung der bis dahin disparaten Bereiche der Naturerklärung (der deskriptiven, mathematisch verfahrenden Astronomie auf der einen, der ursachenlogisch begründenden physikalischen Bewegungslehre auf der anderen

Seite) einleitete. Hierzu näheres bei E. Cassirer[35] und J. Mittel-strass[36].

Keplers Entdeckung – mehr eine Vision als eine ›Entdeckung‹ – bestand darin, anzunehmen, daß es die aus der Mathematik bekannten fünf regelmäßigen, vollsymmetrischen platonischen Körper (Tetraeder, Würfel, Oktaeder, Dodekaeder und Ikosaeder) seien, die sowohl die Anzahl der Planeten als auch deren ungefähre kinematische Daten begründen würden: er nahm nämlich an, daß die Planetenbahnen sich jeweils als Einhüllende oder Umschriebene dieser regelmäßigen Körper ergeben würde. Jedem der vollkommen rotations- und spiegelsymmetrischen Körper konnte eine Kugel einbeschrieben und eine weitere umschrieben werden – wie wäre es, diese Kugeln mit den Sphären der Planetenbahnen zu füllen?

»Es gab also fünf vollkommene Körper – und fünf Zwischenräume zwischen den Planeten! Unmöglich durfte man da annehmen, daß dies zufällig und nicht von Gott gewollt sei. Das war ja die vollgültige Antwort auf die Frage, warum es gerade sechs Planeten und nicht ›zwanzig oder hundert‹ gäbe. Ebenso beantwortete sich damit auch die Frage, warum die Entfernungen zwischen den Bahnen so und nicht anders waren. Sie mußten so im Raum liegen, daß die fünf Körper genau in die Zwischenräume paßten wie ein unsichtbares Skelett oder Gerüst. Und siehe da, sie paßten! Zumindest schienen sie mehr oder weniger zu passen. In die Bahn oder Sphäre des Saturn schrieb er einen Würfel ein und in den Würfel eine andere Sphäre, die Jupiters. In sie eingeschrieben war das Tetraeder und in diesem eingeschrieben die Sphäre des Mars. Zwischen die Sphären von Mars und Erde kam das Dodekaeder; zwischen Erde und Venus das Ikosaeder; zwischen Venus und Merkur das Oktaeder. Heureka! Das Rätsel des Universums war gelöst durch den jungen Kepler, Lehrer an der evangelischen Stifts-schule in Graz.«[37]

Was Koestler hier als die ahnungsvollen Gedanken des jungen Kepler wiedergibt, war tatsächlich mehr fixe Idee als angemes-

35 Vgl. E. Cassirer, *Das Erkenntnisproblem*, Bd. I, Berlin ³1922, Nachdruck Darmstadt 1974, S. 373 ff.
36 Vgl. J. Mittelstrass, »Methodological Elements of Keplerian Astronomy«, in: *Studies in History and Philosophy of Science*, 3 (1972) 3, S. 203–232.
37 Koestler, a. a. O., S. 250 f.

sene Beschreibungsform der Verhältnisse, war schlicht Irrtum – von einem modernen, kosmologischen Standpunkt aus betrachtet. Weder ist die Zahl der Planeten auf sechs begrenzt, noch passen die genannten sechs auch nur einigermaßen in die Zwischenräume hinein (diese Aussage sollte Kepler selbst aufgrund seiner Erkenntnis der Elliptizität der Bahnen zunichte machen), noch sind es die pythagoräisch geordneten harmonischen Verhältnisse von Zahlen, die die Ordnung des Planetensystems bewirken.

Es war Kepler selbst, der im Laufe seines Lebens Hand anlegte an den Sturz dieser so begeisternden ästhetischen Ideen in der Kosmographie. Aber es war gleichzeitig Kepler, der aufgrund und innerhalb jedes dieser Revisionsschritte die ursprüngliche Idee zu retten wußte, wenn auch modifiziert!

Er gab den Ansatz der Kugelschalen oder Sphären auf – aber nicht die Idee des irgendwie gearteten harmonischen Verhältnisses der Umlaufzeiten und Radien (das er in seinem späteren ›Dritten Gesetz‹ auch zu formulieren verstand); er trennte sich von der Idee der Einbeschreibung der fünf regelmäßigen Körper – aber die Idee der universellen Ordnung des ganzen Systems gab er nicht wieder auf; und schließlich auch trennte er sich von dem Begriff der ›anima motrix‹, mit der er die Sonne als Zentralkörper beschrieben hatte – aber nur, um ihn in rationalisierter (entmystifizierter?) Form als ›Kraft‹ wiederkehren zu lassen: in der zweiten Auflage des *Mysterium Cosmographicum*, verlegt 1620, beinahe am Ende seines Lebens, schreibt er in zwei Anmerkungen zum 20. Kapitel[38]:

– »Daß es solche (bewegende Seelen) nicht gibt, habe ich in den Marskommentaren (= *Astronomia Nova*, 1609) bewiesen.«

– »Wenn man statt des Wortes ›Seele‹ (anima) das Wort ›Kraft‹ (vis) setzt, hat man gerade das Prinzip, auf dem die Himmelsphysik in den Marskommentaren grundgelegt und in der Epitome (*Astronomiae Copernicanae*, 1618–20) IV vervollkommnet worden ist. Dereinst war ich nämlich festen Glaubens, daß die die Planeten bewegende Ursache eine Seele sei ... Als ich aber darüber nachdachte, daß diese bewegende Ursache mit der Entfernung nachläßt, genau wie auch das Licht der Sonne mit der Entfernung von der Sonne schwächer wird, zog ich den

38 J. Kepler, *Das Weltgeheimnis*, übersetzt von M. Caspar, Augsburg 1923, S. 129; es handelt sich um Anmerkung 2 und 3 zu Kap. 20.

Schluß, diese Kraft sei etwas Körperliches, freilich nicht im eigentlichen Sinne, sondern nur der Bezeichnung nach, wie wir auch sagen, das Licht sei etwas Körperliches und damit eine von dem Körper ausgehende, jedoch immaterielle Species meinen.«

Im folgenden bezichtigt er sich selbst der Unwahrheit, der maßlosen Selbstüberschätzung, sogar der Blasphemie – um dann aber doch anzuerkennen, daß ihm nichts anderes blieb, als diesen Weg ans ›Licht‹ einzuschlagen:

»Wenn die falschen Zahlen sonst noch den wahren Verhältnissen sich nähern, ... so ist das Zufall. Diese Bemerkungen sind nicht wert, gedruckt zu werden. Ich habe aber meine Freude daran, da sie mich daran erinnern, wieviel Umwege ich mache, wieviel Wände ich in der Finsternis meiner Unwissenheit abtasten mußte, bis ich die Tür fand, durch welche das Licht der Wahrheit hereindringt.«[39]

Kepler züchtigt sich ob seiner Irrtümer, spottet seiner langjährigen Bemühungen, läßt aber insgesamt sich nicht abbringen, ›von der Wahrheit zu träumen‹ (»somniabam de veritate«, heißt es im lateinischen Text der Anmerkungen[40] nüchtern und kritisch und dennoch prophetisch). Sein Weg ist der der Selbstreinigung, der Konfession der Irrtümer vor dem Altar der Wahrheit – aber gerade mit dieser Konfession hofft er, sich mit der Wahrheit versöhnen zu können: das Bekenntnis des Irrtums ist auch die Erkenntnis der Wahrheit des Irrtums, und damit schon ein Schritt zur Rettung von ihm.

So gesehen ist trotz aller komischen Züge, die diese ›Konfessionen‹ bei Kepler immer an sich haben, auch ein kompromißloser, eiserner Wille darin enthalten, *nicht* aufzugeben und durchzuhalten bis zur Wahrheit. In allem Scheitern will letzten Endes er selbst es noch einmal sein, der die Gründe des Irrtums bloßzulegen vermag.

Kein Werk kann das deutlicher machen als das erste große naturwissenschaftliche Werk Keplers, die *Astronomia Nova* von 1609, von ihm betitelt als

»Neue Astronomie, ursächlich begründet, oder Physik des Himmels, dargestellt in Untersuchungen über die Bewegungen des Sternen Mars auf Grund der Beobachtungen des Edlen Tycho de Brahe«,

39 Ebd., S. 138; Anmerkung 11 zu Kap. 21.
40 *KGW*, Bd. 8, S. 120; Anmerkung 8 zu Kap. 21.

wie der vollständige Titel, ins Deutsche übersetzt, lautet.[41] Dieses Werk – und damit komme ich zu einem zweiten Beispiel, in dem das exzessive Bedürfnis der Selbstreinigung Keplers sich niedergeschlagen hat – dieses Werk enthält die nach Jahren mühevollster Arbeit gefundenen Gesetze der Elliptizität und der Drehimpulserhaltung bei der Planetenbewegung (1. und 2. Gesetz). Zu diesem Werk hat Kepler Jahre gebraucht, hat er eine Unmenge von empirischem Material, unter anderem die gesamte ihm anvertraute ›Erbmasse‹ der tychonischen Beobachtungen, ausgewertet, vor allem aber in einer schier unglaublichen Zähigkeit Vermutungen, Hypothesen und Ansätze bearbeitet, überprüft, zu erhärten gesucht – und verworfen. Die Geschichte dieser Sisyphos-Arbeit kann hier nicht en détail rekonstruiert werden, hierzu liegen ausgezeichnete wissenschaftsgeschichtliche Studien von C. Wilson[42] und E. J. Aiton[43] bezüglich des Ellipsen- bzw. des Flächensatzes vor; des weiteren stellt die Koestlersche Arbeit eine hervorragende Zusammenfassung in psychoanalytischer Hinsicht dar.[44] Am Mars sollte Kepler sich die Zähne ausbeißen. »Mars ist ein Stern, der der Beobachtung trotzt«, zitiert Kepler in der *Astronomia Nova* Plinius[45], um aber auf seine eigene Odyssee anzuspielen:

Bis zur endgültigen Formulierung der Bahnform in Gestalt der Ellipsengleichung benutzte Kepler nicht weniger als vier theoretische Modelle, brauchte er nicht weniger als fünf Jahre und beanspruchten seine mühsamen detaillierten Rechnungen allein im ersten Anlauf »mehr als neunhundert eng beschriebene Folioblätter«, wie bei Koestler[46] zu erfahren ist.

Sein erster Versuch war relativ traditionell, er unterstellte eine *Kreis*form der Bahn und suchte zunächst Durchmesser und Achse dieses Mars-Kreises in bezug auf die Fixsterne zu ermitteln – jahrelang und vergeblich. Der zweite Versuch begann noch fundamentaler und mühevoller: Er

41 *KGW*, Bd. 3, S. 5.
42 C. Wilson, »Kepler's Derivation of the Elliptical Path«, in: *Isis* 59 (1968), 196, S. 5–25.
43 E. J. Aiton, »Kepler's Second Law of Planetary Motion«, in: *Isis* 60,1 (1969) 201, S. 75–90.
44 A. Koestler, a. a. O., S. 315–347.
45 *KGW*, Bd. 3, S. 8, in der Widmung für Rudolf II.
46 Koestler, a. a. O., S. 323.

machte sich zunächst daran, die Erdbahn um die Sonne, genauer als Kopernikus es getan hatte, zu bestimmen. Hierzu ersann er die originelle Methode der Bahnbestimmung mit Hilfe eines angenommenen ›Marsbeobachters‹, der von sich aus die Erdbahn zu bestimmen hätte – und diese Methode war auch erfolgreich, aber sie lieferte keine Formel für eine geschlossene Bahnkurve. Und so geht es weiter, er versucht es mit der Eiform, mit einem Oval, unterstellt traumwandlerisch und ohne es zu merken auch schon einmal die richtige Form, die Ellipse – und verwirft diese wieder. »Mars, fest angekettet an meine Gleichungen, eingemauert in meine Tafeln«, sagt Kepler in der *Astronomia Nova*[47], »hat sich aus der Schlinge gelöst, ist ausgebrochen.« Nach unendlichen Versuchen, etlichen Rechenfehlern und Rückschlägen entdeckt er durch einen Zufall, durch die zahlenmäßige Übereinstimmung eines gewissen Winkels der ›optischen Gleichung‹ mit einem Wert der Sekans-Funktion, die richtige Spur: nämlich die analytische Form der Bahngleichung als Sekans oder $1/$ Cosinus-Funktion!

Allerdings erkannte er die so sich aufdrängende Gleichung nicht gleich als Ellipsengleichung, sondern rätselte und mäkelte an ihr herum; ließ sich dazu verleiten, noch einmal alles zu verwerfen, noch einmal von vorne zu beginnen, aber jetzt in der festen Absicht, die Ellipse zu beweisen. Aber schließlich und endlich lernte er auch diesen letzten Irrtum einzusehen:

»Wozu soll ich herumreden? Die Wahrheit der Natur, die ich verschmäht und fortgejagt hatte, kehrte verstohlen durch die Hintertür zurück, in einer Vermummung, um sich Eintritt zu verschaffen. Das heißt, ich legte die ursprüngliche Gleichung, [die unerkannterweise schon Ellipsengleichung war] beiseite und griff wieder auf Ellipsen zurück, da ich glaubte, das wäre eine völlig andere Hypothese, während beide, wie ich im nächsten Kapitel beweisen werde, ein und dasselbe sind ...«[48]

Wenn Kepler derart besessen und mit der Konsequenz des Wahnwitzes auf seinen Lieblingsgedanken und fixen Ideen beharren konnte, so bedeutet dies keinesfalls, daß er generell stur und unflexibel gewesen wäre. Schon die Art und Weise, in der er auf die aus Italien, von einem ›Herrn Galilei‹ her zugetragenen Neuigkeiten von einem teleskopischen Instrument

---

47 *Astronomia Nova, KGW* Bd. 3, S. 322; zit. nach der bei Koestler angegebenen Übersetzung, Koestler, a. a. O., S. 334.
48 *Astronomia Nova, KGW* Bd. 3, S. 365; zit. nach Koestler, a. a. O., S. 336; Anmerkung in eckigen Klammern von mir, W. K.

reagiert, steht dem entgegen: Kepler ist der einzige namhafte Wissenschaftler und Astronom Europas, der auf die Hilferufe Galileis zur Unterstützung des *Sidereus Nuncius* 1610 unvoreingenommen und positiv reagiert und durch seine mehr oder weniger affirmierende *Dissertatio cum Nuncio Sidereo* unterstützt.

Gleicherweise stellt auch seine bereits 1611 im Rahmen der *Dioptricé* erschienene *Theorie* des astronomischen Fernrohrs seine intelligente und schnelle Reaktionsfähigkeit unter Beweis. Wenn er dennoch Hartnäckigkeit und Konservativität in der Bewahrung einmal gefaßter Ideen an den Tag legen konnte, so zeigt sich darin ein anderes Motiv: nämlich das der Befruchtung des Alten durch das Neue, der Bewährung des ursprünglichen, ungestümen Gedankens durch die voranschreitende Kritik. Kepler war bestrebt, dem Gedanken, soweit es nur ging, die Treue zu bewahren und dennoch, in einem, die Kritik an ihm voranzutreiben – um eben diesen Gedanken sich entfalten zu lassen und ihn zu einer rückhaltlosen ›Confessio‹ seiner Wahrheit zu veranlassen.

Diese Spannung von Idee und Kritik aber auszuhalten, verlangte von ihm eine ungeheure Bereitschaft zur Entbehrung: er war es, der die Stürme von Bestätigung und Kritik, Affirmation und Destruktion in sich auszuhalten hatte. Man kann annehmen, daß ihm dieses ›Muß‹ des Aushaltens keine Last, keine psychische Anstrengung nur gewesen ist, daß sie ihm in gewisser Weise in seiner eigenen selbstquälerischen Disposition entgegenkam.

Zumindest knüpft diese Deutung an die oben schon notierte Feststellung an, daß Kepler den Leidensweg der Erkenntnis, den er so oft in seinem Leben durchgemacht hat, nicht nur erlitten, sondern oft auch gesucht und gewollt hat. Daß ihm die Erfahrung des Scheiterns – die er mit so mancher Idee und mit so manchem Ansatz hat hinnehmen müssen – auch eine Lust bereitete, die Lust dessen nämlich, der mit dieser Katharsis der Idee auch seine eigene ›Reinigung‹, der mit dem Geständnis des Irrtums auch sein eigenes Purgatorium verbinden konnte.

So gesehen war Kepler in all seiner intellektuellen Arbeit immer auch um *sich* bemüht, war all diese Arbeit eines ganzen Lebens auch der Aufrichtung und Stabilisierung eines kleinen, demütigen Individuums dienlich. Kepler drückt dieses Motiv in einem unscheinbaren, aber großartigen Satz eines seiner Briefe[49] aus: »Es gibt nichts«, fragt er da, »was ich mit größerer Peinlichkeit zu erforschen und so sehr zu wissen verlangte als dies: kann ich wohl Gott, den ich bei der Betrachtung des Weltalls geradezu mit Händen greife, auch in mir selber finden?« Selbsterforschung und Selbstrechtfertigung, die Kepler ein Leben lang beschäftigt haben, erweisen sich so als verborgene Motive auch seines wissenschaftlichen Handelns und seiner Erkenntnissuche. Er zeigt sich darin als typischer Vertreter des neuzeitlichen Individuums, das in der libidinösen Figur des ›Willens zum Wissen‹ seine Selbstdefinition betreibt.

Zerrissenheit, Skrupulosität und Zweifel kennzeichnen Kepler auch in anderen Bereichen seiner Existenz – seinem familiären Leben ebenso wie seinem gesellschaftlichen Auftreten. Hatte er auf der einen Seite durchaus Ambitionen, es zu etwas zu bringen, zu reüssieren in den Augen der Gesellschaft bzw. eine gute Partie zu machen, so wurde er auf der anderen Seite von einer ebenso großen Angst auch wieder zurückgehalten.

Kepler war in seinem Leben zweimal verheiratet: zunächst mit Barbara Müller aus dem Steirischen, von 1597 bis zu deren Tod 1611 (aus dieser Verbindung entstammten fünf Kinder, von denen aber nur zwei die Eltern überlebten). Die Ehe war nicht sonderlich glücklich; schon bei der Auswahl seiner Frau war Kepler nicht sonderlich überzeugt gewesen, sondern hatte gezögert und gezaudert – und so war es auch in der Ehe, die beiden gingen sich weitgehend aus dem Weg. Nach außen hin verteidigte Kepler die eher verschlossene Art seiner Frau mit deren Kränklichkeit, insgeheim aber beklagte er sich in einer Tagebuchaufzeichnung ob ihrer »blöden verdrossenen einsamen melancholischen Complexion«.[50]

Nach dem Tod dieser Frau sieht Kepler sich in Linz, wohin er sich nach zwölf Jahren der Zugehörigkeit zum Hof des Kaisers zurückgezogen hat, nach einer neuen Frau um. Bei dieser ›Brautschau‹ führt er einen wahren Tanz auf: unter den acht in

49 Brief an einen anonymen Adligen, zit. nach M. Caspar, a. a. O., S. 258; siehe oben, S. 32.
50 Zit. nach Gerlach/List, *J. Kepler*, München 1980, S. 32, ›blöde‹ bedeutet hier in der Sprache Keplers »scheu«, »schüchtern«.

Frage kommenden Partien kann er sich nämlich nicht entscheiden, wägt hin und her und auf und ab, bis nahezu keine mehr etwas von ihm wissen will:

»Der Mann«, schreibt Max Caspar in seiner Kepler-Biographie, »der in seiner Wissenschaft mit so sicheren Schritten voranschreitet, der im Wortstreit nie verlegen ist, der im Umgang mit Fürsten und Banausen den rechten Ton zu treffen weiß und sonst in jeder Lage seinen Mann steht, zeigt in seiner Suche nach einer Frau, die zu ihm paßt, eine Hilflosigkeit, ein Schwanken, einen Mangel an Selbstsicherheit, daß es fast zum Erbarmen ist. Er weiß nicht, was er will. Er läßt sich von männlichen und weiblichen Ratgebern, die an ihn herantreten, beeinflussen.«[51]

Tatsächlich schwankt Kepler so lange, bis nahezu alle Kandidatinnen selbst schon kalte Füße bekommen haben und nahezu keine, bis auf die zuerst Vorgeschlagene, übrig bleibt; diese aber, die 24jährige Susanna Reuttinger, heiratet er dann auch und vertraut ihr die Erziehung der Kinder aus erster Ehe an.

Mangelnde Selbstsicherheit – was Caspar bei Kepler bezüglich der Frauen feststellt – kann auch bezüglich seines gesellschaftlichen Verhaltens und Umgangs gesagt werden. Ob bei Tycho, dem dänischen Adligen und bewunderten Vorbild in puncto astronomischer Beobachtung, oder am Hofe Rudolfs II., selbst noch bei Wallenstein, seinem letzten Herrn und Brotgeber, immer litt Kepler unter dieser Krankheit der fehlenden Selbstsicherheit, der permanenten Selbstanfechtung, die nahezu chronisch bei ihm auftauchte und nur vordergründig überhaupt besänftigt werden konnte.

Er litt unter seiner Inferiorität, gleichviel ob sie eingebildet oder tatsächlich vorhanden war; er fühlte sich nicht standesgemäß, nicht adäquat und nicht angenommen.

Selbst zu einer Zeit, wo er längst eine europäische Berühmtheit war, wo man sich um ihn riß, ihn in die Akademien aufnahm (Accademia dei Lincei), ihn als Kronzeugen für astronomische Beobachtungstatsachen (Galilei) anrief und Angebote aus Bologna und London vorlagen, selbst zu diesen Zeiten hielt Kepler an seiner Unterlegenheit fest, konstruierte Gegnerschaften und Abneigungen, wo keine waren, jammerte über die düstere

51 Caspar, a. a. O., S. 258.

Zukunft – mit einem Wort, hielt sich an seinen bescheidenen Verhältnissen selber fest.

Weiterhin, wie zu Anfang seines Lebens, hatte er mit Hunger und Armut zu kämpfen und verglich sich, wieder einmal Gehaltszahlungen beim Kaiser einfordernd, mit dem Hund: »Mein hungriger Magen schaut wie ein Hündlein zu seinem Herrn auf, der ihm früher Futter gab.«[52]

Aber auch hier wieder kann man feststellen: die Realisierung des Aufstiegs, die Erfüllung des Traums, wäre ihm sicher gar nicht recht gewesen. Die Verhältnisse der Herren, die Kepler so demütig und respektvoll verehrte, sie hätten ihn von allem abgehalten, hätten ihm den Stachel des Willens und der Beharrlichkeit (und seinen Trotz) genommen, der ihm über alle Niederlagen und Zusammenbrüche hinweghalf, an den ursprünglichen Ideen festzuhalten. Hierin war Kepler ein jiddischer Tewje des ›Anatevka‹, ein bittersüßer Klagegeist, den schon seine eigene Lust an der Inferiorität daran hinderte, je etwas anderes zu werden. Zur Macht war er nicht geschaffen, sie wollte er nicht, und lehnte sie sicher auch trotz aller Bewunderung und Aufstiegsgelüste ab: er war nicht zum Herrn geboren, sondern zum Arbeiten, zäh und hartnäckig.

Im Zweifelsfall stand er auch gegen die staatliche Macht und Autorität: das bekamen jene schwäbischen Landstände und Gerichtsbarkeiten zu spüren, mit denen Kepler um das Leben seiner Mutter zu ringen hatte, die als Hexe denunziert und verfolgt, zusätzlich noch vom Gerichtsherrn in gröblichster Weise entehrt worden war, aber gerade deswegen dem sicheren Tod entgegenzusehen hatte. (Auch ihre Angehörigen in der unmittelbaren Leonberger und Stuttgarter Umgebung hatten um des lieben Friedens willen schon eingelenkt: in ihren Tod.) Jahrelang dauert der Rechtsstreit, hin und her gehen die Schriften der ›Confutation‹ und der ›Defension‹, der ›Deduktion‹ und der ›Exzeption‹, immer größere Kreise zieht der Fall, die juristische Fakultät von Tübingen wird herangezogen – aber Kepler gibt sich nicht geschlagen. »Die Verhafftin erscheint *leider* mit Beystandt Ihres Herrn Sohnes, Johannes Kepplers Mathematici«, heißt es verräterisch offen in einem Gerichtsprotokoll

52 Zit. nach Koestler, a. a. O., S. 353.

vom August 1621.[53] Ohne diesen seinen Beistand wäre seine alte Mutter wohl ganz sicher den Tod auf dem Scheiterhaufen gestorben, nachdem man ihr schon alle möglichen Demütigungen und Einschüchterungen einschließlich der ›territio‹ der Folter angetan hatte. (Die Dokumente sind heute noch nachzulesen in Band 8.1 von Ch. Frischs *Joannis Kepleri Opera Omnia*, Frankfurt/Erlangen 1870.)

Kepler war also durchaus nicht immer zögerlich und ambivalent gestimmt: Da, wo es für ihn um klare Fragen des Beistandes, des Bekenntnisses und ›Flagge-Zeigens‹ ging, gab es skrupulösen Zweifel für ihn nicht. Eher schon von Ambivalenz gekennzeichnet war sein persönlicher Stil. Es war offenkundig so, daß er beide Seiten seines intellektuellen Wesens, die Begeisterung und den Zweifel, den schwärmerischen Höhenflug und die abgrundtiefe Skepsis gleichermaßen brauchte.

Nie hat er die eine Seite restlos gegenüber der anderen im Stich gelassen, nie etwa hat er die Affinität zu mystischen und spekulativen Quellen seiner Erkenntnis verraten oder aufgegeben, sondern ihr gerade gegen und mit aller Kritik, die er selbst gegen sie ins Feld zu führen vermochte, die Treue gehalten. Wie auch umgekehrt er es sich nie erlaubt hat, im Schwange der ihn begeisternden Offenbarungen und Visionen sich etwas durchgehen zu lassen, was vor seiner Kritik nicht bestanden hätte.

Kepler gelingt, selbst auf der Schwelle zwischen schwärmerischem Renaissance-Naturalismus und neuzeitlichem kritischen Rationalismus stehend, die glückliche Verschmelzung der beiden Momente, die ihn derart bestimmen: der Phantasie und der formgebenden Vernunft, der entwerfenden Idee und der Kritik. Aber Kepler gelingt diese Synthese auf eine kaum zu systematisierende – und der Wiederholung sich nicht anratende – Weise: unter Einsatz seines Lebens, seiner Gesundheit, seiner psychischen Konstitution.

Die Selbstbeobachtung, die ständige Spiegelung seiner selbst in Protokollen und Tagebuchaufzeichnungen, ist ihm eine Hilfe gewesen, den Gefahren der Persönlichkeitsveränderung zu begegnen. Ich möchte dieses notgedrungen verkürzte Porträt Keplers abschließen mit einer ›Würdigung‹ seines Charakters

---

53 Zit. nach M. Caspar, a. a. O., S. 300.

aus seiner eigenen Feder (ebenfalls zu finden unter den Aufzeichnungen der »Selbstcharakteristik« von 1597[54]):

»Dieser Mensch hat ganz und gar eine Hundenatur. Er ist ganz wie ein verwöhntes Haushündchen. I. Der Körper ist beweglich, dürr, wohlproportioniert. Die Nahrung ist beiden die gleiche, es macht ihm Spaß, Knochen abzunagen und harte Brotkrusten zu kauen, er ist gefräßig, ohne Ordnung, sobald ihm etwas unter die Augen kommt, reißt er es an sich. Er trinkt wenig. Er ist selbst mit dem Geringsten zufrieden. II. Sein Charakter ist ganz ähnlich. Zuerst macht er sich (wie ein Hund bei den Hausgenossen) beständig bei den Vorgesetzten beliebt, in allem ist er von andern abhängig, ist ihnen zu Diensten, wird gegen sie nicht wütend, wenn er getadelt wird, auf jede Art sucht er sich wieder auszusöhnen. Er forscht alles aus in Wissenschaft, Politik, im Hauswesen selbst die einfachsten Tätigkeiten. Er befindet sich in fortwährender Bewegung, und irgendwelche Leute, die das und jenes treiben, verfolgt er, indem er dasselbe treibt und dasselbe ausdenkt.

Er ist ungeduldig in der Unterhaltung, und solche, die häufig ins Haus zu kommen pflegen, begrüßt er ebenso wie ein Hund. Sobald ihm jemand das Geringste entreißt, knurrt er, glüht, wie ein Hund. Er ist hartnäckig, eifert gegen jeden, der sich schlecht aufführt, er bellt nämlich. Er ist auch bissig, scharfer Spott liegt ihm auf der Zunge. So ist er den meisten verhaßt und wird von ihnen gemieden, die Vorgesetzten jedoch halten ihn wert, nicht anders als die Hausbewohner einen guten Hund. Vor Baden, Untertauchen, Waschen schauert es ihn wie einen Hund.«

7.3 Isaac Newton

Isaac Newton (1643–1727) ist bekannt genug, als daß er in umfassender Weise durch Lebenslauf, Werk und Zeithintergrund vorgestellt werden müßte. Die folgenden Anmerkungen sollen sich daher auf eher ephemere und untergründige Aspekte seiner Persönlichkeit beziehen.

Newtons Leben, so stellt sein Biograph Wawilow einleitend fest, fällt in die Zeit großer politischer Stürme in England: er wurde im ersten Jahr des großen englischen Bürgerkrieges geboren und erlebte im Laufe seines Lebens die Hinrichtung Karls I., die Regierung Cromwells, die Restauration der Stuarts, die unblutige ›Glorreiche Revolution‹ des Jahres 1688.

54 J. Kepler, *Selbstzeugnisse*, a. a. O., S. 29.

».. . Doch haben politische Stürme keine tiefen Spuren in seinem Leben hinterlassen. Er war, zumindest äußerlich, der Typ des ›unpolitischen Philosophen‹, wie ihn die damalige Zeit prägte.«[55]
Sein Leben verlief ruhig, still und eintönig. Immer blieb er der Einzelgänger und Junggeselle, zu dem er schon in frühen Jahren auf der Lateinschule, dann auf dem College in Cambridge geformt worden war. »Nie ist er über Englands Grenzen hinausgekommen. Seine Reisen verliefen zwischen Grantham, Cambridge und London (ungefähr 200 km)«, teilt Wawilow einleitend mit.[56] Und: »Newton erfreute sich einer ungewöhnlichen Gesundheit.« Nahezu nie, mit einer einzigen, allerdings schwerwiegenden Ausnahme, wird er durch Krankheit beeinträchtigt und von seiner Arbeit abgehalten. Auch das soziale Leben, Geselligkeit und Freunde hat er nicht sehr geschätzt und gepflegt: nähere Freunde hat er so gut wie nicht besessen. »Sein privates Leben läßt sich durch eine Reihe offizieller Daten und ein Dutzend Anekdoten und Legenden schildern. Dieses alles bietet aber nur die äußere Hülle für Newtons eigentliches Wirken. Mindestens in der ersten Hälfte seines Lebens war er von seiner Arbeit vollkommen besessen. Die Früchte dieser Arbeit waren die *Optik*, die *Prinzipien* und die Grundlagen der Infinitesimalrechnung.«[57]
Das Leben Newtons ist in der Tat in signifikanter Weise in zwei Hälften gespalten, Hälften, die durch die ›drei Jahre der Geistesstörungen‹ 1690–93 zeitlich markiert werden. Die erste Hälfte kann man als die ›Werkphase‹ bezeichnen – in der Werkgeschichte und Lebensgeschichte annähernd zur Deckung kommen –; die zweite könnte als die ›Öffentlichkeitsphase‹ bezeichnet werden. Wie es zu dieser auffälligen Aufspaltung kam, soll in den folgenden Betrachtungen erhellt werden.
Newtons Jugend verlief in behüteten Bahnen. Im wesentlichen wuchs er bei seiner Mutter auf, nachdem sein Vater schon vor seiner Geburt verstorben war. Dieser soll nach zeitgenössi-

55 S. I. Wawilow, *Isaac Newton*, Übersetzung aus dem Russischen von F. Boncourt, Berlin 1951, S. 1.
56 Beide Zitate ebd.
57 Ebd.

Abbildung 18. Isaac Newton nach dem Porträt von Kneller (Sammlung des Herzogs von Portsmouth) aus: S. I. Wawilow, Isaac Newton, *Frontispiz*

schem Zeugnis ein ›wilder, eigenartiger und schwacher Mensch‹ gewesen sein, die Mutter dagegen galt als »Frau von seltener Tugend und Güte«.[58] Im Alter von drei Jahren kommt er zur Großmutter, da die Mutter neu geheiratet hat und der kleine Isaac in die neue Familie des Barnabass Smith, eines Pfarrers, nicht aufgenommen wird. Vielmehr bleibt er in Woolsthorpe, seinem Geburtsort, der auch Zeit seines Lebens für ihn Refugium und Heimat bleiben wird. 1656 kehrt auch die Mutter, abermals Witwe geworden, dorthin wieder zurück und macht ihren ältesten Sohn zur männlichen Stütze ihres Haushalts. Zwischen beiden entwickelt sich eine außerordentlich feste Bindung, die für Newton ein Leben lang von überragender Bedeutung sein sollte.

(Der amerikanische Psychologe F. E. Manuel hat in seiner Studie »The Lad from Lincolnshire«[59] gerade diese Mutterbindung für wesentliche Züge des Newtonschen Charakters, insbesondere seine introvertierte und misanthropische, fast asoziale Art verantwortlich gemacht.)

Von Woolsthorpe aus wird er zur Lateinschule nach Grantham geschickt, wo er großes Aufsehen, ja Zuneigung beim Lehrer erringt ob seiner Intelligenz und seiner Fähigkeiten. 1661, mit achtzehn Jahren, bereitet er sich unter der Hilfestellung dieses Lehrers auf das Trinity College in Cambridge vor und wird noch im selben Jahr dort aufgenommen.

Newton scheint auf der Lateinschule schon eine sehr fördernde Zusprache erhalten zu haben, nicht nur im Hinblick auf sprachliche und philosophische Kenntnisse, sondern ebenso seine praktischen Kenntnisse und Fertigkeiten des Linsenschleifens und chemischen Experimentierens betreffend.

Aus der Zeit der Lateinschule stammen eine Menge von Geschichten und Anekdoten, bei denen Dichtung und Wahrheit nicht immer zu unterscheiden sind. Auf jeden Fall scheint Newtons frühes Interesse an Mathematik, verbunden mit der Neigung zu experimentellen Unternehmungen und apparativen Basteleien, hier schon erwacht zu sein. Ebenfalls allerdings regen sich in dieser Zeit schon Tendenzen der Abkapselung und Isolation, Zeichen der inneren Einsamkeit. Die

58 Ebd., S. 2 f.
59 F. E. Manuel, »The Lad from Lincolnshire«, in: *Texas Quarterly* 10 (Herbst 1967) 3, S. 10–29.

›Notizbücher‹, die man, diese Zeit betreffend, gefunden hat, offenbaren ein bedenkliches Maß an Unfrohheit und Bedrücktheit: Newton kasteit sich hierin ob seiner Verfehlungen, hält sich seine ›Sünde‹ und ›weltliche Gesinnung‹, seine ›Strafwürdigkeit‹ vor, wie Manuel[60] mitteilt:

»Ein allgemeiner Gefühlston der Angst dominiert. Dinge und Personen werden zerstört, Desaster und Katastrophe treten unheimlich vor Augen. ›He is broken. This house of youres is like to fall. This pride of hers will come downe. About to fall. The ship sinketh.‹«

Weitere Eintragungen sprechen von Angst und Bestrafung:

»›Hee saith nothing for feare. I am sore affraide. There is a thing which trobelleth mee. ... Wee desire yose things which hurt us most. Hee cannot forbeare doeing mischeife. The greatest allurement to sin is hope of spareing. Youe are sure to be punisht.‹«

Manuel stellt fest, daß »in all diesen Jugendzeugnissen eine erstaunliche Absenz von positiven Gefühlen« zu verzeichnen ist: »Das Wort *Liebe* erscheint niemals, und Ausdrücke von Freude und Begier sind selten. Eine Vorliebe für geröstetes Fleisch ist die einzige starke Sinnes-Leidenschaft. Nahezu alle Bemerkungen bestehen aus Negationen, Ermahnungen, Verboten.«[61]

Daneben dominiert ein Gefühlston der Einsamkeit, des Allein-Seins und Unverstanden-Seins:

»›You make a foole of mee. You are a foole to believe him. ... No man understands mee. ... What will become of me. I will make an end. I cannot but weepe. I know not what to doe.‹«[62]

Die einzige ›romantische Episode‹ aus Newtons Leben wird ebenfalls aus Grantham berichtet: Im Hause des Apothekers Clark, bei dem Newton in Pension wohnte, »befreundete er sich mit der kleinen Miß Storey, einem Zögling des Apothekers«. Diese Freundschaft sei später »in wärmere Gefühle übergegangen«, sogar »die Möglichkeit einer Ehe wurde erwogen«[63] – die Formulierungen zeigen schon den retardiven, zögerlichen Charakter dieser Liaison und der zugrundeliegenden Leidenschaften an. Newton nahm jedenfalls vom Gedanken der Ehe Abstand, entschied sich für den asketischen Weg der wissen-

60 F. Manuel, a. a. O., S. 147 f.; Übersetzung von mir, W. K. (wobei ich die Newton-Zitate englisch belassen habe).
61 Ebd., S. 15.
62 Ebd.
63 Wawilow, a. a. O., S. 5 f.

schaftlichen Laufbahn in Cambridge, dessen studiosi nach mittelalterlicher Tradition dem Zölibat noch unterworfen waren. Von Mrs. Vincent, der geborenen Storey, wird berichtet[64], daß sie »noch in ihrem Alter davon (sprach), daß Newton ein klardenkender, aber schweigsamer und nachdenklicher junger Mann gewesen sei, der sich äußerst selten an den Spielen seiner Kameraden beteiligte. Er blieb lieber zu Hause, und dort sogar in der Gesellschaft von Mädchen, denen er kleine Tische, Schränke usw. herstellte. Auch berichtet sie uns, daß Newton gerne Heilkräuter sammelte.«

Newton blieb sein Leben lang der wissenschaftlichen Verlokkung treu, und nur dieser: eine Liaison ging er niemals ein, sondern hielt sich immer im Schoße der Familie, sei es der Mutter, sei es der Stiefschwester, auf.

Mit dem Übertritt ins Trinity College der Universität Cambridge, das Newton von 1661 bis 1669 besuchte, waren die Weichen endgültig gestellt. Hier führte er, getreu dem Geist dieser konservativen, traditionalistisch eingestellten Bildungsstätte, ein zurückgezogenes und asketisches Leben, das von puritanischer Unsinnlichkeit und Strenge bestimmt war. Newtons Haltung in dieser Zeit war von Nachdenklichkeit, einer gewissen *melancholy countenance*, gekennzeichnet, wie Henry More, der einflußreiche Lehrer am Trinity College, von ihm festgestellt haben soll.[65]

Tatsächlich wurde Newton nie lachend gesehen, er galt als »nachgiebig«, »untertänig«, »niemals den Anschein von Ärger erweckend« und schien jemand zu sein, »der etwas jenseitig der Reichweite menschlicher Strebsamkeit & Fleißes angesiedelt war«, so das Urteil eines Zeitgenossen, nämlich des Humphrey Newton, der, ohne irgendwelche Verwandtschaftsbeziehung zu Isaac, in späterer Zeit sein Universitätsgehilfe wurde.[66] Auch wurde Newton »Geringschätzung von Essen und Kleidung, aber Strenge und Präzision in seinen Experimenten, und Bekümmerung, wenn er ein Unkraut in seinem Rasen sah«, nachgesagt.[67]

64 Ebd., S. 6.
65 Vgl. Manuel, a. a. O., S. 12.
66 Zit. nach Manuel, a. a. O., S. 12, Übersetzung von mir, W. K.
67 Ebd.

Im Trinity College war für Newton die wichtigste Person (noch vor H. More) der Mathematiker und ›Lucasian Lecturer‹ Isaac Barrow, der den Lehrstuhl zur Pflege der mathematischen und astronomischen Disziplinen innehatte. Barrow (1630–1677) war ein vielseitig gebildeter und anregender Mann, ein Polyhistor; er war Neuplatoniker wie More und der griechischen Antike in vielerlei Weise verpflichtet. Seine ideelle Wirkung auf Newton ist nicht zu unterschätzen: Newtons Ansätze in der Optik, ebenso aber auch in der Kosmologie (körperfreie Begründung eines unendlichen absoluten Raumes) sind unter anderem auf diesen Lehrer zurückzuführen.

Das Jahr 1666 ist in Newtons Biographie als das ›wundersame Pestjahr‹ eingegangen. »Die Pest«, schreibt Wawilow[68], »wütete von 1661 bis 1667 in ganz England; im Sommer 1665 starben allein in London über dreißigtausend Personen. Die Menschen flüchteten vor der Seuche aus den Städten in die Dörfer; auch der junge Gelehrte verließ das College und begab sich in die Stille seines Heimatdorfes, den Kopf voller Pläne und Projekte. Anscheinend hat er sich vom August 1665 bis 25. März 1666 und vom 22. Juni 1666 bis 25. Mai 1667 dort aufgehalten.« Hier in Woolsthorpe konnte Newton ungestört experimentieren, er besaß dort ein für damalige Begriffe erstklassiges optisches Laboratorium, und hier konnte er die Grundlagen seiner Lehre vom Licht und den Farben legen. Auch die Ursprünge seiner Ideen einer allgemeinen universellen Gravitation und eines universellen Gesetzes der Attraktion der Materie scheinen hier gelegt worden zu sein. »Eine solche ungemein fruchtbare Schöpferperiode«, schreibt[69] emphatisch Wawilow, »wie sie die Jahre 1665 bis 1667 darstellen, wiederholt sich in ihrer Tiefe und Großzügigkeit bei Newton nicht. In diesen Pestjahren hat Newton die Grundlagen seiner ganzen späteren wissenschaftlichen Arbeit geschaffen, ja diese zum Teil sogar ausgeführt.«

Bemerkenswerterweise zeigt Newton gar keine Eile, die Fülle der Entdeckungen und Einsichten dieser Jahre auch der Öffentlichkeit anzuzeigen; im Gegenteil läßt er Jahre, im Fall der *Principia* sogar Jahrzehnte vergehen, ehe er sich mit einer Veröffentlichung in die wissenschaftliche Welt begibt. Die *Principia Mathematica Philosophiae Naturalis* publiziert er, auf das energische Drängen des Astronomen Halley hin, erst im Jahre 1687;

68 Wawilow, a. a. O., S. 12.
69 Ebd., S. 13.

und seine mathematischen Schriften über die ›Fluxions-Rechnung‹ erst 1697, zu einem Zeitpunkt, als der Prioritätsstreit um die Ehre dieser Entdeckung (der Infinitesimalrechnung) zwischen Newtonianern und Leibnizianern bereits im vollen Gange ist.

Die Gründe für dieses Verhalten sind vielschichtig.

Zum einen war Newton ein Zauderer: immer wieder verändert und verbessert er seine Ergebnisse, immer wieder feilt er an ihnen herum, bis auch der letzte Zweifel ausgemerzt und die letzte Lücke geschlossen ist.

Und er gehört nicht zu den enthusiastischen Naturen, war kein Bewunderer seiner selbst. Selten zeigt er sich von der ›Sensation‹ seiner Entdeckungen angesteckt, eher dominieren skrupulöse Zweifel, Suche nach dem Fehler, Verdacht auf Irrtümer. Immer wieder versucht er sich gegen Einwände abzusichern, Einseitigkeiten und Lücken vorzubauen und die Arbeit durch ›Vorbemerkungen‹, ›Nachworte‹ und ›Fragen‹ zu relativieren (siehe die Bedeutung seiner ›Advertisements‹, ›Scholia‹ und ›Queries‹!). In diesem Sinne war Newton eher »normal« arbeitender Wissenschaftler als »revolutionärer« Entdecker oder Genie (contra Thomas Kuhn gesagt), nämlich ein Arbeiter von peinlichster Genauigkeit und unerbittlicher Strenge, dessen Angst vor dem Fehler größer war als die Begeisterung über die zur Welt gebrachte Idee.[70]

Ein weiterer Grund ist in seiner Zurückhaltung, ja Reserve gegenüber der Öffentlichkeit zu sehen. Ihr gegenüber hegte er keinerlei Ambitionen, eher war seine Einstellung von Mißtrauen und Abwehr geprägt. Anpassung an den Zeitgeschmack war die Devise, die er in solchen Fragen taktisch empfahl: »Sie werden wenig oder gar keinen Vorteil finden, wenn Sie weiser oder weniger unwissend erscheinen als die Gesellschaft«, rät er brieflich dem Cambridger Mitbürger Aston, der ihn wegen einer bevorstehenden Reise um Rat nachgesucht hatte.[71] Gesellschaft und öffentliches Leben flößen ihm eher Widerwillen und

70 Siehe hierzu W. Kutschmann, *Die Newtonsche Kraft. Metamorphose eines wissenschaftlichen Begriffs,* Wiesbaden 1983, insbesondere Kap. VI.

71 Newton in einem Brief vom 18. 5. 1669; zit. nach Wawilow, a. a. O., S. 14.

Abscheu ein – sein Verhalten ist von Defensive und Zurückhaltung geprägt. Ob es sich um das Auftreten in der ›Royal Society‹ handelt (in die er 1672 aufgenommen wurde), ob es sich um die lästige Pflicht der Disputationen mit Hooke, Wren, Halley oder Flamsteed handelt, immer wieder schreckt Newton davor zurück, schickt andere vor, zaudert oder schweigt gar – was die Sache meist nur noch schlimmer machte und ihm viele Anfeindungen und Fehden überhaupt erst einbrachte. (Er war im Laufe seines Lebens mit nahezu allen wichtigen Personen des wissenschaftlichen Lebens, sowohl in England als auch auf dem Kontinent, verfeindet: angefangen bei Hooke, seinem ewigen Widersacher, über Wren und Flamsteed bis hin zu Huygens und vor allem Leibniz.) Im Jahre 1676 ist er bereit, alles aufzugeben und sich gänzlich zurückzuziehen; in einem Brief an Oldenbourg, den damaligen Sekretär der Royal Society, durch dessen Hände eine langandauernde Polemik um Newtons ›Neue Theorie der Farben‹ und die damit zusammenhängende ›Hypothese über die Natur des Lichts‹ gegangen waren, schreibt er:

».. . Ich sehe, daß ich zum Sklaven der Philosophie geworden bin; wenn ich die Angelegenheit des Mr. Lucas [eines seiner kontinentalen Kritiker in Sachen Optik; W. K.] erledigt habe, werde ich entschlossen und auf immer von der Philosophie, mit Ausnahme der für die Veröffentlichung nach meinem Tode bestimmten Arbeit, Abschied nehmen. Ich habe mich überzeugt, daß man entweder nichts Neues mitteilen darf oder daß man alle seine Kräfte auf die Verteidigung verwenden muß!«[72]

Dieser Brief, ohne daß Newton ihn wahrgemacht hätte, offenbart doch eine ganze Menge über seine politische und wissenschaftliche Einstellung. Wissenschaft, Suche nach Erkenntnis trieb er im Grunde seines Herzens ganz für sich allein, und für niemand anderen bestimmt. Es war ihm eine persönliche, existentielle Herausforderung, die er aber nur mit sich (und seinem Gott) abmachen wollte. Veröffentlichen konnte man ›nach seinem Tode‹, dann also, wenn er des Streits enthoben wäre. Der Öffentlichkeit gegenüber hätte man sich abzusichern, ›defensiv‹

---

72 Brief vom 18. 11. 1676 an Oldenbourg, zit. nach Wawilow, a. a. O., S. 62.

zu verhalten: möglichst keine überraschenden Ergebnisse herauszulassen, nur ihre Ansprüche zu erfüllen und keinen Anstoß zu erregen. In seinem Innern aber, in seinem Privatreich, würden die größten Dinge, die erregendsten Fragen und weitreichendsten Zusammenhänge bewegt und in Frage gestellt.

In der Tat war diese doppelgesichtige Haltung lange Zeit Newtons Maxime, und sie hat nicht wenig dazu beigetragen, daß von ihm als von einem »ambivalenten Charakter« gesprochen[73] werden konnte. In wissenschaftstheoretischer und -praktischer Hinsicht ebenso wie in politischer, ökonomischer und menschlicher Hinsicht, überall eignet ihm eine eigentümliche *Zwiespältigkeit*, überall verfährt er nach einer ambivalenten Disposition: *Wissenschaftstheoretisch* war er der große Warner vor den Hypothesen, den unbewiesenen Voraussetzungen und Annahmen; praktisch hat gerade Newton sich sehr wohl von Hypothesen leiten, ja begeistern lassen. Mehr noch, wesentliche ideelle Imaginationen gingen von Hypothesen über den Äther, über die Natur des Lichts und der Gravitation aus (schlagwortartig verkürzt spielt diese Widersprüchlichkeit heute in den Debatten um Newton den ›Schwärmer‹, ›Eiferer‹ und religiösen ›Letztbegründer‹ eine Rolle).

Wissenschaftspolitisch verhielt sich Newton, wie bereits dargelegt, völlig defensiv; er publizierte wenig bis gar nichts, wenn er nicht durch äußeren Druck, Prioritätsstreitigkeiten oder Konkurrenz mit anderen dazu herausgefordert wurde. In seinem Innern aber hörte er nur auf sich, verlangte er von sich alles, war er von einem unersättlichen Drang nach Begründung aller Zusammenhänge, Auffindung der letzten Ursachen und Zusammenfügen des Ganzen zu einem großen System beseelt. Später in seinem Leben hat er diesem Drang auch der Öffentlichkeit gegenüber nachgegeben: hat Vermutungen über die ›Natur der Gravitation‹ (4 Briefe an Bentley 1692–93), Vermutungen über die Natur des Lichts (›Queries‹ der *Opticks*) und Vermutungen über die Rolle des Äthers (›Scholium Generale‹) geäußert.

Strategisch-praktisch fällt die eigenartige Doppelgleisigkeit auf,

73 So I. B. Cohen in: »Newton's personality and scientific thought«, in: *Actes du VIIIe Congrès International d'Histoire des Sciences* 1956, Bd. I, Paris 1958, S. 195–201, hier S. 195.

innerhalb derer Newton wissenschaftlich arbeitete. Dies zeigt sich schon innerhalb der eigentlichen Naturwissenschaften: war er einerseits Physiker, Mathematiker und Mechaniker – und darin ein überzeugt ›bekennender‹ Empirist –, so andererseits auch Chemiker und Alchimist – und darin spekulativer Naturphilosoph und Okkultist! Aber nur bezüglich der ersteren Position trat er an die Öffentlichkeit, bezog er Stellung, ergriff er Partei und machte sich bekannt; bezüglich seiner eher spekulativen und phantastischen Arbeiten schirmte er sich völlig ab; die Studien betreffs der Alchemie, der Metallurgie und der Atomistik (die einen Großteil des Newtonschen Werkes überhaupt ausmachen) erblickten nie das Licht der Öffentlichkeit, und Newton selbst machte ein großes Geheimnis daraus.[74] (Kein Wunder, daß gerade um diese Arbeiten ein Großteil der Gerüchte rankten, die den späteren Newton umgaben: Von verschollenen Manuskripten, großen theoretischen Würfen, unter anderem einem wichtigen alchemischen Werk, das durch Brand verlorengegangen sei, war hier die Rede.[75]) Die szientifische Nachwelt hat über Jahrhunderte hinweg dieses Bild des analytisch-empirisch orientierten Newton gehegt und gepflegt, mit der Folge, daß die wenigen Schriften, die man von seiner ›dunklen‹ Schaffensseite überhaupt besaß, auch noch ignoriert, unterdrückt und unerkannt in alle Winde zerstreut wurden.[76]

Sozial oder gar affektiv band sich Newton überhaupt nicht, wie schon festgestellt worden ist. Sein ganzes Leben lang rang er nur mit sich selber. Im äußeren Leben des Alltags schien dieser Konflikt nicht auf; hier hatte er den beschirmenden Hort der Familie bzw. Verwandtschaft um sich. Mit seinen Leidenschaften und seinen Kämpfen aber war er immer allein, und eher nicht glücklich. »Vernunft über die Leidenschaft herrschen zu lassen, gepaart mit Vorsicht« – dies mochte zwar die »beste Verteidigung« sein[77], mußte aber die Leidenschaft immer demütigen und zu einem immer wilderen Aufbegehren

---

74 Wawilow, a. a. O., S. 141 und 144.
75 Ebd., S. 153 ff.
76 Ebd., S. 138 ff.
77 Aus dem schon erwähnten Brief Newtons an Aston 1669, zit. nach Wawilow, a. a. O., S. 15.

im Innern dieser so abgeschirmten Vernunftsperson anhalten. Davon wird noch die Rede sein.

Kein Wort drang nach außen, mit keiner Zeile machte er sich Luft, ja erwähnte er sich überhaupt nur in seinen öffentlichen Äußerungen. Alles, was man von ihm weiß, entstammt spärlichen Tagebuchaufzeichnungen, Kladden, Notizbüchern, die erst die heutige Forschung ans Tageslicht gezogen hat.[78]

Ökonomisch hielt Newton immer auf Mittelmaß, auf maßvolle Bescheidenheit. Seine materielle Lage war nie schlecht, er achtete immer auf eine gewisse Absicherung und Versorgtheit, knauserte mit dem Geld (vom monatlichen Pflichtbetrag von einem Shilling für die ›Royal Society‹ wurde er nach mehrmaligem Insistieren bei Oldenbourg 1673 befreit) und konnte binnen kurzem ein nicht zu verachtendes Vermögen ansammeln. »Seine Einnahmen waren von dem Augenblick an«, schreibt Wawilow,[79] »da er Mitglied des College (in Cambridge) wurde, ziemlich bedeutend und erreichten . . . 200–250 Pfund im Jahre. In den damaligen Zeiten konnte man mit diesem Geld – und insbesondere in der Provinz – ein behagliches Leben führen.« Diese Konditionen verbesserten sich in der Folge eher noch, als Newton in der wissenschaftlichen Welt, bei Hofe und in der bürgerlichen Gesellschaft Englands zunehmend an Ansehen und Bedeutung gewann, Aufseher und Direktor der Münze wurde und später, von 1703 an, auch Präsident der ›Royal Society‹.

Summarisch kann man sagen, daß die Strategie der *Abhaltung* in einem gewissen Sinne erfolgreich war: über Jahre, wenn nicht Jahrzehnte kann Newton ungestört forschen, seinen Erkenntniszielen und Erkenntnistrieben nachgehen, ohne sich um Anforderungen seiner Umwelt groß zu kümmern.

Dennoch war diese Strategie zweischneidig, und zwar vor allem sich selbst gegenüber, wie sich noch zeigen sollte. Sie führte zu einer ungeheuren Selbst-Überlastung auf der einen und zu einer geradezu manischen Öffentlichkeitsscheu auf der anderen Seite. Das, was in der Abwehr des ›Außen‹ vermieden und verhindert werden sollte, trat als mögliche Bedrohung, als Angstmotiv um

---

78 Siehe etwa die Arbeiten F. E. Manuels.
79 Wawilow, a. a. O., S. 14.

so dringlicher auf, und das, was ausschließlich der eigenen Person an Leistungen und Aufgaben zugemutet wurde, führte zu ungeheurem Druck und übersteigerten Ansprüchen an sich selbst. Ergebnis war die neurotische Persönlichkeit, die überall Feinde witterte, Fehler und Fallgruben gestellt sah und den selbst gestellten Ansprüchen nicht mehr zu genügen wußte. Am Ende einer über zwanzigjährigen Forschungsperiode erkrankt Newton Anfang der neunziger Jahre schwer: ›Geistesstörungen‹, ›Wahnvorstellungen‹, ›Depressionen und Verfolgungswahn‹ lauten die Stichworte der Diagnose. Kurz nach dem Tod der Mutter 1689 setzen diese Störungen ein und währen mindestens zwei, wenn nicht drei Jahre lang. Sehr detailliert sind die Kenntnisse diesbezüglich nicht, nachdem die Newton-Tradition und -Apologie dieses vermeintlich kompromittierende Faktum einfach unterdrückt und verschwiegen hat.[80] Newton war in dieser Zeit nicht zurechnungsfähig: gab Unsinn von sich, beschuldigte Freund und Feind und setzte sich permanent gegen vermeintlich im Umlauf befindliche böse Nachreden zur Wehr. An Locke, mit dem er zu dieser Zeit gut befreundet war, richtet er einen vorwurfsvollen Brief[81], in dem er sich gegen dessen angebliche Versuche verwahrt, »mich durch Frauenzimmer und durch andere Mittel in Verlegenheit zu bringen«; an Pepys, den Sekretär der Admiralität und Präsidenten der Royal Society, Vorgänger Newtons in diesem Amt, schreibt er mit demutsvoller Larmoyanz[82], »... ich hatte niemals die Absicht, irgend etwas durch Ihre Verwendung oder durch die Gunst des Königs Jakob zu erlangen; ich fühle nun, daß ich mich von Ihnen zurückziehen und weder Sie noch irgendeinen von meinen Freunden sehen muß, wenn ich sie nicht beunruhigen will.«

Man versucht, ihn abzuschotten, ihn den Blicken der munkelnden und wispernden Öffentlichkeit zu entziehen, aber gerade die Briefe machen das Vorhaben weitgehend zunichte. Sogar der Erzbischof von Canterbury und Huygens erfahren davon: Newton leidet ernstlich an Verfolgungswahn und geistiger Verwirrung.

80 Wawilow, a. a. O., S. 153.
81 Ebd., S. 155.
82 Ebd., S. 154.

Erst allmählich, im Laufe der Jahre 1693 und 94, findet er zu seiner geistigen Form, zu Konzentration und Klarheit zurück – aber das frühere Vermögen der eigenständigen, schöpferischen Theoriebildung kehrt nicht mehr wieder. ». . . dennoch war die Herausgabe der *Principia*«, schreibt Wawilow[83],»die letzte Tat Newtons, welche den weiteren Gang der Wissenschaft bestimmte. Die vierzig Lebensjahre Newtons, welche nach dem Jahre 1687 verflossen (dem Erscheinungsjahr der *Principia*, W. K.), haben kaum noch etwas zu seiner wissenschaftlichen Persönlichkeit hinzugefügt.«

Trotzdem geht die Arbeit weiter, es erfolgen nacheinander mehrere Auflagen der *Principia*, ab 1704 auch der *Opticks;* Newton wird zunehmend in der wissenschaftlichen Welt anerkannt, ja verehrt (was nicht zuletzt in der Präsidentschaft der Royal Society seinen Ausdruck findet), aber es handelt sich um eine andere Arbeit: Ausbau-Arbeit, Befestigungsarbeit, Panzerung. Newton gibt die bisher geübte Zurückhaltung gegenüber der Außenwelt, der Gesellschaft und Politik auf, er öffnet sich diesem Bereich, aber in durchaus eigensinniger, egozentrischer Weise. Er macht ihn zu seinem Innenbereich, zum Territorium seiner Lehren und Ansichten, zum Terrain seiner Orthodoxie. Innerhalb seines Machtbereichs duldet er keinen Widerspruch und keine Kritik mehr. Die ›Royal Society‹ wird unter seiner Präsidentschaft zur Akklamationsstätte, in England insgesamt gibt es nur noch den ›Newtonismus‹, der das System der Bildung und Wissenschaft in seinem Sinne durchherrscht. Newton wird, mit einem Wort F. E. Manuels[84], ein wahrer »Dictator of Science«.

Daneben tritt stärker als früher eine Regung religiöser Emphase, ein gewisses Eiferertum für die Sache der Rechtgläubigkeit, hervor. Newton schreibt und redet gegen den Katholizismus, ebenso gegen Atheismus und Materialismus (dem er aufgrund seiner eigenen Lehre gefährlich nahekommt), und verkündet die eigene Liaison mit dem göttlichen ›System der Welt‹. Im ›Scholium Generale‹ der *Principia* (das erst der zweiten Auflage 1713 beigegeben ist) stilisiert er sich selbst zum ›Betrachter

83 Wawilow, a. a. O., S. 149.
84 Vgl. Manuel, a. a. O., S. 26.

Gottes‹, der die von diesem her sich vollziehenden Eingriffe rezipiert; in ›Query 28‹ der *Opticks* (auch erst in den späteren Ausgaben des Werkes zu finden) erklärt er die eigene kosmologische Konstruktion des ›absoluten Raumes‹, eine höchst umstrittene Konzeption ohnehin[85], zum ›Sensorium Gottes‹. Hinzu kommen in dieser Zeit eine ganze Reihe von theologischen und historisch-genealogischen Schriften, die sich mit der Offenbarung und der Apokalypse nach der Heiligen Schrift, aber auch mit der exakten Chronologie der Königsgeschlechter der alten praehistorischen und antiken Reiche in Konkordanz mit dem Alten Testament beschäftigen. Die Hauptwerke *Principia* und *Opticks* erhalten Schlußworte, die an religiösem Pathos kaum zu übertreffen sind. Newton versucht offensichtlich, das eigene Werk der rationalen Durchdringung der Welt in Konkordanz zur göttlichen Schöpfung zu bringen, oder zumindest die Spannung zwischen beiden zu mindern, eine Spannung, die er selbst Zeit seines Lebens durch die Suche nach der ›prima causa‹, nach der letzten, begründenden Ursache der Erscheinungen, aufgebaut hatte. 1727 starb Newton, 84jährig, eines sanften Todes.

Überblickt man rückwärtig dieses Newtonsche Leben, so fallen in erster Linie die Widersprüchlichkeiten und Unvereinbarkeiten ins Auge, die sich bei Newton zuhauf finden:

– Newton war streng objektiver Wissenschaftler in unserem heutigen Sinne, und er war gleichzeitig religiöser Eiferer, Phantast und mystischer Philosoph; wir kennen ihn als Verfechter einer hypothesenfreien, empiristisch begründeten Wissenschaft; eine Vielzahl von Manuskripten und Arbeiten weist ihn aber auch als Autoren historischer, religiöser, alchemistischer und pansophistischer Spekulationen aus.

– Newton wehrte wie kein zweiter Ansprüche seiner Umgebung wie auch der Gesellschaft ab und verschanzte sich hinter Familie und Schülern – und war doch, sein Leben lang, mit Fehden, Polemiken, Streitigkeiten und wissenschaftlichen Disputen befaßt.

85 Vgl. G. Freudenthal, *Atom und Individuum im Zeitalter Newtons*, Frankfurt/M. 1982, insbes. Kap. I: Newtons Begründung der Theorie des absoluten Raumes.

– Newton war zeit seines Lebens um innere und äußere Sicherheit, Versorgtheit und Frieden materieller wie geistiger Art bemüht – und hatte dennoch massiv unter inneren Ängsten, Zweifeln und Verfolgungsideen zu leiden.

Das gemeinsame Muster dieser Widersprüche geht auf *Verinnerung* (nicht unbedingt Verinnerlichung) zurück: Newton versucht, alle wesentlichen Probleme der Persönlichkeit durch Grenzziehung und Ausschließung zu lösen derart, daß die beunruhigende Außenwelt neutralisiert, entmündigt, stillgestellt wird. Alle Kraft und alle Dynamik soll von innen, aus dem eigenen Selbst her kommen, während die Außenwelt konfliktbereinigt und entleert wird. Abgesehen von der maßlosen Selbstüberschätzung und – komplementär – der deutlichen Geringschätzung der mitmenschlichen Welt, die hierin liegt, beschert ihm dieses Vorgehen ein ewiges Perennieren und Aufschaukeln der Konflikte in sich: Er selbst mit seinem Innern ist hinfort der Austragungsort all der Widersprüche und Konflikte, die er aus der Sozialität in sich hinein verlagert hat. So gesehen, liegt es auf der Hand, daß für Newton (anders als noch für Cardano) die Probleme nicht mehr in einer schicksalshaften überraschungsschwangeren Umwelt bestehen: Sie ist weitgehend gemeistert, manövrabel. Newton hat es in der Hand, sich auf sie einzulassen oder nicht, sie zu berücksichtigen oder von ihr abzusehen. Seine Konflikte erscheinen – gemäß der geschilderten Strategie der ›Verinnerung‹ – in ihm selbst begründet: Er leidet nicht an Armut, auch nicht an Seuchen, Katarrhen oder Ausschlägen, er leidet an der Knebelung seiner Leidenschaft, an Misanthropie und eigenem inneren Geiz. Wenn Newton über sich reden würde, brauchte er nicht von körperlichen Gebrechen oder Deformationen zu reden, er würde über seinen Abgrenzungswahn, seine Verfolgungsangst, seine sexuellen Traumata reden; vielleicht aber auch nur über jene melancholische Disposition, jenen erstaunlichen Hang zur Selbstverkleinerung und zum Selbstmitleid, der aus der folgenden, gegen Ende des Lebens notierten Tagebucheintragung[86] spricht: »I do not know what I may appear to the world; but to myself I seem to have been only like a boy, playing on the seashore, and

86 Zitiert nach F. E. Manuel, a. a. O., S. 29.

diverting myself, in now and then finding a smoother pebble or a prettier shell than ordinary, whilst the great ocean of truth lay all undiscovered before me.«

8 Resümee
Der Typus des wissenschaftlichen Arbeiters

Die drei hier vorgestellten Figuren der frühen neuzeitlichen Naturwissenschaft umschließen einen Zeitraum von mehr als 200 Jahren. Sie können als markante Repräsentanten einer Entwicklung verstanden werden, die zur Herausbildung der ›Naturwissenschaften‹ im heutigen Sinne führt: Der methodische, moralische und habituelle Zuschnitt des Wissenschaftlers bildet sich in dieser Zeit erst heraus.

In Girolamo Cardano begegnet uns ein lebendiges Beispiel eines Universal-Künstlers und -Gelehrten der Renaissance. Seine Leistungen und Entdeckungen scheinen wesentlich von ingeniösen Einfällen, Ideen und Intuitionen provoziert zu sein; weder macht sich bei ihm das Vorhandensein eines – wie auch immer gearteten – Corpus einer wissenschaftlichen Gemeinschaft geltend, noch kann beim chaotischen und sprunghaften Verlauf seines Lebens überhaupt von ›Tätigkeit‹ oder gar ›Arbeit‹ die Rede sein. Cardano ist rastlos produktiver Geist, ein Erfinder, Entdecker und Ingenium. Anders schon Kepler: Keplers naturphilosophisches (oder sollen wir schon sagen: ›wissenschaftliches‹?) Werk kreist ein ganzes Leben lang im wesentlichen um den Traum eines harmonikalen Aufbaus der Welt und des Universums: Kepler möchte die Idee bestätigt finden, daß der Aufbau der Welt, des Planetensystems ebenso wie die irdische Seele, sich in einem Kosmos harmonischer Verhältnisse, durch Zahl und Symmetrie geordnet, zusammenfinden möge. Die Arbeit seines Lebens kreist um diese Aufgabe und findet in deren Lösung auch ihre Erfüllung. Keplers Werk ist als ›Arbeit‹ sicher schon anzusprechen, aber als Arbeit, die sich noch final rechtfertigt und aufhebt, indem sie ihre Bewahrheitung findet. Newton, am Endpunkt des hier betrachteten Zeitraums stehend, findet schon ganz andere Verhältnisse in der sozialen und politischen Konstitution der Wissenschaft vor – ich denke an die ›invisible colleges‹ der Forschergemeinschaften, wie Boyle sie genannt hat – ich denke an die verschiedenen wissenschaftlichen Akademien und Zirkel, in denen Wissen

schaft kollektiv und unter verbindlicher methodischer Richtschnur betrieben wird. Newton findet aber nicht nur vor, mehr
noch ist es er selbst, der dem gesellschaftlichen Unternehmen
Wissenschaft seinen Stempel aufdrückt. Sowohl wissenschaftstheoretisch als auch habituell-praktisch etabliert Newton die
Figur des rastlos arbeitenden Wissenschaftlers, des ewigen Sisy-
phos. Faktisch ebenso wie ideologisch praktiziert er die Unrast
ewigen Fortschritts, ewiger Kritik und ewigen Ungenügens –
aber weniger aus Lust und Laune als aus einer inneren Zwanghaftigkeit heraus: »Never at Rest«, wie der Titel der neuesten
Newton-Biographie[1] lautet, ein Geist, der sich selbst der Vergänglichkeit des Transitorischen verschrieben hat.

Während Cardano launenhaft, zufällig und arbiträr beliebige
Zacken aus der Krone des Wissenswerten, des Wissensschatzes
bricht, während Kepler immerhin noch sein Dasein als Ganzes
unter das Dach eines vollbrachten Werkes einzubringen vermag, ist Newton schon der typische Repräsentant des nur noch
›beteiligten‹ Kollaborateurs des Unternehmens Wissenschaft,
der zwar epistemisch eine ganze Stufe tiefer in die Ordnung der
Dinge eindringt, nichtsdestoweniger aber mit seinem Beitrag
die Historisierung der Wissenschaft bis zum ›regressus ad infi-
nitum‹ endgültig einleitet.[2]

Ich halte hier die Figur Newtons in besonderem Maße für ver-
allgemeinerungsfähig. Nicht nur hat er mit seinem theoretischen wie auch methodologischen Werk Maßstäbe für seine
Zeit und weit darüber hinaus gesetzt, ich denke, daß auch die in
ihm anzutreffende Persönlichkeitsstruktur, insbesondere was
die innerpsychische Organisation seiner Erkenntnistriebe, seiner Affekte und seines Gefühlslebens angeht, eine gewisse Verallgemeinerung zur paradigmatischen wissenschaftlichen Persönlichkeit der Neuzeit erlaubt. Es ist das Dilemma jedweder
historischen Falluntersuchung (und damit auch der hier angestellten), daß sie das gewählte Fallbeispiel in gewissem Rahmen

1 R. S. Westfall, *Never at Rest. A Biography of I. Newton*, Cambridge,
Mass. 1980.
2 Diese Tendenz der Verzeitlichung des Wissenschaftsprozesses bei
Newton habe ich in meiner Untersuchung über *Die Newtonsche Kraft.
Metamorphose eines wissenschaftlichen Begriffs*, Wiesbaden 1983, in
Kap. VI, 3, näher bestimmt.

immer schon zum Paradigma und Leitstern der Untersuchung erhebt, während sie doch eigentlich erst im Verfahren der induktiven Verallgemeinerung zu leitmotivischen Bestimmungen gelangen dürfte. Ich will zum allgemeinen Problem dieses Zirkels – eines methodisch unvermeidbaren Zirkels, insbesondere innerhalb der Geschichtswissenschaft – nichts sagen, wohl aber zur Auszeichnung gerade Newtons als der für die Neuzeit typischen Figur des wissenschaftlichen Arbeiters: Newtons Beispiel einer asketischen, in jeder Hinsicht vorsichtigen Lebensweise, seine vorbildlich akkurate und emsige Arbeitsweise in der Theorienüberprüfung, vor allem aber die Modellhaftigkeit seiner inneren Triebstruktur, die von einem immerwährenden Zwang zu Arbeit und Rechtfertigung bestimmt scheint, diese Kennzeichen einer äußerst betriebsamen, aber brüchigen ›Psychodynamik‹ weisen weit über ihn hinaus, wie allgemeinere Untersuchungen kulturgeschichtlicher und soziologischer Art[3] auch bestätigen. Auch scheinen sie zu einem

---

3 Ich denke hier sowohl an die allgemeine kultursoziologische Untersuchung Max Webers über *Die protestantische Ethik und den Geist des Kapitalismus* als auch die spezifisch wissenschaftssoziologische Studie R. K. Mertons über *Science, Technology and Society in Seventeenth-Century England*, die in ihrem Ansatz deutlich der Weberschen Untersuchung verpflichtet ist.
Weber stellt nicht eigentlich eine Untersuchung über das wissenschaftliche, sondern über das kapitalistische Berufsethos an. Dennoch, denke ich, sind die grundlegenden Topoi wie ›innerweltliche Askese‹, ›lebenslängliche Rechtfertigungsarbeit‹ (zum Beweis des Gnadenstandes), ›lebenslänglich vergebliches Ringen‹, die Weber als Ausfluß protestantisch-puritanischer Ethik herausarbeitet, auch für die sich abzeichnende Profession des Wissenschaftlertums als gültig zu erachten.
Wenn hierüber im allgemeinen Kontext noch Zweifel erlaubt sein mögen, so zumindest nicht für den Fall des puritanischen England des 17. Jahrhunderts. Hier hat R. K. Merton mit der oben genannten Studie, die ursprünglich schon 1938 erschienen ist, einen deutlichen Beweis für den Zusammenhang von puritanischer Lebensauffassung und szientifischem Berufsethos geliefert. Insbesondere stellt er die von mir genannten drei Momente der Askese, der empiristisch-laboristischen Grundorientierung und der sisyphoshaften innerpsychischen Triebdynamik als Grundbestandteile dieses Ethos heraus (siehe R. K. Merton, *Science, Technology and Society in 17th Century England*, New

gewissen Grad noch die Verfassung des Wissenschaftlers heutiger Provenienz zu charakterisieren.[4]

Die folgenden Feststellungen sind als eine Art Schlußpunkt anzusehen. Es soll das Resümee bezüglich der Frage nach dem ›Körper‹ im wissenschaftlichen Prozeß gezogen werden. Im Rückgriff auf die Ergebnisse des Teils II und in enger Anlehnung an die hier vorliegende biographische Sequenz soll eine Charakteristik der wissenschaftlichen Persönlichkeit entworfen werden, wie sie sich im Untersuchungszeitraum des 16. und 17. Jahrhunderts herausgebildet hat. Diese Charakteristik wird um folgende Merkmale kreisen:

- Materielle Lage, Habitus, Lokalisation
- Selbstbezogenheit
- Erkenntnisinteresse und Temperament
- Inanspruchnahme des Körpers
- Gesundheit und Krankheit
- Authentizität des Leibes, De-Realisierung und Handeln auf Probe.

Materielle Lage, Habitus, Lokalisation

Der Wissenschaftler der Neuzeit ist mehr und mehr durch eine gewisse Wohlsituiertheit und Wohlhabenheit ausgezeichnet, die der zunehmenden Professionalisierung seines Standes zuzurechnen sind. Wissenschaft und Bildung werden tendenziell als nützliche Erkenntnis-Unternehmungen des (absolutistischen) Staates anerkennt, der einzelne Wissenschaftler bzw. die wissenschaftlichen Vereinigungen und ›Gesellschaften‹ entsprechend vom Hof oder vom Fürsten alimentiert. Diese äußeren Bedingungen zeitigen Folgen auch für die innere habituelle Ver-

York 1970, Kap. 4: Puritanism and Cultural Values). Wissenschaft ist lebenslange Arbeit, die sich durch die Gnade der Wahrheit, das heißt der geglückten Übereinstimmung mit der rational eingerichteten göttlichen Natur zu bewähren und auszuzeichnen vermag.

4 Siehe die Schilderung heutiger wissenschaftlicher Arbeits- und Produktionsmethoden bei O. Negt/A. Kluge, *Öffentlichkeit und Erfahrung*, Frankfurt/Main 1972, Kap. 1 unter dem Stichwort ›Das Schicksal der Erkenntnistriebe – Erfahrung durch Wissenschaft‹, S. 50 ff.

fassung des Wissenschaftlers: Wissenschaft wird zum Beruf, vergleichbar etwa dem eines hochspezialisierten Handwerks-Meisters.[5] Es stellt sich der typische Habitus des neuzeitlichen Wissenschaftlers ein: zurückhaltend, eher unscheinbar, im Verborgenen blühend. Die äußere Erscheinung gilt nicht viel, eher artikulieren sich Befürchtungen, zu sehr aufzufallen und ›Wind‹ zu machen.

Bei Cardano, unserem ersten Protagonisten, konnten wir noch in *De vita propria* vernehmen, daß er Körper-Ertüchtigung, Waffenspiel, Sport und Abhärtung betrieben habe. Auch daß es ihm keine Nebensächlichkeit bedeutet habe, aufrecht und stolz zu gehen, durch Haltung, Gestus und Auftreten sich öffentlich als ›freier Mann‹ zu präsentieren. Von solchen Anwandlungen und Ambitionen sind unsere späteren Zeugen frei, eher regiert die Sorge um zu große Auffälligkeit, um falsche Versprechungen und uneinlösbare Verpflichtung. Kepler sieht sich selbst als Hund (der folgerichtig eines Herren bedarf), und auch Newton besitzt nicht das Auftreten eines Herrn, sondern eher das eines unscheinbaren Mannes, der keine Aufmerksamkeit auf sich zu lenken wünscht.[6]

Parallel zu der Zurücknahme des äußeren gesellschaftlichen Erscheinungsbildes geht die Tendenz zur Immobilisierung und geographischen Verortung des Wissenschaftlers: Er besitzt seinen Ort, seine Arbeitsstätte und nimmt außerhalb derer kaum noch am sozialen und politischen Leben seiner Umgebung teil. Geschuldet einem Zwang zu verstärkter Abrückung und Objektivierung der Verhältnisse, entrückt der Wissenschaftler in eine relative Ortlosigkeit: Sein Ort, auch wenn er gerade hier sich befindet, könnte überall sein, weil sie ihm alle gleich viel gelten und (methodisch) gleich-gültig sein müssen.

Bei Cardano noch war von einer absolut chaotischen Lebensführung zu hören, bei der von Planung, Absicht und Umsicht nicht die Rede sein konnte. Er wird ›*da und dorthin*‹ verschlagen, von seinem Schicksal gelenkt oder vertrieben – aber es hat nicht den Anschein, daß diese Odyssee ihm besondere Unbill bedeutet hätte.

5 Siehe hierzu die Ausführungen M. Webers in: *Wissenschaft als Beruf*, München und Leipzig ³1930.
6 Siehe die Beschreibung des äußeren Erscheinungsbildes bei Wawilow, a. a. O., S. 201.

Keplers Weg ist demjenigen Cardanos zunächst durchaus ähnlich, auch er wird hierhin und dorthin verschlagen, versetzt, vertrieben. Aber bei ihm spürt man schon, im Unterschied zum vorgenannten, den latenten Widerstand, das Unbehagen und das Leid, das ihm hieraus erwächst. Während Cardano immer wieder sich gelassen und neugierig auf die Wechselfälle seines Lebens einläßt – und darin eine geradezu bewunderungswürdige Gelassenheit entwickelt –, ist Kepler seine Zeiten leid: Nie findet er die Ruhe, die er für seine mühevollen Studien nötig hätte. Während er in Linz den Druck seiner ›Rudolfinischen Tafeln‹ zu überwachen gedenkt, wird die Stadt belagert und beschossen – einer der Wechselfälle, die Kepler zu einem ewigen Ausweichen, zu einer nicht endenwollenden Wanderschaft in Europa nötigten. (Im Kepler-Museum in Weil der Stadt bei Stuttgart ist eine Darstellung aller Keplerschen Reisen zu Fuß und zu Pferde innerhalb des mitteleuropäischen Raumes, mehrere tausend Kilometer insgesamt, zu finden.) Newton hat es schon von Anfang an darauf angelegt, keine großen Veränderungen, sowohl familial-sozialer als auch geographischer Art, sich zumuten zu müssen. So lange wie möglich, im Grunde sein ganzes Leben lang, bleibt er im Schoße der Familie – eine Nichte führt ihm, obwohl selbst verheiratet, bis an sein Lebensende das Haus; wann immer möglich, hält er sich im ländlichen Woolsthorpe bzw. dem nahegelegenen Grantham und später in Cambridge auf, und der einzig belangvolle Umzug und Umbruch in seinem Leben ist der Wechsel von Cambridge nach London, ein Wechsel, der auch die Aufgabe seiner eigentlichen wissenschaftlichen Tätigkeit und den Eintritt in die Wissenschaftspolitik und die Staatsgeschäfte bedeutet. Allgemein läßt sich für Newton konstatieren, daß die Sorge um die Zukunft, Zukunftssicherung und -planung, seine ›weltlichen‹ Gedankengänge beherrscht. Schon bei seinen Vorgängern ist dieses Motiv feststellbar, aber erst bei Newton wird es zu einem dauerhaften strategischen Element seines Handelns auf der Ebene der Politik und der Wissenschaftsinstitutionen. Diese strategische Vorsorge ist, so denke ich, als das Korrelat jener methodisch verordneten Realitätsabdämpfung und -abschottung anzusehen, der sich Newton wie kein Wissenschaftler vor ihm unterzieht.

Selbstbezogenheit

Mit dem Schwinden der Bedeutsamkeit des eigenen Auftretens und der Erscheinung geht auch der Stolz der Selbstthematisierung verloren, oder vorsichtiger gesagt: Das Feld der Selbstthematisierung verschiebt sich von der öffentlichen Erörterung auf

die private und intime Sphäre, es verlagert sich von der Betonung des äußeren Erscheinungsbildes auf die mühevolle Befragung des inneren Gemützustandes.

Insbesondere betrifft dies die eigene körperliche Natur: Der
Körper als vordringlich gegebenes manifestes Signum der eigenen Persönlichkeit schwindet zugunsten einer diffus nur erfaß-
baren, immer wieder schwankenden *psychischen Befindlichkeit*.
An die Stelle eines zur Schau gestellten Selbstbewußtseins, einer
stolzen Haltung tritt die Erörterung innerer Konflikte, die Aufarbeitung eigener Fehlbarkeit. Bemühung um Katharsis tritt an
die Stelle von Ostentation. Damit einher geht ein Prozeß der
Privatisierung und Verheimlichung: Die Selbstthematisierung
findet neue Formen in der privaten und diskreten Mitteilung,
der geheimen Tagebuchnotiz und der versteckten Confessio.

Cardano, so hatten wir gesehen, war derjenige, der am offenherzigsten
über sich selbst schrieb, der freimütig über alle Vorgänge und Veränderungen an sich berichtete, selbst wenn sie, in heutigem Sinne, privater
oder intimer Natur waren: ›ich‹, ›ich, ich‹ regiert diese Autobiographie
– aber nicht in dem aufdringlich narzißtischen Sinn, der von moderner
zeitgenössischer Literatur her vertraut sein mag, sondern als Ausdruck
eines Ringens, einer Suche nach sich selbst, die staunend ein ›Ich‹ feststellt, wo sie zunächst nur Geschehnisse oder Widerfährnisse notieren
kann.

Kepler markiert hier schon eine gewisse Wandlung. Auch er schreibt
viel über sich, sowohl in seinen wissenschaftlichen Werken als auch in
Horoskopen, Selbstdarstellungen und Jahreseintragungen. Auch er
teilt sich exzessiv mit – aber eher schon mit dem Interesse der Abklä-
rung und Abrechnung. Kepler redet von seiner inneren Gemütsverfas-
sung, seinen Schwächen, falschen Neigungen und Skrupeln, er spiegelt
Hochmut, Blasphemie und tiefste Niedergeschlagenheit, also die inneren Kämpfe eines mit sich selbst ringenden Geistes. Er präsentiert sich
nicht, er reflektiert sich, rechnet mit sich ab, diszipliniert sich. Kaum
ein Zufall, daß Kepler häufiger im ›Er‹ schreibt, in der dritten Person
also, als müsse er schon dadurch sich beweisen, wie unwichtig und
nichtig doch diese Anfechtungen des Johannes Kepler eigentlich
seien.

Immerhin aber, Kepler ist sich nicht zu schade, auch nicht zu ver-
schämt, sich selbst zum Thema zu machen. Im Gegenteil, sein ganzes
Werk steht verschwiegen in einer Beziehung zur eigenen Selbstdefinition und Selbstfindung: Es dient ihm dazu, herauszufinden, ob er in

sich die nötige Demut für die Anerkenntnis der Größe Gottes auszubilden vermöge.

Von Newton, etwa drei Generationen nach Kepler, gilt dies nicht mehr. Newton schreibt öffentlich mit keiner Zeile über sich, weder eine Autobiographie, noch irgendwelche Selbst-Abrechnungen oder Selbstkritiken. Auch stellt er sein eigenes Ringen mit dem großen Gedanken der Erkenntnis nicht mehr dar, es existieren keine psychodynamischen Reflexionen seiner Werkgeschichte. Von seinem Aussehen wissen wir nur durch zeitgenössische Zeugen, von seinem Befinden und Wohlergehen nur dann, wenn dieses gestört, gehindert, unterbrochen wurde. Der ›wahre‹ Newton scheint, diesem Eindruck nach, körperlich und seelisch ohne Belang, unerheblich gewesen zu sein.

Wenn Newton etwas über sich schreibt, so unfreiwillig und zufällig; ›notes and records‹ entstehen in einer angespannten Atmosphäre des College und ein Bündel von Selbstanklagen und Anfechtungen im Zusammenhang mit seinem psychischen Zusammenbruch. Dies ist aber nicht mehr als ein Sich-Luft-Machen, hier legt jemand eher unfreiwillig Rechenschaft ab vom Geschehen seines Innern, von schamvollen Gelüsten, unterdrückten Wünschen, Verzicht.

Wenn bei Kepler die vielen selbstreflexiven Bekundungen noch den Stellenwert einer psycho-analytischen Rechenschaft, einer Rechenschaft über die Psychogenese der Erkenntnis, besaßen, dann gilt dies für die wenigen newtonschen Bemerkungen, die seiner eigenen Person gelten, nicht mehr. Newton erscheint vielmehr, was die eigene innere Beteiligung am Zustandekommen der Erkenntnis betrifft, völlig verschlossen. Seine Selbstbeobachtungen besitzen keinen erzieherischen Wert mehr, wie es noch für Keplers Bemühen um die innere Katharsis gegolten hatte, sie stellen ein rein privates Ventil dar.

Erkenntnisinteresse, Motivation und Temperament

Mit dem Vordringen von Fortschrittsorientierung und Verzeitlichung in der Wissenschaft ändert sich auch das Erkenntnisinteresse, dem diese Wissenschaft verpflichtet ist. Vorrangiger Wert ist nicht mehr die Erkenntnis der *Wahrheit*, wie sie vor aller Zeit in die Natur hineingelegt worden wäre, vorrangig ist eher die Bereitstellung von Wissen, das für die menschliche Gesellschaft von Nutzen und technisch zu realisieren wäre. Entsprechend wandelt sich die Erkenntnisorientierung des einzelnen Wissenschaftlers: Es geht nicht mehr um den ›Traum‹ von der Wahrheit (Kepler), es geht um die Hervorbringung eines dinglichen Wissens, eines Wissens nämlich, das sich intersubjektiv überprüfen, reproduzieren und in nützliche Dinge überführen läßt. Wissenschaftliche Tätigkeit ist nicht mehr gerechtfertigt durch die hoffnungsvolle Teilhabe an der *einen* Idee der Wahrheit, sondern nur noch durch lebenslängliche, entsagungsvolle Arbeit am ›Schaft‹ des verfügbaren Wissens. Wissenschaft als Arbeit heißt, die eigenen Erwartungen auf Erfolg für ein Leben lang zu strecken und auf die Folter zu spannen. Heißt, sich immer wieder an der Möglichkeit des Fehlers, am Irrtum abzuarbeiten, statt sich auf vermeintlich richtigen oder wahren Erkenntnissen auszuruhen.

Hierzu erfordert es eine ganz andere Verzichtbereitschaft, eine ganz andere Bereitschaft zur Askese, als sie dem gottesfürchtigen Einsiedler und Sucher der Wahrheit bekannt war.[7] Es winkt keine Belohnung und es gibt keine Erfüllung: Wissenschaftliches Arbeiten ist in seiner Rechtfertigung ständig auf die Zukunft verwiesen, ist ständig vom Zweifel und von der Gefahr des drohenden Scheiterns begleitet – und dennoch hat es lebenslänglich das Ethos des Fleißes und der rationalen Pflichterfüllung aufzubringen.

Diese Anforderungen bereiten den Boden für eine motivationale Ambivalenz, die unter der Daueranspannung des Willens steht und dennoch eigentümlich gleichmäßig und spannungslos erscheint: Sie bleibt permanent in der Schwebe und ist von äußerster Dünnhäutigkeit und Fragilität.

Die innere Gestimmtheit des neuzeitlichen Wissenschaftlers ist völlig von den Anforderungen seiner Erkenntnistätigkeit gezeichnet: Der Vermeidung und Abhaltung äußerer Störungen und Reize korrespondiert innerlich – psychodynamisch – die Installierung eines ›Motors‹ unablässigen Zweifelns und unablässiger Infragestellung, der das Schicksal der Erkenntnis antizipativ vorantreibt und gleichzeitig innerpsychisch zur Abbildung bringt.

Cardano erleben wir vermöge seiner Autobiographie als einen äußerst dynamischen, produktiven Menschen. Jeder Einfall ist ihm ein

7 Über die spezifischen Merkmale dieser ›innerweltlichen Askese‹ siehe M. Weber, *Die protestantische Ethik*, Bd. I, Gütersloh 1981, S. 115 ff.

Gedanke, jede Erfahrung eine Erkenntnis. In jedem Augenblick kann sich ihm die Wahrheit zeigen, aufblitzend – es kommt nur darauf an, aufgeschlossen für sie zu sein. In diesem Sinne ist sein ganzes Leben als Begegnung mit der Wahrheit zu verstehen. Er kämpft nicht um und ringt nicht mit der Wahrheit, er hält sich für sie offen.

Bei Kepler ein anderes Bild: Bei allem Chaos, das auch in seinem Leben geherrscht haben mag, und bei aller Ambivalenz, die auch für ihn bestimmend gewesen sein mag, ist doch eine gewisse beruhigte und versicherte Stärke seines Charakters unverkennbar.

Kepler mag oft in seinem Leben geschwankt, gezweifelt und von seinen Stimmungen hin und her getrieben worden sein, er hat doch immer wieder zu der Mitte seiner selbst, zu der barock-harmonikalen Grundüberzeugung von der Stimmigkeit der Welt zurückgefunden. Und nur diese Überzeugung hat ihm die Kraft und die Ausdauer verliehen, eine derartige Arbeit, wie er sie in der Auswertung der tychonischen Beobachtungen oder der Erstellung der ›Ephemeriden‹ und der ›Rudolfinischen Tafeln‹ vor sich hatte, ein Leben lang durchzustehen. Kepler kennt also auch noch Eingebung oder Intuition – aber bei ihm bedarf es schon eines ganzen Lebens von Arbeit, sie mit Wahrheit zu erfüllen.

Noch anders Newton: Für ihn gab es die eine Idee, die eine Hingabe an die Erfüllung eines Traums nicht mehr. Newton war, mehr als die Vorgenannten, ein lebenslänglicher wissenschaftlicher Arbeiter, aber die Vollendung dieser Arbeit war ihm schon nicht mehr vergönnt. Die letztendliche Wahrheit der Natur war verhüllt und transzendent geworden.

Äußerlich, so können wir vermuten, war Newton ein ruhiger und eher gesetzt wirkender Mann. Das Ethos wissenschaftlichen Arbeitens und wissenschaftlicher Disziplin rührte eher von innen, von inneren Antrieben und innerem Zweifel her. Von keinerlei chaotischem Alltag, auch nicht von gewalttätigen oder kriegerischen Zeitumständen geplagt, war sein Motor eher die Unruhe und Skepsis in Permanenz, eine Fähigkeit unaufhörlicher Selbstinfragestellung, die ihn über das einmal gesteckte Ziel immer wieder hinauszutreiben vermochte.

Überblickt man die vorgestellten drei Persönlichkeiten in ihrer historischen Aufeinanderfolge, so fällt eine zunehmende Brüchigkeit und Fragilität des Charakters, eine zunehmende ›Herabstimmung‹ der Temperamente und Affekte auf. Die Figur des selbstgewissen, stolz aus sich heraustretenden Renaissance-Gelehrten weicht dem eher skrupulösen, menschenscheuen neuzeitlichen Naturwissenschaftler, dessen Typus noch für das heute gängige Clichée desselben das Vorbild abgibt: Scheu,

Unentschiedenheit und Farblosigkeit kennzeichnen sein Auftreten in der Öffentlichkeit ebenso wie eine gewisse Verschlossenheit und Introversion des Charakters, die sich häufig noch mit der Attitüde der Entrücktheit und Inkompetenz in allen Fragen des Geschmacks und der Bedürftigkeit paart.

Diese Fassade aber birgt zumeist einen höchst unsteten und sensiblen Geist, der unvorhergesehen von Größenwahn wie von Selbstanfechtung, penibelster Skrupelhaftigkeit und prometheischer Selbstüberbietung heimgesucht werden kann. Der Naturwissenschaftler der Neuzeit erweist sich, bei aller äußerlich zur Schau gestellten Abgeklärtheit des Temperaments, als ein höchst empfindlicher und empfindsamer, dabei labiler Charakter, dessen Grundstruktur von ewiger Unruhe, Zweifel und Sorge bestimmt ist.

Von Cardano bis Newton zieht sich hier ein roter Faden: Unter dem Eindruck der zunehmenden Krisis im Verhältnis von äußerer und innerer Natur und der zunehmenden Tendenz der Abkapselung der letzteren als ›Psyche‹ kommt es zu dem immer stärkeren Versuch, sich gegen äußere Störungen zu wappnen, zumindest aber für die Bedingungen ihres Auftretens Sorge zu tragen.

Inanspruchnahme des Körpers

Der Körper des Wissenschaftlers verliert zunehmend an Bedeutung; er spielt nur noch eine *subsidiäre*, keine konstitutive Rolle mehr für das Zustandekommen von Erkenntnis. Weder die Wahrnehmungsfähigkeit der Sinne noch die Empfindungsfähigkeit des Leibes noch die Handlungsfähigkeit des Körpers im Ganzen spielen eine tragende Rolle in der methodisch organisierten wissenschaftlichen Erfahrung. Der Naturwissenschaftler der Neuzeit ist, im Idealfall zumindest, nicht mehr körperlich in den Prozeß der Naturaufklärung involviert; vielmehr erfährt und notiert er die Natur aus einer *Distanz* heraus, die ihn weder körperlich-physiologisch noch leiblich-existenziell betroffen sein läßt. Hier zunächst nur zum ersten Punkt, der körperlichen Inanspruchnahme.

Nach den Maßregeln der wissenschaftlichen Methodologie hat sich der Forscher im Experiment – dem Akt der Befragung der

Natur – absolut unauffällig zu verhalten, das heißt jedes Anzeichens seiner körperlichen Präsenz zu enthalten; alles andere gilt als ›Fehler‹. So heißt es in einem einschlägigen Fachwerk[8] des 19. Jahrhunderts unter ›Fehler des Beobachters‹:

»In der *dritten* Regel wird zunächst verlangt, dass der Beobachter, um nicht durch seinen Lebensprocess selbst störende Nebenerscheinungen hervorzurufen, sich von dem Orte, wo die zu studierende Erscheinung vor sich geht, tunlichst fern halte. Hierzu läßt sich nichts weiter sagen, als dass der Beobachter diesem Verlangen, wenn er es nur irgend kann, nachkommen muß, er wird aber selbst am besten ersehen können, ob bei einem Versuch seine unmittelbare Gegenwart notwendig ist, oder ob er den Verlauf desselben bezüglich die dabei nötigen Beurteilungen nicht auch aus einiger Ferne verfolgen, bezüglich vornehmen kann. Muss er an dem Apparate bleiben, so hat er die von seinem freien Willen abhängenden störenden Lebensäußerungen einzuschränken und die unwillkürlich an ihm vor sich gehenden Processe, so namentlich die Wärmestrahlung seines Körpers, durch ein-geschaltete Schutzmittel unschädlich zu machen. Es darf aber diese Vorsorge nicht so weit gehen, dass man dadurch während der Beobachtung körperlich und damit auch geistig leidet, weil man sonst an Beurteilungsschärfe mehr verliert als man durch Elimination der anderen Fehlerquellen vielleicht zu gewinnen vermag.«

Der Wissenschaftler ist also für die Dauer des Versuchs gehalten, sich vom Objekt seiner Bemühungen fernzuhalten – und wenn seine Präsenz aus Gründen der ›Hilfestellung‹ erforderlich ist, so ist sie auf eine latente und lautlose, fast unkörperliche Anwesenheit zu beschränken. Sehr wohl hat der Wissenschaftler das Experiment einzurichten oder, wie es in der methodologischen Sprache heißt, zu *präparieren*, aber dieses eben mit der umsichtigen Beflissenheit dessen, der zwischen Vorbereitung und Ablauf, Präparation und Messung zu unterscheiden weiß. Diese Tätigkeiten gelten nicht im engeren Sinne als *wissenschaftliche*, sie sind nicht konstitutiv für die neuzeitliche desanthropomorphe Erkenntnissuche und werden überdies in der weiteren Entwicklung der Wissenschaften als ›Instrumentenbau‹ und ›Experimentaltechnik‹ abgekoppelt. Entsprechend verliert auch Arbeit *am* Körper, also Körper-

8 So B. Weinstein in *Handbuch der physikalischen Maßbestimmungen*, Berlin 1886, Abschnitt ›Fehlertheorie‹, hier S. 5.

ertüchtigung und -erziehung, Schärfung der Sinne, Übung von Geschicklichkeit, Wendigkeit, Sport, an Bedeutung, wird dysfunktional und verkommt zu einer persönlichen Marotte.

Diese hier angedeutete Entwicklung kommt bei unseren Protagonisten erst langsam in Gang.

Bei Cardano kann von alledem noch keine Rede sein. Weder kennt er das strenge Experiment, noch beachtet er irgendwelche Maßregeln einer wissenschaftlichen Methodologie. Dafür gilt ihm die Sprache seines Körpers, das heißt die Schärfe seiner Sinne und die Sensibilität seiner Empfindungen um so mehr. Mag dies zu allerlei singulären Erfahrungen führen, so aber nicht zur Wissenschaft.

Kepler markiert hier schon eine fortgeschrittene Entwicklung. Selbst kein großer Beobachter oder gar Experimentator, ist er mit seinen körperlichen Fähigkeiten und Kompetenzen kaum in die Erkenntnisbildung involviert: Kepler ist der typische Theoretiker, der die Erfahrungen anderer zu Rate zieht und verwertet.

Sein Leben lang rechnet er auf der Basis astronomischer Beobachtungen, die andere vor ihm, von Regiomontan über Tycho bis zu Philipp von Hessen, gemacht haben; aber damit nicht genug, er sorgt erstens für einen Vergleich, eine Interpolation zwischen diesen Rechnungen, und zweitens für eine Standardisierung der Beobachtung an sich – ein Ziel, dem er mittels des gerade erfundenen galileischen Fernrohrs bzw. dessen Verbesserung und theoretischer Fundierung näher zu kommen glaubt.

Insgesamt kann bei Kepler schon davon gesprochen werden, daß der Körper ›in den Schatten‹ getreten sei, nämlich zu einer bloß noch subsidiären Dienstbarkeit abgewertet worden ist, die die Bedeutung einer originären und charismatischen Erkenntnisquelle nicht mehr besitzt.

Bei Newton setzt sich diese Tendenz überdeutlich fort. Zwar ist Newton, im Gegensatz zu Kepler, großer Beobachter und Experimentator, aber gerade in seiner Experimentaltechnik läßt sich die Tendenz der Verabschiedung und Ablösung vom (eigenen) Körper ablesen. ›Ent-Phänomenalisierung‹, wie es oben genannt wurde, bezog sich bei Newton nicht nur auf die theoretische Ambition, sich in der mathematischen Durchdringung eines Phänomen-Bereichs aller sinnlich gegebenen Voraussetzungen zu entledigen, sie beinhaltete auch ganz praktische Konsequenzen in der Subsumtion der instrumentaltechnisch-körperlichen Arbeit unter die Zwecke der Theorie. Infolgedessen konnte die unumgängliche körperliche Tätigkeit in der Erstellung und Präparation von Experimenten, ebenso die Beobachtungs- und Kontrolltätigkeit, an andere, nämlich Assistenten, Freunde oder Mitarbeiter dele-

giert werden oder aber von einem dienstbaren, aber nicht mehr ›begei-
sterten‹ Körper erledigt werden.

Einer besonderen Erwähnung bedürfen an dieser Stelle die
Sinne. Für sie gilt in besonderem Maße, was für den Körper
allgemein schon festgestellt wurde, daß sie nämlich insgesamt
als untaugliche Mittel menschlicher Natur-Wahrnehmung und
-Aneignung verabschiedet und ersetzt werden. Die Sinne und
die ihnen zukommenden Qualitäten der Wahrnehmung gelten
als anthropomorph und damit voreingenommen, parteilich, in-
objektiv. Der Naturwissenschaftler hat danach zu trachten, so
weit wie möglich dem Zeugnis seiner Sinne *nicht* vertrauen zu
müssen, so weit wie möglich die Rezeption der Natur auf eine
objektive, technisch reproduzierbare Basis zu stellen.
Es mag erscheinen, als sei das Auge, das Sehen, der Gesichtssinn
von diesen Aussagen ausgenommen: Immerhin ist das Sehen
mittels des Auges, das Ablesen von Instrumenten etc. für das
experimentelle Geschehen in der Naturwissenschaft unerläßlich; Messung kann nicht anders sich vollziehen.
Dem ist zu entgegnen, daß es sich bei diesem ›Sehen‹ um ein
einseitiges und rudimentäres, fast nur noch auf Lese- oder
Ablese-Vorgänge beschränktes Sehen handelt; das Auge hat nur
noch bloße Daten, Numeri und Symbole zu erfassen und ist
damit gerade in seinen charakteristischen Fähigkeiten, zu staunen, zu schauen und schauend zu erkennen, eingeschränkt.
(Diese Entwicklung in der Wissenschaft folgt im übrigen getreu
dem ›Projekt‹ der oben vorgestellten cartesischen Wahrnehmungstheorie, die das Vermögen des Sehens auf die Erfassung
von geometrischen und numerischen Daten restringiert wissen
wollte.)
Gerade das originäre Entdeckungs- und Erkenntniskonstitu-
tionsvermögen des Auges ist damit aber ausgeschaltet für die
Wissenschaft, ein folgenreicher Vorgang, der noch zu würdigen
sein wird.

Gesundheit und Krankheit

Die Forderung der Nicht-Auffälligkeit, der Nicht-Manifestheit
der körperlichen Präsenz, wie sie innerhalb der wissenschaftli-

chen Methodologie für das Verhalten des Wissenschaftlers erhoben wird, sie zeitigt besondere Bedingungen für die Weise des körperlichen Befindens, für Gesundheit und Krankheit dieses Körpers. ›Gesund-Sein‹ und ›Krank-Sein‹ erfahren eine Neubestimmung innerhalb der wissenschaftlichen Existenzweise.

Im Krankheitsbild des modernen neuzeitlichen Naturwissenschaftlers dominieren die psychischen und neurotischen Befunde. Es hat sich gegenüber Renaissance und frühem 17. Jahrhundert eine Verschiebung von den organisch-somatischen Fällen zu solchen der Psychopathologie, nämlich der Hypochondrie, der Verwirrung und der Wahnzustände, ergeben (wobei hier nur von den originär ›wissenschaftlichen‹ bzw. Wissenschaftler-Krankheiten die Rede ist). Diese Verschiebung korrespondiert der oben genannten Veränderung im Charakter der wissenschaftlichen Tätigkeit und der von ihr ausgehenden Belastungen: Wo an die Stelle einer intensiven körperlichen Belastung durch lebenslange Beobachtung, Instrumentenherstellung oder Experimentation die innerpsychische Anstrengung der ›unauffälligen Begleitung‹, der Vorausschau und der ideellen Antizipation tritt, verändert sich auch der entsprechende pathologische Befund.

Im Rahmen der hier untersuchten ›biographischen Sequenz‹ kann von einer bemerkenswerten Verschiebung innerhalb der Spezifizität der Krankheiten und Störungen gesprochen werden.
›Krank‹ waren in verschiedener Weise alle betrachteten Figuren, aber mit signifikanten Unterschieden.
Ich möchte im folgenden drei Klassen von Befunden unterscheiden:
a) Befunde, die in keinerlei Zusammenhang mit der wissenschaftlichen Tätigkeit der Person stehen,
b) Befunde, die einer übermäßigen *körperlichen* Beanspruchung des Forschers in Experiment, Observation und Präparation der Technik zuzurechnen sind, und
c) Befunde, die auf das *psychische* Erleben und Verarbeiten des Prozesses von ›trial and error‹ zurückzuführen sind.
Bei Cardano scheint klar der erste Fall vorzuliegen: Wir haben in ihm einen Gelehrtentypus vor uns, bei dem ›Pathographie‹ und ›Erkenntnisgeschichte‹ ganz verschiedene, einander äußerliche Wege und Verlaufsformen nehmen. Sie mögen sich zwar berühren, sie mögen sich kreuzen, dennoch beeinflussen sie sich gegenseitig nicht systematisch.

Cardano selbst ist die Figur eines Kranken, der der ungeheuren Fülle von Leiden, Übeln, Krankheiten und Unglücksfällen, die ihn heimsuchen und beeinträchtigen, fast unbeeindruckt und rätselhaft unbehelligt gegenübersteht; er macht den Eindruck, als wären diese sämtlichen ›Übel‹ alle an ihm abgeprallt, als hätten sie ihm letztendlich nichts anhaben und ihn nicht verändern können.

Bei Kepler liegen die Verhältnisse komplizierter: Auch er war sein Leben lang heimgesucht von Krankheiten, Beeinträchtigungen und Störungen jeder Art, wie Cardano; aber diese Leiden, sowohl körperlicher als auch seelischer Art, stehen eher schon im Zusammenhang mit seiner wissenschaftlichen Tätigkeit. Zu nennen sind hier sowohl seine außerordentliche Kurzsichtigkeit und Polyopie (Mehrfach-Sehen), seine chronischen Magenkrankheiten, Fieberanfälle, Ausschläge und Geschwüre, seine Unfähigkeit, lange zu sitzen – alles Fälle, die der Gattung ›b‹ zu subsumieren sind. Andererseits aber auch Beeinträchtigungen seelischer Art, Einbildungen, Angstzustände, Selbstmitleid; alles Befunde, die in einer Beziehung zu seiner wissenschaftlichen Arbeit zu sehen sind.

Noch ein anderes unterscheidet Kepler von Cardano:
Er geht anders mit der Krankheit um.

Bei Kepler hat man durch alle seine Schriften und Bekundungen halbprivater Art hindurch den Eindruck, daß die Krankheit ihn drückt, daß sie ihn deprimiert – aber zur gleichen Zeit auch, daß es gar nicht anders sein könnte. An vielen Stellen jammert er über seine Leiden (Schmerzen, Zipperlein, Hämorrhoiden, Magengeschichten), aber hinter diesem Jammer versteckt sich schon durchsichtig ein anderes: das Hadern mit dem *Gedanken*, die Unruhe und Unentschiedenheit des Geistes. Kepler definiert sich in und mittels der Krankheit, benutzt sie als Medium oder Verkleidungsform für seinen inneren, erkenntnissuchenden Geisteszustand. Die Krankheit ist in gewisser Weise äußere Manifestation, Verkleidung für die innere Qual seines Ringens – und wenn bei ihm von ›Hypochondrie‹ oder hypochondrischer Veranlagung gesprochen werden kann, wie Koestler[9] meint, dann in diesem Sinne: Im Sinne eines selbstgewählten und selbstverschuldeten ›Krank-Seins‹, das Schutz vor Inanspruchnahme, Entscheidung und Endgültigkeit gewährt.

Und gerade dieses Moment der eigenen Intention, man möchte fast sagen, der eigenen Lust daran, bewahrte ihn auch wiederum davor, von der Krankheit restlos gefangen und übermannt zu werden. Bei aller Schwere seiner Beeinträchtigungen färben sie doch nie auf seinen inneren Gemütszustand, nicht auf seine Erkenntnisfähigkeit und Erkennt-

9 A. Koestler, a. a. O., S. 354.

nislust ab. Die psychischen Leiden und psychosomatischen Befunde dringen in ihn ein, sehr wohl, aber er vermag sie immer noch einmal in seinem Sinne zu drehen, sie zu ›vermeinigen‹, indem er sie zum adäquaten Ausdruck seines erkenntnissucherischen Ringens macht.

Kommen wir zu unserem dritten Kandidaten, zu Newton.

Newton ist eigentlich sein Leben lang gar nicht krank, zumindest nicht in manifest somatischer Form. Die einzige, allerdings schwerwiegende Beeinträchtigung geht von seiner ›geistigen Wirrnis‹, seinen ›Geistesstörungen‹ aus, wie sie in der biographischen Literatur umschrieben werden. Diese Störungen waren aber eher die Hypostasierung der Krankheit als diese selber, waren Verwirrungen und Geistestrübungen aufgrund übersteigerter Verfolgungsangst, deuten auf Wahnzustände und Hypochondrie[10], keinesfalls auf eine manifeste Krankheit. Newton ist damit klar der dritten Gruppe der Befund-Klassen zuzurechnen.

Vergegenwärtigt man sich die drei genannten Figuren, so fällt eine eigenartige Verkehrung der Tendenzen auf: Gerade derjenige, der am ehesten Grund hätte, sich um sein materielles und körperliches Wohl Sorge zu machen, Cardano, er schaut eher unverdrossen und arglos in die Zukunft – und wird immer wieder überrascht, überrumpelt und eingeholt von den Schlägen der Krankheit und des materiellen Elends; derjenige aber, der am wenigsten Anlaß zu Bekümmerung und Furcht hätte, Newton, er sorgt sich in einem Ausmaß um die Unversehrtheit und das Wohlbefinden seiner Person, daß es schon überängstlich und hypochondrisch wirken muß.

Wer derart weit bereits, wie Newton, sich von seinem Körper verabschiedet, ihn derart weitgehend zu Stillstand und Reglosigkeit verpflichtet hat, darf sich nicht wundern, daß ihm jegliches realistische Empfinden für die eigene Befindlichkeit abhanden kommt. Wer derart weitgehend wie Newton die Bedürfnisse des eigenen Leibes und Lebens zurückgestellt und hinter wissenschaftlichem Gleichmaß unter Verschluß gebracht hat, der kann sich dessen Regungen und Wünschen gegenüber nur noch hypochondrisch verhalten. Wenn der ›beste‹ aller Körper derjenige ist, der *überhaupt nicht mehr merklich* in Erscheinung tritt[11], dann muß jede Sorge diesem Körper gegen-

10 So Wawilow, *Isaac Newton*, a. a. O., S. 155.

11 Erstaunlicherweise korrespondiert der hier genannten Forderung der Nicht-Auffälligkeit oder Nicht-Signifikanz des Körpers ein ganz ähnlicher Begriff innerhalb der medizinisch-naturwissenschaftlichen

über neurotisch werden, denn gerade die Nicht-Manifestheit, das ›Abgetaucht-Sein‹ des Körpers verführt dazu, Gefährdungen überall zu wittern. Führt dazu, die unterschwellig vorhandenen Gelüste jederzeit zu projizieren und einem ›Gefahr‹ bringenden Außen anzulasten.

Insgesamt, im Überblick über die behandelten Fälle, erscheint die Verschiebung von somatischen zu den psychopathologischen Befunden nicht allein dem ›Sonderfall‹ Newton zuzurechnen, sondern allgemeinerer Natur zu sein. Wenn auch bei Newton der extreme Fall der temporären Geistesverwirrung eingetreten ist, so zeigt doch das Beispiel Kepler, daß der Befund der leicht neurotischen Hypochondrie schon zum Erscheinungsbild früherer Forscher gehört zu haben scheint und zudem noch durchaus in das Gesamtbild einer wissenschaftlichen Persönlichkeit integrierbar zu sein scheint. Insofern müssen auch allgemeinere Gründe vermutet werden, die zu dieser ›pathologischen‹ Ausprägung von Krankheitsvermutung und Störungsangst führen. Einen dieser Gründe will ich hier abschließend nennen, ohne in eine umfassende Beweisführung eintreten zu wollen:

Bestimmung dessen, was als ›Gesundheit‹ gilt: Hiernach bestimmt sich Gesundheit nicht mehr, wie in der traditionellen mittelalterlichen Medizin, durch das manifeste gleichgewichtige Vorhandensein gewisser Körpersäfte, sondern eher negativ, durch das Ausbleiben von Fehl- oder Überreaktionen, durch das Ausbleiben von pathologischen Störungen.

Nur durch Krankheit, dies hatten schon Paracelsisten und Iatro-Mediziner des 17. Jahrhunderts behauptet, läßt sich Rechenschaft über den gesunden Körper erlangen; nur durch die Abwesenheit von Krankheit läßt sich Gesundheit definieren, wie der Medizin-Historiker Georges Canguilhem ausführt: »Gesundheit bedeutet, daß das Subjekt sich seines Körpers nicht bewußt ist« oder in den Worten des Pathologen R. Leriche: »Die Gesundheit ist das Leben im Schweigen der Organe.« (Beide Zitate aus: G. Canguilhem, *Das Normale und das Pathologische*, München 1974, S. 58).

Auch hier also die Definition des Normalzustands mittels der Negativität des pathologischen Befundes: Gesundheit zeigt sich durch Nicht-Auffälligkeit, durch eine augenscheinliche Nicht-Präsenz des Körpers, ähnlich wie es für die Definition des körperlichen ›Normal-Zustandes‹ innerhalb der naturwissenschaftlichen Praxis gilt.

Professionalisierung der wissenschaftlichen Arbeit einerseits und Hypothetisierung und De-Realisierung andererseits führen zu einem permanenten Handeln und Agieren auf *Probe*; der Wissenschaftler agiert weitgehend fiktional und auf Verdacht, in einem ›luftleeren‹ Raum irrelevanter Örtlichkeit. Diese Arbeit – man könnte sie mit Negt/Kluge[12] Arbeit im »Treibhaus« der Fiktionen nennen – ist weitgehend darauf angewiesen, ohne Bestätigung und körperlich-leibliche Verifizierung, das heißt ohne Realitätsgarantie, auszukommen. Das aber stellt das körperliche Realitätsempfinden weitgehend still und fördert dagegen das Entstehen von Einbildung und Imagination. Einbildung und Imagination aber gehören, zusammen mit ihrer negativen Erscheinungsform des Wahns, zu den produktiven Anlagen des Wissenschaftlers im ›Treibhaus‹.

Authentizität des Leibes, De-Realisierung und Handel auf Probe

Das Gebot der Stillstehung des Körpers innerhalb der wissenschaftlichen Praxis führt zu einer eigentümlichen Schwächung der sinnlichen Präsenz des Leibes. Der Wissenschaftler verliert das Gefühl der unbedingten Gegenwärtigkeit dieses seines Leibes, das heißt das Gefühl seiner *leiblichen Authentizität*. Was ihm die Sinne und das leibliche Empfindungsvermögen von der Gegebenheit des ›Hier-Jetzt-Dasein-Dieses-Ich‹ – derart wird in der Phänomenologie die vollentfaltete ›Gegenwart‹ des Leibes beschrieben[13] – vermelden, gilt nicht mehr als unbedingte und authentische Erfahrung schlechthin, sondern nur noch als eine mögliche und privatim zu wählende Zugangsart unter anderen. Die intellektuellen Formen der Selbstreflexion haben die leiblichen Formen des ›Spürens‹ und ›Seiner-selbst-im-Spüren-unmittelbar-Gewahr-Werdens‹ weitgehend abgelöst.[14]
In der Tat: Nachdem der Leib als Naturwesen abgelöst und in

12 Vgl. O. Negt/A. Kluge, *Öffentlichkeit und Erfahrung*, Frankfurt/M. 1972, S. 53, Anmerkung 39.
13 Hermann Schmitz im § 21 seines *Systems der Philosophie* zur Charakterisierung der Leib-Erfahrung der ›Gegenwart‹; vgl. ders., *System der Philosophie*, Bd. I, Bonn 1964, S. 197 ff.
14 Vgl. H. Schmitz, *System der Philosophie*, Bd. II, Bonn 1965, S. 5.

den Schatten getreten ist, vermag er für die tatsächliche Realität auch nicht mehr zu bürgen. Es tritt eine partielle De-Realisierung beim naturwissenschaftlichen Subjekt ein, die durch die Tendenz eines ›Handelns auf Probe‹, wie es in der experimentellen Praxis üblich ist, noch unterstützt wird. Der Wissenschaftler ist zunehmend mit nur vorgestellten, ihrer Realisierung noch harrenden Vorgängen konfrontiert, sei es, daß Abläufe experimentell simuliert oder verifiziert, sei es, daß sie fiktiv theoretisch eruiert und hypostasiert werden. In allen Fällen handelt es sich um bloß hypothetische oder *vorgestellte* (nicht zwar unwahre, aber doch faktisch nicht gegebene) Vorgänge, die zudem noch der Handgreiflichkeit der alltäglichen Anschauung entbehren. Der Wissenschaftler wird zum Möglichkeitsmenschen; er ist es, der die genannten Vorgänge begründet, der sie imaginiert und antizipiert – der entsprechend aber das Realitätsdiktat seines eigenen Leibes auch lockern muß, um sie überhaupt imaginieren zu können.

Bei Cardano kann offensichtlich keine Rede von De-Realisierung und Verlust der leiblichen Authentizität sein. Im Gegenteil beweist er im gesamten Kanon seiner reichen ›Erfahrungen‹, ›Merkwürdigkeiten‹, ›Zufälle‹, wie weit ihm die Stimme seiner Sinne und seiner Intuition vordringliches Gebot war. Wenn er ›Male‹ auf seiner Hand entdecken mußte, *wußte* er, wie er sie zu deuten hatte, wenn er Gesichte hatte, Träume oder Vorahnungen, wußte er sie auszulegen und anzuwenden, und ähnlich war es bei äußeren Zeichen der Vorsehung: Sie hallten in ihm wider wie eine innere Stimme, und er wußte, daß er ihr Gehorsam zu leisten hatte.

Dennoch gibt es ein Moment der Auflehnung, ein Moment der Unabhängigkeitsbekundung auch bei Cardano gegenüber diesem selbstverständlichen Zwang des Betroffen-Seins: Mehrfach erwähnt er in *De vita propria*, daß er sich in das Ertragen von Schmerz selbst einübte, sich also Maltraktionen selbst beibrachte, um von ihrer überraschenden Attacke unabhängig zu werden und sich zum Herrn von Schmerz und Schmerz-Abschwellung zu machen. Hierin kann ein Moment eines ›Handelns auf Probe‹, eines spielerisch-hypothetischen Handelns gesehen werden, das sich von der puren Gegebenheit der leiblichen Existenz freizumachen suchte.

Bei Kepler liegen die Dinge schwieriger. Zu einem Gutteil erscheint die Bedeutung der Sinne, des leiblichen Empfindens und Spürens schon herabgesetzt. Kepler arbeitet systematisch, rational und nach vorgegebenen Zwecken, auch und gerade, was seinen Körper angeht. Der Sehsinn wird gerade von ihm enorm in Anspruch genommen. Träume, Gesichte, Vorahnungen oder Einbildungen nimmt er zumeist nicht ernst, sondern versucht sie auf einen rationalen Kern zu reduzieren (siehe seine Haltung gegenüber dem Volks-Aberglauben, dem Hexenwahn und der allgemeinen Neigung zur Horoskopie). Den ›Traum‹ explizit stilisiert er zu einer Art wissenschafts-fiktiven Erzählform *(Somnium seu Astronomia Lunaris)*, mittels derer verschiedene relative Standpunkte eingenommen werden können.

Dennoch kennt Kepler auch ›Gesichte‹, die er anerkennt und ernst nimmt, kennt er Wirkungen des kosmischen Geschehens, die durchaus den Leib zu beeinflussen und zu prägen vermögen. Sein ganzes Leben stand unter dem Eindruck eines gewissen ›Traums von der Wahrheit‹, nämlich der ihm eingegebenen Überzeugung, daß der gesamte Bau des irdischen und planetarischen Kosmos nach Gesetzen einer harmonischen Ordnung, nach Maßgabe einfachster geometrischer oder zahlenmäßiger Maßverhältnisse, geschaffen sei – dieser Überzeugung widmete Kepler sein Leben, sie hatte den Charakter einer göttlichen Eingebung oder Instruktion für ihn.

Daneben ist auch seine Parteinahme für eine gewisse ›vernünftige‹ Astrologie zu beachten. Er verwarf zwar den billigen Glauben des Volkes und der Mächtigen an die schicksalsbestimmende Kraft der Gestirne, wohl aber räumte er den siderischen Konstellationen einen gewissen Spielraum auf die Prägung des Charakters und die psychologische Disposition des jeweiligen Menschenkindes ein; Leib und Kosmos waren also nicht gänzlich gegeneinander abgeschirmt und verschlossen, es gab Möglichkeiten gegenseitiger Durchdringung. Gerade diese Seite des Mystikers macht es schwer, Kepler hier eindeutig zuzuordnen. Gerade er, der mit seinem rationalen Ansatz, seiner ursachenanalytischen Fragestellung und seiner Dynamisierung des planetarischen ›Uhrwerks‹ so viel Bewegung in die Entwicklung der Physik von einer Beschreibungs- zu einer Konstruktionswissenschaft gebracht hat, gerade er war von seinen tiefsten religiösen und weltanschaulichen Überzeugungen her in eine schon gegebene und vollkommene Welt eingebettet – und darin auch leiblich aufgehoben. Als Gottes Schöpfung war in ihn wie in jeden Menschen ›nicht zum kleinsten Teil sein Ebenbild‹ gesetzt worden, wie es in den *Epitome*[15] heißt: Der Mensch kann also in sich selbst schon Gottes Ebenbild vorfinden, hatte es aber immer noch durch Kenntnisnahme in sich wiederzuerkennen.

Bei Newton liegen die Verhältnisse schon ganz anders. Auch Newton ist religiös, auch Newton geht von einer göttlichen Schöpfung, einem

15 Zitiert nach Caspar, a. a. O., S. 458.

göttlichen Baumeister und ›Betreiber‹ der Welt aus – aber der Mensch ist in dieser Welt nicht enthalten. Newtons göttliche Welt ist zunächst leer, es ist der abstrakte absolute Raum (das »Sensorium Gottes«, wie Newton es nennt[16]), innerhalb dessen der Mensch mit seinen Sinnen, seinen leiblichen Dimensionen und Maßen völlig verloren und fehl am Platze ist. »... in philosophicis autem abstrahendum est a sensibus«[17], dieser Satz bedeutet vor allem auch, daß die menschlichen Maße in der Erkenntnis der Natur nichts auszurichten vermögen: Die Welt ist nicht nach dem Menschen und auch nicht für den Menschen eingerichtet. Entsprechend ist das leibliche Erkenntnisvermögen, überhaupt eine *Kultur* des Leibes, bei Newton so gut wie gar nicht ausgeprägt. Von Eingebungen, Gesichten, Träumen hält er nichts, zumindest nicht, so weit es bekannt geworden wäre; und auch die sinnlichen Genüsse, das leibliche Wohl, die Übereinstimmung mit der eigenen Erscheinung bedeuten ihm nicht viel – ganz in Übereinstimmung mit der sprichwörtlichen ›Sinnenfeindschaft‹ des Puritanismus.[18]

Andererseits finden die obengenannten Tendenzen der ›De-Realisierung‹ und des verstärkten ›Handelns auf Probe‹ gerade bei Newton Bestätigung. Schon die äußeren Umstände seines Lebens, das Verharren im Schoß der Familie, die soziale Abkapselung und Isolation, das menschenfeindliche Gebaren tragen dieser Linie Rechnung; mehr aber noch sind als *positive* Gründe seine Arbeitsweise, ein enormes experimentelles Studium von Vorgängen, die zumeist der Anschaulichkeit, zumindest aber der faktischen Gegebenheit entbehrten, zu nennen. Newton arbeitete jahrelang an der Demonstration von Vorgängen bzw. der Beweisbarkeit von Begriffen, die zunächst nur seiner Theorie entsprungen waren und deren reale Erklärungskraft erst noch unter Beweis zu stellen war. Ein Großteil seiner wissenschaftlichen Arbeit bestand aus ›Handeln auf Probe‹, das heißt Handeln mit rein artifiziellen, theoretisch imaginierten Prozessen, die mit seiner eigenen sinnlichen oder leiblichen Realität nichts gemein hatten.

Die Abschattung der Realität oder ›De-Realisierung‹, wie ich es nennen will, bedeutet nicht nur einen Verlust für die beteiligten Wissenschaftler – Verlust an ›Instinkt‹ und naturhafter Direktheit, an sinnlicher, nichtreflexiver Erfahrungsfähigkeit –, sie bedeutet andererseits auch, sich von der aufdringlichen Unbedingtheit und Unmittelbarkeit des Leibes zu befreien. Die ›leibfreie Naturerkenntnis‹, die sich mit der Entsinnlichung des

16 Siehe ›Query 28‹ der *Opticks*.
17 Newton im ›Scholium‹ der ›Definitionen‹ der *Principia*.
18 M. Weber, *Die protestantische Ethik ...*, a. a. O., S. 123.

Naturzuganges konstituiert, bedeutet zuallererst, von der Notwendigkeit, durch diesen Leib *betroffen* zu sein, abrücken und Abstand nehmen zu können.

Zum anderen: Es werden die leiblichen Potenzen der Empathie und der mitfühlenden Teilhabe nicht schlicht unterdrückt, sie werden eher stilisiert und subtilisiert, indem sie zu ideativen Mitteln des Erkenntnisprozesses werden. Der Leib verschwindet nicht einfach, er geht nicht, drangsaliert und gepeinigt, in den Funktionszuweisungen einer abstrakten Körperlichkeit auf – er taucht eher ab in die Stummheit einer unauffälligen Begleitung. Der Leib wird wohl als Quelle sympathetischer Erkenntnis suspendiert – aber er wird darin nicht aufgehoben. Vielmehr erfährt er eine metamorphosenhafte Wandlung, eine Stilisierung dadurch, daß er zum Sitz der still begleitenden *Einbildungskraft* wird. In dieser Funktion tritt er zwar nicht mehr mit Verbindlichkeit und Zwang, nicht mehr als authentischer auf, wohl aber als derjenige ›imaginative‹ Leib, der die Potenzen des Möglichkeitssinns, der Phantasie und des Handelns auf Probe bestimmt. Als ›Imaginatio‹ hat der Leib das in Frage stehende wissenschaftliche Geschehen hypothetisch zu begleiten, nachzuspielen und zu imitieren, aber immer unter der Prämisse des Verstecks, nämlich selber nicht ins Gewicht zu fallen und in keiner Weise im physikalischen Ablauf präsent zu sein. Der ideelle Konsensus dieser Einbildungskraft des Leibes mit dem präsumptiven Geschehen ist eine wesentliche und unverzichtbare Bedingung für die geistige Kreativität des Wissenschaftlers; er verleiht ihm erst die Überzeugungskraft seines Entwurfs. Allerdings ist es eine Einbildungskraft, die beliebig geworden ist, unverbindlich und arbiträr, denn sie besitzt keinerlei notwendige oder gar eindeutige Beziehung zum Referenzpunkt ihrer Einbildung.

9 Schluß

Die Darstellung ist am Ende angelangt. Der Körper ist in den Schatten getreten.

Es ist das Ende eines langwierigen Prozesses, der mit der Darstellung des Dürerschen Verfahrens der ›objektiven Reproduktion‹ hier seinen Anfang nahm; ein Prozeß, in dessen Verlauf die Protagonisten der Dürerschen »Messung«, Zeichner und Modell, sich immer äußerlicher und fremder geworden sind. Das künstlerische Individuum hat sich zu einem anonymen Teilhaber der Wissenschaftler-Gemeinschaft entwickelt, und die Attraktivität des weiblichen Modells ist der abstrakten Gegenständlichkeit von Natur schlechthin gewichen, die von der ›scientific community‹ mit gleichbleibend ausdauernder Akribie untersucht wird. Die Brücken zwischen dieser gegenständlichen und der ihr (einstmals?) verwandten menschlichen Natur sind endgültig abgebrochen: So wie der Begriff des Menschen nichts Natürliches mehr an sich hat, so gehört dieser Natur der Mensch auch nicht mehr an.

Schon in der Konstellation der Dürerschen »Underweysung« – hier einmal als Metapher für die Position der neuzeitlichen Naturwissenschaften verwendet – hatte kalkulierte Distanz vorgeherrscht. Jede äußere Nähe meidend, hatte der Zeichner auch strengste innere Abstandnahme vom Gegenstand sich aufzuerlegen, um ihn vorurteilslos nüchtern in den Blick zu bekommen.

Die weitere Entwicklung der wissenschaftlichen Methode, deren Ausbildung ich hier nur in der Frühphase der neuzeitlichen Wissenschaften verfolgt habe, führt zu einem völligen Bruch. Die körperlichen, ›ästhetischen‹ wie operativen Potenzen des Wissenschaftlers werden für die Erfassung der Natur völlig irrelevant. Die Sinne spielen in Beobachtung und Experimentation so gut wie keine Rolle mehr, sie sind auf die periphere Funktion der Datenerfassung zurückgedrängt. Der Körper insgesamt nimmt, mitsamt seiner imaginativen und ideativen Potenzen, den Part eines ›Wärters‹ wahr, der stumm und unauffällig, ohne von der eigenen Präsenz ein Aufheben zu machen, nur am Rande am experimentellen Geschehen teilhat und nur im Notfall salvatorisch einschreitet. Innere Natur (des Menschen) und äußere Natur (der Erkenntnisgegenstände) sind sich fremd geworden und kennen sich von Angesicht zu Angesicht nicht mehr. Sie stehen nebeneinander, verständnislos und starr, versammelt durch immer gigantischer werdende Apparaturen von Meß- und Experimentalanordnungen, die die Vermittlung von ›Subjekt und Objekt‹ jetzt betreiben. Der Körper ist zu einem folgsamen Anhängsel dieser Apparaturen geworden; bezüglich eigener Beherrschung und Disziplin braucht er den Vergleich mit dem Instrument nicht zu scheuen.

Aber mehr noch:

Er ist ein anderer geworden.

Der Körper, der hier zur Untersuchung anstand (der Körper des Naturwissenschaftlers; aber möglicherweise gilt dies für den neuzeitlichen Menschen überhaupt), ist ein anderer geworden unter der Gewalt der Objektivationsprozesse, die zunächst von ihm nur ihren Ausgang nahmen, um die vorfindliche äußere Natur in die Gewalt zu bekommen: Sie vermochten auch ihn zu verändern, innerlich wie äußerlich. Der Körper nahm (und nimmt) die Gesichter an, die den äußeren Gegenständen als Beschreibung zugedacht waren; er nimmt die innere Ordnung an, die am Beispiel der externen Objekte als die paradigmatische eingeübt worden war. Nicht nur theoretisch, nicht nur der Metapher nach, ganz materiell und faktisch wird er zum Maschinenwesen, zum Automaten oder Roboter, dessen Funktionsprinzip am Erkenntnisgegenstand studiert worden war.

Wie man an der Sequenz der wissenschaftlichen Biographien sehen konnte, gerät der einzelne Wissenschaftler selbst unter die Formationsbedingungen der Wissenschaft. Seine materielle Lage, sein Habitus und seine Gewohnheiten werden von den Bedingungen des Berufs diktiert; Temperamente und Affekte erfahren eine entsprechende ›Stimmung‹ und Modulation; Lust und Begehren werden zu einem gewissen asketischen ›Dauerbetrieb‹, zur Genügsamkeit angehalten; Beweglichkeit und Ausdrucksfähigkeit des Körpers sind nur noch in kompensatorischen Freizeitübungen wach zu halten und zu trainieren; selbst Gesundheit und Krankheit werden in ihren pathologischen Ausformungen von einer nur schwach realitätsbezogenen wissenschaftlichen Arbeit bestimmt; die Möglichkeiten der Leiberfahrung schließlich werden entscheidend geprägt dadurch, daß die wissenschaftliche Existenz insgesamt von fortschreitender Fiktionalisierung oder ›De-Realisierung‹ im Vollzug bloßen ›Probe-Handelns‹ und Gedankenspiels betroffen ist.

Der Körper des Wissenschaftlers, man könnte fast sagen der wissenschaftliche Körper, wird stumm und lautlos: Gewehr bei Fuß und zu allem zu gebrauchen. Schamgrenzen und Tabus kennt er keine mehr, launige Gelüste, Kaprizen oder sonstige Abschweifungen versagt er sich, Selbstdarstellung findet nicht mehr statt: Es ist ein Körper im Schatten, auf Abruf.

Offensichtlich ist aus dem ursprünglichen Dürerschen Menschlein, dem harmlosen Künstler und Gelehrten der Renaissance, ein gewaltig aufgeblähter Apparat von ›Körpern‹ geworden, die die Konkurrenz ihrer Erzieher, der wissenschaftlichen Instrumente, nicht mehr zu fürchten brauchen.

»Ich brauche meinen Körper nur, um damit mein Gehirn herumzutragen«, lautet die stolze und selbstgewisse Auskunft dieser wissenschaftlichen Vernunft.[1]

Ich will diese Entwicklung hier nicht anprangern, auch nicht beklagen, möchte aber einer Frage doch immerhin Raum geben, die innerhalb der atemlosen Begeisterung ob dieser Herrschaft der Gehirne unterzugehen droht: War diese Entwicklung eigentlich gewollt? Hat hier jemand den Körper willentlich zu dem machen wollen, was er unversehens geworden ist, ein Kopf-Träger? Es ist doch, blicken wir noch einmal zurück, die einigermaßen *paradoxe* Situation eingetreten, daß gerade dasjenige Subjekt, das die ganze Erkenntnisunternehmung angestrengt hatte, nämlich die immense Urbarmachung und Beherrschung der äußeren Natur zu seinem Ziel erhoben hatte, daß dieses Subjekt gar nicht mehr in der Lage ist, die Früchte seiner Bemühungen selbst zu genießen!

Zumindest der Verdacht erhebt sich, daß diesem neuzeitlichen Erkenntnissubjekt, instrumentalisiert und verhaltensgestört, wie es hier angefunden wurde, die Früchte seiner Anstrengungen gar nicht zugute kommen. Daß dieses Subjekt unter der

1 Aus dem Munde Thomas Alva Edisons; zit. nach M. Josephson, *T. A. Edison*, München 1969, S. 466.

Gewalt des Erkenntnisprozesses, den es selbst angestrengt hat, derart verändert wird, daß es selbst eher Objekt und Rezipient der wissenschaftlichen Gesetzesbestimmungen als ihr souveräner Nutznießer und Genießer zu betrachten ist:

Gibt es denn, so die argwöhnische Frage, noch ein Moment der Muße (der Definitionslosigkeit) für diesen von Moden und Trends überwältigten Körper? Gibt es noch ein Moment an Selbstbestimmung für ihn, das ihm die freie Entfaltung eigener Realität zubilligte?

Skepsis scheint geboten, auch und gerade, wenn man sich die überwältigende Entwicklung der Naturwissenschaften im 20. Jahrhundert, insbesondere die von ihnen entfesselte Fülle von Möglichkeiten, Wünschen und Bedürfnissen vergegenwärtigt. Skepsis, ob sich nicht in Gestalt dieser wissenschaftlichen ›Explosion‹ und der von ihr angebotenen Möglichkeitswelten[2] eine neue Naturhaftigkeit auftut, die sich um so unabänderlicher und ›natürlicher‹ gebärdet, als die Unabänderlichkeit der ›ersten‹, primitiven Natur mit ihrer Hilfe überwunden und besiegt erscheint.

Die vorliegende Arbeit beabsichtigt nichts anderes, als diese Skepsis zu formulieren. Sie plädiert weder für ein ›Zurück zur Unmittelbarkeit‹ oder ›Zurück zur Natur‹ noch für die gloriose Verherrlichung des wissenschaftlichen Fortschritts. Sie plädiert für eine Geste des Innehaltens, für einen Moment der Muße inmitten der hektischen Betriebsamkeit der Wissenschaft, nämlich einen Akt des Abstand-Nehmens von der eigenen (nicht mehr nur individuellen, sondern global gesellschaftlichen) Erstarrung. Sie plädiert für eine Abstandnahme im Dürerschen Sinne, ein Zurücktreten aus der unmittelbaren Konfrontation von inquisitorischem Subjekt und inquirierter Natur. Es geht ihr darum, einen Blick auf die Gesamtkonstellation zu werfen, um hier eine verbissen arbeitende Wissenschaft und dort die endliche und unwiederholbare Natur zu entdecken.

2 Vgl. die Redeweisen in der quantenmechanisch-kosmologischen Debatte um die Interpretation der Quantenmechanik unter Bedingungen eines ›Welt-Zustandes‹; hier wird (im Anschluß an Everett, Wheeler und deWitt) von einer ›Viele-Welten-Theorie‹ gesprochen; siehe hierzu W. Kutschmann: »Zur Interpretation der Quantenmechanik«, a. a. O., S. 564 ff.

Es ist ein Blick erforderlich, der zunächst Abstand, Ironie und Selbstdistanz aufzubringen hätte. Ein Blick, der die Deformationen der Haltung und des Affekts zu entkrampfen vermöchte, die im Namen innerer Disziplinierung und Methodisierung so feste Gestalt angenommen haben.

Es wäre ein Blick, der sich darauf einlassen könnte, sich selbst als Künstler, das Unternehmen der Wissenschaft als Kunst zu verstehen; ein Blick, der zugleich mit einem Interesse an seinem Gegenstand auch die Lust an einem dezidierten Verhältnis zu ihm, Lust an der Entwicklung von Geschmack und Widerwillen gegen dessen Unterdrückung hervorbrächte.

In diesem Sinne geht es der Arbeit um Verflüssigung.

Verlebendigung des traditionell stierenden Blicks, Verschiebung der Blickrichtungen, Aufweichung des Gitters.

Literatur

Quellen

Agricola, Georg, *Vom Berg- und Hüttenwesen* (*De re metallica* 1556),
München 1977

d'Alembert, Jean/Diderot, Denis, *Encyclopédie ou Dictionnaire des
Arts et Métiers*, Bd. XI (1765), Stuttgart 1966

Aristoteles, *Vom Himmel. Von der Seele. Von der Dichtkunst.* Hg. und
übersetzt von O. Gigon, München 1983

Bacon, Francis, *Über die Würde und den Fortgang der Wissenschaften*
(*De dignitate et augmentiis scientiarum* 1605), Darmstadt 1966
–, *Novum Organon* (Instauratio magna I), London 1620
–, *Neues Organon*, übersetzt von Th. Brück (1830), Darmstadt 1981

Berkeley, George, *Versuch einer neuen Theorie der Gesichtswahrnehmung* (*An Essay Towards a New Theory of Vision* 1709), Leipzig
1912

von Bingen, Hildegard, *Welt und Mensch. Das Buch »De operatione
Dei«*, übersetzt und erläutert von H. Schipperges, Salzburg 1965

Boyle, Robert, *The Works of the Honourable Robert Boyle*, Bd. I–VI
(1772), Hildesheim 1965/66

Cardano, Girolamo, *Des Girolamo Cardano eigene Lebensbeschreibung* (*De vita propria* 1643), übersetzt von H. Hefele, München
1969

Comenius, Johan Amos, *Das Labyrinth der Welt und das Paradies des
Herzens* (*Labyrint světa a ràj srdce* 1631), übersetzt von Z. Bandnik,
Jena 1908

Descartes, René, *Von der Methode* (*Discours de la Méthode* 1637),
übersetzt von A. Buchenau und L. Gäbe, Hamburg 1971
–, *Meditationes de prima philosophia* (1641), zweisprachige Ausgabe
lat./dt. Übersetzt von A. Buchenau und L. Gäbe, Hamburg 1959
–, *Prinzipien der Philosophie* (*Principia Philosophiae* 1644), übersetzt
von A. Buchenau, Hamburg 1955
–, *Correspondance*, I–VIII, hg. von C. Adam/G. Milhaud, Paris
1936–63
–, *Briefe* (1629–1650), hg. von M. Bense, Köln 1949
–, *Œuvres et lettres*, hg. von A. Bridoux, Paris 1953
–, *Über den Menschen* (*De l'Homme* 1664). *Beschreibung des menschli-*

chen Körpers (*Descriptions du corps humain* 1664), hg. und übersetzt von K. E. Rothschuh, Heidelberg 1969

Diderot, Denis/d'Alembert, Jean, *Encyclopédie ou Dictionnaire des Arts et Métiers*, Bd. XI (1765), Stuttgart 1966

Dürer, Albrecht, *Die kunsttheoretischen Werke.* Bd. 1: *Underweysung der Messung* (1525) und Bd. 3: *Vier Bücher von menschlicher Proportion* (1528), hg. von A. Jaeggli und M. Steck, Zürich 1969
–, *Schriftlicher Nachlaß*, Bd. II, hg. von H. Rupprich, Berlin 1966

Fludd, Robert, *Utriusque cosmis historia*, 2 Bde., Frankfurt 1619–21

Galilei, Galileo, *Le opere* I–XX, hg. von A. Favaro (Edizione Nazionale), Firenze 1890–1909
–, *Sidereus Nuncius. Nachricht von neuen Sternen* (1610), übersetzt von H. Blumenberg, Frankfurt/M. 1965
–, *L'Essayeur de G. Galilée* (*Il Saggiatore* 1623), übersetzt von Christiane Chauviré, Paris 1980
–, *Dialog über die beiden hauptsächlichsten Weltsysteme* (*Dialogo sopra i due massimi sistemi del mondo* 1632), übersetzt von E. Strauss, Darmstadt 1982
–, *Unterredungen und Mathematische Demonstrationen über zwei neue Wissenschaften, die Mechanik und die Fallgesetze betreffend* (*Discorsi e dimostrazioni mathematiche intorno a due nuove scienze* 1638), übersetzt von A. v. Oettingen, Darmstadt 1973

Gassendi, Pierre, *Institutio Logica* (1658), Assen 1981

Goethe, Johann Wolfgang von, *Farbenlehre*, des ersten Bandes zweiter, polemischer Teil (1810), in: ders., *Farbenlehre*, Bd. 3, hg. von G. Ott und H. O. Proskauer, Stuttgart 1979

Hooke, Robert, *Philosophical Experiments and Observations of Robert Hooke*, hg. von W. Derham (1726), London 1967

Institoris, Heinrich/Sprenger, Jakob, *Der Hexenhammer* (*Malleus maleficarum* 1487), übersetzt von J. W. R. Schmidt, Darmstadt 1980

Kant, Immanuel, *Werke in 6 Bänden*, hg. von W. Weischedel, Darmstadt 1956

Kepler, Johannes, *Opera omnia* I–VIII, hg. von C. Frisch, Frankfurt/ Erlangen 1858–71
–, *Gesammelte Werke* I–X und XIII–XIX, hg. von W. v. Dyck/M. Caspar/F. Hammer, München 1937 ff.
–, *Das Weltgeheimnis* (*Mysterium Cosmographicum* 1596), übersetzt von M. Caspar, Augsburg 1923

–, *Grundlagen der geometrischen Optik, im Anschluß an die Optik des Witelo (Ad Vitellionem Paralipomena* 1604), hg. von M. v. Rohr, in: Ostwalds Klassiker Nr. 198, Leipzig 1922

–, *Neue Astronomie (Astronomia Nova* 1609), hg. von M. Caspar, München/Berlin 1929

–, *Dioptrik (Dioptricé* 1611), hg. von F. Plehn, in: Ostwalds Klassiker Nr. 144, Leipzig 1904

–, *Johannes Keplers Kosmische Harmonie (Harmonices Mundi* 1619), übersetzt von W. Harburger, Leipzig 1925

–, *Selbstzeugnisse*. Ausgewählt und eingeleitet von F. Hammer, Stuttgart/Bad Cannstatt 1971

Locke, John, *Works*, 10 Bde., (1823), Aalen 1963

Newton, Isaac, *Principia Mathematica Philosophiae Naturalis* (1726), hg. von A. Koyré/I. B. Cohen, Cambridge, Mass. 1972

–, *Mathematische Principien der Naturlehre*, übersetzt von J. Ph. Wolfers (1872), Darmstadt 1963

–, *Opticks* (1730), New York 1979

–, *Optik*, übersetzt von W. Abendroth, Leipzig 1898

Paracelsus, *Werke*, Bd. I und II, eingerichtet von W. E. Peuckert, Darmstadt 1965

Platon, *Studienausgabe*, griech./dt. in 8 Bänden, revidierte Übersetzung nach Schleiermacher, Darmstadt 1970 ff.

–, *Theätet*, übersetzt von E. Martens, Stuttgart 1981

–, *Der Sophist*, übersetzt von R. Wiehl, Hamburg 1967

della Porta, G. B., *De humana physiognomonia*, Hanoviae 1593

–, *Die Physiognomie des Menschen*, Radebeul/Dresden 1931

–, *Coelestis Physiognomoniae* Libri VI, Napoli 1603

–, *Haus-, Kunst- und Wunderbuch*, Nürnberg 1680

Priestley, Joseph, *The History and present state of discoveries relating to vision, light and colours* (1772), Millwood/New York 1978

Sarpi, Paolo, *Lettere di Fra Paolo Sarpi*, hg. von Polidori, Bd. I, Firenze 1863

Sprenger, J./Institoris, H., *Der Hexenhammer (Malleus maleficarum* 1487), übersetzt von J. W. R. Schmidt, Darmstadt 1980

Swift, Jonathan, *Gullivers Reisen* (1726), Frankfurt/M. 1981

Sekundärliteratur

Adorno, Th. W./Horkheimer, M., *Dialektik der Aufklärung*, Frankfurt/M. 1969

Aiton, E. J., »Kepler's Second Law of Planetary Motion«, in: *Isis* 60, 1 (1969) 201, S. 75–90

Apel, K. O., *Die Transformation der Philosophie*, Bd. 2: *Das Apriori der Kommunikationsgemeinschaft*, Frankfurt/M. 1976

Bachelard, G., *Die Bildung des wissenschaftlichen Geistes*, Frankfurt/M. 1978

Bahr, H. D., *Zur Kritik der ›Politischen Technologie‹*, Frankfurt/M. 1970

–, *Experimentum Machinarum. Über den Umgang mit Maschinen*, Tübingen 1983

Barkan, L., *Nature's Work of Art. The human body as Image of the world*, New Haven und London 1975

Barthes, R., *Mythen des Alltags*, Frankfurt/M. 1976

–, *Die Sprache der Mode*, Frankfurt/M. 1985

Baruzzi, A., *Mensch und Maschine. Das Denken sub specie machinae*, München 1973

Baudrillard, J., *Der symbolische Tausch und der Tod*, München 1982

Becker, G./Bovenschen, S./Brackert, G. u. a., *Aus der Zeit der Verzweiflung*, Frankfurt/M. 1977

Bloch, E., *Das Prinzip Hoffnung*, Bd. II. Frankfurt/M. 1977

Blumenberg, H., »Das Fernrohr und die Ohnmacht der Wahrheit«. Einleitung zu: ders. (Hg.), Galileo Galilei, *Sidereus Nuncius. Nachricht von neuen Sternen*, Frankfurt/M. 1965

Boas, M., *Die Renaissance der Naturwissenschaften*, Gütersloh 1965

Böhme, G., »Leib-Sein als Aufgabe«, in: *Hippokrates* (1969) 5, S. 186–191

–, *Alternativen der Wissenschaft*, Frankfurt/M. 1980

Böhme, G./Böhme, H., *Das Andere der Vernunft*, Frankfurt/M. 1983

Boffito, G., *Gli strumenti della scienza e la scienza degli strumenti*, Firenze 1929

Bohm, D., *Die implizite Ordnung. Grundlagen eines dynamischen Holismus*, München 1985

Borkenau, F., *Der Übergang vom feudalen zum bürgerlichen Weltbild*, Paris 1934

Le Bot, M., »Miroirs des corps«, in: *Traverses* 14–15, Centre de Création Industriel, Paris 1979, S. 43–63

Der Große Brockhaus. Enzyklopädisches Lexikon in 12 Bänden, Wiesbaden 1956

Burckhardt, J., *Die Kultur der Renaissance in Italien* (1860), Neudruck Stuttgart [10]1976

Burtt, E. A., *The Metaphysical Foundations of Modern Physical Science*, New York 1927

Canguilhem, G., *Das Normale und das Pathologische*, München 1974

Capra, F., *Der kosmische Reigen*, München 1977

–, *Wendezeit*, München 1983

Caspar, M., *Johannes Kepler*, Stuttgart 1948

Cassirer, E., *Das Erkenntnisproblem*, Bd. I und II (1922), Darmstadt 1974

–, *Die Philosophie der Aufklärung*, Tübingen 1932

Caverni, R., *Storia del metodo sperimentale in Italia*, 2 Bde., Firenze 1891–92

Cohen, I. B., »Newton's personality and scientific thought«, in: *Actes du VIIIe Congrès International d'Histoire des Sciences* 1956, Bd. I, Paris 1958, S. 195–201

–, *The Newtonian Revolution*, Cambridge, Mass. 1980

Couder, A./Danjou, A., *Lunettes et Télescopes*, Paris 1935

Curtius, E. R., *Europäische Literatur und lateinisches Mittelalter*, Bern 1967

Dannemann, F., *Die Naturwissenschaften in ihrer Entwicklung und in ihrem Zusammenhange*, Bd. 2: *Von Galilei bis zur Mitte des 18. Jahrhunderts*, Leipzig 1921

Daumas, M., *Scientific Instruments of the 17th and 18th Centuries and their Makers*, London 1972

Danjou, A./Couder, A., *Lunettes et Télescopes*, Paris 1935

Dubarle, D. »La méthode scientifique de Galilée«, in: *Galilée. Aspects de sa vie et de son œuvre*, Paris 1968

Favaro, A., *Galilei e lo Studio di Padova*, Firenze 1883

Feyerabend, P., *Wider den Methodenzwang*, Frankfurt/M. 1976

Foucault, M., *Wahnsinn und Gesellschaft*, Frankfurt/M. 1973

–, *Die Ordnung der Dinge*, Frankfurt/M. 1974

–, *Sexualität und Wahrheit*, Bd. 1, Frankfurt/M. 1977

Freudenthal, G., *Atom und Individuum im Zeitalter Newtons*, Frankfurt/M. 1982

Fraunberger, F./Teichmann, J., *Das Experiment in der Physik*, Braunschweig 1984

Frost, W., *Bacon und die Naturphilosophie*, München 1927

Galileo Galilée. Aspects de sa vie et de son œuvre, hg. vom Centre International de Synthèse, Paris 1968

Gehlen, A., *Die Seele im technischen Zeitalter*, Hamburg 1957
Gerlach, W./List, M., *Johannes Kepler*, München 1980
Geymonat, L., *Galileo Galilei*, Torino 1957
Gille, B., *Les ingénieurs de la Renaissance*, Paris 1964
Glaser, H., *Dramatische Medizin. Selbstversuche von Ärzten*, Zürich 1959
Grigulević, J. R., *Ketzer, Hexen, Inquisitoren*, 2 Bde., Berlin 1980
Grmek, M. D., »La personnalité de Galilée«, in: *Galilée. Aspects de sa vie et de son œuvre*, Paris 1968, S. 48–73
Gurjewitsch, A. J., *Das Weltbild des mittelalterlichen Menschen*, München 1980

Haas, A. E., »Antike Lichttheorien«, in: *Archiv für Geschichte der Philosophie* 20 (1907), S. 345–386
Haeffner, G., *Philosophische Anthropologie*, Stuttgart 1982
Hahn, R., *The Anatomy of a Scientific Institution: The Paris Academy of Sciences 1666–1803*, Los Angeles, London 1971
Hartmann, F., *Ärztliche Anthropologie*, Bremen 1973
Hauser, A., *Sozialgeschichte der Kunst und Literatur*, München 1969
Heidegger, M., *Der Satz vom Grund*, Pfullingen 1957
–, *Sein und Zeit*, Tübingen 1979
Heidelberger, M., »Die Rolle der Erfahrung in der Entstehung der Naturwissenschaften im 16. und 17. Jahrhundert: Experiment und Theorie«, in: Heidelberger, M./Thiessen, S., *Natur und Erfahrung*, Hamburg 1981, S. 25–181
Heinsohn, G./Steiger, O., *Die Vernichtung der weisen Frauen*, Herbstein 1984
Heisenberg, W., *Wandlungen in den Grundlagen der Naturwissenschaften*, Stuttgart 1949
Hensel, H., *Allgemeine Sinnesphysiologie*, Berlin 1966
Herding, O., *Jakob Wimpfelings Adolescentia*, München 1965
Herzfeld, M., *Leonardo da Vinci, der Denker, Forscher und Poet*, Jena 1911
Heydenreich, L., *Leonardo da Vinci*, Basel 1954
Honegger, C., *Die Hexen der Neuzeit. Zur Entstehungsgeschichte eines kulturellen Deutungsmusters*, Frankfurt/M. 1978
Horkheimer, M./Adorno, Th. W. *Dialektik der Aufklärung*, Frankfurt/M. 1969
Hübner, K., *Das transzendentale Subjekt als Teil der Natur*, Diss. Kiel 1951
Huizinga, J., *Herbst des Mittelalters*, (1924) Stuttgart ¹¹1975
Husserl, E., *Die Krisis der europäischen Wissenschaften und die transzendentale Phänomenologie (Husserliana VI)*, Den Haag 1962

Imhof, A. E. (Hg.), *Der Mensch und sein Körper*, München 1983

Josephson, M., *Thomas Alva Edison*, München 1960

Kapp, E., *Grundlinien einer Philosophie der Technik*, Berlin 1877
Karger-Deckert, B., *Ärzte im Selbstversuch. Ein Kapitel heroischer Medizin*, Leipzig 1967
King, H. C., *The History of the Telescope*, Cambridge, Mass. 1955
Klemm, Fr., »Galilei und die Technik«, in: *Technikgeschichte* 37 (1970), S. 13–26
Kluge, A./Negt, O., *Öffentlichkeit und Erfahrung*, Frankfurt/M. 1972
–, *Geschichte und Eigensinn*, Frankfurt/M. 1981
Kluge, F., *Etymologisches Wörterbuch der deutschen Sprache*, Berlin 1975
Koestler, A., *Die Nachtwandler* (1959), Frankfurt/M. 1980
Kuhn, Th., *Die Struktur wissenschaftlicher Revolutionen*, Frankfurt/M. 1973
–, *Die Entstehung des Neuen*, Frankfurt/M. 1978
Kutschmann, W., *Die Newtonsche Kraft. Metamorphose eines wissenschaftlichen Begriffs*, Wiesbaden 1983
–, »Zur Interpretation der Quantenmechanik«, in: *Philosophia Naturalis* 19 (1982) 3–4, S. 547–582
–, »Von der Natursprache zur Warensprache. Die Sprache der Naturwissenschaften zwischen Objektivität und sinnlicher Verlockung«, in: Bungarten, Th. (Hg.), *Wissenschaftssprache und Gesellschaft*, erscheint voraussichtlich Hamburg 1986

Lenk, E., *Die unbewußte Gesellschaft*, München 1983
Lippe, R. zur, *Naturbeherrschung am Menschen*, 2 Bde., Frankfurt/M. 1974
List, M./Gerlach, W., *Johannes Kepler*, München 1980
Ludwig, G., *Theoretische Physik*, Bd. I, Braunschweig 1978

Mach, E., *Die Mechanik in ihrer Entwicklung* (1899), Darmstadt 1963
Maier, A., »Das Problem der Species Sensibiles in Medio und die neue Naturphilosophie des 14. Jahrhunderts«, in: dies., *Ausgehendes Mittelalter*, II, Rom 1967, S. 419–452
Manuel, F., »The Lad from Lincolnshire«, in: *Texas Quarterly* 10 (1967) 3, S. 10–29
Marx, K., *Das Kapital*, Bd. I (1890), Berlin 1970
Maull, N. L., »Cartesian Optics and the Geometrization of Nature«, in: St. Gaukroger (Hg.), *Descartes. Philosophy, Mathematics and Physics*, Sussex 1980, S. 23–40

Mauss, M., *Soziologie und Anthropologie*, Bd. I, Berlin 1978

Merchant, C., *The Death of Nature*, San Francisco 1980

Merleau-Ponty, M., *Phänomenologie der Wahrnehmung*, Berlin 1966

Merton, R. K., *Science, Technology and Society in Seventeenth-Century England*, New York 1970

Middleton, K. E., *The Experimenters*, London 1971

Mittelstraß, J., *Neuzeit und Aufklärung*, Berlin 1970

–, »Methodological Elements of Keplerian Astronomy«, in: *Studies in History and Philosophy of Science* 3 (1972) 3, S. 203–232

–, »Das Wirken der Natur«, in: Rapp, F. (Hg.), *Naturverständnis und Naturbeherrschung*, München 1981, S. 36–69

Mohr, H., »Wissenschaft in der Krise?«, *FAZ* vom 7. 12. 1983

Moscovici, S., *Versuch über die menschliche Geschichte der Natur*, Frankfurt/M. 1982.

Negt, O./Kluge, A., *Öffentlichkeit und Erfahrung*, Frankfurt/M. 1972

–, *Geschichte und Eigensinn*, Frankfurt/M. 1981

Olschki, L., *Geschichte der neusprachlichen Literatur*, Bd. II (1922), Vaduz 1965

Panofsky, E., *Das Leben und die Kunst Albrecht Dürers*, München 1977

–, *Meaning in the Visual Arts. Papers in and on Art History*, Garden City, New York 1955; deutsch: *Sinn und Deutung in der bildenden Kunst*, Köln 1978

Peursen, C. v., *Leib – Seele – Geist*, Gütersloh 1959

Pflüger, P. M. (Hg.), *Die Wiederentdeckung des Leibes*, Fellbach 1981

Poincaré, H., *Wissenschaft und Methode*, Darmstadt 1973

Putscher, M. (Hg.), *Die fünf Sinne. Beiträge zu einer medizinischen Psychologie*, München 1978

Reichler, C. (Hg.), *Le corps et ses fictions*, Paris 1983

Rohde, A., *Die Geschichte der wissenschaftlichen Instrumente vom Beginn der Renaissance bis zum 18. Jahrhundert*, Leipzig 1923

Ronchi, V., *Galileo e il Cannocchiale*, Udine 1942

–, *Histoire de la Lumière*, Paris 1956

Rothschuh, K. E., *Geschichte der Physiologie. Lehrbuch der Physiologie*, Bd. 7, Berlin, Heidelberg 1953

–, *Physiologie. Der Wandel ihrer Konzepte, Probleme und Methoden*, Freiburg 1968

Sabra, A. I., *Theories of Light, from Descartes to Newton*, London 1967

Sartre, J. P., *Das Sein und das Nichts. Versuch einer phänomenologischen Ontologie*, Hamburg 1962

Scheler, M., *Der Formalismus in der Ethik und die materiale Wertethik* (1913/16), Bern 1954

–, *Die Stellung des Menschen im Kosmos*, München 1947

Schipperges, H., *Kosmos Anthropos. Entwürfe zu einer Philosophie des Leibes*, Stuttgart 1981

Schmitz, H., *System der Philosophie*, I. Band: *Die Gegenwart*, Bonn 1964

–, *System der Philosophie*, II. Band, 1. Teil: *Der Leib*, Bonn 1965

Schrödinger, E., »Die Gesichtsempfindung«, in: *Müller-Pouillet's Lehrbuch der Physik*, Bd. 2/I, Braunschweig 1926, S. 456–560

–, *Was ist ein Naturgesetz?*, München 1962

Seligmann, K., *History of the Magic in the Western World*, New York 1948

–, *Das Weltreich der Magie*, Wiesbaden o. J.

Seligmann, S., *Der böse Blick*, Bd. I, Berlin 1910

Stegmüller, W., *Theorie und Erfahrung* (Bd. II/2 von: *Probleme und Resultate der Wissenschaftstheorie und analytischen Philosophie*), Berlin 1973

Steiger, O./Heinsohn, G., *Die Vernichtung der weisen Frauen*, Herbstein 1984

Strauss, H. A./Strauss-Kloebe, S., *Die Astrologie des Johannes Kepler*, München, Berlin 1926

Struntz, F., *Theophrastus Paracelsus, sein Leben und seine Persönlichkeit*, Leipzig 1903

Teichmann, J., *Wandel des Weltbildes*, Darmstadt 1983

Teichmann, J./Fraunberger, F., *Das Experiment in der Physik*, Braunschweig 1984

Thiessen, S./Heidelberger, M., *Natur und Erfahrung*, Hamburg 1981

Thorndyke, L., *A History of Magic and Experimental Science*, 8 Bde., New York, London 1923–1958

Trillitzsch, W. (Hg.), *Der deutsche Renaissance-Humanismus*, Frankfurt/M. 1981

Ullmann, W., *Individuum und Gesellschaft im Mittelalter*, Göttingen 1974

Venturi, L., *La critica e l'arte di Leonardo da Vinci*, Bologna o. J.

Wawilow, S. I., *Isaac Newton*, Berlin 1951

Weber, M., »Die protestantische Ethik und der Geist des Kapitalismus«, in: ders., *Die protestantische Ethik* (1920), Bd. I, Gütersloh 1981, S. 27–317

–, *Wissenschaft als Beruf*, München/Leipzig 1930

Weinmann, K. F., *Die Natur des Lichts*, Darmstadt 1980

Weinstein, B., *Handbuch der physikalischen Maßbestimmungen*, Berlin 1886

Westfall, R. S., *Never at Rest. A Biography of I. Newton*, Cambridge, Mass. 1980

Weyl, H., »Philosophie der Mathematik und Naturwissenschaft«, in: *Handbuch der Philosophie*, Bd. 4, München/Berlin 1927

Wilson, C., »Kepler's Derivation of the Elliptical Path«, in: *Isis* 59 (1968) 196, S. 5–25

Zilsel, E., *Die sozialen Ursprünge der neuzeitlichen Wissenschaft* (1939), Frankfurt/M. 1976

Namenregister

426